博士文丛·经管系列

工程学科：
框架、本体与属性

孔寒冰◎著

ZHEJIANG UNIVERSITY PRESS
浙江大学出版社

内容提要

本书就工程学科复杂的分类现状,从理论和实践两方面探讨了它的本体、框架及属性。通过对"工程"、"学科"、"专业"三个基本概念的辨析和对知识论、本体论、框架理论等相关理论元素的梳理,在分析中、美、俄、英、法、德、日、澳 8 国现有的工程学科分类基础上,本书以大量据实考证的历史性资料,从工程活动、工程学科、工程知识体形成模式、工程职业、工程职能、工程过程、工程应用拓展与价值等多个侧面,挖掘出工程学科知识本体的基本元素,构筑了相应的本体模型。本书还对现有的工程学科框架进行了实证研究,给出表征框架性态的多个图谱并做出可视化分析,对其内涵和可能应用进行了较为充分的讨论。

C 目录
ontent

01 引　言

　　在科学界和高等教育界，学科是一个老生常谈的话题。字面上讲，学科就是"学"的"分门别类"。学的分类看似简单，但如果继续追问：分门别类干什么用？它为什么要作如此分类？谁要分类？分类的结果（标准或目录）到底起了什么作用？那么，这个习以为常的"学科"可能会变得沉重起来，远远不是三言两语能够说清楚的。因此，工程学科分类就成了工程教育和高等教育管理的重大议题（theme），理想与实际的差距又使之成为一个严重问题（problem）。本章首先展现其相关背景，进而识别本书的研究问题并给出解题的思路、目标和解题框架。

1.1　问题的提出

1.1.1　价值多元化与学科方向的迷失

　　像任何分类一样，学科分类是根据人的某种需要出发的，而这个需要总是反映着（或者取决于）人的价值追求。价值的多元化导致了学科分类的多样化，这是理所当然的结果，用不着对各式各样的学科分类标准和学科分类目录感到奇怪。但奇怪的是对"科学的"学科分类（框架）的盲目追求，好像学科分类这个人为的事物只有服从非人为的"（自然）规律"，才是正确而科学的。

　　涉及学科及其分类的规范研究，在国内并不多见。由中国博士学位论文全文数据库检索可知，庞青山（2004）论述了大学的学科结构与学科制度，陈学东（2004）论述了近代科学学科规训制度的生成与演化，万力维（2005）从权力视角论述了大学学科的控制与分等，赵俊芳（2006）论述了与学科相关的大学学术权力，林林（2004）专门针对工程学科论述了它的发展途径问题。这些研究多数沿用教育学的理论和方法论，在学理层面提供了深刻见解，在应用层面的贡献似乎略嫌不足。迄今为止，国内最重要的相关研究仍然是 1994 年由国家科学技术委员会组织的软科学课题"学科分类研究"，该研究结果导致《学科分类与代码》国家标准的制定。该课题对学科分类作出如下解说（丁雅娴，1994：iii）：

"学科分类是在一定条件下，依据某些原则划分各门学科的对象和领域，确定各门学科在整个科学知识体系中的位置，并阐明各学科之间的相互关系。人类在理论和实践上把握自然界和社会的程度决定了学科分类的状况和水平。正确的学科分类可以揭示科学发展的规律，并能在一定程度上预测各门学科进一步发展的趋势。"

该论断精辟透彻，亮点在于：(1)提出并认定了学科分类的原则性，即学科的分类必须具备明确的条件和依据；(2)提出并认定了学科分类的对象性，即针对"整个科学知识体系"；(3)提出并认定了学科分类的相对性，即学科分类取决于人的认知水准和行动水准，它是可以因人而异、因时因地而异的；(4)提出并认定了学科分类的导向性，即对科学及其各门学科发展的引导作用。可以认为，这四个特性简明扼要地回答了本章开头列述的大部分问题。

学科分类应当坚持这些准则。可以商榷的是：学科分类的对象似乎并不仅仅限于科学知识，非科学知识事实上不仅存在而且也可以分类。自从 1996 年"知识经济"这个术语问世后，世界经济合作和发展组织（OECD）在其一系列有关知识经济的文献中，已经把知识明确划分为"知事知识"、"知因知识"、"知窍知识"和"知人知识"（OECD，2002）。这里，除了一部分"知因知识"尚可视为科学知识外，绝大部分的其他类型知识皆可视为经验形态的非科学知识，而且其中含有大量的被波兰尼（M. Polanyi，1958）称为"个人知识"（Personal Knowledge）的隐性知识（Sternberg & Horvath，1999）。鉴于这些非科学知识在知识经济时代的高附加值特性，它们也被进行分门别类，不仅成为人们研究的对象，也被人们安排作为高等学校重要的教学内容。

从另外方面讲，"学科分类不只是学术和认识问题，更是个政策性极强的实践问题"（胡建雄，2001：47）。我国现有的多种学科（专业）目录，它们就是由国家不同行政机关根据本部门业务管理的需要分别制定的，在特定的范围内具有极大的规范性和强制性。如今，在我国的高等学校学术管理实践中，至少同时有四套权威的学科分类目录或标准正发挥作用：针对研究生教育与管理的《学位授予和人才培养学科目录》、针对本科生教育与管理的《普通高等学校本科专业目录》、针对自然科学和管理科学研究管理的《国家自然科学基金委员会学科代码》、针对人文社会科学（含管理科学）研究管理的《国家标准学科分类与代码》。

这四种不同的学科分类目录和标准,分别代表着研究生教育、本科生教育、自然科学研究、社会科学研究的不同价值追求,看似无可非议。问题在于,这些标准和目录在计划经济和市场经济的模式转变过程中,发挥了有些过头的作用。它们"在发挥这些作用时刻意构造起一个个分散学科的'领地'或'王国',成了知识领地或知识王国合法性的依据";"于是知识生产被束缚在目录范围内,不用说应为知识生产前沿的跨学科无立锥之地,缺少行政支持的若干学科也在逐步边缘化"(王沛民等,2005:223－224)。这些目录和标准的各自分散应用,包括对于学科专业的设置、学科组织的建设、学位授权单位的申报评审、各级重点学科的申报评审、研究项目的申报评审、学术成果的申报评审,以及学术职称晋升和学术身份认定等的实际应用,已经造成若干学科的方向迷失,阻碍着知识的有效生产和学术的健康发展,也背离了知识体系分类的初衷。

虽然这些问题的产生不能完全归罪于学科的分类目录,但是一个好的合理的学科分类,将会有助于学科的功能定位和定向,从而有助于推动学科建设、发挥学术生产关系的积极作用。这样的学科分类不可能简单拼凑而成,它需要精心的研究和设计,既要借鉴国内外学科框架的成功经验,也要了解各门学科的背景及其知识的生产状态与前景。在深入挖掘这些知识的过程中,才可能找出若干规律性的东西,以便用作学科分类的合理依据。

1.1.2　新世纪呼唤工程学科的新框架

最近二三十年来,知识经济、信息社会和现代科技的革命性发展,给人类生活带来了新的面貌、新的渴求和新的契机。以造就工程人才为己任的工程教育,以开发高技术、催生新产业为己任的工程科技研发,都对 21 世纪的工程学科框架提出了新的要求。如果说工程科技人力资源和工程科技知识的生产是现实的生产力,那么这个工程学科分类框架就是与之发生相互作用的一种学术生产关系。显然,只有建立一个好的生产关系才能保证并促进生产力的发展,否则就会起到妨碍与限制作用。

新世纪的工程学科框架需要构建在更加广阔的背景下。当今,该背景的最大变化莫过于:科学技术的国际化,计算机、通信与相关技术的进步,保护生态环境的绿色运动,传统经济向"服务经济"和"信息经济"的转型,以及全球人口增长带来的粮食、卫生、医疗和教育问题(Cheshier,2008)。了解这些变化,可以帮助我们预见工程学科在哪些领域将发生戏剧性的繁衍和成长。工程科学技术发展的总体态势可以大致归纳为:

(1)高新科技不断涌现,其商品化周期日益缩短。

影响 21 世纪经济发展的关键性技术可分为五大类：生命科学和生物技术，材料科学和技术，电子、信息和通信系统，先进制造技术和系统，以及工程协同技术与管理系统。它们源于大学和一些科研机构的基础科学与工程研究工作。随着技术的长足发展，现在还需将如下一些技术加入其中：纳米技术、生物适应性材料、生物芯片、生物传感器、分子工程，以及其他诸如物流技术、虚拟制造等关键性技术。必须注意的是，技术从产生到应用的周期正在不断缩短。举例来说，电的发明到应用时隔 282 年，电磁波通信时隔 26 年；而现在，集成电路仅用 7 年时间就得到应用，激光器仅用 1 年，电子信息产品更是日新月异、层出不穷。

（2）科学、工程、技术研究之间的关联日趋紧密。

在原创性研究方面，人们对基础研究和应用性基础研究的期望很高。它们是工程科学技术得以突破性发展的基础，这种发展本身也是为人类创造可以共享的有价值的知识财富。人类进入工业文明以来，工程科学技术的每一次进步都很明显地反映在社会现实中。工程科技的应用目标日益加强，同时它把纯粹基础研究与纯粹应用研究的联系变得更加紧密。工程的科学技术研究直接与人类的生产、生活相关，它们导致的高技术更是获得了公众的支持和赞同。在这一变化进程中，大学直接面对科学与工程加强渗透的新情况，只有积极调整学科结构，开辟新的增长点，才能确保在学术卓越与创新创业方面保持一定的领先地位。

（3）大学、产业和政府三方的积极耦合、加速互动。

随着科技革命的不断深入，发达国家的"官、产、学"之间相互沟通、配合，逐渐形成三重螺旋的耦合关系，结成多种形式的战略联盟，新的工程学科组织在这种有机互动中相继出现。我国政府和产、学、研之间也正在相互联系与促进，传统的与产业相分离的大学教学与研究模式已经跟不上社会日益发展的形势。从本质上说，现代产业发展的关键已不再是单一的由谁做出科学发现或技术发明，还必须有人研究如何把它向产业化方向转变，使之真正成为经济发展的战略引擎。大学的学科设置也必须做出相应调整，积极应对来自社会经济文化的新需求，加快科技成果的转化。

（4）工程学科急速交叉集成，不断向经济和社会文化领域渗透。

最近几十年来，工程科技的发展越来越依赖多个学科的综合、渗透和交叉，以解决社会经济发展和学科自身发展面临的各种问题。一大批新的跨学科研究领域正在涌现，如环境科技、信息科技、能源科技、材料科技、空间科技、纳米科技等。科学和技术的高度融合是当代工程科技发展的一个基本特征；工程科技和其他领域的高度融合，更是工程科技发展的希望和未来。当前科学和技术的结合以及相互作用、相互转化更加迅速，逐步形成统一的工程科学技术体系。在这个统一体中，科学、工程与技术的基础研究、应用基础研究和应用研究的交互作用日益增强，不断为科技进步开辟新的方向，向经济和社会文化诸领域提供更多更好的产品和服务。

以先进制造技术和系统为例，它正在使制造业发生天翻地覆的变化。众所周知，制造业是一个国家的社会和经济基础。世界各国都面临同样的前所未有的机遇，即如何加快应用新的知识和先进技术显著改善和提升自己的制造能力。先进制造的重要技术包括智能制造、先进制造和加工方法、基于计算机的集成产品设计和制造的辅助工具、防止污染和最大限度地减少资源浪费，以及与全面质量管理(TQM)、供应链管理(SCM)、企业资源计划(ERP)整合的产品生命周期管理(PLM)等。在数字制造、智能制造、精密制造、微纳米制造、生物制造和绿色制造六个技术集群的综合作用下，21世纪的机械工程出现了四个明显走向，即：从代替体力的机械制造走向代替脑力的机械制造，从宏观机械制造走向微观机械制造，从无生命制造走向有生命制造，从非生态化制造走向生态化制造。这些走向是随着工程科学技术创新和工程实践能力拓展而展现出来的，它预示着机械工程将进入一个崭新的时期，也预示着机械工程学科家族的兴旺发达。

再如信息通信技术(ICT)。该技术是国家的经济增长、国防强大和国家安全、综合国力和国际竞争力提升的关键。作为国家信息基础设施的核心，信息通信技术还将给其他民用和公共基础设施系统、医疗保健服务系统、制造和商务系统带来重大的革命性变化。在未来几年内，下列八大ICT技术趋势将左右整个IT行业的局势：云计算(cloud computing)、系统智能的常规应用和轻量级应用、大规模企业智能、对人和内容的连续访问、社会计算、用户自创内容、软件开发产业化、绿色计算。这里所谓"云计算"意为"在云里的计算"，就是未来的企业在集成硬件虚拟化、智能化网络、效用计算、软件服务(SaaS)及富互联网应用(RIA)的基础上，无需借助第三方就能通过互联网随心所欲地施展其IT能力，对商业需求的变化做出更加快捷的反应，而计算本身所在的具体位置变得无关紧要(Accenture,2008)。

诸如此类的巨大变化，意义重大、影响深远，给工程学科及其分类提出新的课题，也给工程教育的目标、内容和方式提出新的挑战。无怪乎美国麻省理工学院早已举起双手欢迎这场"革命"(Vest,1994)，也难怪若干国家纷纷把科技人力资源开发作为其发展战略的决策焦点(NAE,2005；NSB,2007；UNESCO,2007)。弄清工程学科的分类现状，寻找其内在关联性，开拓其合理的发展途径，已经成为高等教育与管理的理论和实践工作者的当务之急。

1.2 工程学科框架的研究问题

对工程学科分类的研究可以是多方面的。例如采用克拉克对高等教育的多学科研究框架(王承绪,1988),则可从历史的观点、政治的观点、经济的观点、组织的观点、地位的观点、文化的观点、大学的科学活动,以及政策的观点切入,对学科分类进行基于不同学科的分析讨论。

本书尽管也以高等教育关注的工程学科架构为研究对象,但并不是简单地选择上面某个观点或视角,也不去尝试构建通用的分类框架。基于工程学科分类框架客观存在着的多样性事实,本书研究并力求回答以下问题:

(1)研究对象的关键概念或基本概念是什么? 如何正确且深入地识别它们? 本研究中的基本概念有:"工程"、"学科",以及经常与它们相混淆而事实上又难以分割清楚的"专业"。

(2)为了探讨研究对象,需要涉及哪些理论原理? 需要借助哪些理论方法? 本研究将相关的理论因素概括为:知识论(含知识管理、知识工程和知识可视化)、本体论和框架理论,并且选择本体论作为分析工程学科框架的基础和视角。

(3)有代表性的工程学科分类现状是什么? 各自的面貌如何? 在总体框架中的相对位置如何? 它们各具特色的框架表面形态给人何种启发?

(4)在多样化的框架形态背后,隐含的工程学科知识本体是什么? 构成该本体的基本元素是什么? 框架的内在性态如何受到本体元素的支配、进而影响工程学科及其框架的未来走向?

(5)框架内在性态的定性分析结果,能否借助定量的实证方法进一步加以说明? 能否利用知识可视化工具描述这些结果,以便对工程学科框架的形态、性态和功用获得更多更深刻的认识?

1.3 解题思路与全书结构

学科的问题都是关于知识的问题,涉及到知识的种种操作,包括知识生产(研究活动)、知识传递(教学活动)、知识迁移(技术转让),以及知识管理等活动。本书对工程学科框架研究设定有限的目标,仅从知识本体的视角分6章回答上述五项研究问题。

第1章首先提出关于"工程学科框架"的几个研究问题,并给出基于"知识本体"的解题路径。现有学科分类和实践的复杂景象,相应研究工作的欠缺和滞后,提示了本书研究的紧迫性;新世纪工程科技和工程教育的巨大变革,又为工程学科框架的理解和构建,揭示了研究的必要性。

第2章通过相关文献的梳理和探究,初步厘清"工程"、"学科"、"专业"三个基本概念,辨析了工程、学科与专业的区别和联系。本书工作的理论基础和方法论基础是知识论、本体论和框架理论,故该章用一定篇幅评介了它们的相关内容,以便后续章节的具体应用。

第3章选择了8个国家具有代表性的工程学科框架,分"英语国家"、"欧洲大陆和日本"与"中国"三部分,详细展示和简要分析了这些框架的架构及其学科分类背景。国外部分的框架数据和信息均取自第一手材料,并且经过仔细翻译与校订,它们为第5章的实证研究提供了可靠的基础。

第4章是本书定性分析与综合的重点章。该章借助系统过程方式,以大量经考证的历史性资料,从多个侧面(工程活动、工程学科、工程知识体形成模式、工程职业、工程职能、工程过程、工程应用拓展与价值等)挖掘出工程学科知识本体的基本元素。在本体元素整合的基础上,对工程知识本体运动所揭示的现代工程"设计、制造、服务"(DMS)一体化特性、"工程链"过程拓展特性与价值特性、两种"大E工程"知识体系模型,以及工程学科知识本体模型,均作出初步探讨。

第5章是本书实证研究的重点章。基于第3章的数据支持和第4章的研究结论支持,该章对8个国家的12种典型工程学科框架,借助现成的统计软件进行了1327个样本的本体性态研究,包括分别对各个框架的可视化性态分析,以及所有框架全样本的主因子提取与可视化分析,并简要说明了它们的应用。

第6章概括本书研究的主要成果,进一步归纳与阐明工程学科知识本体及其框架的要点。在列数本研究工作的不足后,对未来工作予以展望。该章确认,从本体视角研究工程学科框架是一种有价值的尝试,它既探究了多样化的现有工程学科框架,又将为其合理构建提供了有新意的理论和方法参考。

全文逻辑思路与结构简图见图1.1。

```
┌─────────────────────────────┐
│         1. 引 言             │
│  问题提出、解题思路、论文框架  │
└─────────────────────────────┘
```

```
┌──────────────────┐        ┌──────────────────┐
│   2. 文献探讨:     │───────▶│   3. 工程学科的    │
│  基本概念和理论元素 │        │   典型框架分析     │
└──────────────────┘        └──────────────────┘
```

```
┌────────────────────────────────────────────────────────────┐
│             4. 工程学科本体元素解析与合成                       │
│ 由工程活动、成就、学科生成以及工程职业、职能、过程等辨析本体元素并构建本体模型 │
└────────────────────────────────────────────────────────────┘
```

```
┌────────────────────────────────────────────┐
│        5. 工程学科框架的实证分析与应用          │
│   借助多元统计分析和可视化工具揭示框架性态        │
└────────────────────────────────────────────┘
```

```
┌────────────────────────────────┐
│             6. 结 论             │
└────────────────────────────────┘
```

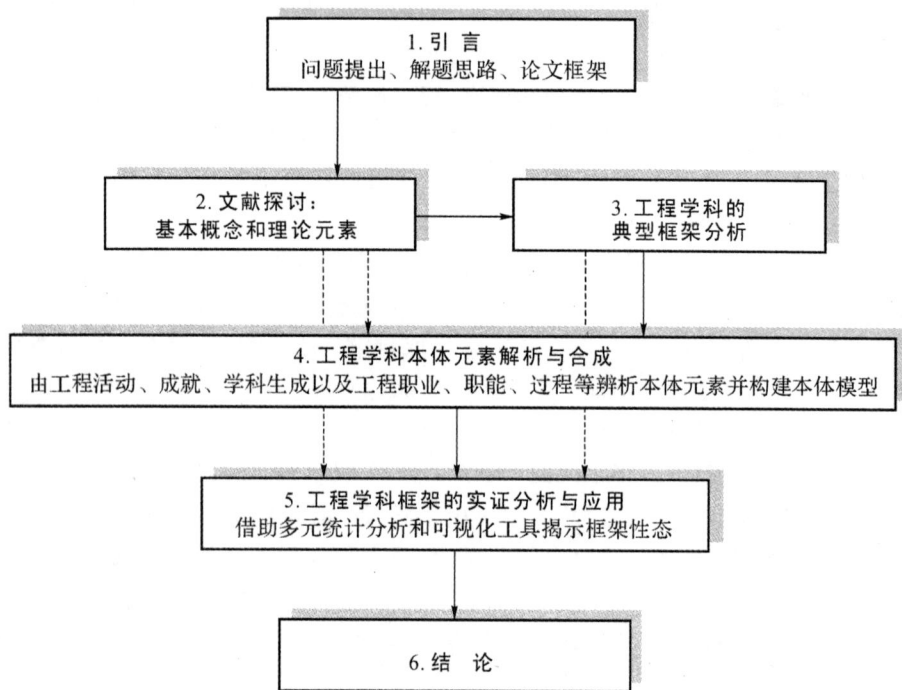

图 1.1   本研究逻辑结构图

02 文献探讨:基本概念和理论元素

本章集中讨论本书研究主题涉及的若干概念和相关理论。许多耳熟能详的概念和理论,其实一直以来众说纷纭。因此,本章的任务首先是力所能及地列举与识别它们,澄清误解,辨析混淆,进而探讨它们的重要属性和可能的应用。

2.1 工程、学科和专业的概念

2.1.1 "工程"概念辨析

本节详细地列介有关工程的种种界说和定义,识别工程概念的"活动"、"知识体"和"职业"等基本属性,并且加以深入讨论,以揭示可视为"第三种文化"的工程的丰富内涵。

2.1.1.1 关于工程的界说

许慎《说文解字》称:"工,巧饰也,象人有规榘也。""程者,物之准也。"(《荀子·致仕》)但"工程"一词,古亦已有之。据称该词始见《北史·列传第六十九》:"见于齐文宣营构三台,材瓦工程,皆崇祖所算也。"其后《新唐书·魏知古传》亦云:"会造金仙、玉观音,虽盛夏,工程严促。"《宋史》、《元史》等虽有记载,但并不多见。元代程端礼撰有《程氏家塾读书分年日程》,史称"读书工程"或"进学阶程"。及至清代,书中言及工程者不可胜数。在西方,工程(engineering)一词源出于与工程师(engineer)同一词根的拉丁词"ingenium"(攻城槌)和"ingeniator"(发明或操纵攻城槌的人)(Hicks,1977)。而早在埃及新王朝(公元前1750—1100年)的手稿中,就有了关于工程师的记载(Rogers,1985)。可见,无论中外,工程都是古老的事物。

"工程"有多种界说,现列举中外若干辞书给出的如下典型界说:

- 工程是土木建筑或其他生产、制造部门用比较大而复杂的设备来进行的工作，如土木工程、机械工程、化学工程、采矿工程、水利工程、航空工程。（《现代汉语词典》，1988）

- 工程是把自然科学的原理应用到工农业生产部门中去而形成的各学科的总称。（《辞海》，1979）

- 工程是把数学和科学技术知识应用于规划、研制、加工、试验和创建人工系统的活动和结果。有时又指关于这种活动的专门学科。（《自然辩证法百科全书》，1994）

- 工程是：(1)将科学知识运用于机器、道路、桥梁、电气设备等的设计、建造及控制的活动；(2)（工程科学）作为学科的工程学问，参见化学工程、土木工程、电气工程、基因工程、机械工程、社会工程。（OALD，7th edition）

- 工程是：(1a)科学和数学知识的运用结果，如设计、制造和操作经济有效的结构、机器、过程和系统；(1b)职业或工程师的工作。(2)熟练地操纵和指导，如地缘政治工程、社会工程。（AHD，4th edition）

- 工程是：(1)为实际目的的科学和数学原理的应用，如设计、制造，以及对有效和经济的结构、机器、过程与系统的操纵管理；(2)工程师职业，或由工程师从事的业务活动；(3)熟练地操作或指导，如地缘政治工程、社会工程。（Free Online Dictionary，2005）

- 用作名词的工程有三个意思：(1)科学对商业或工业的实际应用，同义词为"技术"；(2)与艺术和科学有关的为实际问题而应用科学知识的学科，同义词为"工程科学"、"应用科学"、"技术"；(3)安装发动机的场所（例如在船上），同义词为"轮机舱"。（WordNet，2005）

- 工程是应用科学知识使自然资源最佳地为人类服务的一种专门技术。（《简明大英百科全书》（中文本），1985）

- 工程是专注于工业和日常生活的结构、机器与其他装置的设计、制造和运行的专门职业。（Free Online Encyclopedia，2005）

若干著名的工程团体也有极为值得关注的工程界说：

- 工程是利用丰富的自然资源为人类造福的艺术。（《英国土木工程师协会章程》1828）（参见 Mayne，1982）

- 工程是把科学知识和经验知识应用于设计、制造或完成对人类有用的建设项目、机器和材料的艺术。（《美国土木工程师协会章程》1852）（参见 Mayne，1982）

- 工程是一种专门职业，（从事这种职业的人）需要把通过学习、体验和实践

所获得的数学和自然科学知识用于开发并经济有效地利用自然资源,使其为人类造福。(ECPD,1961)

● 工程是能熟练应用一种特殊知识体系的专门职业;该知识体系以数学、科学和技术为基础,并且整合了工商与管理,它们通过某一具体工程学科的教育和专业形成(professional formation)才能掌握。工程的目标是为工业和社会开发、提供和维护基本设施、产品与服务。(ECUK,2000)

● 工程是应用科学和数学原理、经验、判断,以及应用常识以造福人类的艺术。(ABET,1982)

● 工程指企业、政府、院校或个人从事的下述工作:它将数学、物理和/或自然科学应用于研究、开发、设计、制造、系统工程或技术操作,以创造和/或提供目的在于使用的系统、产品、过程和/或技术性质与内容的服务。(NRC,1985)

尤其值得注意的是 20 世纪末美国麻省理工学院(MIT)给出的工程界说:

● 工程是关于科学知识的开发与应用和关于技术的开发与应用的,在物质、经济、人力、政治、法律、文化限制内满足社会需要的一种有创造力的专业。(参见路甬祥,1996)

以上界说之所以典型,因为它们的来源一是重要的相关工具书,二是著名的相关机构,均具有代表性和权威性。至于不同学者的意见,文献所见也是见仁见智。表 2.1 列出了按年代顺序排列的 21 种工程定义,它们均出自历史上的名人之口。

表 2.1　21 种工程定义

1.工程是为了共同生活目的而应用科学。

——Count Rumford (1799)

2.工程是驾驭自然力供人方便使用的艺术。

——Thomas Tredgold (1828)

3.工程是组织调度人力、控制自然力量和材料以造福人类的艺术。

——Henry G. Stott (1907)

4.工程是经济地节约由大自然提供并储存的能源、动力和潜力以供人类使用的科学;正是以最佳状态利用能量的工程活动,才有可能最少地出现浪费。

——Willard A. Smith (1908)

5.工程是为解决经济生产问题而对科学的自觉应用。

——H. P. Gillette (1910)

续表

6. 工程是在事物或手段、方法、机器、设备和建筑物的生产、制造、建造、操作和使用过程中，应用大自然的规律、威力、特性和物质，来组织、指挥或调度他人的一门艺术或科学。

——Alfred W. Kiddle（1920）

7. 工程是以组织、设计和建造为手段、安全经济地应用科学规律控制自然力与材料为人类造福的实践。

——S. E. Lindsay（1920）

8. 工程是一项除纯粹体力劳动和体育运动而外的、为人类利益而应用自然物质和规律的活动。

——R. E. Hellmund（1929）

9. 工程是有效处理材料和动力的科学和艺术，……它涉及到最经济的设计和执行，……为保证满足设计条件和服务条件，其性能、精度、安全性、耐用性、速度、简易性、有效性和经济可行性必须最有利地加以组合。

——J. A. L. Waddell，Frank W. Skinner and H. E. Wessman（1933）

10. 工程广义上就是以一种经济的方式对科学加以应用以满足人类需要。

——Vanevar Bush（1939）

11. 工程是专业的和有系统的科学应用以有效利用天然资源去生产财富。

——T. J. Hoover and J. C. L. Fish（1941）

12. 专业工程的活动特征是对结构、机械、电路、工艺或其组合成为系统或工厂的设计，以及分析和预测它们在特定工作条件下的性能和成本。

——M. P. O'Brien（1954）

13. 理想的工程师是综合型的。……他不是科学家，不是数学家，不是社会学家，也不是作家，但他在解决工程问题时可能应用所有这些学科的知识和技能。

——N. W. Dougherty（1955）

14. 工程师参加使自然资源变为利于人类的可用之物的活动，同时参加提供性能优化、运行经济的系统的活动。

——L. M. K. Boelter（1957）

15. 工程师是世界物质进步的最关键人物。正是他借助把科学知识转化为工具、资源、能源和劳动力并服务于人类的工程，才使科学的潜在价值得以现实。……为做出自己的贡献，工程师要有想象力使得社会需要形象化，要有理解力去明白什么是可能的以及所处的技术时代和广义社会时代，以便他的设想变为现实。

——Sir Eric Ashby（1958）

16. 工程师已经是而且仍然是历史的制造者。

——James Kip Finch（1960）

17. 工程是以最佳转化天然资源的科学应用来造福人类的专业的艺术。

——Ralph J. Smith（1962）

续表

18. 工程不只是认识和书写像百科全书那样的渊博知识,不只是分析,不只是为不存在的工程问题寻觅优雅解法的能力,工程是有组织地迫使技术变化的实践的艺术。……工程师在科学与社会的界面上工作。

——Dean Gordon Brown; Massachusetts Institute of Technology (1962)

19. 工程师的责任在于必须明了社会的需求,并且必须决定如何将科学规律通过工程的活动最为适宜地满足社会的需求。

——John C. Calhoun, Jr. (1963)

20. 文明的故事,在一定意义上说,就是工程的故事,即人类长期而艰苦的斗争使自然力量为自身利益服务。

——L. Sprague DeCamp (1963)

21. 工程是制造实物的艺术或科学。

——Samuel C. Florman (1976)

资料来源:IEEE(1995):21 Definitions of Engineering.

　　国内为数不多的有关著作也有自己对工程的见解,例如:

　　《工程教育设计与工程设计方法》(冯厚植等,2003:3)认为,为了将工程与科学、技术区别开来,其定义至少应包括四个部分:(1)它的依托是科学、技术,还要加上经验判断;(2)它的目的是为满足社会需要以改造世界;(3)它必须考虑自然和社会的多种因素的制约;(4)它的结果应是产生出现实中还没有的人工产物,即有创造性。作者据此给出自己的定义:工程是"以科学、技术的应用为主线,考虑到多种自然和社会因素的制约影响,加上经验判断,为满足人类社会需要而改造世界,创造人工产物(包括实物硬件和非实物软件)的活动和结果"。

　　《工程哲学引论》(李伯聪,2002:7—8)注意到"学术术语"和"日常语言"的不同,指出日常语言的工程指四种情况:"一是一般性地指称大型的物质生产活动,例如土木工程、冶金工程、采矿工程";"二是在(广义的)生产范围中仅把那些新开工建设的或新组织投产的建设项目称为工程,例如三峡工程";"三是用于指称某些大型的科研、军事、医学或环保等方面的活动或项目",如"曼哈顿工程";"四是用于指称某些有具体而明确目标的大型的社会活动,例如希望工程"。从术语角度讲,作者则把"工程这个术语一般性地界定为对人类改造物质自然界的完整的、全部的实践活动和过程的总称"。

　　《工程教育基础:工程教育理念和实践的研究》(王沛民等,1994:19—21)在概括了"工程即技术"、"工程即科学"和"工程即专业"三类定义后评论道:它们"从不同领域反映了工程某个侧面的属性,包含了相对真理的成分。但它们的共同局限在于都把工程作为静止的东西,忽略了工程的动态过程,因而只能说明工程作为一个整体的某个侧面或阶段的属性,尚未能揭示出本质"。作者进而补充道:"工程是一种古老的文明活动";尽管工程范围不断扩大、工程手段日益丰富和更新,其基本涵义仍然是"为了人类生活得更好,创造、发明、设计和建造"。

众所周知,"界说"或"定义"出自拉丁文"definitio"或"difinitio",可惜该术语本身却缺少明确的定义。按照迈纳的说法(1984:24－28),定义(此处为动词,即下"定义")有四种目的:其一,"确定本质",其二,"确定概念",其三,"规定一个符号的意义",其四,"规定一个符号应在什么意义上使用"。

定义的第一种目的是"确定本质"。何谓"本质"? 这在哲学本体论上首先就是一个众说纷纭、世世代代皆可讨论的问题。当然,不妨碍人们在方法论上就"本质"的"特征"进行讨论、描述并达成一定的共识。人们普遍认为,"本质特征"是指那些对事物起决定性作用的基本特征。"本质特征"和"本质"本身有联系,但并不等同。确定了本质特征不等于确定了本质,所以描述事物基本特征并不能认为是在下定义,当然对事物基本特征的描述也不是下定义的目的。如此看来,探究和确定工程的"本质"不是一件容易的事,甚至是不可能的事。

定义的其他三种目的通常是混合在一起的,甚至看不出它们之间究竟有什么重大区别。事实上,人们需要确定一个词语,如工程,看它通常在什么意义上使用,那么词典和辞书基本上就能解决问题。然而,此时的该词语是在一般的意义上或在口语的意义上被使用的。本书中,仅仅在口语的意义上使用"工程"是不够的。我们需要区别或确定的是,在历史过程中,"工程"先后在哪些意义上使用过,希望尽可能完整地描述"工程"在某个意义上被使用的场景。

"工程"有哪些可以描述、解释和应用的意义呢? 综上所述,"工程"已经在三种意义上被人使用。或者说,人们已经注意到至少可从三个角度"看"工程:(1)把工程视为一种活动,给出工程的活动定义;(2)把工程视为一种知识体系,给出工程的知识定义;(3)把工程视为一种职业,给出工程的职业定义。

2.1.1.2 视为"活动"的工程

以上工程界说提到的活动有:文明活动、生产活动、社会活动、实践活动,以及创造人工产物的活动等。这些活动的最大特点,可用目的性、物质性、实践性和群体性来概括。

目的性:意味着这些活动都有自己的初衷或意图,活动的过程都以一定的目标为指向。目的性暗含着活动主体是人的命题。这里的人是复数、是人的群体。个人也可以从事活动,包括无目的的活动;但是群体的活动总是有着这样那样目的的。有目的的活动在发生或进行时,人未必出现在活动现场,如运行中的生产线和轨道上的卫星,但在它们的背后必然可见人的身影。

物质性：指这些活动的过程是借助工具的物质运动过程，其结果也是物质形态的。比如截断江河建筑一座大坝，其过程和结果显然都是物质的。如果只有水坝的设计图和纸上的施工方案，那么不能说这些图纸方案就是工程，但是可以把制作图纸和方案的过程视为工程活动的局部过程，因为它具体配置了人财物的资源。这个局部过程主要涉及人的思维活动，不过已经不是纯粹的精神活动及其记录，后者如哲学的思辨、数学的推理、文学的创作等。

实践性：指这些活动的对象是"做"而非"想"，是"行"而非"知"，或者说在时间序列中是"先行后知"、"行中求知"。有时候似乎"先知后行"，例如工科学生在校学习，但今天的知是为了明天的行，是为了能够解决真实世界的问题；工科学生的学习，与其说是为满足对未知世界的好奇心，不如说是为实现对未知世界的创造欲望。实践性把工程活动与科学活动相对明确地区别开来。

群体性：意味着进行这些活动一定要求合作，不是个别人的个别行为。工程活动的目的性、物质性和实践性的内在要求，也凸现在工程活动的群体性上面。发明家可以独自一人搞发明，艺术家可以关起门来搞创作，工程师则需要把工程活动的相关成员组织起来，指挥并带领大家一步步地实现工程的具体目标。技术、技艺的活动是工程的基本活动，但工程活动并不局限于此，因为它还要面对材料和人工的使用，以及与其相关的经济事项、政策法规、文化习俗，乃至生态环境等问题，这些都不是单个个人能够解决的。

由上可见，作为活动的工程有着自己的鲜明特征，虽然工程活动的外延很宽，但其内涵却表现为四项特征兼备的明确限定。综合这四种特性，基本上可以把工程与其他活动区分开来。

2.1.1.3 视为"知识体"的工程

"知识体"（body of knowledge）可以理解成许多知识或大量知识集合而成的系统（体系）。知识本身就是一个复杂概念。一般来讲，各种认识、认知和经验都可以视为知识，并不限于理性认识，更不限于书本理论。

事实上，对工程知识体系的最初认识，就是由经验和实践而来的。例如在工程领域最古老分支的土木工程，1828 年成立的英国土木工程师协会和 1858 年成立的美国土木工程师协会，其《章程》均指出工程是一种"艺术"（Art）。与此类似，有的界说也把工程视为一种艺术或技术。艺术是"艺"和"术"的统称。在古代中国，"艺谓书、数、射、御，术谓医、方、卜、巫"（《辞源》，1985）。在西方，艺术也有审美艺术（fine arts）和实用艺术（useful arts）之分，前者似可称为"艺"，后者似可称为"术"。与"术"相近的词语还有"手艺"/"技艺"（craft）、"技能"（skill）、"技巧"（technique），以及"技术"（technology）等。从"实用艺术"到"技术"，构成了一大类工程知识的集合（这也可能就是今天把工程和工程技术混为一谈的一个主要原因）。

工程知识的另一大类集合，是与工程相关的"科学"（science）知识的集合，后者被称为一种"学科"（discipline），即"应用自然科学原理的学科"，或"应用科学和数学原理的学科"。这里，关于（自然）科学的学科和数学的学科显然有别于工程类型的学科，前者似乎是"领导型"的知识体，后者似乎只能是作为"二传手"的知识体。在等级社会的学术界，"科学一流"、"工程二流"的偏见比比皆是，同时科学话语权的滥用又将此论点推向极致，进一步误导了社会公众。生产力水平愈是低下的社会，此种偏见愈大，对国家竞争力的致命冲击也愈大，这已经成为不争的事实。

为了摆脱"二流"知识的尴尬，新概念"工程科学"（engineering sciences）诞生了。据文献考察，"工程科学"术语首见于 1955 年美国工程教育协会（ASEE）发表的《Grinter 报告》（Harris,1994）。该报告历史性地提出，工程科学包含六大学科：

- 固体力学；
- 流体力学；
- 热力学；
- 热量、质量和动量传递；
- 电工理论；
- 材料性能和特性。

众所周知，已有 75 年历史并具有国际影响力的美国工程与技术鉴定委员会（ABET），其鉴定的学科（专业）领域除工程和技术外，已经扩展到应用科学和计算，计四大领域；其团体成员亦已达到 28 家，其中涉及的工程学科有：（ABET,2006）

环境工程（美国环境工程师学会 AAEE）；

测量工程（美国测绘协会 ACSM）；

宇航工程（美国航空航天学会 AIAA）；

化学工程（美国化学工程师协会 AIChE）；

核工程（美国核学会 ANS）；

农业工程，林业工程（美国农业和生物工程师协会 ASABE）；

建筑工程，土木工程，结构工程（美国土木工程师协会 ASCE）；

通用工程（general engineering）（美国工程教育协会 ASEE）；

供热制冷和空调工程（美国供热制冷和空调工程师协会 ASHRAE）；

机械工程,工程力学(美国机械工程师协会 ASME);

生物工程及生物医学工程(生物医学工程学会 BMES);

软件工程,信息系统(计算机科学鉴定委员会 CSAB);

计算机工程,电气和电子工程(电气和电子工程师协会 IEEE);

工业工程,工程管理,工业管理(工业工程师协会 IIE);

陶瓷工程(全国陶瓷工程师协会 NICE);

车辆工程(汽车工程师协会 SAE);

制造工程(制造工程师协会 SME);

地质/地球物理工程,矿业工程(矿业、冶金和勘探协会 SME-AIME);

船舶和轮机工程,海洋工程(船舶和轮机工程师协会 SNAME);

石油工程(石油工程师协会 SPE);

材料工程,冶金工程,焊接工程(矿产、金属和材料协会 TMS)。

上述 33 种工程学科与"自然科学原理"和"数学原理"密切相关,但被简单认为是后者的"应用"则有失偏颇,因为这些工程学问有其独特的对象(人工自然和人工物)、有其独特的方法(包括试探法在内的工程方法),以及有其毋庸讳言而且需要标榜的功利目标(以工程的产品和服务造福人类)。总之,作为知识体系的工程,至少涉及"工程技术"和"工程科学"两个大类。正如它的英文词汇的后缀"-ing"所表征的那样,工程知识体是行动中的"做"的学问,是在进行中求知以便把事情做得更好的学问。

2.1.1.4 视为"职业"的工程

所谓职业,是社会中的个人所从事的作为主要生活来源的工作。成千上万种职业在西方分成"普通职业"和"专门职业"两类,前者称为"trades",后者称为"profession"(参见郑晓沧,1936:62-66)。在经济全球化的进程中,改革开放的中国开始注意、认识和引进"profession"的概念,在专业技术职称评定、专业资格认证和注册、专业团体构建等方面,开始尝试建立有特色"profession"的社会建制。

上文的若干界说都把工程定义为"profession",即把工程视为一种专门的职业,其中 ECPD 的界说则是文献所见的较早的工程职业定义。该定义由美国工程与技术鉴定委员会(ABET)的前身美国工程职业发展协会(ECPD)于 1961 年正式提出,它表达了工程职业的四重要义,即:(1)工程职业的使命是"为人类造福";(2)完成该使命的途径是"开发并经济有效地利用自然资源";(3)为此而运用的专门工具是"数学和自然科学知识";(4)掌握该工具的方法是"通过学习(study)、体验(experience)和实践(practice)"。

进入 20 世纪 90 年代,美国麻省理工学院(MIT)把工程的职业定义大大推进了一步,指出"工程"是"一种有创造力的专门职业"。正如冯·卡门(Theodore von Karman)指出的那样:"科学家探究已有的世界,工程师创造全无的天地"(*Wikipidia*,2006)。"创造"这一界定,揭示了工程几乎被人遗忘的最基本特征。MIT 的这个定义,同时也阐明了工程的实践本质(对科学知识、技术两者的"开发与应用")。它既纠正了 200 多年来单纯技术的狭隘观念(强调对科学知识的"开发与应用"),也摆脱了将近半个世纪盲目尾随科学的附庸地位(补充对技术"开发与应用"的同时,指明对科学知识既要"应用"更要"开发")。MIT 率先提出这个"工程"新概念,在科学独秀、理论至尊的学术传统氛围中是个非常之举。它为工程教育带来了新鲜空气,也为新世纪工程教育的健康发展指出了明确方向。前不久,MIT 的工程定义又有新的陈述:"工程是整合人、物质和种种经济资源以满足社会需要的创造性专业(profession)"(MIT,2005),但其内涵并无改变。

工程的职业定义是个相对完备的定义。作为一个着眼于"人"的工程定义,它把工程活动的主体和工程知识的载体同时推到了大众面前,一方面从内容和过程上揭示了工程教育的典型特征,一方面也展现了工程人才职业生涯的广阔前景,以及对他们充满诱惑的极度挑战。

总而言之,对"工程"的多种界说,至少可从三个角度加以考察,一是视之为一种造福人类的实践活动;二是一种涉及科学技术的知识体系;三是一种创造尚未有过的世界的专门职业。当然,工程也还是一种最古老而又充满活力的文化。如果说科学文化和人文文化是"阳春白雪",工程文化就是"下里巴人"。这种与人类物质生活密切相关的造物和做事的文化,是现实性、普及性和大众性的。"两种文化"的世界里只有科学和艺术的殿堂,真实的世界里却不能没有作为"第三种文化"的工程。

2.1.2 "学科"概念辨析

作为本书讨论的第二个基本术语,学科的概念更加是众说纷纭。本书尽其所能给予梳理、厘定,最后给出一个操作性的定义,即:学科是累积形成的知识体及其制度化的功用发挥。

2.1.2.1 辞书上的学科界说

1978 年 12 月,中国社会科学院语言研究所编的《现代汉语词典》由商务印书馆出版。词典给出"学科"的注解是:(《现代汉语词典》,1985:1308)

(1)按照学问的性质而划分的门类。如自然科学中的物理学、化学。

(2)学校教学的科目。如语文、数学。

(3)军事训练或体育训练中的各种知识性的科目(区别于"术科")。

1979年10月,上海辞书出版社出版三卷本《辞海》。书中"学科"的释义是:(《辞海》缩印本,1980:1126)

(1)学术的分类。指一定的科学领域或一门科学的分支。如自然科学部门中的物理学、生物学,社会科学部门中的史学、教育学等。

(2)教学的科目。学校教学内容的基本单位。如普通中小学的政治、语文、数学、外国语、物理、化学、历史、地理、音乐、图画、体育等。

1980年8月,我国第一部综合大型百科全书《中国大百科全书》由中国大百科全书出版社按学科分卷出版。其《教育卷》"学科"条目的释文是:(《中国大百科全书·教育》,1980:434)

教学科目,也称科目。依据一定教学理论组织起来的科学基础知识的体系。为了教学的需要,把某一门科学的浩繁的内容加以适当的选择、合理的组织和排列,使它适合学生身心发展的水平和某一级学校教育应该达到的程度。这就形成了同这门科学相对应的学科。

学科同它相对应的科学既有联系又有区别。学科应当把公认的科学概念、基本原理、规律和基本事实教给学生,并能反映这门科学的最新成果。它的内容应当是科学上有定论的、比较稳定的、重要的基础知识。学科的体系既要反映科学的体系,又要适合教学的要求。

网络中文版大百科全书 *Wikipedia* 所列的"学科"释文与《中国大百科全书》相仿,即:

(学科)是根据教学目的而划分的教学内容的各门科目,狭义上也指课程。

这些辞书就"学科"所给的权威界说大同小异,但仔细分辨还是有一些差别:

首先,学科就是与教学相关的科目,这是共有的基本看法。四种来源都有此种界说,甚至两种百科全书只给出这一种界说,然而对"科目"的说法各有不同。

其次,《现代汉语词典》注意到"科目"不仅与教学相关,也与训练相关,例如军事的训练、体育的训练;但是这些训练科目只涉及"知识性的"内容,而不涉及技能性的"术科"的内容。

最后,学科就是分门别类的学问(《现代汉语词典》),或分门别类的学术(《辞海》)。两者的差异在于"学问"和"学术"的区别。学术是一种学问,通常指较为专门的、有系统的学问;而学问的本意一是"学习"、二是"问难",现在通常把各种知识都称为学问。常用的语言工具软件《金山词霸》说得比较直白:"学科:某一门类系统的知识。"当然,在学术界或许只认得所谓"学术"的学问,不会认同"学术"以外学问的学科。可以说，以学术界定的学科相对狭窄，以学问界定的学科较为宽广，后者把术语"学科"的应用推广到学术界以外，实际上也就打破了学术（尤其的传统学术）对学科话语权的垄断。

总之，当人们在使用同一个术语"学科"时，在实际上可能谈的事情大相径庭。如果再考虑到话语权的归属，进而争论其"正当性"、"合法性"，那么对学科的认知则更是名副其实的"仁者见仁，智者见智"。

2.1.2.2　学科是个外来语？

有学者断言："'学科'一词并非中国固有，乃译自英文 discipline。"（余欣，2000）也有学者宣称：学科的"英文为 discipline，它是在科学的基础上发展起来的，反映的是概念、范畴、定理等之间的逻辑关系；它把不同的知识汇总成一个有机联系的整体，按照一定的逻辑结构，将科学所发现的概念、原理等整合起来。它所关注的维度是逻辑关系"（孟登迎，2006）。多数中文作者的意见亦如此，即认为"学科"一词直接对应的英语单词是"discipline"。

但是英语中的"discipline"有多种释义，不仅包括学科，也表示学术领域、课程、纪律、严格的训练、规范、准则、戒律、约束，乃至熏陶等等。查《美国传统辞典》（*American Heritage Dictionary*），用作名词的"discipline"，其意有 8 种：

- 训练；为有某一特定性格或行为方式而进行的训练，尤指为在道德和智力上的完善而进行的训练；
- 由纪律训练而养成的克制行为；自我控制；
- 由强迫顺从或执行命令而得到的克制；
- 纪律；学会服从的系统方法，如军纪；
- 基于服从规则和上司的秩序状态；
- 为纠正或训练而进行的惩罚；
- 整套规则或做法，如教堂或寺院里规定的教规戒律；
- 学科；知识的分支或教学的分支（a branch of knowledge or teaching）。

作为动词使用的"discipline"其意也有 4 种：

- 训练；通过教学和实践来调教，尤指自我克制的训练；
- 讲授；为遵守准则、服从权威的讲授；
- 惩罚；为了控制或胁迫他人遵从而处罚；
- 强行规定。

英语中 discipline 的多义性和复杂性时常让中国人费解，对英国以外的欧洲国家也不例外。2000 年，欧洲 27 个国家 112 所工科院校发起一项大型的工程教育改革项目"Enhancing Engineering Education in Europe"，即所谓"E4"（见

E4 web site:http://www.ing.unifi.it/tne4)。项目参加者注意到,由于各国语言文化的差异,他们在各种会议和报告中即使翻译成同一个英文词也会产生不同的理解,从而引出歧义、造成混乱。为了 E4 项目的顺利合作进行,他们专门编制出一套《工程教育术语表》(*Glossary of Terms Relevant for Engineering Education*)。在"discipline"词条下有这样的说明:"该词有许多不同的用法。我们宁愿不去用它,而用 'Field of study','Branch of study','Subject'替代之"(Augusti,et al,2003:7)。前者的意思很明确,那就是"学习领域"、"研究分支"和"科目"。E4 的术语表弃 discipline 而不用的深层理由在于,既然作为"术语"那就不是一般的语词,它必须具备自足自洽的"本系统性"(朱青生,2003)。一个术语不可以超出"自足"的范围,即没有一词多解的可能,也没有多余意义可供表述其他意义。另外,每个术语在系统中有它的特定位置和辖域,术语之间的关联要"自洽",原则上不能意义重叠,也不能在两个关联意义中间出现疏漏。由于《工程教育术语表》提供的是有关工程教育的成套的术语,它们在其中相互关联,个个安分,多解多意的 discipline 在此"落选"也就在情理之中了。

据称,英文"discipline"源于拉丁词"disciplinare",前者意为"to teach"(见 answers 网,2007)。这表明从最根本的意义讲,学科是一种与教育和训练相关的东西。人们通过学科的教育和学科的训练,可以产生特定的行为特征或模式,尤其是在某个方向上导致道德、身体或心智的发展。但学科的最初意义不限于此。正如优秀辞书 *Le Petit Robert* 1 所介绍,11 世纪 80 年代的学科含义有"处罚"、"破坏"、"劳苦",14 世纪出现让人就范的"纪律"、"鞭苔"、"教导"的含义,直到 1409 年才始见其"知识分支"的现代意义。这先后出现的三重意思均由古典拉丁词"disciplinare"表达并使用于相应场合,因为直到 17 世纪拉丁文都是大学通行的语言。(见 Lemelin,2000)

2.1.2.3 历史上的学科变迁

真正要回答"什么是学科"这样的本体论问题,那就无法像辞书那样三言两语地给出答案了。我们暂且接受学科是"外来语"的假设,先来简要考察西方文明史中的学科变迁(参见 Lemelin,2000)。

据称在 2500 年前的古希腊时代,就已经有了确定什么是知识、什么是学问(science)、什么是"epistêmê"的学科分类。在柏拉图的学园(academy)里,已经开设供精神享用的几何、哲学、辩证法、伦理学和音乐(诗歌),以及为了身体强健的体操。在亚里斯多德那里,同样设有辩证法和伦理学,外加修辞学、诗学,以及一种生物学、物理学、形而上学和逻辑。

到了中世纪,当经院哲学(scholasticism)主宰大学的时候,开办了称为"七艺"(the seven liberal arts)的论坛或研讨会。"七艺"又分为"三艺"(the trivium,即文法、修辞、辩证法)和"四艺"(the quadrivium,即算术、天文学、几何、音乐)。根据拉班(819:119—124)的见解:"文法"的名称取自它的书写特性,它是使人正确阅读、写作和讲演的学问。"修辞"是在日常生活中运用世俗智慧有效地说话的学问。"辩证法"是理解的科学,它使人能更好地思考、下定义、作解释和区别真假。"算术"是数的科学,是可以用数字测定的抽象演绎的科学。"天文学"说明天穹中星体的法则,确定太阳、月亮和星星的运行路线,也是为了准确地计算时间。"几何学"能解释人们所观察到的各种形式,在建筑教堂和神庙方面也有用途。"音乐"是关于音调中被感觉到的旋律的科学。这些学科虽然粗浅,但在当时都是实用有益的。用今天的眼光看,若把音乐除外,"七艺"实际上是把"文、理"或"语、算"作了一个基本的区分。

后来到了培根(Francis Bacon),他提出近代科学史上第一个"科学分类"(classification of sciences),旨在为国家担保的预备教育所用,后来也成为法国资产阶级启蒙运动时期"百科全书派"的武器。培根认为,人类有三种思维的能力,即记忆能力、想象能力和判断(理性)能力,人类的知识也相应地分为三大学科:历史、诗歌和哲学。历史包括自然、政治、教会和学术的历史;诗歌分为叙事式、戏剧式和寓言式诗歌;哲学则又分为自然哲学和人类哲学。(余丽嫦,1987:156)。

到了17世纪,在被人誉为"通晓每门学科的最后一人"的莱布尼兹以后,知识开始支离破碎起来,学科的数量也与日俱增。最重要的是在德国,从康德到黑格尔和洪堡,开始形成一种学院教条或教义(doctrine of faculties),并且随着高等教育"德国模式"的风靡世界,这种教条成了大学灵魂的一部分。以创办柏林大学为标志之一的洪堡改革,把对所谓最纯粹和最高形式的知识(德文 Wissenschaft,英文译为 sciences)的研究引进大学,这类知识远不只是自然科学,也不是一种专门化的知识,而是一种学习方法、心理态度,以及一种思维能力与技巧。柏林大学第一任哲学教授黑格尔即为这类知识研究的代表。这类知识的"纯粹"程度令人咋舌,以至于"医学教授不允许去看病人,工程学之类的技术科目在19世纪末以前不能列进大学课程"(珀金,1984:35)。

在19世纪稍晚的时候,还有几个值得提及的典型分类:

一是安培(André Marie Ampère)的分类。该分类从科学包含宇宙科学(cosmological sciences)与心灵科学(noological sciences)两个大门类出发,首先分成4个亚门、8大分支和16个领域,进而再细分为32个第一级科学、64个第二级科学和128个第三级科学。

一是孔德(Auguste Comte)的分类。除了数学,他把全部学科按照从无机的科学(天文学、物理学、化学)到有机的科学(生物学和社会学)的原则进行划分。孔德学科论的突出贡献在于,除了把研究社会的科学定名为社会学,再就是提出学科发展三阶段说:虚构阶段(神学)、抽象阶段(形而上学)和实证阶段(科学),各门学科发展的先后进程可能不同,但它们是走向成熟的必经阶段。

一是斯宾塞(Herbert Spencer)的分类。该分类部分与孔德分类相似,只是从逻辑和数学(抽象科学)开始,再到天文学、地质学、生物学、心理学和社会学(具体科学),而力学、物理学和化学则是从抽象到具体的都有。在斯宾塞的科学体系里,科学就像一个连续进化而无间断的生物有机体。

所有这些分类,都是基于神学、形而上学、数学、物理或生物的"学说"(doctrine)及其"教条"(dogmas)。它们虽然不一定要在大学学科里实现,但是渐渐被学系、学院、大学或其他中学后的院校所接受,陆续转变为教育机构中的具体学科,成了至今仍被视为大学正统的学术性(科学)学科。

在中国的社会文化中,"学科"一词虽然出现较晚,但"学"与"科"则古已有之。"学,识也","学,教也"(《广雅》)。"科"从禾、从斗。"斗"的意思是"量",合起来指衡量、分别谷子的等级品类。所以"科"者,分也,本义就是分类分级。西方中世纪有"七艺",我国西周时期在继承商代教育传统基础上则以"六艺"为基本学科:礼、乐、射、御、书、数。到孔子手上进一步光大,充实新鲜内容,创设新的学科,其晚年编定《诗》、《书》、《礼》、《乐》、《易》、《春秋》,亦称"六艺"。

"六艺"之后,我国还有两个重要的学科分类(刘仲林,1998:34-35)。一是在汉代由刘向、刘歆父子提出的"七略"分类法:首略"辑略"为序,其他六略依次为"六艺略"(含易、书、诗、礼、乐、春秋、论语、孝经、小学),"诸子略"(含儒家、道家、阴阳家、法家、名家、墨家、纵横家、杂家、农家、小说家),"诗赋略"(含赋一、赋二、赋三、杂赋,歌诗),"兵书略"(含权谋、形势、阴阳、技巧),"术数略"(含天文、历谱、五行、蓍龟、杂占、刑法),"方技略"(含医经、经方、房中、神仙)。二是西晋时期由荀勖首创"四部"分类法,后至唐代此分类法得以大体定型,清代《四库全书》则予以完整化、系统化。四部者,经、史、子、集是也。其"经部"包括易、书、诗、礼、春秋、孝经、五经总义、四书、乐、小学凡10类;"史部"包括正史、编年、纪事本末、别史、杂史、诏令奏议、传记、史钞、载记、时令、地理、职官、政书、目录、史评凡15类;"子部"包括儒家、兵家、法家、农家、医家、天文算法、术数、艺术、谱录、杂家、类书、小说家、释家、道家凡14类;"集部"包括楚辞、别集、总集、诗文评类、词曲凡5类。

在漫长的封建社会,"四部之学"为中国学术之大全,且以儒学经史一脉为正统。鸦片战争以后，文人士大夫所热衷的这些空疏腐朽的学问始遭痛诉，加之"经世之用"学风的兴起和"西学东渐"潮流的冲击，高谈阔论地培养"通才"的"通儒之学"，开始向讲求实用地造就"专才"的"专门之学"转型，西方的学术分科以所谓"七科之学"（文、理、法、医、农、工、商）在近代中国逐渐立足生根。

总之，若把学科放在历史长河中考察，学科其实就是推陈出新的知识分类，只是这些不同分类各有自己的功用和目的，而且其结构和内容变动不居、与时俱进。

2.1.2.4 社会学的"学科规训"

20 世纪 90 年代后期，我国大陆的社会学文献中出现一个新鲜词汇叫"规训"，使用频率极高。2007 年 3 月 18 日，笔者作网络检测，Google 搜索"规训"有7.3 万条、百度搜索有 9.7 万条；利用百度进一步搜索，"规训"、"教育"计达 5.6万条，"学科"、"规训"共 2.02 万条，"学科规训"649 条。当代汉语的这个新词汇从何处而来？表达什么意思呢？

有文献指出，"规训"对应着英文"discipline"，因为"discipline 同时包含了学科和规训两层意思"（周慧之，2002）。此说并不让人信服，因为作者并没有给自己的说法提供证据。可能文章作者此前读过三联书店 1999 年出版的《规训与惩罚——监狱的诞生》。这是一本法国著名思想家米歇尔·福柯（M. Foucault，1926—1984）的代表作，1975 年问世。正如该书译者在《译者后记》所言（见福柯，1975）：

> 本书的法文书名是 *Surveiller et punir*，直译过来是《监视与惩罚》。但是福柯本人建议英译本将书名改为 *Discipline and Punish*。这是因为 discipline 是本书的一个核心概念，也是福柯创用的一个新术语。在西文中，这个词既可以作名词使用，也可以作动词使用；它具有纪律、教育、训练、校正、训戒等多种释义，还有"学科"的释义。福柯正是利用这个词的多词性和多义性，赋予它新的含义，用以指近代产生的一种特殊的权力技术，既是权力干预、训练和监视肉体的技术，又是制造知识的手段。福柯认为，规范化是这种技术的核心特征。福柯对书名的改动，显然是为了突出这一术语。基于上述情况，我们可以看到在一些谈到福柯的文章或译文中关于这个术语有各种各样的译法，有的译为"纪律"，但也有的译为"戒律"或"训戒"。根据对本书的理解，尤其是考虑到福柯把"规范化"看作是现代社会权力技术的核心，也为了便于名词和动词之间的转化，我们杜撰了"规训"这一译名，意为"规范化训练"。书名也采用英译本的书名，译为《规训与惩罚》。

译者这番话似乎缺少说服力。因此有人委婉地批评道：

> 对比最初台湾版的翻译，译者又做了精心的修改，使现在这个译本无论准确性还是流畅性，都堪称佳译。当然翻译的质量是建立在作者对福柯思想的全面研究的基础上的，这一点恰恰是现在许多翻译所缺乏的。不过，将 discipline 译为"规训"，仍有"造字"之嫌，而现有的"纪律"一词却似乎更贴切。毕竟在尼采和韦伯那里，这个词都译作"纪律"（所以这个概念也并非如译者所言，是福柯的"独创"）。（刘北成和杨远婴，1999）

当然，偏爱使用"规训"的作者也可能读过同样由三联书店 1999 年出版的《学科·知识·权力》，因为该书有两章专门讨论"学科规训"："学科规训制度导论"和"教育与学科规训制度的缘起"（华勒斯坦，1999：13－14）。但有细心的读者提出了质疑，书中原文究竟用的是"discipline"，还是"disciplinary"："这本书主要说的是'学科'，不过我没找到原文，所以不知道他用的是 disciplinarity 或是 discipline。这两个字的不同是：discipline 中文译为学科、规训、军规、教规等，基本上有'学科/规训'双重的意义；disciplinarity 亦为学科，但是非指单一学科，而是概念上的，有人翻为'学科规训制度'。"（乌来，2004）该文作者一方面赞成把 disciplinarity 译为学科规训制度，一方面也默许 discipline 可以译为规训。

考察相关的中文文献，"规训"最早由台湾学者提出，而后为大陆不少学者认同、借用并形成今天的气候。但愿不是简单地追求时尚和新潮，应当看到"规训"即使在台湾也仍有许多争论。"值得商榷的地方在于译者把 discipline 这个英文字翻成'规训'"，但学界基本上对"规训"采取一种比较宽松的定义："只要任何与权力、教化、道德搭得上线的东西在台湾全部被称为规训。"（姚人多，2003）

"规训"的大白话，就是规范化训练，就是按照规定方式和路径、达到规定的标准、带有某种强制性的训练。在社会学家那里，学科是一种社会结构，但不能把该结构中的基本问题简单地归结为训练，因为训练不等于教育。教育除了强制性的一面，还有更多的启发、教化、形成、成长性的一面，而学科是要与教育、训练乃至其他活动发生关系和相互影响的。从社会学的视角探讨学科的社会文化和政治属性，阐述学科形成和发挥作用的社会学机制，都是值得尝试的，可是它们还难以替代对学科本身的界定。

2.1.2.5　学科的操作性定义

"学科是什么？"从历史的角度看，学科是知识分类；从社会学角度看，学科是规训制度。当然还有更多的界说，例如：

学科是"任何一种较为自洽和独立的人类经验范围，前者拥有专家们自己的社区，以及与众不同的种种元素，诸如共同分享的目标、概念、事实、默认的技巧和方法论等"。(Nissani,1995)

学科：(1)具有明确的对象，且对该对象定义具有一致的赞同；(2)具有在多数学者之间身份认同的证据；(3)由权力和公共机构来划定。对一门具体学科而言，它(1)不仅是把知识组织起来，还要把学者和大学组织起来；(2)既要不断自我强大，还要维持相对稳定；(3)要有自己的规范和比邻近的其他领域更强的自我意识。(Wæver,2004)

学科明显是一种连接化学家与化学家、心理学家与心理学家、历史学家与历史学家的专门化组织。(克拉克,1981:34)

学科是教学的一种组织形态，但不是教学的唯一组织形态。学科虽说不是唯一的教学组织形态，却是学校教学的典型的组织形态。(欢喜隆司,1990)

学科是主体为了教育或发展需要，通过自身认知结构与客体结构(包括原结构和次级结构)的互动而形成的一种具有一定知识范畴的逻辑体系。(孙绵涛,2004)

还可以列举其他的界说，但仅此可见，学科涉及到三个有区别的范畴：(1)学术或科学范畴，(2)教育教学范畴，(3)组织和制度范畴。学术或科学的活动可以分别在大学内外进行，教育教学活动则必定在大学内进行，唯有大学这种社会建制通过知识的产生、传递和应用把两种活动整合起来。学科既是认识的对象，也是工作的对象。从学科的操作技术层面讲，这个"高等教育系统区别于其他系统的特有的基本结构"需要从知识活动的全过程出发才能把握：

从传递知识、教育教学角度看，学科的含义指的是"教学的科目"(subjects of instruction)，即教的科目或学的科目。从生产知识、学问研究的角度看，学科的含义则是指"学问的分支"(branches of knowledge)，即科学的分支或知识的分门别类。在大学里，教学和研究都要由人去做，而且组织起来去做才有效益和效率。从这个角度看，学科还有一层毋庸置疑的含义，那就是指学界的或学术的"组织单位"(units of institution)，即从事教学和研究的机构。当然，学科这个事物还有其他侧面的含义，例如从知识的应用与创新角度看，学科的内容和形式、价值和范畴、孕育和成长、演变和消亡等均有自己的特殊属性，理当有别的界说。但是，"教学的科目"、"学问的分支"、

"学界或学术的组织"这三个意思最为基本。(孔寒冰等,2001)

对学科的种种主张,尤其是对哪些知识体系是学科、哪些知识体系不是学科,学者之间总是争论不休。过去争论了 2500 年,今后还会继续争论下去。这些争论可以标榜为"追求真理",其实是学者们在为自己争取学科知识产品的正当性和合法性,以便它们得到价值承认和理解应用,进而使自己的劳动得到承认和尊重。那么由谁来充当裁判,宣布它的有效性和合法性呢? 大学以及各种学术专业团体就在扮演此种角色,承担着这个使命,因为它们拥有知识资本,具有一种通过评议来判定"正统学术知识"的能力。历来的大学都是根据教师在学科中的表现决定是否给以长期聘用,根据学生掌握学科知识的程度来授予学位。整个"通识教育"建立在培养学生认知能力的观念之上,强调的是博闻强记,讲究的是学生"聪明",不在乎学生将来是否"能干"。大学对文理学科"通识教育"的过分倾心与关爱,排斥了分析问题必须的批判性思维的开发,也放弃了对解决问题的行动能力的训练。大学总是认为自己的知识是独特的,其产品似乎也要比其他知识产品来得有价值。尤其是文理学科长期形成的这种优越感,有形无形地控制了大学,让文理以外的学科自惭形秽。

不管这些主张和争论的细节如何,学科总是存在于一个确定的概念框架内。这个框架是一套由学科成员们认同的概念组成的典型结构,学者利用它们来确保知识加工的有效性和合法性。框架的典型结构包括共享的内容主题和运作方式,它们反映着学科的本质特征。正如 Johnson(2002)所言:

> 一个学科的特征是什么? 普遍接受的学科特征有两个:一是独特的知识体系,一是独特的方式方法。两者当中,知识体系相对容易确定,方式方法则必须从该学科形成之初即予以考察。缺少两者,一个新的学科只能是现成学科的派生,无论如何不会被认为是一门独立的学科。

从认识论角度看第一个特征,学科是相关知识内容的集合。我们知道,科学是由其研究对象界定的,但学科并非全部如此,学科既可以落在学术范畴,也可以落在教学范畴。就教学范畴的部分学科而言,如果它的内容涉及一门具体的科学(如物理学、生物学等),那它关心的是这门科学的现成概念、原理和理论,并按照认知要求将主题顺序排列,无须涉及研究对象的发现过程。对另外部分学科而言,如果学科的内容是一个领域或范围——如宗教、历史等人文社会科学,以及文化研究、妇女研究、工程教育研究等各种"研究"(studies)——那它实际上是对该领域主题和研究内容的一种不确定性选择，其中并不存在什么"客观规律"。两种情况都是对学科的人为划分和制度性安排，其根据是一种看似超然的学术理由和行政意图。这些理想的、政治的、经济的或历史和社会的理由和意图，不可避免地涉及教师、利益集团、社会阶层和学生今后的工作、职业（professions）等等，并不仅仅是学科知识本身。这样，撇开大学以外的学科不谈，由大学产生的学科导致了由学科产生的院校学系，乃至形成一种学科的制度和文化；其中，对学科的礼拜转而成为对自己礼拜的学科，进而变成大学的自我陶醉和笃信的学术宗教。

从方法论角度看第二个特征，学科是运作知识内容的手段和方式，暗示着某种权威的存在。在以往，学科只是用作针对学习（learning）和教学（teaching）、研究（studying）和探索（searching）的一种工具、一种引领入门的方法。但在人类 21 世纪的知识社会，走出象牙塔的学科知识卓有成效的直接应用，展示了学科手段的巨大威力。因为学科有这些功用，所以人们才更多地说教育而非训育、说训练而不说驯化，称学生为弟子而不叫信徒，才更深切体会到 500 年前培根所说的"知识就是力量"。体现学科特征的学科方法和学科内容是共生的，选择什么（内容）与如何选择（方法）总是相互联系在一起。学科的认识论和方法论的这种统一，就像是某个关系网络中的结点，把经线与纬线交织起来。进一步说，大学设计教学计划，其基础可以不是纯粹的学科主题，而是若干个问题，一个问题就是这样一个结点。甚至再进一步，一所大学（或学院）也可以是这样一个问题式的大结点。

总之，从主题的历史的视角看学科，可以知道人类知识的积累过程与划分，发现经典学科变迁的来龙去脉，了解它们至今仍在大学占居优势的深刻原因；从方法的视角看学科，可以识别一门经典学科不同于一种以问题为框架的学科，懂得学科运动方式的功用与威力。探讨"学科是什么"的本体论问题，不如从学科的认识论和方法论去看会更加便捷和实际。如果非得给学科下个"定义"，那么似可简单地说：学科是知识体的形成、应用与制度化。

2.1.3 "专业"概念辨析

与"学科"一样，"专业"在中国也是一个频繁使用而又语意不清的词汇。本书对这个基本术语的多种释义进行分析和评价，探讨社会学和中国的教育学对"专业"的不同理解和应用，指出"专业"在今天产生歧义的原因，可能是半个世纪前误读了两个不同的俄文词"специальность"和"профессиональность"，从而混淆了"专门"（专攻、专门化）与"专业"所致。

2.1.3.1 专业的多种释义

《现代汉语词典》(1985:1518)的"专业"释义有两条:

> (1)高等学校的一个系里或中等专业学校里,根据科学分工或生产部门的分工把学业分成的门类。(2)产业部门中根据产品生产的不同过程而分成的各业务部门。

《辞海》(缩印本)(1980:29)的"专业"释义只有一种:

> 高等学校或中等专业学校根据社会专业分工需要所分成的学业门类。中国高等学校或中等专业学校,根据国家建设需要和学校性质设置各种专业。各专业都有独立的教学计划,以体现本专业的培养目标和规格。

其实就字面讲,"专业"就是专门的"业"。汉语中表达"业"的名词有多种,如:学业、功业、事业、家业、产业、行业、职业,等等。以上两种辞书诠释了作为专门学业的"专业",仅有汉语词典的第二解略微涉及其他的业,后者似乎有劳动分工和专门职业之意,但是语焉不详。在当代中国,人们普遍理解和接受的专业概念正是指专门的学业。英文中的 course of study、major、program、specialization、concentration 等用词,其意与专门学业的"专业"大致相当,但其口径要宽得多。在中文语境中,专门职业的"专业"很少使用,相应的英文表达是 profession,但人们宁可将它译成"职业"而非"专业"。可能在我国的文化和语汇里,原本没有作职业解的"专业"之故;虽然早在 70 年前,我国教育学家和教育家郑晓沧先生(1936)就已经指出了不同于普通职业的专门职业:

> 西洋分别职业 occupation 为数种,所谓 trades,不须多事训练,如工匠之类;至如医师、教师,则为 profession,须多量之修养,又其努力之对象,不为小己之利益,而为人群之幸福,此则正与居"四民"之首之"士"者相当。

《中国大百科全书·教育》(1980:568)似乎表现出一种谨慎,它没有收录"专业"条目,而是收录了"专业设置":

> 高等学校和中等专业学校按学科分类或职业分工而设置的各种专业。……中国高等学校分文、理、工、农林、医药、师范、财经、政法、体育、艺术等

科，中等专业学校大致类似高等学校。根据国家需要和学校的条件，在每科之下设置若干专业。

这里的"按学科分类"和"按职业分工"其实明确给定了"专业"的设置标准，按后一种标准设置的"专业"显然针对了专门的职业，它所对应的正是 profession。

英文文献对 profession 的解说是极为丰富的，例如：

网上《自由词典》(Free Dictionary，2007)提供了专业的两种解释：

> (1)像法律、医药或工程那样要求可观训练和专门学习的一种职业。(2)某个职业或领域中有资格人士的团体。

网上《维基百科》(*Wikipedia*，2007)对专业作了这样的描述：

> 专业人员需要通过完整的学术性学习（通常是高等教育）而掌握一门系统的知识，且几乎总是要经过正式的训练。各种专业起码拥有一定程度上的自律，即由它们自己掌控新成员的培养与评估，以及判定专业成员的工作是否符合专业标准。专业不同于其他的职业，后者的管理条规（如果需要的话）由政府制定，或者根本就缺少正式的质量标准。……专业人员通常拥有工作上的自治：他们应当通过独立的专业判断与伦理标准来完成自己的任务。专业人员提供的服务通常是有偿的（获得报酬或薪水），且其服务质量是按照既定协议由执照、伦理、服务程序和标准以及培训或认证予以保证的。

《BNET 事务辞典》(*BNET Business Dictionary*，2007)的解释是：

> 专业是一个职业群体，其特征是受过广泛教育和专门训练，使用以理论知识为基础的技能，有将其成员组织起来的一套行为准则和一个协会。一个专业的成员通常能从其职业中取得优厚的报酬、社会地位和声望。他们具有实质性的自治，倾向与抵制外界对其事务的控制或干涉。由于现在许多专业人士是在组织内工作而非单干，因此专业和公司的价值观之间、在专业自治和官僚领导之间可能会有利害冲突。

澳大利亚专业理事会(ACP,2004)对"专业"的界定如下:

专业是一种有纪律约束的团体,该团体坚持践行一套伦理标准且为公众接受,其成员通过在一个高水平上的研究、教育和训练,拥有专门的知识和专门的技能,同时在为他人服务中运用这些知识和技能。该定义的内在特征,在于用伦理规范控制每个专业及其成员的活动。这些规范是在作为个体的道德修养以外的行为和实践要求,是专业自身的强制性要求,为社会公众广泛认可。坚持伦理规范的高标准是为了更好地服务于公众,也符合专业成员的根本利益。

美国南伊利诺大学(SIU,2004)认为专业具有4个一般特征:

(1)涉及一类特殊的知识体系;(2)专业准备包含应用这些知识的训练;(3)通过组织的作用或商定的意见来维持高水平的专业标准;(4)每个专业成员承认他对公众的责任高于对顾客和对本专业其他成员的责任。

Boone(2001)提出:

专业建立在经由学问探究所获得的科学事实和哲学论据的基础上。加入专业的个人以此为由区别于从事其他工作或职业的个人。专业成员认识到,以一种科学或哲学基础和(或)知识体系为公众服务是他们工作的唯一宗旨,而这些本领是经过长期学术准备和实践训练才能获得的。专业还要建立在专业人员必须的专业技能基础上,才能做好公众服务。

在更早的时候,Burbules 和 Densmore(1991)指出:

专业是专业人员的自治,是有明确界定、高度发展、专门化和有理论知识基础的组织,对新的成员有严格训练、资格认证和身份注册的要求,有自我管制和约束的权威,特别注重专业伦理和对公众服务的承诺。

Sinclair(1982)根据 Webster 词典的解释和工程师的立场,提出"专业"应当具备5个条件:

（1）专门化的知识；（2）长期和强化的准备，包括学习技能、方法，以及作用于这些技能和方法的科学的、历史的和学术的原理；（3）靠组织或一致的意见维持高水平的成就和表现；（4）接受继续教育的义务；（5）以公共事业服务为基本宗旨。

Houle（1980：33）研究认为，一个专业在自己的建立与演化过程中至少可以显示出以下 14 项典型特征：

（1）能够界定的职业职能范围；（2）拥有理论知识；（3）有解决问题的能力；（4）能运用实践知识；（5）自我提高；（6）正规训练；（7）颁发资格证书；（8）创建专业亚文化；（9）建有法人团体；（10）公众认可；（11）自律的伦理规范；（12）惩戒制度；（13）与其他职业相联系；（14）与接受服务的顾客相联系。

由上可见，"专业"至少有两种理解与应用：一是学校里的育人的专业，二是社会上的用人的专业。两种理解的专业有内在联系，高等学校提供的专业教育应当使学生具备在职场上从事专业工作的能力，即学校的专业要为社会的专业做好准备。如果为了避免二者混淆，把育人的专业称"专业"，把用人的专业称"职业"，那么如何表述专门职业和普通职业呢？刘思扬（2006）的解决方案是将专门职业（profession）称为"职业"，将普通职业（occupation）称为"行业"。如果接受这个主张，恐怕又会产生新的难题：教育系统里现有的中等职业教育和高等职业教育就应当改称"中等行业教育"和"高等行业教育"，那么行业内或企业内的职工教育又该称什么呢？

当然，这些还不是问题的全部。更严重的问题在于，这个育人的"专业"主要用在本专科教育层面上，研究生教育层面却宁可用"二级学科"或"学科专业"，也不用"专业"这个似乎"低层次术语"。问题还在于，这个在实践中过分专门化的"专业"难以对外交流，因为几乎没有哪个国家的高等教育有与之对应的概念。近 60 年来的狭窄的专门化教育对好几代中国知识分子打下的烙印，也许注定了这个混淆（混乱）还要延续下去。

2.1.3.2 专业（专门学业）的教育学见解

尽管《中国大百科全书·教育卷》未曾对"专业"予以收录和解释，可是并不妨碍该词汇成为新中国教育实践和理论领域的一个生命力旺盛的术语。

查阅新中国成立之初的有关文献发现，"专业"作为一个专门词汇最先见诸官方材料《教育部关于全国农学院院长会议的报告》，该报告于 1952 年 11 月 10

日被政务院文化教育委员会同意(何东昌,1998:178－179)。该报告称:"(教育部)先确定高等农业院校的教学方针及培养干部的任务,明确了设专业与系科的意义,并拟出院系调整方案的草案,起草了两种教学计划,译出苏联14种专业的教学计划与110种教学大纲。"报告还给出专业的一个界说:"根据各业务部门的具体需要并参照苏联的经验,在会议上着重讨论了专业的设置问题。所谓专业,是根据国家需要的某项专门人才的标准以培养专家的基础教学组织,每个专业都有其适合培养该项专门人才的教学计划,计划中排列该项专门人才所必须开的课程。几个相近的专业可以成立一个系。"

此后,"专业"一词频繁出现在各种场合。例如,1953年1月22日,《人民日报》社论《高等学校的教学改革应当稳步前进》写道:"在思想改造和院系调整以后,在开始学习苏联先进经验,试行新的教学计划的过程中,各校的面貌都发生了显著的变化。各校都根据国家建设的需要设置了各种专业,有了明确的教学目标,旧的"通才教育"已开始转变为新的专业教育。"(何东昌,1998:187－188)又如,1953年3月13日,马叙伦部长在政务院第170次政务会议上的《高等教育部关于目前高等学校教学改革的情况与问题的报告》提及:"1952年秋季,中央教育部顺利地进行了大规模的全国高等学校院系调整,并适应国家建设的需要设置了专业,规定了从一年级开始采用苏联的教学计划和教学大纲,从而明确了各种专业人才的培养目标,使我国高等学校的面貌为之一新。"(何东昌,1998:195－197)

半个世纪后的今天,作为教育领域外来语的"专业"又成了理论界的一个重要话题。在我国的教育文献尤其是高等教育文献中,"专业"有如下几种典型说法:一是"学业门类"说,二是课程的"组织形式"说,三是教育或人才培养的"基本单位"说。

多数的辞书把专业解释为"学业门类",如上文的《现代汉语词典》和《辞海》的定义即是。潘懋元和王伟廉(1995:128)则把专业视为"课程的一种组织形式"。因而在谈到课程时,其中也就包含了这种组织形式(王伟廉,2000)。周川(1992)也认为高等学校中的专业是一种"特指的专业","是依据确定的培养目标设置于高等学校(及其相应的教育机构)的教育基本单位或教育基本组织形式"。薛国仁等人(1997)和赵文华(2001:32－33)进一步拓展了专业设置的依据,把学科定义为"根据学科分类和社会职业分工需要分门别类进行高深而专门知识的教与学活动的基本单位";汤智(2007)则提出专业"是根据学科分类和社会职业分工需要,分门别类进行高深而专门知识教与学活动的基本单位"。

也有学者把上述见解加以综合,例如提出"中国大学的专业不仅是知识的组织形式,事实上也成为一种实体,因为其背后聚集着三大类实体资源与组织:由同一专业学生所组成的班集体、教师组织(与专业同名的教研室),与教师组织相连的经费、教室、实验室、仪器设备、图书资料以及实习场所等(卢晓东、陈孝戴,2002)。又如,"精英教育阶段的高校专业是社会分工、学科知识和教育结构三位一体的组织形态。其中,社会分工是专业存在的基础,学科知识是专业的内核,教育结构是专业表现形式。三者缺一不可,共同构成高校人才培养的基本单位"(柴福洪,2007);"大众化教育阶段的专业,仍然是高校教学的基本单元,同时也是高校与社会接轨的接口。从大学的角度来看,专业是为社会承担人才培养的职能而设置的;从社会的角度来看,专业是为满足从事某类或某种社会职业必须接受的训练需要而设置的。"(冯向东,2002;柴福洪,2007)

由上可知,与学业相关的"专业"是从苏联引进的,并且已经在中国深深地扎下了根。回忆前面引用的两段20世纪50年代的文字,除了术语"专业"外,值得注意的还有4个与专业相关的术语,它们是:专业的教学计划、专业教育、专业人才和专门人才。经查阅相关的俄文文献,它们与俄文术语有表2.2所示的对应关系。

表2.2 专业及其相关术语

中文译名	俄文术语	相应的英文
专　业	специальность	(specialty)
专业的教学计划	программа специальности	program
专业教育	профессиональное образование	professional education
专业人才	——	professional
专门人才	специалист	(specialist)

不难发现,以"специаль-"和"профессио-"为词干的两个不同的俄文词汇翻译成中文时变成了一个词:"专业"。对照同为拉丁语源的相应的英文词汇,把специальность和specialty翻译成"专门"较之"专业"可能更为恰当,就像表中第五行"专门人才"的现成译法那样。当然这一切皆已成为历史,但是今天我们不应当忘记或忽略"专业"在profession上的意义。

2.1.3.3 专业(专门职业)的社会学见解

Profession的词源可以追溯到拉丁文"profiteri",意指承诺(promise)与誓约(vow)。在西方古代的语言系统中,并没有符合今日"专业"概念的词汇。这个词最早用于描述人们对宗教的奉献(dedication),后来扩展到对其他严肃、庄重事务的奉献,例如,中世纪的骑士精神就被视为军队的专业精神(Phillips,

2000)。

英国人 Kuperh 和 Kuper(1989)在其主编的《社会科学百科全书》(中译本)对 profession 是这样说明的:

> 该术语起初表示数量有限的职业,这些职业是欧洲前工业社会里非不劳而获者除从事商业或手工劳动之外能谋生的仅有的一项职业。法律、医学和神学构成了三大传统专业,但是陆海军的军官也包括其中。

专业自诞生之日起就与知识分子、与大学有不解之缘。欧洲古代社会虽然没有职业学校的存在,也没有明确的社会团体,但是随着黑暗时代的过去,欧洲开始兴起结社的热潮,最典型的例子便是各种行会与大学的出现。大学(university)是老师和学生组成的一种行会(guild),它们当时隶属于教会,其成员在名义上为传教士。在大学的成员中,有人熟悉医学,有人专精于律法,其他成员则投入传教事业,或者对一般大众的日常生活进行教导与管理。建于 1131 年的意大利萨勒诺大学、1158 年的意大利博洛尼亚大学,以及 1168 年的英国牛津大学和 1180 年的法国巴黎大学,分别是培育医(medicine)、法(law)、神(theology)专业人员的场所。欧洲中世纪的大学实际上便是当时的职业学校。在世俗化的趋势下,大学原本的宗教色彩逐渐褪去,专门化的训练愈加成形。到 17 世纪,医师、律师和牧师已被社会公认为博学的三类专业人士,神、医、法三大专业被视为"有学问的"职业,俨然成为其他职业的典范,供后起者仿效。工业革命以后,尤其是近 50～100 年间的科技进步促成了诸多新专业的崛起,现代社会结构的变迁也促成了对各种专业人士需求量的激增,进而导致高等(专业)教育的巨大发展。说也奇怪,"专业"的这些发生在高等教育身上和身边的事实及其意蕴,并没有引起"高等教育学"自己的注意和重视,反而成了社会学长期探究的一个重要主题。社会学工作者敏锐地发现,对一个努力实现现代化的社会来说,社会的进步势必要仰仗专业的存在。

一、专业团体:专业的功能观

在社会学研究领域,1933 年 Carr-Saunders 与 Wilson 的论著《专业》(The Profession)当数经典。这是英国最早关于专业的研究,与其他较早的论著相比较,它的内容更为全面与简明扼要。该书从英国专业的历史背景着眼,探寻专业的发展轨迹,强调专业的价值与贡献。Carr-Saunders 与 Wilson 认为,专业是经由一群运用特殊知识处理特殊事务的专家组织而成的团体,他们拥有复杂细致的传授、训练系统。试图加入这个团体的新手必须经过考试,或是具备某些正式的必要条件。此外，该团体需要对成员的行为与伦理加以规范。该书论证说，"典型的专业显示了各种特质的一种复合"。自那以后，许多社会学家都企图说明这些特质，试图把它用作区分专业性职业和非专业性职业的依据。

除了上文列举的 Houle(1980)14 项特性和 Sinclair(1982)5 个条件，更早时候的代表性工作则是 Greenwood 于 1957 年发表、1962 年修订的《专业的属性》(Attributes of a Profession)一文。Greenwood(1957,1962)的研究主要利用美国人口统计署的专业分类(包括：会计、建筑、艺术、律师、神职人员、大学教授、牙医、工程师、记者、法官、图书馆馆员、自然科学研究者、验光师、药剂师、社会科学研究者、社会工作者、外科医生与教师)进行归纳整理，提出专业的五大特质：

(1)理论体系(a body of theory)：即有一套系统的理论体系或专业知识与技术，它们需要经由正式的教育机构获得。

(2)专业权威(professional authority)：即具有知识背景的专业人员比相对无知的顾客更了解服务的类型与优劣，从而提供恰当的专业服务，这是一种专业断决权或专业垄断(monopoly of judgment)，顾客可由这种专业的权威获得信心与安全感。

(3)伦理守则(regulative code of ethics)：即一套共同信守的专业工作守则或信条，用以规范成员的行为。与一般的职业规范相比，专业伦理更为明确、系统化、具约束力、利他、公众利益取向。专业伦理要求专业人员对待顾客应当秉持中立、普同、无私、守密等立场与态度，而在专业同侪的关系之中则强调合作、平等与支持。

(4)社会认可(sanction of the community)：即社会人士或社区居民承认该专业在特定范围内的一些权力与特权，如顾客能信任专业人员而对其暴露隐私，尊重专业团体对其成员的控制等。

(5)专业文化(professional culture)：指正式或非正式的专业团体进行运作(如专业的学系、学科、训练中心，以及专业的协会、学会等)所要求的社会角色之间相互影响而产生的一种独特的社会形态，包括专业的价值观、象征符号与行为规范。价值观是专业的基本信念，亦即该专业的存在对社会公众的贡献与服务的价值；符号，是指具有特定意义的项目，包括：象征、特殊用语、历史、传说等；规范，则是指在各种社会情境中行为的规则，又称专业规范、学术规范等。

可是，这类特质取向的专业研究(有时亦称为特性法或清单法)对如何给"专业"给出适当的或有用的定义问题，并没有产生任何一致的意见。Millerson (1964)在对这些工作进行仔细考察后，列举了包括在 21 位作者的不同专业定义中的 23 种以上的"要素"。重要的是，其中没有一项是被所有作者都当成专业定义必须具有的特征加以接受的,也没有任何两个作者共同认为这些要素的某种结合可以作为专业的定义。

特质取向专业研究的主要贡献是,借助专业团体详细分析了专业的特性与功能。功能学派的代表人物 Parsons(1939)认为,现代社会具有结构区分(structural differentiation)的特性,其中包含着不同层次的次级系统,担负不同功能与责任的社会机制(social institutions);而社会的正常运转需要仰赖各种专业团体的存在,其中从业者的专业知识与道德操守扮演着极为重要的角色:在知识的发展上强调科学与理性,摒除传统主义(traditionalism)的影响;在专业权威的运用上则依据功能专责(specificity of function)作为判断的基础;在社会关系的方向上以普遍主义(universalism)为要,排除专业成员个人的价值与情感,即所谓利他性(altruism)。Parsons(1968:526-547)还提出,作为社会系统的组成部分,专业可分为学术性专业(academic profession)和实践性专业(practicing profession)两大类。学术性专业将现代社会的知识制度化,应用性专业则在社会实践中一方面应用现成的知识,一方面创造经验形态的潜知识。总之,专业团体的功能发挥或专业实践,体现出现代化社会的精神价值,而专业和专业团体的兴起则反映出这个社会的价值观与需要,因为前者事实上给社会的和谐发展提供了重要的基石。这类关于专业功能和特征的研究,不仅使社会上的专业团体受益,而且使得高等教育机构内学术专业的专家地位更为稳固(Abbott,1988)。

二、专业化:专业的过程观

Carr-Saunders 与 Wilson(1933)以及 Parsons(1939)等人的开创性工作是从专业功能视角对专业概念的探索。后来,它逐渐被另一个研究范式所取代,即从专业(团体)形成过程视角的关于"专业化"(professionalization)的研究。这一时期的学者普遍认为,与其列举特征来界定专业,不如将注意力集中于专业化过程中知识的作用,以及使某些专业团体能够实现专业垄断的社会条件(Klegon,1978)。

专业化过程是各种相关的结构性制度的制度化过程。Wilensky(1964)认为,专业化的过程存在着相对确定的次序,如培训体系、专业团体、规章制度、伦理规范等各种结构性制度的建立,与相对而言过于概括和模糊的专业知识或者专业伦理相比,这些结构性制度对专业化具有至关重要的意义。Millerson(1964)的研究发现,专业化的过程取决于以下几个因素:(1)获得相对确定的知识与实践的能力,使专业活动具体化;(2)获得知识和实践的机会;(3)专业人员自我意识的发展;(4)专业外部的对该职业作为一种专业的认同。而作为一个过程的专业化是通过所谓"资格性协会"(Qualifying Association)而传播到各个成员的,这种协会通过对专业地位的追求和巩固、对成员活动的协调和约束、对新技术应用的促进等方式来确保专业拥有共同的执业标准和集体性的声音。

专业化的过程是经由专业教育最终建立专业垄断的过程。Larson(1977)在其专著《专业主义的兴起》(*The Rise of Professionalism*)中提出,专业化的关键首先在于专业教育对"生产者的生产"(the production of producers),它通过对服务市场中的收入机会与职业谱系中的地位、工作特权的垄断来巩固专业的社会结构与地位。标准化与垄断化的专业教育培养并维系着未来专业成员的价值取向,而专业技能则被视为具有交换价值的商品,其价值通过专业教育的年限来加以衡量与比较。由此论述可知,专业化的过程首先是专业教育的过程,在此过程中的各式各样的思想意识都将被用来支持专业断决权或专业垄断的主张。

专业化过程也是专业主义文化确立的过程。Bledstein(1976)认为,专业化事实上意味着现代社会里顾客对专业人员专业知识的信任、尊重与依赖,在这种意义上,专业主义的文化事实上助长了公众的消极顺从的态度。正如刘思达(2006)所描述的:"我们所生活的现代社会正越来越被各种具有高度专业化技能的职业所统治:医生治疗我们的身体,僧侣呵护我们的灵魂,律师维护我们的权利,会计师计算我们的收益,工程师控制我们的机器,学者增进我们的知识,建筑师装点我们的城市……"但是在另一方面,专业化过程正在产生一种官僚主义和专业主义混杂的文化。因为现代社会的专业从业者不再是独立工作的个人,而是越来越多地在组织化的环境中执业,无论是学校、医院还是律师事务所,都已经成了大型的科层化组织;与此同时,国家对专业活动的干预也在不断加强,使得专业主义异化并增添许多新的文化意蕴。

三、专业系统:专业的全系统观

对"专业化"最著名的批判来自 Abbott(1998)的著作《专业系统:论专业技能的劳动分工》(*The System of Professions: An Essay on the Division of Expert*)。Abbott 认为,专业化是一个令人误解的概念,因为它忽视了专业活动的具体内容与不同专业之间的竞争,仅仅关注专业团体、执业许可(licensing)、伦理规范等专业的个别问题,而所谓相对确定的专业化的结构次序事实上是不存在的。对专业组织形态的研究虽然能够显示某些专业对其知识的控制和应用,却无法解释为什么这些形态得以形成。由于专业性的工作内容不断变化,专业之间对工作的控制事实上不可避免地产生冲突,而不同类型工作的分化则决定了专业之间的分化。具体来说,处于同一工作领域(workplace)的各个专业构成一个相互依赖的系统,每个专业在系统中都对某些工作拥有"管辖权"(jurisdiction),专业的发展正是在处于同一工作领域的不同专业对于管辖权边界的冲突中得以完成的(参见刘思达,2006)。

因而系统的视角并非孤立地研究个别专业,而是试图将不同专业的发展相互联系起来,强调专业工作在专业生活中的重要意义,同时关注专业工作的外部环境。如果把社会结构中区分出来的专业工作领域视为专业系统,那么专业就是专业系统的内部主体,国家和(专业服务的)顾客或市场就是专业系统的外部主体。对内、外主体之间关系的研究导致了专业控制、专业权力的概念。例如,Freidson(1986)把专业控制视为一种对形式知识(formal knowledge)的制度化过程,这些知识通过分化为各个学科的高等教育机构中发展着和传递着,并在专业的工作过程中成为一种"弥漫性权力",塑造并控制着人类生活的内容和过程。Freidson认为,这一制度化的知识正是专业权力的源头。专业控制表现在与外部主体的关系上,按照Johnson(1972)的意见,是一种生产—消费关系;进而,理解专业的关键就在于哪个主体对这种生产—消费关系具有如下实质性的控制:(1)学院式(collegiate)控制,即这种关系被专业自身基于专业权威的制度结构来控制;(2)赞助式(patronage)控制,即顾客具有定义他们自身需要与满足这些需要的方式的能力;(3)调解式(mediation)控制,即由国家而非生产者或消费者来决定专业行为的内容和对象。

与功能观和过程观不同,全系统观并不要求回答"专业的特质以及发展的过程为何?"而是把专业放在更为广阔的社会背景下,着重解答"为何某些职业群体得以达到专业的地位? 它所依靠的权力资源为何?"强调并渲染专业权力的策略与运用,包括通过教育、组织、伦理守则,以及资格认证(certification)等相应的立法方式,对内行使思想、行为与价值的规范;对外进行区隔与排他的行动(参见龙炜璇,2007)。

2.1.3.4 专业与工程、学科的联系

"专业"的复杂性由上可见一斑。在教育和社会的实践领域,它是个举足轻重的实践对象,在社会学的研究领域,它又是个挑战性的研究对象。专业社会学关注的众多主题并没有落到教育学的视野,但对作为一种专业教育的工程教育来说,必须充分吸收它的理论营养以壮大自己的理论和实践。

综合以上种种"专业"见解可知,专业是一大类广阔的职业领域,工程和工程技术类型的职业也属于这个专业领域(见图2.1的箭头线①)。不同的专业领域有自己的历史沿革与变迁,有自己专业活动的特定环境,对从事专业活动的专业人员有专门要求。这种要求,通常由称为专业能力(competence)或专业资格(qualification)的各种职业标准具体加以规定。

专业又是一大类为未来专业人员的能力和资格而准备的教育计划。完整的教育计划包括知识、技能和个人品性三方面的内容和要求(王沛民等人,1994:

255),它需要经过有组织的鉴定方能被专业界认可。现代社会中提供这种教育计划的是高等教育系统,由于这种计划是专业性的,所以现代高等教育总是专业性的,是一种"建立在普通教育基础上的高等专业性教育"(潘懋元,1985:11)。

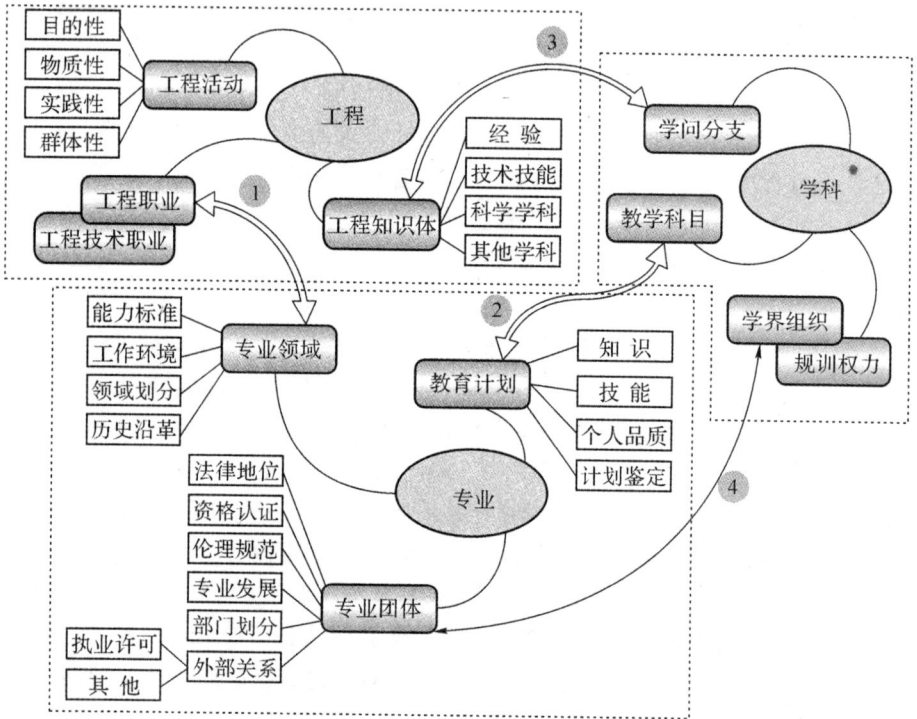

图 2.1　工程、学科、专业的区别与联系

图 2.1 的箭头线②,把我们从专业的概念区域带到学科的概念区域,并且指向了"教学科目"。教学科目确实是教育计划的主要成分,但还不是全部成分。一方面,作为一种学科的教学科目仅仅涉及知识的传递,完整的教育计划还包括知识以外的教育内容;这些非知识性的内容需要借助教学以外的学习活动,包括专业实践等活动,后者需要在具体的专业领域内(如工程)或者在学科与专业关联的计划中才能顺利完成。另一方面,教学科目所提供的知识几乎是已经加工整理得很好并且便于教学的"显性知识",它对于"隐性知识"就显得力不从心或者不屑一顾,对于知识的生产更是无能为力,因为这些是另一类作为"学问分支"的学科。

"学问"是个含义很广的概念:科学是学问,各种专业的技术和技艺也是学问;理论是学问,实践也是学问;知识是学问,非知识形态的经验、技能技巧也是学问。工程概念区域中的"工程知识体"其实也是一个广义的概念，它包含了工程的经验、技术技能、科学学科，以及工程学、人文学和社会科学的学科。图2.1的箭头线③把两个概念区域中的"学问分支"与"工程知识体"联系在一起，显然，后者是前者的一个子集。

图2.1中箭头线④所指的组织与权力，无论从哲学讲，还是从专业社会学和高等教育讲，都是上述概念区域的共同要素。众所周知，"知识就是力量"是英国大哲学家培根（F. Bacon，1561—1625）的名言。上文曾经提到，社会学者Freidson（1986）等人讨论过专业知识制度化过程所导致的专业"弥散性权力"；此外，Johnson（1972）还从专业、顾客与国家三者关系的讨论中，把专业的自主性视为专业的"外部权力"。无论哪种见解，工程专业均体现着一种权力。高等教育学者伯顿·克拉克（1988：121）在讨论由学科组成的高等教育系统时，直截了当地指出："和其他系统一样，组织就是权力，就是集中和分散合法权力的一种方式"，它可看成是对上文华勒斯坦（1999）的"学科规训"的明确注解。其实，在高等教育领域从事知识工作的"学界组织"就是一种"专业团体"，只是不同于"实践专业"的"学术专业"的团体。虽然Parsons（1968）早已识别了现代社会的这两大类专业，但直到现在人们还不太了解它们。

总之，专业（profession）是由生产力发展所导致的社会劳动分工的产物，没有社会劳动分工就没有各种各样的职业，更无所谓专门职业；工程专业是如此，学科（学术）专业也如此。在社会生产力高度发达的今天，工程领域的活动日新月异，工程活动的细分与整合愈演愈烈，社会发展的需要和工程科技的发展又加快了这个细分与整合的双向过程。具体的表现之一就是可视为工程知识体系的工程学科专业处在急剧的变动之中，一方面是新的学科专业的涌现，一方面是老的学科专业的调整（细分、重组或消亡）；整个工程学科专业的疆界在持续地扩张，并且努力向着工程以外的学科专业领域渗透。工程领域的活动是由工程教育提供的工程人才进行的，正是工程学科专业承载着工程科技人力资源开发的重任。本书以工程学科专业为研究对象，重点探索它的架构或疆域及其深刻的内涵，并且尝试该架构或疆域在工程教育中的具体应用。为此，辨析三个相关的概念只是一部分基础工作，另一部分基础工作显然是阐发与之相关的理论元素。

2.2 知识及其理论与方法

知识经济时代和信息社会的最基本概念莫过于"知识"和"信息"，本书的研究对象"工程学科专业"原本即可视为一种知识体系，那么了解知识及其相关理论显然是必要的。本节首先列述几个主要学科的知识观，然后扼要介绍知识管理、知识工程和知识可视化的理论与方法，阐述它们对本书工作的指导意义。

2.2.1 多学科的知识观

2.2.1.1 信息学的知识观

信息学(informatics)覆盖着与 IT 或 ICT 关联的整个计算机科学与工程领域。在该领域，知识(knowledge)、信息(information)和数据(data)是三个相互区别又密切关联的概念。Turban 和 Aronson(1998:203)的意见颇具权威性和代表性，认为三者之间的关系可用图 2.2 表示。图中可见，数据是信息的基础，信息是知识的基础；信息是对数据的进一步处理，知识是对信息的进一步处理。经过处理加工，其抽象化的程度愈高则量就愈少。

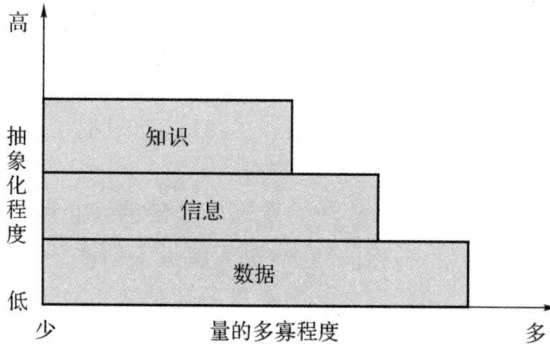

2.2 数据、信息与知识的关系 Turban & Aronson(1998)

在计算机科学与工程领域，众多学者参照 Turban 和 Aronson 的意见对知识、信息和数据的概念提出自己的见解，见表 2.3。

表 2.3 知识、信息和数据的关系

文献来源	知识、信息和数据的界说
Nonaka & Takeuchi(1995:75) von Krogh, et al(2000:6—7)	1. 信息：诱发和创造知识的媒介，是产生知识的材料(Dretake，1981)；是一种讯息流或意义流，可以强化或重组原有的知识(Machlup，1983) 2. 知识：是验证过后的真理信仰(justified true believes)。个人依据对世界的观察，以验证自己对"真理"的信仰；而这些观察自然受到个人独有的观点、敏感度与经验的影响。因而，知识是"建立现实"的过程，而不是某事物的抽象、恒久不变的真理

续表

文献来源	知识、信息和数据的界说
Harris(1996)	1. 数据:没有关联或直觉意义的事实 2. 信息:储存、分类、分析、解释后的数据,具实质的内容与目的 3. 知识:文化背景(如性别、宗教、社会价值等)、信息、经验的组合
Calhoun, Light & Keller (1997:98)	知识是人类累积的数据或信仰的集合体,包括了程序性的信息(即 how-to)或事实性的信息(如事物的置放处)。人类时常拥有自身无法验证但却信以为真的知识,因此与社会环境高度相关
Knapp(1997)	1.知识是信息透过行动(action)的表现;信息以人脑处理而应用在某个特定目标或任务中而成为知识 2.数据和信息常和计算机有关,而知识的特征则是人类的操作
Davenport, De Long, & Beers(1998)	知识是信息与经验、情境(context)、解释(interpretation)与反省(reflection)的结合。是信息的"高价值"形态,并可应用在决策与行动上
Turban & Aronson (1998:111)	1.数据:数据是各种事实的储存与分类,但并未加以组织或赋予意义 2.信息:信息是经过组织的数据,对使用者具有意义。使用者对信息的意义加以解释、推论,而得到结论 3.知识:知识包括有条理且处理过后的数据项,以传达见解、经验与累积学习,用于面临的问题或行动
Alavi & Leidner(1999)	1.知识是信息经人脑处理过后的结果;是个人化或主观的信息,并和事实、程序、观念、解释、想法、观察和判断有关 2.信息和知识的区别不在于其内容、结构、准确度或者应用方式,而在于是否内化。内化的知识可再外化成为信息,透过他人的内化,再度成为知识
Coates(1999)	1.数据:即事实 2.信息:组织后的数据 3.知识:为达到一个广泛与长久的目的,而产生与解释出来的"信息"

续表

文献来源	知识、信息和数据的界说
McDermott(1999)	1. 信息:是一种物体,可以加以档案化、储存或移动 2. 知识: a. 是和人类的行动有关的,它无法和人类或人类社群脱离关系 b. 是思考的产物;人类通过反省、理解与验证自己的经验与信息即可得到知识 c. 只在当前的情境被重新显现出来;知识无法"说"出来,只有通过自己的行动(如技能的表现、问题的解决),以对过去经验与当前的情境做整合的思考。而这也对知识的分享有重要影响,人类会随当前知识所欲分享的对象而改变知识的表达方式 d. 知识属于人类群体;人类一生所属的群体,将影响他所能得到的语言、观念、价值判断、偏见等,也将把这些知识传给下一代。而所谓"革命性"的知识,也只有对群体有意义时才具有意义 e. 知识在社群中以各式各样的方法循环,如实体对象、故事、观察等 f. 新知识建立于旧知识之上;新知识的建立常常是与旧知识相互比较的结果
Gore & Gore(1999)	知识是根据信息建立的信仰(Dretake,1981),故知识依赖持有这些信仰的个体的支持(commitment)与了解,因而受到人际互动、判断过程、行为与态度的影响。所以,根据 Sveiby(1997),知识只在"某一过程的环境中"或者"行动能力里"才有意义
Zack(1999)	1. 数据:在相关情境中所得的事实 2. 信息:将数据放在有意义的情境中所获得的结果 3. 知识:根据信息,所相信或重视的事物
De Long & Fahey(2000)	1. 数据:对过去、现在与未来观察的描述,是未经判断的原料 2. 信息:人们在数据中发现或加入的样式(pattern) 3. 知识:是人类反省(reflection)与经验的结合,是存在于个人、群体或工作流程中的资源,它以言语、故事、观念、规则与工具的方式呈现出来,能够增加决策与行动达到目的的机会

资料来源:根据郭峰渊(2001:14—17)修正整理。

由上可见,数据、信息和知识的差别一方面是 Turban 和 Aronson 分析的抽象程度高低与量的多寡,另一方面则是"主观"参与的程度。知识受到知识拥有者所隶属的社会或社会群体所持有的价值观和有形无形的规范、符号与语言的极大影响,恰如 Von Krogh 等人(2000)所言,它是"个人"对真理进行验证所产生的"个人经验",而此经历又无法独立于社会而存在。相反,数据和信息的个人参与程度相对较弱,数据甚至被认为是对事实的"客观"记录。总之,社会背景下的主客观程度大小,是知识与数据、信息的最重要差别。可以简单地说,数据是原始的事实,信息是处理过的数据,知识是个人内化的信息。赋予数据以意义,数据就成为信息;对信息加以思考,信息就成为知识。

计算机科学和工程领域对知识的处理加工,已经从早期的直观描述、贮存,发展为综合知识、经验、价值观、社会需求、理性加工等相关因素的动态组合,对知识结构、知识表示和知识传播等形成了自己学科的特征(沙景荣,2005):

(1)由于计算机的普遍使用和信息网络化,知识传播模式已经从传播者"独霸知识"的单向传播,扩展到网络环境下的人机多向交互式传播。信息时代的每个人都处于知识网络的一个节点上,都可以像以往的专家那样行使自己的知识权力,接受知识、消费知识、转述知识、生产知识。因此,这种模式的变化也带来计算机领域知识表示的重大变化。

(2)以往的知识表示是借助特定的符号和知识库中某种一致化的结构存贮和组织知识,进而实现计算机自动的知识处理,现在已经发展到让机器懂得人类语言,具有思维功能、"视觉认知",让机器学会应用经验、学会学习;同时让机器在大量的显性知识的外延、内涵的基础上扩展信息来源,重组和加工信息内容,进而从关系数据库中挖掘出隐含的、深层次的信息和知识。

(3)知识结构也已经从对自在信息的贮存、比较、模拟形成大量的结构化显性知识,发展到数据挖掘、专家系统、人工智能等方面的相关知识,如常识性知识、经验性知识、规律性知识等。当前,计算机领域正在努力构建具有背景知识、策略知识、专门知识和方法论知识交叉组合的广义知识结构,从物质工程和非物质工程两个方面进一步探讨人类的知识的产生、传播、发展规律和应用模式。

2.2.1.2 心理学的知识观

在不同的时期,哲学家们对知识的性质、知识的价值、知识的分类进行了不同维度的描述,在知识的生产、传播和发展方面先后经历了经验主义、理性主义和实证主义的交锋。虽然哲学家们普遍认为知识是对事物的本质属性或事物与事物之间的本质联系的反映,但究竟什么是知识? 知识是如何产生的? 至今仍旧是各持己见。与数百年来哲学的主义之争不同,心理学家对知识有着自己的独特贡献,各个重要流派均有自己的见解。

就知识产生的方式而言,格式塔心理学从"知觉"的角度来阐述人与客观世界的能动关系。它认为,知觉是主体对直接作用于感官的客体的整体把握与反应。知觉的效应是一种融表象、认识、情感感受、价值体验等于一体的综合效应，是一种整体效应。皮亚杰(J. P. Piaget)认知心理学则认为，"知识就是行动"(见 Solso,1979:371)；知识是主体与环境、思维与客体相互交换而导致的知觉建构，知识不是客体的副体，也不是由主体决定的先验意识。建构主义学习理论则强调知识并不是对现实的准确表征，它只是一种解释、一种假设，它并不是问题的最终答案；从而，知识并不能精确地概括世界的法则，在具体问题中，仍需要针对具体情境进行再创造。

就知识的传播而言，认知心理学家不仅借用信息论和计算机通信技术中的许多术语，如信息、编码、存储、通道、组块等，而且依据计算机的工作程序，具体描述有机体内的信息流程。在此基础上，该心理学派提出了许多不同的信息加工模式，其中以加涅(R. M. Gagne,1985)的信息加工模式最具代表性。加涅率先提出了知识网络概念，注意到陈述性知识和程序性知识的表征和传输差异(参见丁家永,1998)。

就知识结构本身而言，心理学领域通过描述知识内在的主动加工和意义建构的机制，揭示了个体在成长过程中不可或缺的是对知识的整体建构。这种知识整体建构是在陈述性知识、程序性知识、策略性知识的相互转化过程中，借助于感知、记忆、表象、想象、思维等心理活动实现的。它一方面追求知识的记忆、掌握、理解与应用的外在发展，另一方面追求以知识的鉴赏力、判断力和批判力为核心的内在发展。在知识网络化的今天，面对浩如烟海的知识、信息和强大的大众传播媒体，个体知识结构的这种内在发展更加显得重要。

2.2.1.3 教育学的知识观

知识与教育的关系自古以来就是密不可分的。教育活动中对知识问题的关注，通常集中在编制课程和组织教学问题上，以便于系统地向学生传授给定的知识。学校教育有两个目的：一是规范和促进学生个体的发展；二是适应和促进社会的发展。为了实现这两个目的，教育者除了传授学科的知识之外，还应注意到"隐蔽课程"的重要作用。为了便于教育教学的设计，布鲁姆(Benjamin S. Bloom)等人在半个世纪前推出了可视为经典的《教育目标分类学》(Taxonomy of Educational Objectives)，把所有教育目标划分到认知领域、动作技能领域和情感领域。"认知领域"的目标集合包括：知识、领会、运用、分析、综合、评价，共计 6 个大类。作为第一大类目标的知识在这里是指："对具体事物和普遍原理的回忆，对方法和过程的回忆，或者对一种模式、结构或框架的回忆。"(Bloom et al,1956:191—195)因此，知识划分为 3 类：(1)具体的知识，包括术语的知识、具体事实的知识；(2)处理具体事物的方式方法的知识，包括惯例的知识、趋势和顺序的知识、分类和类别的知识、准则的知识、方法论的知识；(3)学科领域中的普遍原理和抽象概念的知识，包括原理和概括的知识、理论和结构的知识。

现代的教育理论注意到传统教学的知识传授是一种单向过程，因而提出"教和学"的概念，尤其推荐知识的学习或信息加工的过程。按照学习的信息类型，Williams(1977)提出知识可分为"事实、概念、原理、程序"4类。王沛民等人(1994:257－261)进一步指出，"若要学到这些知识，则需一定的技能"，例如：(1)事实类的知识，包括具体事实、文字(符号)信息、事实关系结构，它要求某些认知技能；(2)概念类的知识，包括具体的概念、定义的概念、概念体系，它要求一种重建个人认知图式的技能；(3)原理类的知识，包括自然规律、行动法则、理论和(或)策略体系，它要求问题求解技能和专门的知识；(4)程序类的知识，包括链列、判定、程序结构(算法)，它需要综合上述几种技能和专门的知识。

面对愈演愈烈的"应试教育"，我国学者开始反思一些传统的知识观，尝试构建了广义的"学校知识"概念(钟启泉，2000)。所谓"学校知识"大体包括：(1)作为认识事物与现象之结果的"实质性知识"，一般称为知识技能；(2)掌握信息与知识的"方法论知识"，即学习方法；(3)为什么而学习的"价值性知识"，它同克服知识的非人性化和知识的活用相关。

随着网络技术和多媒体技术的普及和深入，教学传播中的知识观也在发生变化。典型的变化有：(1)知识载体从以往的单一书本形式转化为多媒体知识包；(2)知识的组织形式从以往的线性排列转向超文本结构，充分发挥人的联想机制；(3)知识的表达方式从单向的演绎式教学走向互动的合作性教学、研究性教学等归纳式教学；(4)知识的传播效果从注重学科知识的记忆、理解、掌握、综合和简单应用，转移到注重学生对学科知识的独特理解、阐释、质疑、批判和创新；(5)尤其是在开始重视"隐性知识"的基础上，全面考虑了知识传递的四种有区别的过程，即隐性知识到隐性知识的社会化过程，隐性知识到显性知识的外化过程，显性知识到显性知识的组合过程，显性知识到隐性知识的内化过程(参见Nonaka,1994)。

2.2.2　知识管理和知识工程

2.2.2.1　知识管理

知识管理(knowledge management,KM)最早出现于20世纪70年代的管理实践领域，80年代中期作为一个专有名词在欧美理论界广泛使用。1996年经济合作与发展组织(OECD)发表《以知识为基础的经济》报告，随后美国达文波特教授等人(Davenport,et al,1998)出版《营运知识》(*Working Knowledge*)一书,推动了各个领域对知识和知识管理问题的探讨,使得 KM 成为经久不衰的理论和实践的热点。据称,瑞典裔管理大师斯威比(Karl E. Sveiby),1986 年在其瑞典文著作《知识型企业》中最先使用了"知识管理"术语,1990 年又出版了《知识管理》,这是世界上第一部以"知识管理"为题的著作。斯威比对知识和知识管理的基础性问题进行了深入研究,包括发现和定义"知识型组织"(knowledge organization)这一知识经济时代最重要的组织形态,从组织的角度探讨知识管理方法与理论在实践中的应用(见熊枫,2007)。

众所周知,20 世纪后半期以来,在组织管理领域出现了几个重要的管理创新,包括全面质量管理(TQM)、知识管理(KM)、企业流程再造(BPR)、波特的五力分析(five force analysis)、学习型组织(LO)、顾客关系管理(CRM)、平衡计分卡(BSC),以及六个标准差(six sigma)等。由于知识管理直接以"知识"为主题,更加显现它在知识经济时代和信息社会的生命力。知识管理的基本假设与逻辑是:组织由"人"所组成的,并由"人"来经营运作,组织运作得好坏完全要视人的能力表现而定,进而主要靠其是否有优秀的知识(know-what、know-why、know-how)而定。因此,知识管理虽然不是组织成功的"充分条件",但知识管理在 21 世纪则是组织成功的"必要条件"。

知识管理的定义与流程繁多。一般而言,知识管理是对知识进行的某些活动,使之对组织产生某些价值。表 2.4 给出的知识管理定义与流程,部分表达了这一概念。

表 2.4　典型的知识管理定义与流程

文献来源	知识管理的定义与流程
Wiig(1995)	知识管理的活动主要有四:知识创造、知识显现、知识转移、知识使用。知识管理有三种功能:(1)取得、分类;(2)行动、评价;(3)使用、分布、控制
van der Spek & Spijkervet(1997)	知识管理主要包括四项活动:(1)生成概念:分析组织优劣势,确定知识需求,搜集外界的知识;(2)深度思考:对搜集来的知识加以评估,以制订知识管理计划;(3)采取行动:知识的传播、发展、组合、保存;(4)回顾总结:对实施结果的评估与修正
Alavi(1997)	知识管理是"人"在组织内不断地产生、评估、分享与应用知识的过程,包含六个步骤:获取(acquisition)、建立索引(indexing)、筛选(filtering)、建立连结(linking)、传播(distribution)、应用(application)

文献来源	知识管理的定义与流程
Beckman(1999)	知识管理包含八个步骤:识别(identify)、萃取(capture)、选择(select)、储存(store)、分享(share)、应用(apply)、创造(create)、出售(sell)
Demarest(1997)	知识管理的活动有:建构知识并具体表达(embody),进而借助价值链加以传播和产生价值
Kotnour,et al(1997)	知识管理是涉及整个组织的重要项目,除仔细规划外,尚有需要注意三个关键活动:(1)指出组织所需知识;(2)审视组织目前状况;(3)审视组织的障碍,开发、设计、建构,使之成为学习型组织
Laurie(1997)	创造知识、获取知识、使用知识,使组织产生绩效。知识管理有两大类活动,一是个人知识文档化,二是利用信息技术协助人们的交流
Greenwood(1998)	知识管理的依序有六个C:自个体的创造(create from individual),厘清(clarify),分类(classify),沟通(communicate),领会(comprehend),自群体的创造(create from group)
Papows(1998)	知识管理是把信息从人脑里取出,成为清楚又有用的知识,可以为大家共享并付诸行动。知识管理有三大项目:创造与发现、搜寻、传送
Gartner group(1999)	知识管理是一种流程,借助收集、分享智能资产来获得生产力和创新的突破;它涉及创新、萃取、组合知识,以产生更富竞争力的组织
Gore & Gore(1999)	知识管理的活动如下:(1)建立远景;(2)利用现有显性知识;(3)萃取新的显性知识;(4)隐性知识的外化;(5)确定新的组织知识会被应用
Arthur Andersen(1999)	$KM=(P+K)^S$ 式中,$P=$People,$K=$Knowledge,$S=$Share

资料来源:根据郭峰渊(2001:31—34)修正整理。

  由上可知,知识管理有如下特征(参王广宇 2004:14—15):(1)知识管理依赖于知识。由于知识运动全过程的环节众多、机理复杂,有必要加强对知识的基础管理,以确保组织体系内知识的生成、应用和发展。知识的基础管理是整个知识管理的前提和首当其冲的任务。(2)知识管理是管理。它不是简单地对知识的管理或知识化的管理,而是以知识为中心的管理,重在帮助组织实现知识的显性化和知识的共享,进而用于创新。(3)知识管理是优化的流程,无论把它定义成几个步骤,其目标均导向组织知识的价值实现。(4)知识管理是方法,是积累知识资本、推进智力资本管理的基本方法。(5)知识管理的应用体现了"知识增值"(knowledge value added)。总之，知识管理被人们看做是一个知识的挖掘、传递、交流、增值的创新过程，它帮助人们对现已拥有的知识进行反思、加工和再造，从而帮助组织在达成组织目标的过程中获得最大成功。

2.2.2.2 知识工程

1977年第五届国际人工智能联合会议上，美国斯坦福大学计算机系教授费根鲍姆(E. A. Feigenbaum)作了题为"人工智能的艺术"(The Art of Artificial Intelligence)的讲演，首次提出"知识工程"的概念，同时指出："知识工程是应用人工智能的原理与方法，对那些需要专家知识才能解决的应用难题提供求解的手段。恰当运用专家知识的获取、表达和推理过程的构成与解释，是设计基于知识的系统的重要技术问题。"这类以知识为基础的系统，就是通过智能软件而建立的人造智能系统(即专家系统)。从知识工程的40年历程可以看出，知识工程是伴随专家系统的开发而产生和发展的。

知识工程(KE)是指构建、维护和发展"知识基系统"(knowledge-based systems)。它与软件工程有许多共同之处，也与许多计算机科学领域相关，如人工智能、数据库、数据挖掘、专家系统、决策支持系统和地理信息系统等。知识工程还涉及到数学逻辑、认知神经科学和社会认知工程(socio-cognitive engineering)。就开发知识基系统而言，知识工程有大量的专门活动，例如：问题评价，发展以知识基系统外壳/结构的开发，知识结构化到知识库的实现，有关信息、知识和参数的采集和构建，嵌入知识的测试和确认，系统的集成和维护，系统的修订和评价。近来，为发展一个统一的知识和智力理论，作为一种新的正规系统方式的元知识工程正在兴起。

知识，是知识工程的焦点。知识工程的知识是泛指的，它包括不同领域的知识，如自然和社会科学的、工程的、农业的、医学的、军事的等；也包括不同性质的知识，如常识性知识、经验性知识、规律性知识等。这些知识有不同的目的，如用于造物、用于诊断、用于决策、用于规划，以及用于探索奥秘、满足认知或精神的需要等。

智能与知识不同，其差别在于智能是指运用知识解决问题的能力。要具备这种能力也必须拥有知识，至少需要：(1)关于客观世界的众多背景知识；(2)解决问题的一般策略知识；(3)问题本身的专门知识；(4)对知识进行分析、选择、归纳、总结的一般方法的知识。从学科前沿进展来看，人工智能的研究途径主要有3条：(1)生理学途径，采用仿生学的方法，模拟动物和人的感官以及大脑的结构和机能，制成神经元模型和脑模型；(2)心理学途径，应用实验心理学方法，总结人们思维活动的规律,用电子计算机进行心理模拟;(3)工程技术途径,研究怎样用电子计算机从功能上模拟人的智能行为(黄荣怀等人,2004)。知识工程借助这些途径研究开发的智能系统主要有:专家系统、知识库系统、决策支持系统、自然语言理解、智能机器人和智能计算机等。这些系统有着极其广泛的应用,包括:诊断、预测、解释、设计、规划、管理、工业自动化、智能办公系统、辅助教育、机器翻译和系统识别等(史忠植,1988:3—4)。

自 20 世纪 80 年代中期以来,知识工程师已经开发了一系列原理、方法和工具,用以推进知识工程。知识工程的基本原理有:知识有各种类型,对必须的知识要使用恰当的方法;专家和专门知识的类型有多种,应当适当加以选择;知识表达有多种方式,它们皆可帮助采集、验证和复用知识;知识应用的方式有多种,应当以任务目标为导向;为提高工作效率,要采用结构化的方法。知识工程还有两个基本观点:(1)转化观点,即应用通常的知识工程技术可将人的知识转化为人工智能系统;(2)建模观点,即把领域专家知识和解决问题技巧应用到人工智能系统的建模。

总之,知识工程的对象是知识信息处理,它的目标是挖掘和抽取人类知识,并用一定的形式表现这些知识,使之成为计算机可操作的对象,从而使计算机具有推理、学习和联想的功能,获得一定的解决问题的能力。要让这样的智能系统解决问题,显然首要问题是令其具有知识,为此就要解决如何获取知识,以及如何表达知识与利用知识的问题。本书将从其中选择框架结构(参见§2.3)的方式,以解决工程学科的知识表达问题。

2.2.3 知识可视化

信息时代是一个知识成为生产力的时代(Stephen,et al,2004:1—11)。全球知识爆炸性的增长伴随着 ICT 的广泛传播和应用,带来知识和信息选择的巨大困难。数据可视化、信息可视化和知识可视化(Date/Information/Knowledge Visualization,DV/InfoVis/KV)——一个旨在将最应当注目的数据、信息和知识以可视的图像直观地加以展现的理论和方法——悄然兴起(Gordon,2000;Gomez,et al,2000;Borner,et al,2002;Larsen & Levine,2005)。

可视化的原意是"可看得见的、清楚的呈现",它作为专业术语始见于 1987 年的"科学计算可视化"。按照潘云鹤(2001)的说法,科学计算可视化(visualization in scientific computing)的基本含义是指运用计算机图形学或者一般图形学的原理和方法,将科学与工程计算等产生的大规模数据转换为图形、图像,以直观的形式表示出来。因此,数据可视化的概念首先来自科学计算可视化概念;

发展至今，它还包括工程数据和测量数据的可视化，泛指一切空间数据场的可视化。信息可视化（infovis）则是指非空间数据的可视化。面对海量的数据，人们更需要了解数据之间的关系以及隐藏其后的信息，因此需要"借助计算机支持的、交互式的、对抽象数据的视觉表示法以扩大认知"。（Card，et al，1999）

知识可视化指的是所有可以用来建构和传达复杂知识的图解手段。20世纪60年代，美国康奈尔大学教授诺瓦克等人（Novak J. D. & D. B. Gowin，1984）在教育领域率先提出和应用了所谓"概念图"，并在80年代出版的《学会学习》（*Learning How To Learn*）一书中作了正规的论述。概念图又可称为概念图谱（concept mapping）或概念地图（concept maps），前者注重概念生成的过程或概念图制作的具体过程，后者注重概念图过程的最后结果。现在通常把概念图谱和概念地图统称为概念图而不加严格区别，因为两者都是用来组织和表征知识的工具。除了传达事实和概念信息之外，知识可视化更重要的目的在于表达见解、经验、态度、价值观、期望、观点、意见和预测等，并以这种方式帮助他人正确地重构、记忆和应用这些知识。按照Eppler和Burkard（2004）的说法，知识可视化通过提供更丰富的方式来表达人们所知道的各种内容，以增强人们之间的知识传播和知识创新。

由表2.5，我们可以进一步看到知识、信息和数据可视化三者的区别。

表2.5　数据、信息、知识可视化的比较

	数据可视化	信息可视化	知识可视化
可视化对象	空间数据	非空间数据	人类的知识
可视化目的	将抽象数据以直观的方式表示出来	从大量抽象数据中发现一些新的信息	促进群体知识的传播和创新
可视化方式	计算机图形、图像	计算机图形、图像	绘制的草图、知识图表、视觉隐喻等
交互类型	人—机交互	人—机交互	人—人交互

资料来源：赵国庆等人（2005）。

数据是信息的载体，信息是数据的含义，知识则是由信息加工和提炼而成的结晶。知识可视化把最有价值的知识，无论它是显性的还是隐性的，通过数据挖掘、信息处理、知识计量、图形绘制而显示出来，从而使个人和组织的认知产生更大的效用。简单地说，知识可视化就是知识的概念化加可视化（见Gomez，et al，2000），包括通常所说的知识图谱（knowledge mapping）和知识地图（knowledge map）。

　　知识图谱或知识地图中的项目时常称为"知识制品"(knowledge artifact),分为"认知知识制品"和"物理知识制品"两大类。前者是指对真实物理世界的了解和理解,通常被简化为"知识",后者则是指认知知识制品的表示法;前者侧重于内容,后者侧重于表现形式。知识制品会因其编码方式、呈现方式和抽象程度的不同而各不相同,它们可以是显性的,也可以是隐性的,然而大多数是两者的组合。知识可视化的实质是将人们的个体知识(主要是显性或隐性的认知知识制品)以图解的手段表示出来,形成能够直接作用于人的感官的知识的外在表现形式(显性的物理知识制品),从而促进知识的传播和创新。文本、图表、模型、数字和编码等都是知识制品的实例。还有一种分类是依据知识地图的概念主题(领域依赖程度)和形式化程度(Usehold,et al,1996),这个二维分类法便于确定知识地图所属的类别,明确知识地图的特征,同时也便于选择不同的构建原则方法。

　　知识制品的表达方式称为知识表征(knowledge representation)。该术语在认知心理学、人工智能和知识可视化领域有不同的定义。本书应用的知识表征是指承载知识的图解手段,如:(1)作为知识地图雏形的概念图,揭示概念的内涵和外延,刻画其内在关系;(2)信息资源分布图,侧重于表达信息资源与各相关组织或个人的关系;(3)阶层式(hierarchies)、分类式(taxonomies)、语义网式(semantic networks)表达的概念型与职能型知识地图;(4)企业流程图、认知流程图、推论引擎、事务流程图等流程型知识地图;(5)网页形式的知识地图,以表达组织和个人信息、社会网络信息、关系路径等信息。

　　知识可视化工具有多种,在教育领域中常用的有:(1)概念图(concept Map),它是知识地图的前身(Novak,et al,1984);(2)思维导图(mind map),英国人 Tony Buzan(1999)所创的一种笔记方法,尤其适用对发散性思维的表达;(3)认知地图(cognitive maps),又称因果图(causal maps),由 Ackerman 和 Eden(2001)提出,主要用于帮助人们规划和决策;(4)语义网络(semantic networks),但与计算机科学中的定义不同而与概念图一样,这里的语义网络以概念和有意义的、不受限制的连接词为基础,形成基本的实例或命题,可以包含成百上千的相互关联的概念(Fisher,2000);(5)思维地图(thinking maps),这是由 David Hyerle(1988)开发的,用以帮助阅读理解、写作过程问题解决、思维技巧提高。

　　知识可视化有着广泛的应用,包括:(1)科学计算可视化,即运用计算机图形学和图像处理技术,将科学计算过程中的数据和计算结果的数据转换为图形与图像在屏幕上显示出来并同时进行交互处理;(2)其他各种数据的可视化,例如数字天气预报的可视化、数字地球与地质信息的可视化、医学信息的可视化、网络信息的可视化、文本信息的可视化、企业的知识管理门户（knowledge management portal）、互联网上普遍使用的超文本链接和应用链接，以及其他信息描述、存储、检索和应用的可视化。

正因为如此，国内的知识可视化研究已经兴起，它所涉及的学科领域有：计算机科学与工程、医学、地质学、地理学（李德仁，2005）、气象学（曹燕、王迎伟，2002）、知识工程（史忠植，1998；2002）、知识管理（王君、樊治平，2003；谭玉红、吴岩，2005）、企业管理（朱晓峰，2003；张钢、倪旭东，2005）、科学学（陈悦、刘则渊，2005；侯海燕等人，2006）、图书情报学（邓三鸿等人，2006），乃至哲学（陈强等人，2006）等等。

2.3　本体理论与框架理论

2.3.1　本体概念与本体论

"本体"或"本体论"（ontology）原是哲学中的术语，它与认识论（epistemology）和方法论（methodology）同为哲学的三大基本概念和主题。在哲学上，本体论研究客观事物存在的本质（nature of existence），包括研究什么是事物（things）？什么是本质（essence）？事物发生改变时本质是否仍然存在于事物之中？概念（concept）是否存在于人的心智（mind）之外？怎样对世界上的实体（entities）进行分类等问题。它的主要任务是研究世界上的各种事物（例如物理客体、事件等）以及代表这些事物的范畴（例如概念、特征等）的形式特性和分类。

1613年，德国哲学家郭克兰纽（R. Goclenius）在他用拉丁文编写的《哲学辞典》中，把希腊语的 on（也就是 being）的复数 onta（也就是 beings）与 logos（含义为学问）结合在一起，创造出 ontologia 这个术语。ontologia 也就是英文的 ontology，这是西方文献中最早出现的 ontology 这个术语。1636年，德国哲学家卡洛维（A. Calovius）在《神的形而上学》中，把 ontologia 看成"形而上学"（metaphysica，英文为 metaphysics）的同义词，于是便把"ontologia"与亚里士多德的"形而上学"紧密地联系起来了。法国哲学家笛卡尔（R. Descartes）更是明确地把研究本体的第一哲学叫做"形而上学的 ontologia"，这样，ontologia 便成为形而上学的一个部分了。德国哲学家莱布尼兹（G. von Leibniz）和他的继承者沃尔夫（C. Wolff）更是从学科分类的角度，把 ontologia 归属为形而上学的一个分支，使 ontologia 成为哲学中一个相对独立的分支学科。ontology 这个术语，在哲学中翻译为"本体论",在自然语言处理中,从应用的角度出发译为"本体"或"知识本体"更为恰当(见冯志伟,2006)。

德国哲学家康德(Emmanuel Kant)也研究知识本体。他认为,事物的本质不仅仅由事物本身决定,也受到人们对于事物的感知或理解的影响。康德提出这样的问题:"我们的心智究竟是采用什么样的结构来捕捉外在世界的呢?"为了回答这个问题,康德对范畴进行了分类,建立了康德的范畴框架,这个范畴框架包括四个大范畴,即:quantity(数量),quality(质量),relation(关系),modality(模态)。每一个大范畴又分为三个小范畴:数量分为 unity(单量)、plurality(多量)和 totality(总量);质量分为 reality(实在质),negation(否定质)和 limitation(限度质);关系分为 inherence(继承关系)、causation(因果关系)和 community(交互关系);模态分为 possibility(可能性)、existence(现实性)和 necessity(必要性)。根据这个范畴框架,就可以给事物进行分类,从而获得对于外部世界的认识。康德对于范畴框架的研究,为知识本体的研究奠定了坚实的基础。

在上世纪末和本世纪初,知识本体的研究开始成为计算机科学与工程的一个重要领域。信息技术、知识工程及人工智能科学家和工程师对 ontology 表现出浓厚兴趣,对其研究和应用远远超出了哲学的范畴。1991 年,美国计算机专家 R. Niches 等人在从事美国国防部高级研究计划局(Defense Advanced Research Projects Agency,DARPA)的一个关于知识共享的研究项目中,提出了一种构建智能系统方法的新思想。他们认为,智能系统应由两部分组成,一个部分是"知识本体"(ontology),另一个部分是"问题求解方法"(problem solving methods,简记为 PSMs)。知识本体涉及特定知识领域共有的知识和知识结构,它是静态的知识;PSMs 涉及在相应知识领域进行推理的知识,它是动态的知识。PSMs 使用知识本体中的静态知识进行动态的推理,就可以构建一个智能系统。

1998 年 6 月,第一届"信息系统中的形式化本体论国际会议"的召开,标志着 ontology 研究开始走向成熟。在知识工程领域,一般认为本体是 engineering artifact("工程人造物"或"工程制品"),并且派生出构建这种人工物的 ontology engineering(本体工程)新学科。但对"本体究竟是什么",仍是争论中的话题。知识本体有很多不同的定义,以往的定义多从哲学思辨出发或从知识的分类出发,最近的一些定义则是从与计算机相关的科学与工程出发。表 2.6 中,我们按时间顺序给出这些领域若干研究者对本体所作的阐述或定义。

表 2.6 本体(ontology)概念与界说

文献来源	本体的概念与界说
Neches,et al(1991)	本体是构成相关领域词汇的基本术语和关系,并且利用这些术语和关系构成的规定这些词汇外延的规则
Gruber(1993)	本体是对概念化的一个明确的规范说明
Wielinga & Schreiber (1993)	本体是能存在于知识代理人脑中的理论
Alberts (1993)	本体是一个知识体,后者为了详细说明这些知识的语义而关注用某一特定任务或领域的概念分类来描述这一任务或领域
Gruber(1994)	主体是关于共享概念的协议。共享概念包括对领域知识建模的概念框架、可互操作的系统通讯协议和特定领域理论的表示协议。在知识共享环境中,本体以定义表达词汇的形式来获得描述
Guarino & Giaretta (1995:25—32)	本体在不同的场合分别指"概念化"或"本体理论"
Schreiber, Wielinga & Janswijer(1995)	本体是概念系统的一个明确的规范说明,可在元水平上对一系列可能的领域理论进行表达,旨在知识密集型系统元件的模块化设计、再设计和复用
Van Heijst, Schreiber & Wielinga(1997)	本体是概念模型在知识层次上的一个明确规范,……它可能受到特定领域和任务的影响
Borst(1997)	本体是被共享的概念化的一个明确的规范说明
Studer & Fensel(1998)	本体是对"概念化"的明确的、形式化的、可共享的规范
Uschold(1998)	本体是对"概念化"的某一部分的明确的总结或表达
William & Austin (1999)	本体是用于描述或表达某一领域知识的一组概念或术语,可用于组织知识库较高层次的知识抽象,也可用来描述特定领域的知识
Chandrasekaran, et al (1999)	本体属于人工智能领域中的内容理论,它研究特定领域知识的对象分类、对象属性和对象间的关系,它为领域知识的描述提供术语
Staab,et al(2001)	本体是对一个领域在元(meta)水平上的描述,是对领域规格的一个抽象的、概念性的或者正式化的表达。其主要目的是提供分享的字汇,解决人、组织及软件系统彼此间在不同的背景、语言、工具及技术之间沟通的障碍,改进沟通品质、提升再用和分享
杨秋芬、陈跃新(2001)	在工程研究中,从知识共享的角度来说,本体作为一种概念化的说明,采用框架系统对客观存在的概念和关系加以描述。它是通用意义上的"概念定义集",是关于"种类"和"关系"的词汇表。这种词汇表是在各种事务代理之间交换意见时所用到的共同语言

资料来源:本研究汇集整理。

由以上不同作者的定义可以看出,本体概念的意蕴与哲学的原始意义几近脱离,它涉及一些新的概念:术语(词汇)、术语关系、规则、概念化、本体理论、形式化的规范说明、领域知识、表达和共享、内容理论等。其中重要的基本概念是"概念化"(或译"概念体系"、"概念模型")(conceptualization),指的是某一概念系统所蕴涵的语义结构,是对某一事实结构的一组非正式的约束规则(Guarino & Giaretta,1995),它也可以理解为和(或)表达为一组概念(如实体、属性、过程)及其定义和相互关系(Uschold & Gruninger,1996)。事实上,本体就是通过对概念、术语及其相互关系的规范化描述,给出某一领域的基本知识体系和描述语言。

在前人工作的基础上,Soergel(2001)对本体内涵作了如下较为完整的概括:

(1)在哲学界,本体是一个具体的阐明确定的世界景象或论题的范畴系统;

(2)在人工智能界,本体是由用来描述部分事实的专门词表加上一套关于词汇本意的明确假设而构成的一种工程制品;

(3)在本体工程界,本体是建立一个形式化的、合乎逻辑的理论,通常包括概念、关系、属性、赋值、约束、规则和实例。

研究和构造本体的目的,是为了实现某种程度的知识共享(share)和知识复用(re-usability)。Chandrasekaran等人(1999)认为本体的作用主要有两方面:(1)本体的分析澄清了领域知识的结构,从而为知识表示打好基础。本体应当可以复用,从而避免重复的领域知识分析;(2)统一的术语和概念使知识共享成为可能。Uschold 和 Gruninger(1996)更具体地把本体的作用概括为:

(1)通讯(communication),主要为人与人之间或组织与组织之间的通讯提供共同的词汇;

(2)互操作(inter-operability),在不同的建模方法、范式、语言和软件工具之间进行翻译和映射,以实现不同系统之间的互操作和集成;

(3)系统工程(systems engineering),主要指通过本体分析为系统实现复用、知识获取、可靠性和规范描述等项功能。

由此可见,本体的最大贡献在于:它可以将某个或多个特定领域的概念和术语规范化,为其在该领域或领域之间的实际应用提供便利。本体的这些功用是基于本体的如下特征(王昕,2002):(1)对知识管理系统来说,本体就是一个正式的词汇表。本体可以将对象知识的概念和相互间的关系进行较为精确的定义,进而使得知识搜索、知识积累、知识共享的效率大大提高,实现真正意义上的知识复用和知识共享;(2)从功能上讲,本体和数据库有些相似,但本体比数据库表达的知识丰富得多。它不仅是一个存放数据的结构，而且能够提供比数据库丰富得多的信息；(3)本体是各种领域内的实体、属性、过程及其相互关系形式化描述的基础，这种形式化的描述可成为知识基系统中可复用和共享的组件；(4)本体可以为知识库的构建提供一个基本的结构，不仅能够描述事物或概念的各个组成部分之间的静态联系，还可以描述事物或概念的运动和变化，使得知识库可以表达现实世界中浩如烟海的知识。这些正是本体在今天得到人们青睐的理由。

2.3.2　本体的构建与实例

本体有多种分类方法（Guarino，1997；Uschold，1998；冯志勇等人，2007）：(1)根据本体论包含的内容不同，分为仅涉及概念的经典本体论和同时涉及本体关系与事件的混合本体论；(2)根据本体的形式化程度不同，分为完全非形式化本体、结构非形式化本体、半形式化本体和严格形式化本体；(3)根据视点的抽象程度不同，分为顶层（元级）本体、通用本体、领域本体和应用本体；(4)根据概念化主题不同，可分为应用本体、领域本体、衍生本体和表达本体；(5)根据本体的描述对象不同，分为（特殊）领域本体（如医药、地理、金融等）、(一般)世界知识本体、问题求解本体和语言知识本体，等等。

例如"领域本体"（domain ontology），它是用以描述某一特定专业领域的本体（区别于领域的问题和任务），提供某个专业学科领域中概念的词表以及概念间的关系，或在该领域里占主导地位的理论，建立领域内部知识共享和知识应用的公共理解的基础。再如"语言知识本体"（language ontology），它时常也表现为一个词表，其中要描述单词和术语之间的概念关系。具体地说，如果我们把一个知识领域抽象成一个概念体系，再采用一个词表来表示这个概念体系，在这个词表中明确描述了词的含义、词与词之间的关系，并在该领域的专家之间达成共识，使得大家能够共享这个词表，那么，这个词表就称为领域的或语言的知识本体。知识本体现在已经成为提取、理解和处理领域知识的工具，它可以被应用于任何具体的学科和专业领域，知识本体经过严格的形式化之后，借助于计算机强大的处理能力，可以对人类的全部知识进行整理和组织，使之成为一个有序的知识网络。

图 2.3 展示了用本体描述的一般世界知识的图景：世界存在着对象；对象具有属性，属性可以赋值；对象之间存在着不同的关系；属性和关系随着时间而改变；不同的时刻会有事件发生；在一定的时间段上存在着过程，过程中有对象的参与；世界和对象具有不同的状态；事件能导致其他事件发生或状态改变，即产

生影响;对象可以分解成部分。尽管不同本体之间存在着差别,但它们在较高的抽象层次上皆具有上述这些共同特征。知识本体的其他实例,可以参见曹存根(2003:271—274)、刘红阁(2005)和阮明淑等人(2002)。

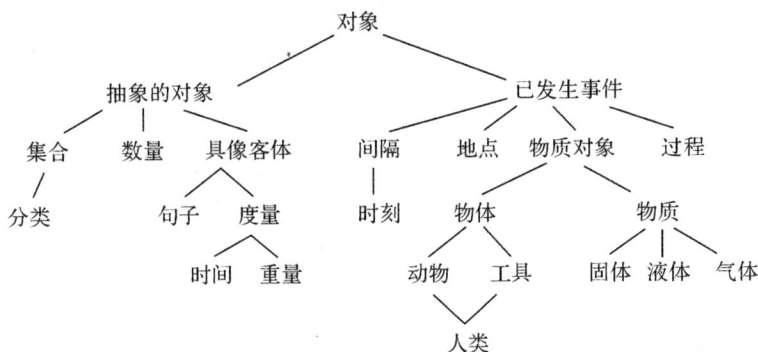

```
                              对象
                 ┌────────────┴────────────┐
            抽象的对象                    已发生事件
       ┌───────┼───────┐        ┌──────┬──────┬──────┐
      集合    数量   具像客体    间隔   地点  物质对象  过程
       │           ┌───┴───┐    │      ┌──┴──┐
      分类        句子    度量   时刻   物体    物质
                       ┌──┴──┐         ┌─┴─┐  ┌──┼──┐
                      时间   重量      动物  工具 固体 液体 气体
                                        └──┬──┘
                                          人类
```

图 2.3　一般世界知识本体

Tom Lenaert(2005)

　　本体作为通讯、互操作和系统工程的基础,必须经过精心的设计,实际上,本体的构建是一个非常费时费力的过程。因此本体构建应遵循一定的准则,例如著名的"Gruber 五准则"(Gruber,1994),即"清晰性"(clarity)、"一致性"(coherence)、"可扩展性"(extendibility),以及"编码偏好程度最小"(minimal encoding bias)(意即概念描述不应依赖某种特殊的符号层的表示方法)与"本体约定最小"(minimal ontological commitment)(意即本体约定只要能够满足特定的知识共享需求即可)。

　　Uschold & Gruninger 在 1995 年首次提出一个本体构造的方法学框架,详细描述了本体设计和评估方法,并随后作了改进(Uschold,1996a;Uschold & Gruninger,1996b)。该框架包括以下组成部分:

　　(1)确定本体的目的和使用范围;

　　(2)构造本体,包括:(a)本体捕获:即确定关键的概念和关系,给出精确定义并确定其他相关的术语;(b)本体编码:即选择合适的表示语言以表达概念和术语;(c)已有本体的集成:即对已有本体的复用和修改;

　　(3)评估:根据需求描述、能力问题(competency question)等对本体及其软件环境、相关文档进行评价;

　　(4)文档记录;

　　(5)每一阶段的指导准则。

本体的开发和设计是一个创造性的工程过程。可视为知识工程分支的本体工程或本体论工程是一系列活动的集合，包括从本体基构建（知识表达的形式化问题）、方法论开发、知识共享和应用、知识管理、运作过程建模，以及常识知识、领域知识的系统化、标准化和评价等过程（如图2.4）。值得指出的是，本体建立本身并不是目的，开发本体的作用类似于定义一系列数据和结构以便于其他程序使用。

总而言之，原出于哲学概念的本体论（ontology），现已成为广泛用于实体存在本质及其表达的通用理论。我们将借用这个理论，尝试把客观存在的工程学科领域的诸学科概括成若干概念元素，进而寻找它们对工程学科框架的应用。

基　础	设　计	应　用
哲学视角 知识表达 常识 通用知识 领域知识 功能与方法本体	自上而下 自下而上 从中间两头延伸 分类学与概念层 网络结构 集成	自然语音处理 知识管理 运作过程建模 知能信息获取搜索 组织可视化 医学、教育……

开　发	知识共享与应用
机理、框架 工具、语言 比较、评价 标准化	本体模块 代理之间交流

图2.4　本体工程的范畴

资料来源：由林平、蒋祖华（2005）改制

2.3.3　典型的几种框架理论

框架（frame/framework/framing）作为一种结构（构造）和建构过程（架构）是系统模型与建模的常用方式。以框架为对象的理论与方法，在人工智能领域、社会科学和文化研究等多个领域具有广泛的应用。其实，任何一个分类体系都是一个框架，为了本书研究目的，本节展示 Minsky 的知识表示框架理论、Goffman 的框架分析理论和 Orlikowski 等人的科技框架理论。

2.3.3.1　Minsky 框架

1975 年，人工智能专家、1969 年度图灵奖得主明斯基（Marvin Lee Minsky, 1975:211-277）在计算机领域首创了框架理论（frame theory）。框架理论的核心是以框架形式来表示知识，它的基本观点在于：人脑中已存储有大量事物的典型情境,也就是人们对这些事物的一种认识,这些典型情境是以一个称作框架的基本知识结构存储在记忆中的。当人面临新的情境时,就从记忆中选择一个合适的框架,这个框架是以前记忆的一个知识空框,而其具体内容按照新的情境而改变。通过对这个空框的细节加工、修改和补充,可以形成对新的事物情境的认识,而这种认识的新框架又可记忆于人脑中,以丰富人的知识。

Minsky 框架的顶层称为类(class),它通常是固定的和有层次的,用以表示固定的概念、对象或事件。框架的下层由若干槽(slot)组成,其中可填入具体值以描述具体事物特征,即定义类的属性(property)。每个槽根据实际情况可有若干侧面(facet)对槽作出附加说明,即定义槽的属性,如槽的取值范围、求值方法等。这样,一个框架就可以包含各种各样的信息,包括描述事物的信息、如何使用框架的信息,也可以涉及对下一步的期望,以及如果期望没有发生则应该作出的响应,等等。利用多个有一定关联的框架组成框架系统,就可以完整而确切地把知识表示出来。为了区别一个框架系统中的不同的框架,需要分别给它们赋予不同名字,称为框架名;同样,对于不同的槽和侧面也需要赋予相应的槽名和侧面名。现以一个关于汽车框架的简单例子说明几个基本概念(见表 2.7)。

表 2.7 汽车框架示例

name:汽车			
类	super-class:交通工具		
	sub-class:轿车,面包车,吉普车		
	槽	车轮个数:	
		侧面	value-class:整数
			default:4
			value:未知
		车身长度:	
		侧面	value-class:浮点数
			unit:米
			value:未知
		·	
		·	
	·	·	
	·	·	

资料来源:百度百科(2007)。

例中的 super-class 和 sub-class 分别表示该对象的父类和子类;"车轮个数"

和"车身长度"是两个槽，反映汽车的结构属性，分别由若干侧面组成；例中列出的 value 表示属性的值，value-class（或 type）表示属性值的类型，default 表示默认的属性值，等等。"缺省"（default）概念是 Minsky 框架理论最早提出的，现已成为常识知识表示的重要研究对象。

明斯基最初是把框架作为视觉感知、自然语言对话和其他复杂行为的基础提出来的，但一经提出，就因为框架既是层次化的，又是模块化的，在人工智能界立即引起了极大的反响，成为通用的知识表示方法被广泛接受和应用。从框架发展出来的"脚本"表示方法，可以描述事件及时间顺序，并成为基于示例的推理 CBR(Case-Based Reasoning)的基础之一。不但如此，它的一些基本概念和结构，也被后来兴起的面向对象的技术和方法所利用。此外，明斯基的框架理论也成为当前流行的一些专家系统开发工具和人工智能语言的基础，例如，著名的 KRL(Knowledge Representation Language)就是基于框架结构设计与实现的。(Bobrow & Winograd,1977)

"框架"作为 Minsky 框架理论的最基本概念，对其讨论和应用已经远远超出计算机科学与工程的范围，在知识管理、知识工程、大众传播和新闻学等领域都能找到它的广泛应用。不同的学科从框架理论得到启发和灵感，建立起自己学科的框架理论，为解决自己学科的问题开发了各具特色的工具。

2.3.3.2 Goffman 框架

Goffman 框架理论(framing analysis)在国内外大众传播和新闻学研究中有着广泛的应用。它源自人类学家 Bateson(1955)的心理框架概念，前者认为心理框架就是一组信息或具有意义的行动。Goffman(1974:7)在其著作《框架分析》(Frame Analysis: An Essay on the Organization of Experience)中将其借用于文化社会学的研究并创建符号互动理论，后来框架概念又被引入到大众传播研究中。

作为符号相互作用理论家的 Goffman，在其戏剧主义理论中用戏剧性的比喻来分析人的行为(斯蒂文·小约翰，1999)。Goffman 认为，对一个人来说，真实的东西就是他对情景的定义。这种定义可分为条和框架。条是指活动的顺序，框架是指用来界定条的组织类型。他同时认为框架是人们将社会真实转换为主观思想的重要凭据，也就是人们或组织对事件的主观解释与思考结构，人们借由框架来整合信息、了解事实。关于框架从何而来，Goffman 认为一方面是源自过去的经验，另一方面经常受到的社会文化意识的影响(见张洪忠，2001)。根据上述 Goffman 对框架的定义，框架就是人们解释外在真实世界的一种架构，用来作为了解、辨识和界定行事经验的基础。人们依靠主观认知中的框架来组织经验、调整行动,否则将会行无所据、言无所指(Gerhards & Rucht,1992:557;转引自臧国仁1999:26)。因此在一个社会当中,对于特定的主题或议题,不同的人会有不同的诠释框架,这些框架将会相互竞争,争取他人的认同。

Gamson(1988)也是在社会科学领域应用框架理论的一个重要学者。他定义的框架大致可分为两类:一类指"界限"(boundary),有摄像机的镜头之意,可引申为对社会事件的取舍或取材的范围,人们借以观察客观现实。凡纳入界限的实景,都成为人们认知世界中的一部分。另一类则指人们用以诠释社会现象的"架构"(building frame),以此来解释、转述或评议外在世界的活动。总之,框架乃是人们组织事务的原则,其功能在于提供人们整体性的思考基础,针对一连串的符号活动发展出中心思想,建构其意义。例如在新闻报道中,框架就是一种意义的建构活动——"框限"部分事实、"选择"部分事实以及"凸显"这些社会事实的过程,即从公共情景中选择事件、凸显事件、重组事件,从而形成公共议题(刘迅和张金玺等人,2006)。

社会学家 Tuchman 在《制造新闻》(*Making News*)里指出,新闻并非自然的产物,而是一种社会真实的建构过程。制造新闻的行为,就是构建事实本身的行为,而不仅仅是建构事实图景的行为。因此,新闻是媒介组织与社会文化妥协的产品,具有转换或传达社会实践的公共功能(坦卡德,2000:361;王轩,2004)。框架的作用和意义非同小可:因为就所描述事物来说,媒体的框架在于对事物的某一特定问题给出定义,对其前因后果加以解释,对其进行的道德评判和(或)处理意见予以强调(Entman,2004)。如果在描述某一问题或事件的过程中存在若干个潜在的相关因素,媒体对其中的一部分进行强调,而这种强调让受众在形成自己观点的过程中特别关注于这部分因素,那框架的作用就算达到了(Shen,2004)。

框架的意义当然远非如此,有若干文献揭示了更多的框架作用:(1)借助框架,新闻或政治组织有着对问题与事件加以定义与建构的特权(Gamson,1992)。因为一个主题的重要程度并不是完全由信息的量来决定的,事实上起决定作用的是"媒介如何讨论这一主题","是谁建构了媒介'包裹'";其中"媒介包裹"正是体现了框架的存在以及政策的立场(Gamson & Modigliani,1987;Kruse,2001)。(2)在受众感知问题与理解问题的方式上,媒介框架同样具有巨大的影响力,它可以改变公众对有矛盾、有争议的问题的态度(Giltin,1980:6—7)。(3)在教育、卫生、社会福利等公共政策的制定上以及公共关系策略的制定上,框架也经常发挥巨大的影响(Kim,1994;臧国仁等人,1997;Andsager & Powers,1999)。

2.3.3.3 Orlikowski 框架

同样的事物或概念,不同的个人、群体和社会对它会有不同的认知、诠释,会据以采取不同的行动。Orlikowski 和 Gash(1994)在研究技术框架(Technological Frame)的时候给出了完美的理论说明。

Orlikowski 等人引用 Weick 等学者的说法,认为社会认知研究的一个重要假设是:人类总是在创造他们的现实世界并赋予世界意义,并依此而行动。orlikowski 等人又引用 Gioia 等学者的定义,说明个人的参考框架(reference of frames)就是个人所建立的隐性知识库,并且个人将其架构与意义加诸社会与情境信息上,以增进对事物的了解,否则对这些信息的了解将会十分模糊。换言之,框架是一种"过滤器",使得某些信息受到注意,而某些信息则被忽略。

在一个组织中,每个成员所拥有的框架都是一种隐形的指导(Implicit Guidelines),它影响着组织成员对组织所发生的事件做出解释、赋予意义,并进而依此而行动。这些框架可能包括假设、知识、期望、语言符号表达、视觉影像、比喻与故事等。此外,框架在结构(structure)与内容(content)上都是具有"弹性"的,其结构与内容均可能随着时空环境的不同而改变。

虽然每个人对事物的诠释不尽相同,但同属一个群体或社区(community)的成员可以拥有一些"共有框架"(shared frames),或者称为共同的核心元素。Orlikowski 等人引用 Van Maanen 和 Schein 的工作指出,新成员融入一个专业团体的社会化过程,就是吸收该社区特有的认知架构;社区内能够保持紧密工作关系的人,常常共有某些假设、知识与期望。一群人如果拥有一些相似的称为"核心认知组件"的假设、知识与期望,则可称他们拥有共同框架。

Orlikowski 等人研究发现,框架可能同时具有正负面功能(facilitating and constraining)。所谓正面功能,也就是框架能帮助和促进个人与群体了解周围的信息,并进而采取某些行动。然而,如果框架已经僵化,也就是说,持有框架的个人与群体不再对框架进行反省的时候,那么该框架只会使人再三强化原有的思考逻辑,扭曲所得到的信息并使这些信息去适合僵化的框架,因而,其行为也将一再重复而无法学习新鲜的事物。除了缺乏反省之外,一个群体所共有的框架,也常常会影响到个人框架的"弹性",这也是造成个人框架僵化的主要原因(Eccles & Nohria,1992)。

为避免框架僵化,一些学者提出了解决方案。例如 Bolman 和 Deal(1991)就认为,个人或群体如果能学习并使用更多的框架,则对于组织的理解及其所造成的行为效果也就愈佳。于是 Bolman 等人提出"框架重组"(reframe)的方式或技巧,鼓励个人或群体改变原有的框架结构或学习新的框架结构;个人或群体若能学习并整合不同的框架,不再受限于任何一种,都将能够增进其行为效果。

虽然框架重组受到重视,但也遭到不少质疑。Palmer 和 Dunford(1996)就曾指出,框架重组的理论过于理想化;框架不一定保证导致预想的行为效果,因为在框架与行为之间还有许多变量未予讨论,例如个人在利益权衡后常常会使得行为隐忍不发。另一个显而易见的是,最先形成的框架(即对某一事物或概念的最早期的解释)的影响总是特别的强大,因为它很容易在实行一段时间后就变成个人的习惯或组织的惯例(例行工作),尤其当领导者使用权力来推动该框架实行的时候更是如此。可是一旦框架变成了"例行公事",必将影响到人的认知能力和认知行为,即产生"认知惰性"或"认知僵化"。正因为如此,Palmer 等人(1996)认为框架重组难以逃脱原有权力结构的羁绊,而对框架重组产生了质疑。

总而言之,虽然框架重组并非易事,但框架的作用和意义是毋庸置疑的,它对行为(或至少是潜在行为)的影响也是毋庸置疑的。无论是 Orlikowsk 框架,还是前述的 Minsky 框架和 Goffman 框架,它们的思考方式和作业方式皆为本书工作提供了理论和方法通道。在以下章节,我们将考察多种各有特色的工程学科框架,借助本章的基本概念和理论因素去构建具有本体特色的新框架。

2.4 本章小结

"工程"、"学科"、"专业"三个基本概念,是本书首先须加讨论的,因为现有过多的定义与解说以及日常话语中的混用或误用。如果不予以认真梳理和厘清,本书的全部工作将陷入语意混乱、难以自洽的困境。愈是基本的概念,其解读愈是具有多向度的特性。对于工程,本书给出了它的知识定义、活动定义和职业(组织、团体)定义。对于学科和专业(profession),本书也分别探讨了它们的三种定义。"工程学科"就是"工程"、"学科"通过知识或学问联系起来的一个复合概念。在职业的意义上,"学科"是一种学术性专业(academic profession),而"工程"显然是与之有所区别的一种实践性专业(practicing profession)。在知识的意义上,作为"教学科目"(instructional subjects)的"学科"才与作为"教育计划"(program)的"专业"(专门学业)发生联系;然而在任何专门学业中,除了存在学科的教育活动,还有其他的教育教学活动。本章的图 2.1 明确描绘了三者的复杂关系。

日常话语中,对"工程学科"很少产生歧义,但是对"工程专业"至少就有两种理解。在我国学术界和高等教育界,通常认为"专业"是"学科"下位的第二甚至第三级,国外没有对应的概念;在欧美工程界通常认为它是工程"field"(领域)的分支，称为"specialty"（专业），而我国没有对应的概念。本书认为，如果 20 世纪 50 年代就把俄文"специальность"（相当于英文 specialty）和"профессия"（相当于英文 profession）分别翻译成"专门（化）"和"专业"，而不是一概译为"专业"，今天的混淆可能要少掉许多。

在本章还集中探讨了研究所需的相关理论因素，涉及到知识论（含知识管理、知识工程和知识可视化）、本体论和框架理论的众多概念、定义和原理。工程学科本身是一个复杂的知识体系，不同国家有着不同的工程学科分类系统或框架，它们都是本书从本体出发加以探究的对象。在这里，工程学科的知识是本书的基本对象，工程学科的本体与框架则是本书的分析和加工对象。

03 工程学科的典型框架分析

　　学科框架是一个人为的事物。很难说它是学科"发展规律"的体现和运用,因为它不过反映出一种由人干预的学科设置的总体现状。当然不排除少量"引导性"的学科设置,可它表达的也是基于学科发展前景的预测。这种预测与其说依据的是客观规律,不如说是依据主观的需求愿望。可能正是这个原因,本章分析的 20 余种工程学科框架才会表现出丰富的多样性。以下将重点探讨英语国家、欧洲大陆国家、日本和中国的典型工程学科框架,对它们进行调查、译述、分析与讨论。国外部分的框架均取自第一手资料,它们与我国的学科框架一起,将为本书后续研究提供充分的原始材料。

3.1　英语国家的典型框架与分析

　　本节选择美国、英国和澳大利亚 3 个英语国家的 5 种框架:首先简要介绍其总的学科分类,进而重点列出工程学科的分类细节并予以分析讨论。这 5 种分类框架在其所在国均具有相当的权威性,并为官方的统计、教育、研究部门和各高等教育机构普遍使用。

3.1.1　美国的工程学科框架

3.1.1.1　CIP-2000 分类框架概览

　　CIP 是美国《教学计划分类》(*Classification of Instructional Programs*)的简称。该文件旨在提供一种分类学方案,用以精确地跟踪、评价和报告诸研究和教学领域完成的活动。1980 年,美国教育部的国家教育统计中心(NCES)首次提出 CIP,并于 1985 年和 1990 年两次修订,2000 年提出第三次修订版,即当前仍在使用的 CIP-2000。

　　美国国家教育统计中心(NCES)是主要负责收集、分析和发布有关美国和其他国家教育数据的联邦机构。根据国会的命令，该机构对美国教育情况作充分完全的收集、比较、分析与报告；编制和出版这类统计的有意义的报告书和专题分析；帮助国家和地方教育部门改进其统计系统；以及评论和报告国外的教育活动。NCES的活动力图优先满足教育数据需求，提供一致的、可靠的、完整而精确的教育状态和趋势指标，以及向美国教育部、国会和各州、其他教育决策者和从业者、数据用户和一般公众及时发布有用的高质量数据。

CIP已被采纳为联邦政府的统计标准，并且用于各种教育信息调查和数据库。它不仅被NCES用于"中学后教育数据集成系统"（其前身是"高等教育普通信息调查系统"），而且还应用于美国教育部的其他办公室、美国职业信息协调委员会（NOICC）、美国自然科学基金会、商业部人口普查局、劳工部劳动统计局等政府部门；此外，它还被美国科学院、各州部门、全国性协会、学术机关、职业咨询服务单位用作收集、报告和分析学科数据的基础。CIP-2000还被加拿大统计局采用，据称是因为考虑到CIP的综合性和完备性，以及增强与美国数据可比性的潜力。（NCES，2002：iv）

刘念才等人（2002）最早把CIP-2000作为《美国学科专业目录》（CIP-2000）翻译介绍到我国：

> 依据惯例，CIP-2000将学科专业分为三个级别，分别用两位数代码（＊＊，如01）、四位数代码（＊＊.＊＊，如01.02）、六位数代码（＊＊.＊＊.＊＊，如01.0203）表示。两位数代码代表关系密切的一群学科，我们称之为学科群，共有38个，其中13个主要适用于学术型学位教育、13个主要适用于应用型和专业学位教育、12个主要适用于职业技术教育。四位数代码代表专业内容与培养目标类似的一组专业，我们称之为学科，与我国的一级学科相似，共有362个。六位数代码代表一个单独的专业，相当于我国的二级学科。

文献作者还借用"学科群"、"学科大类"、"学术型学位教育"、"应用型"、"专业学位教育"、"职业技术教育"等我国惯用的术语对CIP-2000进行整理，提供了18张学科专业目录表。表3.1就是文献作者整理编制的一个例子。

表 3.1　CIP-2000 学科群设置情况总表（上海交大）

序号	CIP-2000 学科群名称	所含学科数	学科大类		备注
1	交叉学科	21	22	交叉学科	学术型学位教育为主
2	文理综合	1			
3	英语语言文学	8	28	人文科学	
4	外国语言文学	17			
5	哲学与宗教	3			
6	社会科学	12	39	社会科学	学术型学位教育为主
7	心理学	23			
8	历史学	1			
9	区域、种族、文化与性别研究	3			
10	自然科学	7	35	理学	
11	计算机与信息科学	11			
12	数学与统计学	4			
13	生物学与生物医学科学	13			
14	工学	34	34	工学	
15	医疗卫生与临床科学	34	34	医学	
16	工商管理学	21	21	工商管理	
17	教育学	15	15	教育学	
18	农学与农业经营	14	20	农学	应用型与专业学位教育为主
19	自然资源与保护	6			
20	法学与法律职业	5	5	法学	
21	建筑学	8	8	建筑学	
22	艺术学	9	9	艺术学	
23	公共管理与社会服务	6	6	公共管理	
24	传播与新闻学	6	6	新闻学	
25	图书馆学	3	3	图书馆学	
26	神学	7	7	神学	

续表

序号	CIP-2000 学科群名称	所含学科数	学科大类	备注
27	工程技术	17		
28	科学技术	4		
29	通信技术	4		
30	精密制造技术	6		
31	军事技术	1		
32	机械与维修技术	7	70	职业技术	职业技术教育为主
33	建造技术	7		
34	交通与运输服务	4		
35	家庭科学	9		
36	公园、娱乐、休闲、健身	4		
37	个人与烹饪服务	4		
38	安全与防护服务	3		

注:"学科群"和"学科"分别是 CIP 目录中两位数和四位数代码表示的学科领域。"学科大类"根据美国的国家教育统计中心、国家自然科学基金会和国家科学院等权威机构统计口径及世界著名大学的院系设置统计等划分。

资料来源:刘念才、程莹、刘少雪(2002):"美国学科专业设置与借鉴",《世界教育信息》2003(1—2):27—44.

这篇文献随后被国内其他学者当做 CIP 的原始文献被广泛引用,例如:

上海交通大学高等教育研究所在分析美国的学科专业划分体系中指出,对一些综合性和交叉性学科可单独设置独立的'交叉科学'门类。美国教育部于1980年颁布了美国的学科专业目录(CIP),与我国现行的12个学科门类相对比,共划分为17个门类,即交叉学科、人文科学、社会科学、理学、工学、医学、工商管理、教育学、农学、法学、建筑学、艺术学、公共管理、新闻学、图书馆学、神学、职业技术。(史培军,2003)

以 CIP-2000 为例,它将学科专业分成三个层级,分别用两位数代码(如01)、四位数代码(如 01.02)、六位数代码(如 01.02.03)表示。两位数代码表示关系密切的一群学科,即学科群,相当于我国的学科门类,共有 38 个,其中 13 个主要适用于学术型学位教育,13 个主要适用于应用型和专业学位教育,12 个主要适用于职业技术教育。四位数代码代表学科,即内容与培养目标类似的一组专业,与我国的一级学科类似,共有 362 个。六位数代码代表一个独立的专业,相当于我国的二级学科。(鲍嵘,2004)

根据美国国家教育统计中心网站提供的公开资料,《教学计划分类》(2000版)(*Classification of Instructional Programs*：2000 *Edition*)其实是一个庞大的系统,不仅包含高等教育领域的多种教学计划,而且涉及高中、军训、个人发展、职业高级发展等多种计划。这些教学计划集中在标题为"CIP-2000 分类:教学计划代码、名称和定义的完整列表"的第三篇,给出各自的分类和说明,共计六组 48 个系列(参见图 3.1)。

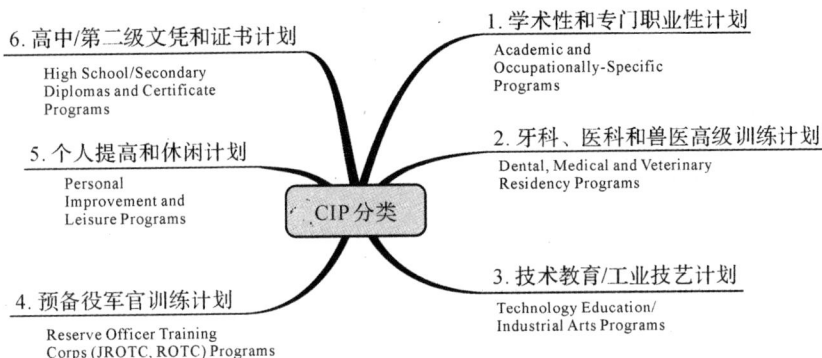

图 3.1　美国 CIP 分类全貌

第一组:学术性和专门职业性计划(Academic and Occupationally-Specific Programs)　这是一组在中学后水平上提供的教学计划,给予完整的学分,颁发特定的证明,包括学位、文凭,以及证书。它们是(括号内数字是 CIP 的原代码,本章下文中亦如此):

01_(01)农艺、农业经营与相关科学

02_(03)自然资源与保护

03_(04)建筑与相关科学

04_(05)区域、人种、文化与性别研究

05_(09)传播、新闻与相关计划

06_(10)通信技术/技术员与支持服务

07_(11)计算机、信息科学与支持服务

08_(12)私人与烹饪服务

09_(13)教育

10_(14)工程

11_(15)工程技术/技术员

12_(16)外国语言、文学和语音学

13_(19)家庭和消费者科学/人类科学

14_(22)法律专业与研究

15_(23)英国语言和文学

16_(24)文理科学(普通研究和人文学科)

17_(25)图书馆科学

18_(26)生物科学和生物医学

19_(27)数学和统计学

20_(29)军事技术

21_(30)多学科/跨学科研究

22_(31)公园、娱乐、休闲与健身学习

23_(38)哲学和宗教研究

24_(39)神学和宗教职业

25_(40)物质科学

26_(41)科学技术/技术员

27_(42)心理学   28_(43)安全与保护服务

29_(44)公共管理和社会服务专业   30_(45)社会科学

31_(46)建筑业   32_(47)机械和维修技术/技术员

33_(48)精细制作   34_(49)运输和物料搬运

35_(50)视觉和表演艺术   36_(51)健康专业与相关临床科学

37_(52)工商、管理、营销与相关支持服务   38_(54)历史

第二组：牙科、医科和兽医高级训练计划（Dental，Medical and Veterinary Residency Programs） 这是一组针对住院医生实习期新设立的计划。它们是：

39_(60)高级训练计划，包括：

(60)01 牙科高级训练计划   (60)02 医科高级训练计划

(60)03 兽医高级训练计划

第三组：技术教育/工业技艺计划（Technology Education/Industrial Arts Programs） 这是一组原本就在高中水平设置的教学计划，在中学后水平上不提供它，也无须在中学后水平方面的指导工作计划中反映其活动。这些计划意在增进学生对工业过程及其技艺的理解和感受。该组计划是：

40_(21)技术教育/工业技艺，包括：

(21)01 技术教育/工业技艺计划

第四组：预备役军官训练计划（Reserve Officer Training Corps（JROTC，ROTC）Programs） 这是一组安排在正规学习之外的教学计划，可给予一定学分，但不计入毕业总学分和学业证明的必要条件；JROTC 提供给中学生，ROTC 提供给大学生。该组计划是：

41_(28) 预备役军官训练计划，包括：

(28)01 空军预备役军官训练计划   (28)02 陆军预备役军官训练计划

(28)03 海军/海军陆战队预备役军官训练计划

第五组：个人提高和休闲计划（Personal Improvement and Leisure Programs） 这是一组提供有关个人发展和业余爱好的知识和技能的教学训练计划，多数学生为成人。它们不是正规的学术性和专门职业性教学计划，也不提供前者接受的学分。与正规的成人教育不同，这些计划完成后提供的证明通常是非正式的。该组计划是：

42_(32)基本技能   43_(33)公民行为

44_(34)健康知识和技能   45_(35)人际和社会技能

46_(36)休闲和娱乐活动　　　　　　47_(37)个人意识和自我完善

第六组：高中/第二级文凭和证书计划（High School/Secondary Diplomas and Certificate Programs）　这是一组仅在高中水平上提供的教学计划,高中毕业证明的数据每年由美国教育部采集和分析。不反映某项教学计划是否完成的高中证明（如就学证书）不在 CIP 分类之列。高中毕业证明包含职业证书、中学学业文凭,或同时包含两者的证明。该组计划是：

48_(53)高中/第二级文凭和证书

由以上列出的六组 48 个系列教学计划可见,美国的 CIP-2000 包罗万象。我国先前的一些研究,把自己的工作目标锁定在与"中学后教育"相当的"高等教育"领域,只是讨论了第一组 38 个系列的"学术性和专门职业性计划",并且以"学科分类"、"专业分类"或"学科专业分类"进行了介绍。本书认为：这里的"学科"无疑应取其"教学计划"之意（参见§2.1.2.1）,这里的"专业"也应取其"专门学业"之意（参见§2.1.3.1）。

被称为"学科群"的这 38 个教学计划系列,其中真正出现"学"（-cs,-ology）字样的只有 3 个,即"外国语言、文学和语音学"、"数学和统计学"和"心理学"；真正出现"科学"（sciences）字样的也只有 9 个,分别是："农艺、农业经营与相关科学"、"计算机、信息科学与支持服务"、"家庭和消费者科学/人类科学"、"文理科学（普通研究和人文学科）"、"图书馆科学"、"生物科学和生物医学"、"物质科学"、"社会科学"和"健康专业与相关临床科学"。而其他 26 个系列其实均无"学"或"科学"字样,例如"工程"（Engineering）、"教育"（Education）、"工商、管理、营销与相关支持服务"（Business,Management,Marketing,and Related Support Services）,以及"传播、新闻与相关计划"（Communication,Journalism,and Related Programs）等。如果不加区分地一概以"学"冠之,可能会给人一种错误的信息,以为美国 CIP-2000 的分类是以"学"或"科学"为依据的。事实上,CIP-2000 分类与其说它基于科学,不如说是基于职业,尤其第一组的教学计划系列完全是基于专门职业（profession）。

3.1.1.2　CIP 的工程学科与工程技术学科

CIP-2000 第一组的第 14 系列是关于"工程"（Engineering）的教学计划系列,编码为"14.♯♯"的有 34 种（相当于"一级学科"）,编码为"14.♯♯♯♯"的计有 42 种（相当于"二级学科"）。CIP 申明,这些计划为的是"使学生能运用数学和自然科学原理去解决实际问题"（NCES,2002：Ⅲ-63）。表 3.2 给出 CIP 工程学科的清单。由表可见,仅土木工程和普通计算机工程又细分为若干 2 级学科，其他学科的一、二级同名，未作进一步划分。

表 3.2　CIP-2000 工程学科一览表

序号	一级学科	二级学科
1	普通工程	（同左，未细分）
2	航空航天工程	航空航天和宇航工程（未细分）
3	农业/生物工程	（同左，未细分）
4	建筑工程	（同左，未细分）
5	生物医学/医学工程	（同左，未细分）
6	陶瓷科学和工程	（同左，未细分）
7	化学工程	（同左，未细分）
8	土木工程	普通土木工程，土工工程，结构工程，交通和高速公路工程，水资源工程，其他土木工程
9	普通计算机工程	普通计算机工程，计算机硬件工程，计算机软件工程，其他计算机工程
10	电气、电子学和通信工程	（同左，未细分）
11	工程力学	（同左，未细分）
12	工程物理	（同左，未细分）
13	工程科学	（同左，未细分）
14	环境工程/环境卫生工程	（同左，未细分）
15	材料工程	（同左，未细分）
16	机械工程	（同左，未细分）
17	冶金工程	（同左，未细分）
18	矿业工程	（同左，未细分）
19	船舶和轮机工程	（同左，未细分）
20	核工程	（同左，未细分）
21	海洋工程	（同左，未细分）
22	石油工程	（同左，未细分）
23	系统工程	（同左，未细分）
24	纺织科学与工程	（同左，未细分）
25	材料科学	（同左，未细分）

序号	一级学科	二级学科
26	高分子和塑料工程	(同左,未细分)
27	建设工程	(同左,未细分)
28	林业工程	(同左,未细分)
29	工业工程	(同左,未细分)
30	制造工程	(同左,未细分)
31	运筹学	(同左,未细分)
32	测绘工程	(同左,未细分)
33	地质/地球物理工程	(同左,未细分)
34	其他工程	以上未列的其他工程教学计划

资料来源:NCES(2002):Ⅲ 63-72.

以上各项教学计划("二级学科")均有相应的内容介绍,陈述计划(学科)的目标、专业职能和主要业务范围,附录 A《美国 CIP 的工程学科》给出了它们的完整内容。

与 1990 年的 CIP 旧版比较,CIP-2000 的工程教学计划分类有一些重要的修订:(1)在"普通计算机工程"中增设 3 个二级学科:计算机硬件工程、计算机软件工程和其他计算机工程;(2)撤销"工业/制造工程",分设"工业工程"和"制造工程";(3)撤销"工程管理/工业管理",划归"建筑工程技术/技术员"外,增设"运筹学";(4)撤销"工程设计";(5)新增"测绘工程";(6)撤销"地质工程"和"地球物理工程",设立"地质/地球物理工程"。

值得注意的是在 CIP-2000 第一组中,与第 14 系列"工程"(Engineering)适成对照,还有一个"工程技术"(Engineering Technology)教学计划的第 15 系列。编码为"15.♯♯"的有 17 种(相当于"一级学科"),编码为"15.♯♯♯♯"的有 55 种(相当于"二级学科"),它们均旨在"使学生能够运用基本的工程原理和技术技能以支持工程与相关的任务"(NCES,2002:Ⅲ-72)。表 3.3 给出 CIP 工程技术学科的清单。由表可见,进一步细分的二级学科数量大大增加了,仅有 7 个学科的一、二级同名,未作进一步划分。

表 3.3 CIP-2000 工程技术学科一览表

序号	一级学科	二级学科
1	普通工程技术	(同左,未细分)
2	建筑工程技术/技术员	(同左,未细分)
3	土木工程技术/技术员	(同左,未细分)
4	电气工程技术/技术员	电气、电子和通信工程技术/技术员,激光和光学工程技术/技术员,无线通信技术/技术员,其他电气和电子工程技术/技术员
5	机电一体化设备与维修技术/技术员	生物医学技术/技术员,机电一体化技术/机电一体化工程技术,仪器仪表技术/技术员,机器人技术/技术员,其他机电一体化装置与维修技术/技术员
6	环境控制技术/技术员	供热、空调和制冷技术/技术员,能量管理与装置技术/技术员,太阳能技术/技术员,水质、废水处理管理与再生技术/技术员,环境工程技术/环境技术员,危险物质管理与垃圾技术/技术员,其他环境控制技术/技术员
7	工业生产技术/技术员	塑料工程技术/技术员,冶金技术/技术员,工业技术/技术员,制造技术/技术员,其他工业生产技术/技术员
8	质量控制和安全技术/技术员	职业安全与健康技术/技术员,质量控制技术/技术员,工业安全技术/技术员,毒性物质信息系统技术/技术员,其他质量控制和安全技术/技术员
9	机械工程相关技术/技术员	航空航天工程技术/技术员,车辆工程技术/技术员,机械工程/机械技术/技术员,其他机械工程相关技术/技术员
10	矿业和石油技术/技术员	矿业技术/技术员,石油技术/技术员,其他矿业和石油技术/技术员
11	建设工程技术/技术员	(同左,未细分)
12	工程相关技术	测量技术/勘测员,水力学和流体动力技术/技术员,其他工程相关技术
13	计算机工程技术/技术员	计算机工程技术/技术员,计算机技术/计算机系统技术,计算机硬件技术/技术员,计算机软件技术/技术员,其他计算机工程技术/技术员

序号	一级学科	二级学科
14	制图/设计工程技术/技术员	普通制图和设计技术/技术员,CAD/CADD 制图和(或)设计技术/技术员,建筑制图和建筑 CAD/CADD,土木制图和土木 CAD/CADD,电气/电子制图和电气/电子 CAD/CADD,机械制图和机械制图 CAD/CADD,其他制图/设计工程技术/技术员
15	核工程技术/技术员	(同左,未细分)
16	工程/工业管理	(同左,未细分)
17	其他工程技术/技术员	以上未列的其他工程技术教学计划

资料来源:NCES(2002):Ⅲ 72—82.

与工程的教学计划一样,CIP 提供的工程技术教学计划("二级学科")亦有相应的内容介绍,陈述计划(学科)的目标、专业职能和主要业务范围,其完整的内容见附录 B《美国 CIP 的工程技术学科》。

3.1.1.3 CIP 的其他技术学科

当今技术覆盖的领域极其广阔,虽然大量涉及的是工程技术,但同样还有为数众多的涉及通信技术、军事技术等非严格意义的工程技术。因此 CIP-2000 的第一组教学计划(学科)系列中,除了它的第 15 系列是关于"工程技术"的教学计划(学科)外,还有其他十个系列的教学计划(学科)也直接与"技术"相关。它们是:

1_(10)通信技术/技术员与支持服务

该系列的教学计划是"使学生能够在影视、录音和图像通信产业中作为设备操作者、支持技术员和作业管理者发挥作用",内含 4 个一级学科,包括:通信技术/技术员、视听通信技术/技术员、图像通信技术、其他通信技术/技术员与支持服务。(NCES,2002:Ⅲ-36)

2_(12)私人与烹饪服务

该系列的教学计划是"使学生能在有关美容、殡葬和餐饮业提供专业的服务",内含 4 个一级学科,包括:殡葬服务与殡葬科学、美容整形服务、烹饪艺术与相关服务、其他私人与烹饪服务。(NCES,2002:Ⅲ-44)

3_(29)军事技术

该系列的教学计划是"为武装服役和相关国家安全机构提供专门的和先进的科目学习",内含 1 个一级学科,即:军事技术。(NCES,2002:Ⅲ-124)

4_(31)公园、娱乐、休闲与健身学习

该系列的教学计划"侧重园林和其他娱乐和健身设施的管理，提供娱乐、休闲和健身服务，以及健身教学活动"，内含 4 个一级学科，包括：公园、娱乐与休闲学习，公园、娱乐与休闲设施管理，健康与体育/健身，其他公园、娱乐、休闲与健身学习。（NCES，2002：Ⅲ-129）

5_(41)科学技术/技术员

该系列的教学计划是"使学生能够运用科学原理和技术技能以支持科学研究和开发活动"，内含 4 个一级学科，包括：生物技术/技术员、核与工业辐射技术/技术员、自然科学技术/技术员、其他科学技术/技术员。（NCES，2002：Ⅲ-140）

6_(43)安全与防护服务

该系列的教学计划"侧重提供治安、消防、其他安全服务和刑事机构管理的原理和程序"，内含 3 个一级学科，包括：审讯与教养、消防、其他安全与防护服务（NCES，2002：Ⅲ-147）

7_(46)建筑业

该系列的教学计划是"使学生能够运用技术知识和技能从事建筑物和相关设施的建造、检查和维护"，内含 7 个一级学科，包括：普通建造技术，泥瓦工技术，木工技术，电工技术，建造/施工扫尾、管理与检查，管道工技术，其他建筑技术。（NCES，2002：Ⅲ-157）

8_(47)机械与维修技术/技术员

该系列的教学计划是"使学生能够运用技术知识和技能从事工具、设备和机器的调节、维护、零部件更换，以及修理"，内含 7 个一级学科，包括：普通机械与维修技术，电气/电子设备安装维修技术，供热、制冷、通风与空调维修技术/技术员，大型/工业设备维护技术/技术员，精密装置维护修理技术，车辆维护修理技术，其他机械与维修技术/技术员。（NCES，2002：Ⅲ-161）

9_(48)精细制作

该系列的教学计划是"使学生能够运用技术知识和技能、借助工匠技艺或技巧说明去创造产品"，内含 6 个一级学科，包括：普通精细制作、制皮和室内装潢、精细金属制作、木匠工艺、司炉/锅炉维修、其他精细制作。（NCES，2002：Ⅲ-166）

10_(49)运输和物料搬运

该系列的教学计划是"使学生能够运用技术知识和技能以完成运送人和物资的作业和服务"，内含 4 个二级学科，包括：空中运输、地面运输、水上运输、其

他运输和物料搬运。(NCES,2002:Ⅲ-168)

3.1.1.4　NSF 的科学与工程学科

美国的国家自然科学基金会(NSF)每两年发表一部《科学与工程指标》报告(Science & Engineering Indicaters),公布全美科学与工程领域的教育状态、研究状态和专业成就,并作简单的评述和国际比较。据《科学与工程指标》称(NSF,2006),它在收集高等学校的科学与工程开支数据时,是按照图 3.2 所示的分类对其科学与工程领域进行调查的。

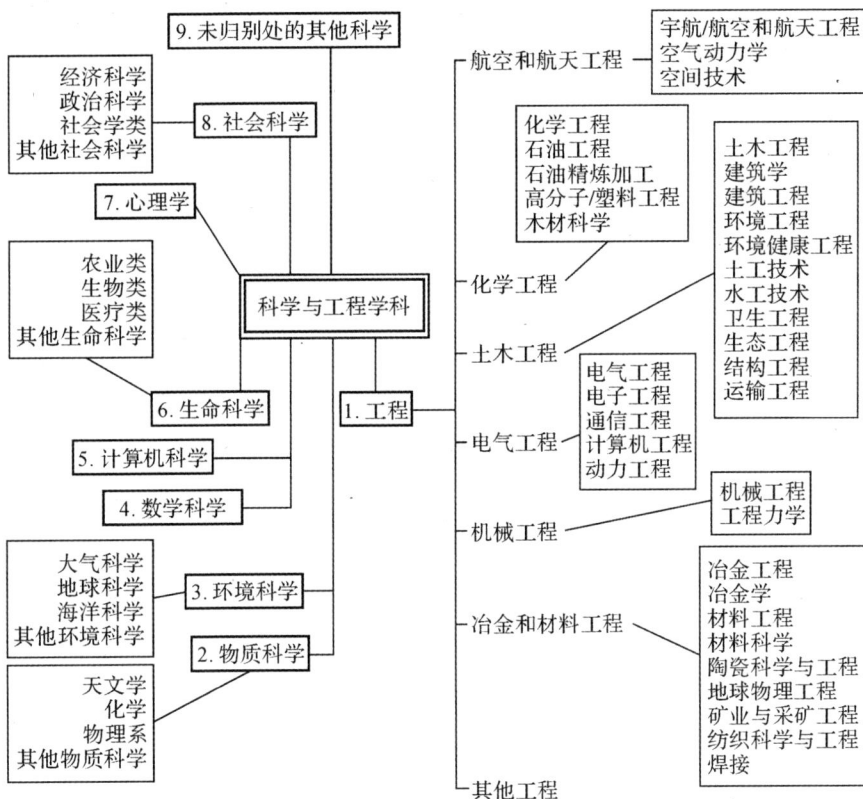

图 3.2　科学与工程学科大家族(NSF)

由图可见,NSF 认定的科学与工程领域达 9 种,除包含 7 大类工程的工程领域外,其余 8 个皆为科学领域:物质科学、环境科学、数学科学、计算机科学、生命科学、心理学、社会科学,以及其他科学。传统的自然科学及其"数理化天地生"的划分,哪怕加上熟知的社会科学,也很难反映现代科学的细分、综合和交叉的特性。应当指出,NSF 框架中的科学部门和工程部门是处在同一个知识水平上的。科学部门中的许多二级分类,例如地球科学、应用数学、运筹学、计算机与信息科学等,与工程部门的许多分支领域和专业相互渗透、紧密联系,以至出现"科学工程"(scigineering)的新词汇。(Tadmor,2006)

  NSF 科学与工程学科"大家族"的详细构造如表 3.4 所示。尽管其分类目标是为统计用,但是它反映出美国高等教育界对科学与工程领域的理解,反映出两个难以分割领域的学科结构现状,仍然具有的重要参考价值。

表 3.4 NSF 科学与工程学科一览表

1. 工 程	
航空和航天工程	宇航、航空和航天工程,空气动力学,空间技术
化学工程	化学工程,石油工程,石油精炼加工,高分子/塑料工程,木材科学
土木工程	土木工程,建筑学,建筑工程,环境工程,环境健康工程,土工技术、水工技术、卫生工程、生态工程、结构工程、运输工程
电气工程	电气工程,电子工程,通信工程,计算机工程,动力工程
机械工程	机械工程,工程力学
冶金和材料工程	冶金工程,冶金学,材料工程,材料科学;还包括陶瓷科学与工程,地球物理工程,矿业和采矿工程,纺织科学与工程,焊接
其他工程	普通工程,农业工程,生物工程和生物医学工程,工程物理,工程科学,工业/制造工程;还包括船舶和轮机工程,海运和海洋工程系统,核工程,海洋工程,系统工程,系统科学和理论,工程设计,工程/工业管理,以及所有其他的工程领域
2. 物质科学	
天文学	天文学,天体物理学,伽玛射线,中微子,光学和射电,X 射线
化学	化学,也包括分析、无机、有机、有机金属、药物和物理化学,聚合物科学。(不包括生物化学)
物理学	物理学,以及声学、原子/分子物理、化学物理、凝聚态物理、基本粒子、核结构、光学、等离子体物理,理论/数学物理
其他物质科学	普通物质科学、杂类物质科学,以及其他物质科学。常用于物质科学内部的多学科项目和没有必要划分的学科
3. 环境科学	
大气科学	大气科学和气象学,高空气流学,宇宙气流学,太阳能,水改造

地球科学	地球与行星科学,地质及相关科学,测量学,地图学;还包括工程物探,普通地质学,大地和重力测量,地磁学,水文学,无机地球物理、同位素地球物理、实验地球物理,有机地球化学,古地磁学,古生物学,自然地理和地震学
海洋科学	海洋学,海洋/水生生物学,海洋生物学,海洋化学,海洋地质学,海洋物理学
其他环境科学	常用于地球、大气和海洋科学内的多学科项目

4. 数学科学

数学科学	普通数学,数理统计学,应用数学,运筹学,数学/计算机科学,代数,分析,原理和逻辑,几何,数值分析,拓扑学

5. 计算机科学

计算机科学	普通计算机与信息科学,管理信息系统,计算机性能对数据存储和操纵的设计、开发和应用,信息科学

6. 生命科学

农业类	农业科学,农业生产,可再生的天然资源,水产养殖,植物科学,园林建筑,国际农业和土壤科学;还包括农业化学,农艺学,动物科学,育种,鱼类和野生动物保护,林业,园艺
生物类	普通生物学,生物/生命科学,生物物理学,动物学,微生物学/细菌学,植物学,解剖学,寄生虫学,生物测定学,生物化学,细胞与分子生物学,生态学,流行病学,毒理学,生物统计学,昆虫学,植物和动物遗传学,人类和动物病理学,人体及动物生理学,人体和动物药理学,医学解剖学,医学生物化学,医学微生物学,医学毒理学,医学病理学,医学免疫学,医学生理学;还包括食品和营养科学,营养科学,过敏和免疫学,生物地理学,生物工艺学,病理学,自然人类学,病毒学,以及杂项生物学专业
医疗类	神经科学,全科医学,验光,药学,动物医学,放射生物学/放射生物学,骨科医学,脚病学,牙科学,护理精神病学/精神健康,公共卫生,以及其他医疗基础科学。专门学科包括麻醉学,心脏病学,结肠和直肠外科,牙科/口腔外科学,皮肤病学,家庭医学,胃肠病学,普通外科,老年医学,血液学,内科学,新生儿—护产医学,神经外科,神经学,核医学,核放射,妇产科,肿瘤科,眼科,整形学/整形外科,耳鼻喉科,儿科,药理学,戒毒医学,塑胶整形外科,预防医学,精神病学,胸外科,泌尿科,以及不包括住院医生培训计划的其他医疗项目
其他生命科学	抗衰老医学,保健和医学实验室技术,物理疗法,通信失常科学与服务,护理技术,康复/治疗服务,医药卫生行政管理服务,职业保健,以及其他健康专业与相关服务。也可用于多学科项目、生命科学等。常用于生命科学内的多学科项目

续表

7. 心理学	
心理学	普通心理学,临床心理学,学校心理学,艺术疗法,动物行为,教育心理学,实验心理学,人类发展与人格心理学,社会心理学

8. 社会科学	
经济科学	经济学,农业经济学,商业/管理经济学,应用经济学,发展经济学,计量经济学,工业经济,国际经济,劳动经济,公共财政与财政政策,数量方法,资源经济学
政治科学	政治科学与政府,公共行政,公共政策分析,国际关系和国际事务,比较政府,法律制度,政治理论,区域研究
社会学类	社会学,人口学,社会和文化人类学,比较和历史社会学,复杂组织,文化和社会结构,群体互动,社会问题,社会福利理论
其他社会科学	普通社会科学,考古学,地理学,语言学,城市/城镇,社区,区域规划,地区和民族问题研究,刑事司法和惩戒,社区服务,科技史,社会经济地理

9. 其他科学	
其他科学	多用于列在一个主要领域下并不恰当的多学科和跨学科方面

资料来源:见 NSF(2006).

3.1.2 英国的工程学科框架

3.1.2.1 JACS 学科分类框架概览

1993 年,英国高等教育政府白皮书《新的框架? 呼唤更加协调的高等教育统计》发表不久即成立了高等教育统计局(HESA)。该机构现已成为英国高等教育统计数据的中心来源,由它发布权威的相关数据和出版物,供多方参考和使用。21 世纪初,英国高等教育统计局(HESA)(2006a,2006b)与大学招生委员会(UCAS)联合开发了一个通用性的学科分类编码系统,即"Joint Academic Coding of Subjects"(简称 JACS),见图 3.3。英国若干全国性机构,包括教育与培训部(DfES)、高等教育拨款委员会(HEFCE)和高等教育统计局(HESA),均采用这个分类系统以识别教学计划和模块所在的学科,同时该编码系统也是大学招生委员会(UCAS)编制招生计划代码的基础(UCAS,2006)。

JACS 并不表示学习的层次等级。它既可以用作本科生、研究生和研究的计划(programmes)的分类代码,也可以用作继续教育的模块(modules)的分类代码。每个代码由 1 个字母和 3 个数字组成。字母表示学科领域(subject area),数字表示学科领域中主要学科(main subject)包含的主题(topics);当 3 个数

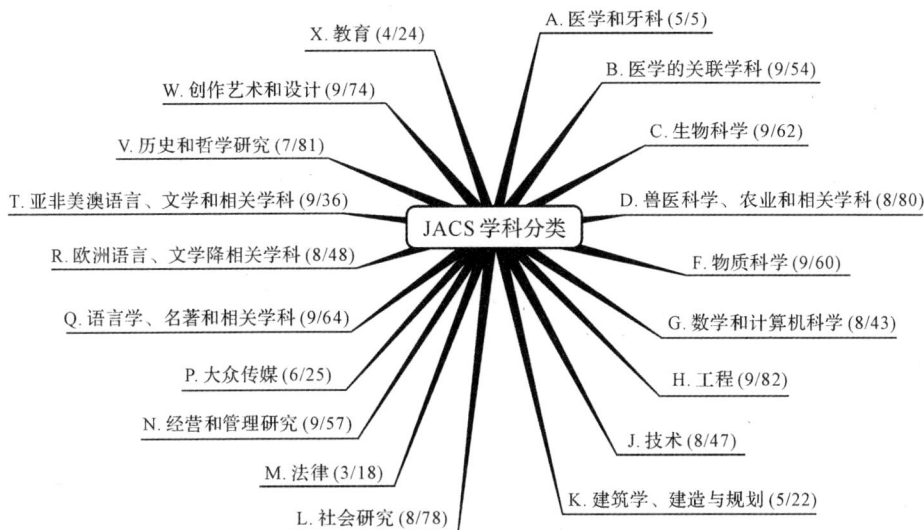

图 3.3　英国 JACS 学科编码系统

（括号内数字分别表示一级和二级学科数）

字中的后两个均为 0 时，或 1 个字母和 1 个数字时，该代码则表示一个学科群
（grouped subject）。如果我们把"subject area"译成学科门类、"grouped subject"
译成一级学科、"main subject"及其"topic"译成二级学科，那么 JACS 共有 19 个
学科门类、142 个一级学科和 962 个二级学科（JACS，2002）。

　　英国 JACS 系统与美国 CIP 系统第一组（"高等教育"）有许多相似处，一是
学科门类很多，JACS 已经有 19 种之多，而 CIP 则是前者一倍；二是人文学科均
分得较细；三是均设有区别于数学的"物质科学"（Physical Sciences）门类；四是
对"工程"（engineering）和"技术"（technology）有作严格的区分，设为不同的学
科门类。这里的第四点尤其应当值得关注（参见§4.2.1.2）。

3.1.2.2　JACS 的工程及其相关学科

　　工程及其相关学科在 JACS 分类中除了门类"H 工程"外，涉及"G 数学和计
算机科学"中的计算机科学部分，以及门类"J 技术"和门类"K 建筑学、建造与规
划"（见表 3.5）。学科名称后的括号中，第一段数字为一级学科数，第二、三段数
字为二、三级学科数。若不计及数学类的学科，此 4 个学科门类含一级学科 27
个、二级学科 129 个、三级学科 180 个。

表 3.5 JACS 工程及其相关学科一览表

G. 数学和计算机科学(8/40/43)		
G100	数　学	纯粹数学,应用数学((数学)力学),数学方法,数值分析,数学建模,工程/工业数学,他处未列的数学
G200	运筹学	他处未列的运筹学
G300	统计学	应用统计学(医学统计学),概率论,随机过程,统计学建模,数学统计学,他处未列的统计学
G400	计算机科学	计算机组成和操作系统(计算机组成、操作系统),网络和通信,计算科学基础,人机接口,多媒体计算机科学,他处未列的计算机科学
G500	信息系统	信息建模,系统设计方法学,系统分析和设计,数据库,系统核查,数据管理,他处未列的信息系统
G600	软件工程	软件设计,编程(程序设计),面向对象的设计,发布式设计,他处未列的软件工程
G700	人工智能	语音和自然语言处理,知识表达,神经网络计算,计算机视觉,认知模式,机器学习(自动推理),他处未列的人工智能
G900	其他数学和计算机科学	其他数学科学,其他计算机科学,他处未列的数学和计算机科学
H. 工　程(9/49/82)		
H100	普通工程	综合工程,安全工程(消防工程、水质控制、公共卫生工程),计算机辅助工程(工程设计自动化),力学(流体力学、固体力学、结构力学),工程设计,他处未列的普通工程
H200	土木工程	结构工程,环境工程(能量资源、海岸垃圾、环境评估),运输工程(铁路工程、公路工程),测绘科学(普通现场测绘、工程测绘),岩土工程,他处未列的土木工程
H300	机械工程	动力学(热动力学),机构和机器(涡轮技术),车辆工程(公路车辆工程、铁道车辆工程、轮机工程),声学和振动(声学、振动),海上工程,机电一体化工程,他处未列的机械工程
H400	宇航工程	航空工程(空中客运工程、空中货运工程、空中军事工程),航天工程,航空电子学,空气动力学(飞行力学),推进系统,航空研究,他处未列的宇航工程
H500	船舶工程	船舶制造(客运船舶制造、货运船舶制造、军舰制造、潜水艇制造),船舶设计(客船设计、货船设计、舰船设计、潜水艇设计),他处未列的船舶工程

H600	电子和电气工程	电子工程(微电子工程、集成电路设计),电气工程,发电和输配电(电力生产、电力输送),通信工程(电信工程、广播工程、卫星工程、微波工程),系统工程(数字电路工程、模拟电路工程),控制系统(仪表控制、光控系统),机器人技术和控制论(机器人技术、控制论、生物工程、虚拟现实(VR)工程),光电子工程,他处未列的电子和电气工程
H700	生产和制造工程	制造系统工程(制造系统设计、制造装配系统、生产过程、制造系统维护),质量保证工程,机电一体化,他处未列的生产和制造工程
H800	化学、过程和能源工程	化学工程(生物化学工程、制药工程),原子能工程(核工程),化学过程工程(生物过程工程),燃气工程,石油工程,他处未列的化学、过程和能源工程
H900	其他工程	他处未列的工程

J. 技　术(8/33/47)

J100	矿物技术	采矿,采石,岩土力学,矿物处理,矿物勘探,石油化工技术,他处未列的矿物技术
J200	冶金学	实用冶金学,金属制作(模造),腐蚀技术,他处未列的冶金学
J300	陶瓷与玻璃	制陶术,玻璃技术,他处未列的陶瓷与玻璃
J400	聚合物与纺织品	聚合物技术(塑料),纺织技术(纺织化学、纺织品精整和印染),皮革技术(制革),服装生产(机制编织品、商业成衣、时样剪裁、制帽、制鞋),他处未列的聚合物与纺织品
J500	其他材料技术	材料技术(工程材料、造纸技术、家具技术),印刷技术(胶版印刷、照片印刷、复印、胶片印制),宝石学,他处未列的材料技术
J600	海上技术	海上技术(领航、海上雷达、海上通信、海上测深),他处未列的海上技术
J700	工业生物技术	他处未列的工业微生物技术
J900	其他技术	能源技术,工效学,音频技术(录音),设备维护,(办公设备维护、工业设备维护),乐器技术,物流技术,他处未列的技术

K. 建筑学,建造与规划(5/21/22)

K100	建筑学	建筑设计理论,室内建筑,建筑技术,他处未列的建筑学
K200	建造	建造技术,施工管理,建筑测量,工程财务,建筑维修,他处未列的建造技术

续表

K300	园林设计	园林建筑，园林研究，他处未列的原理设计
K400	城市、乡村和区域规划	区域规划，城市和乡村规划（城市规划、乡村规划），规划研究，城市研究，住房供给，交通规划，他处未列的城市、乡村和区域规划
K900	其他建筑学，建造与规划	他处未列的建筑学，建造与规划

资料来源：见 JACS(2002).

在 JACS 系统中的工程及其相关的 4 大门类学科中，对各学科的主要学习内容和专业工作的主要职能均有介绍，详见附录 C《英国 JACS 的工程及其相关学科》。以下仅以电子和电气工程为例，给出简单说明。

H600 电子和电气工程(1/9/19)

学习工程原理以用于电和带电粒子的具体应用。

H610 电子工程：学习工程原理以用于控制电子在半导体、自由空间或气体中的运动，与电气工程有紧密联系。

H611 微电子工程：学习工程原理以用于电子微电路。

H612 集成电路设计：学习半导体材料最有效处理以形成集成电路。

H620 电气工程：学习工程原理以用于电气系统的具体应用，包括带电粒子的学习，与电子工程有紧密联系。

H630 发电和输配电：学习电能从发电装置或系统到用电装置或系统的流动。

H631 电力生产：学习电力生产技术及其开发。

H632 电力输送：学习电力传输配送技术及其开发。

H640 通信工程：学习工程原理以用于电子工程。

H641 电信工程：学习工程原理以用于借助电波、光或电的信号实施音频、视频和其他数据信息的电信传输。

H642 广播工程：学习工程原理以用于借助传输音像信息所必需的设备传送广播电视节目。

H643 卫星工程：学习工程原理以用于借助人造卫星实现通信功能。

H644 微波工程：学习工程原理以用于借助电磁辐射或超短波长电波传递和收集信息。

H650 系统工程：学习工程原理以用于组合电气、电子和机械的成分实现相互依赖的新功能。

H651 数字电路工程：学习工程原理以用于离散值的输入和伏特级的输出。

H652 模拟电路工程:学习工程原理以用于惯常数量测定的电压和电流。

H660 控制系统:学习工程原理以用于借助电气和电子方法的测量、调节和运行。

H661 仪表控制:学习工程原理以用于设备的电子操纵。

H662 光控系统:学习工程原理以用于借助可视电磁波辐射的设备操纵。

H670 机器人技术和控制论:学习生物系统和人造系统的关系以设计和创造其仿制品。

H671 机器人技术:学习机器人的设计、制造和应用。

H672 控制论:学习电子和机械装置的控制系统,拓展到人造系统和生物系统的对照。

H673 生物工程:学习工程原理以用于设计和制造诸如假肢的自动智能装置以矫正残疾功能。

H674 虚拟现实(VR)工程:学习工程原理以用于计算机生成的环境。

H680 光电子工程:学习工程原理以用于光输入导致电输出的装置,或者电振荡产生可见光、紫外线或红外线的装置。

H690 他处未列的电子和电气工程。

3.1.2.3　RAE 研究评估用学科分类

英国 RAE(Research Assessment Exercise)是英国高教系统评估其研究质量的权威机构。它主要负责制定英国高等教育机构研究质量的评价方针、政策,组织评价的实际活动,并正式发布其评价结果。RAE 的评价工作始于 1986 年,随后于 1989 年、1992 年、1996 年、2001 年又进行了四次,现在正根据政府 2006 年的预算着手定于 2008 年正式展开第六次(RAE,2006,2007;孔寒冰、吴若斌,2005)。RAE 对英国高等学校提升自己的学科研究水平,进而对增强英国整体的国际竞争力起到积极的作用。

RAE 2008 的评估与先前 RAE 评估大体相同,也是把有待评价的所有学科按 5 大门类划分成 15 个评估大组,再分成 67 个学科评估组(Unit of Assessment,UoA)(详见表 3.6)。每个学科评估组均有自己的学科范围,例如门类Ⅱ的"物质科学与工程"包含 17 个 UoA,其学科范围与详细描述列于表 3.7。由这些描述可见,每个学科组包括着众多的学科,学科领域的构成也相当精细,突出表现了学科间的融通和交叉,以及对该学科的教育研究的重视。

表 3.6　RAE 研究评价学科一览表

		门类Ⅰ. 医学和生物科学		
	1	心血管医学	2	肿瘤研究
A	3	传染病和免疫学	4	其他基于医院的临床学科
	5	其他基于实验的临床学科		
			6	流行病学和公共卫生
B	7	健康服务研究	8	初级护理和其他基于社区的临床学
	9	精神病学、神经科学和临床心理学		
			10	牙科
C	11	护理和产科学	12	联合健康职业与研究
	13	药学		
D			14	生物科学
	15	预临床和人的生物科学	16	农学、兽医和食品科学

		门类Ⅱ. 物质科学和工程		
E	17	地球系统和环境科学	18	化学
	19	物理学		
			20	纯粹数学
F	21	应用数学	22	统计学和运筹学
	23	计算机科学和信息学		
			24	电气和电子工程
G	25	普通工程、矿业工程	26	化学工程
	27	土木工程	28	机械工程、航空工程和制造工程
	29	冶金和材料学		
			30	建筑学和建筑环境
H	31	城镇和国土规划	32	地理学和环境研究
	33	考古学		

		门类Ⅲ. 社会科学		
			34	经济学和计量经济学
I	35	会计学和财政学	36	工商和管理研究
	37	图书馆和信息管理		

			38	法律
J	39	政治学和国际研究	40	社会工作和社会政策与管理
	41	社会学	42	人类学
	43	发展研究		
K			44	心理学
	45	教育	46	有关运动的研究
门类Ⅳ. 区域研究和语言				
L	47	美国研究和英语地区研究	48	中东与非洲研究
	49	亚洲研究	50	欧洲研究
门类Ⅴ. 艺术和人文学科				
M	51	俄语、斯拉夫语与东欧语言	52	法语
	53	德语、荷兰语与斯堪的纳维亚语	54	意大利语
	55	伊比利亚语与拉丁美洲语言	56	凯尔特语研究
	57	英国语言与文学	58	语言学
N	59	古代史、拜占庭与现代希腊研究	60	哲学
	61	神学与宗教研究	62	历史学
O	63	艺术与设计	64	艺术史、建筑与设计史
	65	戏剧、舞蹈与表演艺术	66	交流、文化与媒体研究
	67	音乐		

资料来源：见 RAE(2006)，Panel criteria and working methods.

表 3.7　RAE 物质科学和工程学科概览

类	组	UoA 名称	UoA 学科描述
E	17	地球系统和环境科学	该组学科包括地球科学、环境科学与行星科学：地球物理，地球化学，古生物，地质学，矿产物理学，行星学，天体化学，地表过程；涉及生态环境的物理学、化学和生物学；大气、海洋和淡水科学；全球变化；自然资源；环境管理的科学方面，包括污染与防治
	18	化学	该组学科包括各方面的实验化学和理论化学，以及这些领域的交叉和化学教育研究

续表

类	组	UoA 名称	UoA学科描述
E	19	物理学	该组学科包括：量子物理、原子物理、分子和光学物理、等离子体物理、基本粒子物理与核物理、表面和界面物理、凝聚态和软物质物理、生物物理、半导体、纳米物理、激光、光电器件和光电子学、磁学、超导和量子流体、流体动力学、统计力学、混沌和非线性系统、天文学和天体物理、行星和大气物理、宇宙论和相对论、医学物理学、应用物理、化学物理的理论、计算和实验研究，以及仪器仪表和物理教育研究
F	20	纯粹数学	该组学科包括(但不限于)：代数，分析，范畴论，组合数学，计算复杂性，动力学系统，几何，数理逻辑，数论，常微分方程，算子理论与算子代数，偏微分方程，概率论，随机分析和拓扑学
	21	应用数学	该组学科包括开发、分析、解决或近似解决由物质科学和生物科学、工程科学、工业、金融以及数学以外其他任何领域的现象提出的数学模型问题，以及以此为目标的数学理论和技巧的开发与应用；相关的实验研究和计算研究亦包含在内
	22	统计学和运筹学	该组学科包括在统计学、概率论和侧重数学方面的运筹学领域的方法、应用和理论研究
	23	计算机科学和信息学	该组学科包括信息的获取、存储、加工、通讯和推理的方法研究，通过计算机硬件、软件和其他资源的执行、组织与应用对自然和人工系统交互作用的研究；该组学科以规范的分析、试验和设计应用为特征
G	24	电气和电子工程	该组学科涉及各个领域的电气和电子工程的研究，包括但不限于：通信，电子材料与器件，微电子机械系统(MEMS)与纳米电子学，生物电子学，电子系统与电路，光电子学和光通信系统，通讯与网络，多媒体，视频和音频处理与编码，信号和图像处理，模拟与评价，百亿赫兹级射频(RF)技术，天线与雷达，测量、仪表与传感器，控制、机器人学和系统工程，电力系统、电机与装置，功率电子学，计算机和软件工程等；还包括电气和电子工程的教育研究
	25	普通工程、矿业工程	该组学科包括：所有多学科和跨学科的工程研究，矿业和采矿工程，两个以上工程主要分支(即化工、土木、电气与电子、冶金与材料、机械、航空及制造工程)的交叉，上述领域与诸如海上技术、可再生能源/能量转化、产业研究、医学工程、生物工程和环境工程等的综合，以及工程的教育研究
	26	化学工程	该组学科包括化工产品和过程工程，生物化学与生物医学工程，燃料技术和能源工程，环境和系统工程，食品加工工程，化学工程的教育研究等

类	组	UoA 名称	UoA 学科描述
G	27	土木工程	该组学科包括(但不限于):土木建筑,土木设计,基础设施管理,流体力学,水力学和水文学,计算力学和信息学,结构和材料,测量,运输,岩土工程和地球环境工程,环境管理(包括水、垃圾和污染物),近海和海岸工程,极端事件对全球变化、可持续发展的影响和适应性,以及对上述领域的安全和风险评估;还包括土木工程的教育研究
	28	机械工程、航空工程和制造工程	该组学科包括以下领域的工程研究:声学,航空工程,车辆工程,生物医学工程,计算方法,控制,动力学,设计,失效分析,流体动力学,流体力学,应用流体力学,热量迁移,制造(技术、过程和系统),工程管理,人机工程学,材料,材料加工,轮机工程,机电一体化,光学工程,过程工程,固体力学,系统工程,热动力学,涡轮机械和推进器,振动;还包括机械工程、制造工程和航空工程的教育研究
	29	冶金和材料学	该组学科包括从原理和应用两方面对各种类型和形态的材料的结构、性能、制造、加工与应用(及其相互关系)的研究,也包括冶金和材料的教育研究
H	30	建筑学和建筑环境	该组学科涵盖有关建筑环境的各种形式的研究,包括:建筑学,建筑科学与建筑工程,建筑施工,地形测量,城市化,以及其他由建筑环境(包括其运行和使用)产生的应用领域或相关背景的研究
	31	城镇和国土规划	该组学科包括:空间规划、环境、社区、不动产市场、住房和交通及其实质性知识领域的理论、分析、政策、实践和治理。该多学科和跨学科领域包括以下学科的历史、理论、分析、方法和技术、法律、政策、实践、治理和机构:空间规划,区域分析与发展,再生与重建,经济发展与规划经济学,社区规划和参与,社会结合与空间不平等,可持续社区,城市设计与保护,环境规划,交通规划,可持续发展,休闲和旅游,农村规划与发展,住房市场、开发、管理和财政,不动产市场、投资、开发、管理、财政、估值和经济学,公司房地产,以及这些领域的教育研究、信息管理和技术
	32	地理学和环境研究	该组学科涉及地理学和广义环境研究的所有方面的概念研究、实质性研究和应用性研究。这些研究把广泛的自然、环境与人的现象及其相互关系在特定的系统、背景和地点合在一起探究。它包括自然物理和人文地理(如地貌学、生物地理学、第四纪科学,经济、社会、文化和历史地理学),以及那些对环境地理学和环境的研究(如环境治理、管理和经济学)。它还包括对地理历史和环境历史的调查,以及用于地理和环境研究的诸如遥感和地理空间分析的技术

续表

类	组	UoA 名称	UoA 学科描述
H	33	考古学	该组学科涵盖考古理论与编年史,人类起源考古学,史前史和全球社会史。它们涉及早期文明,埃及学,古典考古学和相关历史研究,中世纪和后中世纪考古学,殖民时期和工业考古学,地貌和环境考古学,考古科学,公共考古学,遗产管理和博物馆研究的考古学方面,以及考古学的教育研究与考古保护

资料来源：见 RAE(2006)，Panel criteria and working methods，Panel E－H.

3.1.3 澳大利亚的工程学科框架

3.1.3.1 RFCD 学科分类框架概览

1998 年,澳大利亚统计局(ABS)(1998)颁布了第二版《澳大利亚标准研究分类》(ASRC)。该标准包括三个重要分类：(1)活动类型(type of activity)分类；(2)研究领域、课程计划和学科(research fields，courses and disciplines)分类,简称 RFCD 分类；(3)社会经济目标(socio-economic objective)分类。

由于 ASRC 分类标准是由国家统计局与多个组织(人文科学院、社会科学院、澳大利亚农业科学学会、澳大利亚物理学会、澳大利亚农业数学学会、澳大利亚研究理事会、澳大利亚大学校长委员会、科学与工业研究组织联合会、澳大利亚大学旅游教育理事会、国防科学和技术组织、就业教育训练和青年事务部、工业科学和旅游部、第一工业和能源部、工程师协会、国家卫生和医学研究理事会、皇家澳大利亚化学学会)共同设计的,因此它们得到广泛认可与应用,极具权威性。

RFCD 分类作为《澳大利亚标准研究分类》(ASRC)的一个分类标准,就是为满足澳大利亚统计局(ABS)和就业教育训练和青年事务部(the Department of Employment，Education，Training and Youth Affairs)的共同需要而设计的。它取代了先前分别使用的《研究领域分类》(FOR)和《高等教育课程学习分类》(FOSCHEC),提供了适用于学习和(或)研究领域的学科分类标准。

RFCD 分类的最大特点是兼顾研究与教学,各类目包括认可的学术性学科、大学和其他高等教育机构相关的主修领域及其子领域(sub-fields)、国立研究院所和组织从事研究的主要领域(fields),以及新兴的学习研究领域(areas)。其中所列的各个专门领域,一方面是国家的兴趣所在,一方面也反映学科领域的总体结构。

RFCD 分类是一种层次性的结构,包括 24 个门类(divisions)、139 个一级学科（disciplines）和 898 个二级学科（subjects）。24 个学科门类是：

210000	科学（普通）	220000	社会科学、人文学和艺术（普通）
230000	数学科学	240000	物理科学
250000	化学科学	260000	地球科学
270000	生物科学	280000	信息、计算和通信科学
290000	工程和技术	300000	农业、兽医和环境科学
320000	医学和卫生科学	340000	经济学
350000	商业、经营、观光和服务	360000	政策和政治科学
370000	人类社会研究	380000	行为和认知科学
390000	法律、司法和法律执行	400000	新闻、图书馆和医药研究
410000	艺术	420000	语言和文化
430000	历史和考古学	440000	哲学和宗教

在澳大利亚，与学习领域相关的其他标准还有：(1)《ABS 职业资格分类》（ABSCQ），主要用于职业资格认定，但在设计导致某种职业的教育计划时也经常使用。(2)《第三级教育课程学习领域分类》（FOSCTEC），它是对《高等教育课程学习分类》（FOSCHEC）的部分修改，主要用于职业教育和培训。(3)《国际标准教育分类》（ISCED），它是一种对教育计划而非职业资格的分类。1999 年，澳大利亚参照 ISCED-97 也颁布了自己的《澳大利亚标准教育分类》（ASCED）。它与 RFCD 分类是相容的，仅以附加的类目覆盖了职业教育和训练方面的活动。

3.1.3.2　RFCD 的工程技术及相关学科

RFCD 分类中的"工程和技术"门类（编号 290000）含有 18 个一级学科，共 105 个二级学科；"信息、计算和通信科学"门类（编号 280000）含有 6 个一级学科，共 47 个二级学科，见表 3.8。与美国和英国的类似学科分类比较，澳大利亚的 RFCD 分类是把"工程"与"技术"混杂在一起的，整个框架尽管"门类齐全"，但是所设置的学科"剪裁适度"，可能反映了该国的实际需要。

表 3.8　RFCD 工程和技术及相关学科一览表

	工程和技术（290000）	
1	工业生物技术和食品科学（5）	发酵、生物技术和工业微生物，食品工程，食品加工，其他食品科学，其他工业生物技术
2	航空工程（8）	空气动力学，飞行动力学，航天结构，飞机性能，飞行控制系统，航天电子系统，卫星、航天器和导弹设计，其他航空工程

续表

工程和技术(290000)		
3	制造工程(10)	机器人和机电一体化,柔性制造系统,CAD/CAM,控制工程,焊接技术,纺织技术,印刷技术,包装、存储与运输,安全与质量,其他制造工程
4	车辆工程(1)	车辆工程
5	机械和工业工程(2)	机械工程,工业工程
6	化学工程(4)	化学工程设计,过程控制和仿真,膜和分离技术,其他化学工程
7	资源工程(5)	矿业工程,矿物处理,石油和储油工程,地质力学,其他资源工程
8	土木工程(6)	结构工程,水和卫生工程,运输工程,建筑工程,岩土工程,其他土木工程
9	电气和电子工程(3)	电气工程,集成电路,其他电子工程
10	地理工程(7)	测地学,测量,航空摄影和遥感,空间信息系统,航道和选址,绘图,其他地理工程
11	环境工程(5)	环境工程模拟,生物改造(Bio-remediation),环境工程设计,环境技术,其他环境工程
12	海上工程(7)	船舶制造,船舶和平台流体力学,船舶和平台结构,海运工程,海洋工程,专门运载工具,其他海上工程
13	冶金(2)	过程冶金,物理冶金
14	材料工程(8)	高分子,复合材料,合金材料,陶瓷工程,木材,纸浆和纸,塑料,其他材料工程
15	生物医学工程(5)	临床工程,康复工程,生物材料,生物力学工程,其他生物医学工程
16	计算机硬件(6)	算法和逻辑结构,内存结构,输入、输出和数据设备,逻辑设计,处理器系统结构,其他计算机硬件
17	通信技术(11)	天线技术,光学和成像系统,数字系统,计算机通信网络,微波和毫米波技术,宽带网络技术,卫星通信,其他无线电通讯和广播技术,其他通信技术
18	跨学科工程(5)	流化和流体力学,热和质量迁移操作,紊流,纳米技术,其他跨学科工程
19	其他工程和技术(5)	农业工程,燃烧和燃料工程,生物传感器技术,工程/技术仪表,其他工程和技术

续表

	信息、计算和通信科学(280000)	
1	信息系统(13)	信息系统组织,信息系统管理,信息存取与管理,人机接口,接口与表达,跨组织信息系统,全球信息系统,数据库管理,决策支持和团队支持系统,系统理论,概念建模,信息系统开发方法学,其他信息系统
2	人工智能和信号图像处理(13)	专家系统,计算机图学,图像处理,信号处理,文本处理,语音识别,模式识别,计算机视觉,智能机器人,仿真与建模,虚拟现实和相关模拟,神经网络、遗传算法与模糊逻辑,其他人工智能
3	计算机软件(6)	编程技术,软件工程,程序语言,操作系统,多媒体编程,其他计算机软件
4	计算理论和数学(7)	算法分析与复杂性,数学逻辑与形式语言,数值分析,离散数学,数学软件,其他计算理论和数学
5	数据格式(7)	数据结构,数据存储表示,文件,数据安全,编码和信息理论,其他数据格式
6	其他信息、计算和通信科学(1)	其他信息、计算和通信科学

资料来源:见 ABS(1998);Australian Standard Research Classification(ASRC).

3.2 欧洲大陆和日本的典型框架与分析

俄国、德国和法国同为欧洲大陆国家,但其学科框架迥然不同,更与英语国家的大相径庭。这里很难看到"规律"的踪影,看到更多的是"传统"以及政府、学校和其他相关组织的干预。比较而言,俄、德的学科设置相对严谨,法兰西的设置则充满浪漫,不仅模式众多,而且无拘无束地闯到传统工科以外。在日本,学科的设置几乎完全听由学校自说自话;东京大学这些领先的大学,其新颖的学科设置所反映出的学术远见值得我们关注。

3.2.1 俄国的工程学科框架

3.2.1.1 俄罗斯高等教育概览

俄罗斯是高等教育十分发达的国家,具有优良的传统和国际声誉,其心理学、教育学、医学、机械、电子、航空航天等学科至今仍占世界领先地位。2003年,俄罗斯共有高等学校 1251 所,其中国立大学 598 所、地方(自治区、市)所属大学 18 所、私立大学 635 所；此外还有 1540 所大学分校。1996 年以前，俄罗斯的大学教育没有学士、硕士的学位称号，只有工程师、教师、化学家、艺术家等"专家"（Специалист，Specialist）头衔，研究生教育则可授予副博士、博士学位。1996 年起，俄罗斯学位制度开始调整，逐渐与英语国家的惯例接轨。（Russia，2000；Russia，2003）

俄罗斯现行的高等教育结构共分为四级：

第一级——不完全高等教育。这一级是高等教育的初级阶段，由高等学校按照基础专业教育大纲实施，学制 2 年。学生若不想深造，也可以领取《不完全高等教育毕业证》就业。

第二级——学士学位教育。这一级是由高等学校按照基础专业教育大纲在第一级基础上实施的高等教育，学制 4 年（包括第一级的 2 年）。学生可获得选定专业方向的"学士学位"和《高等教育毕业证书》，可以直接就业，也可继续接受第三级高等教育。

第三级——硕士学位教育和专家资格教育。这一级高等教育按照两种类型的基础专业教育大纲实施：一种是培养"硕士学位"获得者；另一种是培养具有"工程师"、"教师"、"农艺师"、"经济师"等职业资格的"文凭专家"，学制均为 2 年。学生可获得选定专业方向的"硕士学位"或选定专业（方向）的专家资格以及《高等教育毕业证书》，可以直接就业，也可继续接受第四级高等教育。根据俄罗斯《高等专业教育国家标准》，专家资格教育也保留 5 年制传统模式；按规定修完专家资格教育全部课程，并通过考试、答辩，且经考核合格的学生，学校为其颁发《高等教育毕业证》，同时授予"工程师"等专家资格。

第四级——研究生教育（Послевузовское профессиональное образование，Postgraduate education）。获"硕士学位"或"专家资格"的高等学校毕业生可报考研究生，攻读副博士学位。副博士学位教育学制 3 年，副博士资格考试合格、撰写论文并通过答辩者可获得相应学科的"副博士学位"。副博士学位获得者经过一段时间的实际工作后，可以按一定程序申请博士学位。

2000 年，俄罗斯联邦教育部发布新的《高等专业教育国家标准》（ГОС ВПО），给出了全新的学科方向（专业）分类目录（Russia，2003），此后每年皆有局部调整修订。至 2005 年底，俄罗斯的这份最新标准分类目录总共含有不同名称和代码的方向（专业）385 个。由于部分专业（Специальность，specialty）提供两种以上的专业教育计划，同时部分方向（Направление，direction）也提供一种以上的学位（学士和硕士）计划，因此该标准分类目录还附带推荐了 612 种方向（专业）的"示范教育计划"（Russia，2007）。

新的标准分类目录由三大部分组成,分别称"专业大类"、"学科方向大类"和"专业(方向)大类",供"专家文凭"和"学士/硕士学位"的不同需要。附录D《俄罗斯学科方向与专业标准分类》给出了完整介绍,以下仅为其概要:

第一部分:提供专家文凭的专业大类,共计 10 大类、182 个专业,含 285 种专业教育计划。它们是(括号内数字为专业数):

010000 自然科学专业(40)	020000 人文社会专业(21)
030000 教育专业(30)	040000 医学专业(9)
050000 文化艺术专业(41)	060000 经济和管理专业(13)
075000 部门信息安全专业(5)	230000 服务专业(3)
310000 农渔业专业(5)	350000 跨学科专业(15)

第二部分:提供学士硕士学位的学科方向大类,共计 8 大类、115 个专业,含 239 种方向教育计划。它们是(括号内数字为方向数):

510000 自然科学和数学(18)	520000 人文学和社会经济科学(26)
050000 文化艺术专业(1)	520000 人文学和社会经济科学(1)
530000 文化和艺术(12)	540000 教育科学(9)
550000 技术科学(39)	560000 农业科学(9)

第三部分:提供专家文凭的专业(方向)大类,共计 4 大类、88 个专业,含 88 种专业教育计划。它们是(括号内数字为专业方向数):

620000 语言学与信息学(2)	630000 艺术与建筑学(2)
650000 工程与技术(81)	660000 农业(3)

3.2.1.2 理工学科的方向与专业

在俄罗斯最新的《高等专业教育国家标准》中,与理工科相关的提供专家文凭的专业有 54 种,提供学士、硕士学位的学科方向有 57 种,提供专家文凭的专业(方向)有 85 种(详见表3.9)。考察表列的 196 种理工科的专业与学科方向,可以发现该标准目录既保留了传统的"专业"、"专业(方向)"的分类(此处俄文原是 Специальность,似译为"专门"或"专门化"更准确,参见§2.1.3.2——作者注),又增加了与"国际接轨"的学科方向的分类。如果说这是新旧体制并存,那么该混合体制分类的明显特点是:(1)专业分类主要针对理科,专业(方向)分类主要针对工科,前者较粗,后者较细,工程技术专业(方向)数是自然科学专业数的一倍;(2)专业名称与学科方向名称有一定的重叠或交叉,如力学等;(3)学科方向名称与专业(方向)名称也有一定的重叠或交叉,如电力、生物医学工程等;(4)学科方向的目录供学士和硕士两种学位使用,此外,学科方向类的学科设置也相对较粗（参见§3.2.1.1）。

表3.9　BПO理工学科方向与专业一览表

		Ⅰ. 提供专家文凭的专业
10000	自然科学专业(40)	数学/ 应用数学和计算机科学/ 物理学/ 力学/ 凝聚态物理学/ 核裂变和粒子物理学/ 动力现象物理学/ 天文学/ 化学/ 地质学/ 地球物理学/ 地球化学/ 水文地质学与工程地质学/ 燃料矿产地质学和地球化学/ 生物学/ 人类学/ 动物学/ 植物学/ 生理学/ 遗传学/ 生物物理学/ 生物化学/ 微生物学/ 地理学/ 气象学/ 水文学/ 海洋学/ 土壤学/ 生态学/ 环境地质学/ 大自然利用学/ 生物生态学/ 地质生态学/ 地图学/ 无线电物理和电子学/ 基础无线电物理和物理电子学/ 医学物理学/ 微电子学和半导体器件/ 生化物理学/ 地球和行星物理学
75000	部门信息安全专业(5)	计算机安全/ 组织和信息安全技术/ 信息项目的综合保护/ 自动化系统信息安全综合保障/ 电信系统的信息安全
		Ⅱ. 提供学士、硕士学位的学科方向
510000	自然科学和数学(18)	数学/ 应用数学和计算机科学/ 力学/ 物理学/ 化学/ 生物学/ 土壤学/ 地理学/ 水文学/ 地质学/ 生态学与环境/ 数学.应用数学/ 力学.应用数学/ 地理学和制图/ 无线电物理学/ 应用数学和物理学/ 材料化学物理与力学/ 数学.计算机科学
550000	技 术 科 学 (39)	建筑施工/ 自动化与控制/ 印刷/ 电信/ 冶金/ 采矿/ 电子学和微电子学/ 化工技术与生物技术/ 热能/ 飞机和导弹制造/ 电子设备设计与工艺/ 纺织品工艺与设计/ 电气电子工程和技术/ 地面运输系统/ 仪器仪表/ 材料学与新材料技术/ 电力/ 工程设备和仪器/ 光学工程/ 航空维修和空间技术/ 车辆维修/ 计量、标准化和认证/ 测地学/ 食品技术/ 无线电技术/ 造船和海洋工程/ 动力机械制造/ 信息技术和计算机设备/ 制造过程工艺、设备及自动化/ 系统分析与管理/ 技术物理/ 地质与矿产勘查/ 应用力学/ 生物医学工程/ 环境保护/ 石油和天然气/ 木材采伐和木材生产工艺与设备/ 创新学(学士)/ 轻工产品和材料的工艺与设计
		Ⅲ. 提供专家文凭的专业(方向)
620000	语言学与信息学(2)	语言学与跨文化交流/ 语言学和新信息技术
630000	艺术与建筑学(2)	建筑学/ 纺织与轻工业品艺术设计

续表

		Ⅲ. 提供专家文凭的专业（方向）
650000	工程与技术 （81）	应用地质学/ 地质勘探工艺/ 大地测量学/ 摄影测量与遥感/ 土地规划与管理/ 矿业/ 石油和天然气/ 热能/ 电力/ 核物理及技术/ 技术物理/ 动力设备制造/ 冶金/ 机械制造工艺与设备/ 应用力学/ 技术设备和装置/ 材料学和材料、涂料工艺/ 物理材料学/ 自动化与控制/ 机器人及机电一体化/ 飞机制造/ 飞机发动机/ 航空管理和导航系统/ 飞行集成系统/ 流体动力学和飞行动力学/ 导弹制造和航天学/ 航空和航天工程的试验与维修/ 武器和装备系统/ 造船和海洋工程/ 海洋基础设施系统/ 舰载武器装备/ 运输机器与运输技术成套装置/ 运输及运输设备经营/ 交通组织和运输管理/ 建筑工程/ 交通建设/ 仪器制造/ 标准化、计量和认证/ 生物医学工程/ 光学工程/ 电子学和微电子学/ 无线电技术/ 电子设备设计与工艺/ 电信/ 电气电子工程和技术/ 信息技术和计算机工程/ 信息系统/ 高分子纤维与纺织材料化学工艺/ 无机物质与材料的化学工艺/ 有机物质与燃料的化学工艺/ 高分子化合物与高分子材料/ 现代能源材料的化学工艺/ 高能材料与产品的化学工艺/ 工业过程的节能技术/ 生物工程/ 植物原料的食品生产/ 食品生产工艺/ 食品工程/ 肉类制品加工工艺/ 纺织品工艺与设计/ 轻工产品工艺与设计/ 林业经济与园林建设/ 森林采伐和木材生产工艺/ 自然界规划/ 人居安全/ 环境保护/ 美工材料工艺/ 水资源与水利用/ 印刷技术和包装工艺/ 质量管理/ 应用数学/ 水文测量学/ 采油设备及机械/ 液压、真空与压缩技术/ 组织和技术系统/ 铁路机车车辆/ 铁路运行安全系统/ 工程产品的设计和工艺安全/ 计算机技术和生产/ 水上交通及运输设备的维护/ 空中导航

资料来源：http://www.edu.ru/db/cgi-bin/portal/spe/list.plx? substr=&gr=0&st=all.

3.2.2 德国的工程学科框架

3.2.2.1 德国高校学科专业概览

德国《高等学校总纲法》（BGBI,1999）对德国高等学校的任务有如下明确的规定：

> 高等学校的任务在于通过研究、教学、学习和继续教育，在一个自由、民主和福利的法制国家培植和发展科学及艺术。高等学校为从事需要运用科学知识和方法或艺术创造能力的职业作职业准备。（第2.1条）

《高等学校总纲法》对高等学校教学活动的表述是：

　　　　教学和学习应为大学生从事某种职业作准备，根据相应的学习项目传授所需的专业知识、能力和方法，使之能够从事科学或艺术工作，并在一个自由、民主和福利的法制国家中行为具有责任感。（第 7 条）

总纲法对高等学校研究活动的表述是：

　　　　高等学校中的科学研究以获取科学知识、为教学和学习及其发展提供科学基础为目的。高等学校科学研究的内容，只要是在高校的任务范围之内，可以涉及一切科学领域以及科学知识的实际应用，包括应用科学知识可能产生的后果。（第 22 条）

　　法律的规定和文化的传统，决定了德国框架鲜明的面向职业的特征。

　　德国高等教育的学科和专业目录不是由联邦或州主管部门统一制定的，而是根据《高等学校统计法》，由联邦统计局（Statistisches Bundesamt）每年对各高校开设具体专业（Fach）进行统计并在此基础上综合编制出来的，以便提供"联邦政府在总体教育规划、扩建和新建高等学校的框架规划、资助培训、资助科研后备力量等方面需要信息"（BGBI，1990）。各州统计局（Statistisches Landesamt）的统计分类法与联邦统计局的分类法相当，但在学科和专业细分程度和代码上不尽一致。

　　德国的专业概念针对"教"和"学"两个不同对象具有两种含义：一是学生学习的专业（Studienfach），对应于"学生和考试统计"的"专业群、学习范围和学习专业"分类法（Systematik der Fächergruppen, Studienbereiche und Studienfächer）；二是教职员工研究、教学或工作的专业领域（Fachgebiet），对应于"人员和岗位统计"的"专业群、教学与研究范围和工作专业"分类法（Systematik der Fächergruppen, Lehr－und Forschungsbereiche und Fachgebiete）（参见萧蕴诗等人，2006）。这样就产生相应的两种目录：

　　（1）专业群、学习范围和学习专业目录（学生目录）；

　　（2）专业群、教学与研究范围和工作专业目录（教师目录）。

　　第一种目录（学生目录）分为三个层级：专业群（Fächergruppe，相当于学科门类）、学习范围（Studienbereich，相当于一级学科）和学习专业（Studienfach，相当于二级学科），学习专业还可细分为若干具体的专业（Fach）或课程计划（Studiengang）。各个层级的概念适用于不同的范围：专业群的概括性最强，学习范围是各种高校统计数据的结合点，学习专业以及各高校或州开设的具体专业则适用于不同级别的统计要求。

第二种目录(教师目录)同样分为三个层级:由相邻的教学与研究范围构成的专业群(Fächergruppe),由相关的专业领域构成的教学研究的业务范围(Lehr—und Forschungsbereich),由研究领域、教学科目或高校行政管理责任领域所构成的工作专业(Fachgebiet)。

在德国联邦统计局 2004 年发布的学生用专业目录中,专业群有 10 个、学习范围 57 个、学习专业 266 个;在教学、研究和管理的工作专业目录中,专业群有 11 个、业务范围 65 个、工作专业 570 个(见表 3.10)。

表 3.10　德国两种学科专业分类的比较

学习专业(Studienfach)分类	工作专业(Fachgebiet)分类
01　语言和文化科学(16/91)	01　语言和文化科学(16/135)
02　体育(1/2)	02　体育(1/5)
03　法学、经济科学和社会科学(9/45)	03　法学、经济科学和社会科学(9/78)
04　数学、自然科学(9/32)	04　数学、自然科学(9/73)
05　医学(2/2)	05　医学(5/81)
06　兽医学(1/1)	06　兽医学(4/27)
07　农学、林学和营养科学(4/18)	07　农学、林学和营养科学(5/29)
08　工程科学(9/53)	08　工程科学(9/85)
09　艺术、艺术学(5/30)	09　艺术、艺术学(5/43)
10　学习范围之外(1/2)	10　高校中央机构(1/10)
	11　高校附属医院机构(1/4)

注:表中括号内前一数字表示门类内含的一级学科专业数,后一数字表示内含的二级学科专业数。

3.2.2.2　理工学科的两种专业分类

德国的理工学科分别涉及到门类 4 的"数学、自然科学"和门类 8 的"工程科学"。表 3.11 给出了学生和教师两种专业的对照。由表可见,学生的学习专业(Studienfach)较宽,教师的工作专业(Fachgebiet)较窄,后者数量较之前者都在一倍以上。这正是德国学科专业目录的最大特点:学生在大学里的学习要为将来的职业做好准备,专业(Fach)面显然要宽才能适应未来职业的需要;而大学里的教职员已经在从事学术性专门职业的工作,专业(Fach)活动显然要求精深才能把学术工作做好。因此,如果仅有一套专业目录就无法应对不同需要。仔细考察表中内容，可以看到两个目录所含的学科专业是密切相关的，甚至可以认为教师工作目录就是学生学习目录的细分。但是果真把它们合并成一套细分的目录，那么德国《高等学校总纲法》就必须修改，至少要把上节所引的总纲法条文的次序完全颠倒过来，才能反映教职员的主体优先地位。当然实际上是两套目录并存，正因为如此才充分体现出《高等学校总纲法》第2.1条表达的德国大学宗旨。

比较德国和俄罗斯的学科专业设置，可以发现两个国家有极大的相似性。第一，其分类目录皆由国家统一颁布，差别在于一是由国家教育行政部门，一是由国家统计主管部门。第二，其学科专业名称中对"科学"、"工程"、"技术"等术语的含义和用法均与英美不尽相同，总体看，"工程"使用较少，"科学与工程"更少，而"技术"或"科学技术"使用较多。第三，其学科专业设置倾向的职业性重于学术性，或者说应用性重于理论性。

表3.11 德国理工学科专业对照一览表

数学、自然科学			
序号	学科	学生学习专业(9/32)	教师工作专业(9/73)
01	数学、自然科学(普通)	数学和自然科学史，跨学科研究(以自然科学为主)，自然科学/常识课(中学教学)	数学、自然科学(普通)，跨学科研究(以自然科学为主)，数学和自然科学史，自然科学专业教学法
02	数学	数学，统计学，工程数学，经济数学	数学(普通)，应用数学，数学教学法，数学统计学，纯粹数学，经济数学(数学专业背景)
03	信息学	生物信息学，计算机和信息技术，信息学，工程信息学、技术信息学，媒体信息学，医学信息学，经济信息学	信息学(普通)，生物信息学，计算机和信息技术，工程信息学/技术信息学，实用信息学，理论信息学，经济信息学(信息学专业背景)
04	物理学、天文学	天文学、天体物理学，物理学	物理学、天文学(普通)，天文学、天体物理学，物理学教学法，实验物理，固体物理，核物理，材料科学，光学，物理学，技术物理，理论物理
05	化学	生物化学，化学，食品化学	化学(普通)，分析化学，无机化学，生物化学(化学专业背景)，化学教学法，食品化学，高分子化学，有机化学，物理化学，放射和核化学，技术化学，纺织化学，理论化学

序号	学科	学生学习专业(9/32)	教师工作专业(9/73)
06	药学	药学	药学(普通),药理学和毒物学(药学),药物生物学,药物化学,药物技术
07	生物学	人类学(人类生物学),生物学,生物技术	生物学(普通),人类学(人类生物学),生物化学(生物学专业背景),生物数学(生物学专业背景),生物物理,生物技术(生物学专业背景),植物学,生物学教学法,遗传学,微观生物学,动物学
08	地球科学	地质学/古生物学,地球物理学,地球科学,气象学,矿物学,海洋学	地球科学(普通),地球化学,地质学,地球物理,晶体学,气象学,矿物学,海洋学,古生物学,岩石学、岩类学
09	地理学	地理学/地球学,地球生态学/生物地理学,经济地理学/社会地理学	地理学(普通),人类地理学,生物地理学/地球生态学,地理学教学法,地域地理,物理地理

工程科学

序号	学科	学生学习专业(9/53)	教师工作专业(9/85)
01	工程科学(普通)	应用系统科学,跨学科研究(以工程科学为主),技术课作为中学课目,机械电子学,劳作课(技术)、工艺	工程科学(普通),跨学科研究(以工程学为主,不含机械电子学),技术教学法,科技史,机械电子学,综合科技,工作方法,系统研究、系统技术(普通),技术卫生
02	采矿、冶金	考古测定学(工程考古学),采矿、采矿技术,冶金和铸造业,矿山测量	采矿、冶金(普通),考古测定学(工程考古学),加工和精加工,采矿经营管理,采矿和矿物原料管理,开采技术,采矿管理、开采权,冶金和铸造业,矿山测量、采矿损害学、采矿地球物理学,冶金学

续表

序号	学科	学生学习专业(9/53)	教师工作专业(9/85)
03	机械制造/过程加工技术	垃圾管理,视光学,化学工程、化学技术,印刷和复制技术,能源技术(不含电气工程),精密工艺,制造技术、生产技术,卫生技术,玻璃技术、陶瓷,木材技术、纤维技术,核技术、核生产技,合成材料技术,机械制造、机械制造业,金属技术,物理技术,技术控制科学与工程,纺织品和服装技术、纺织品和服装业,运输技术、传送技术,环境技术(含回收),过程加工技术,物流技术,材料科学	机械制造(普通),生物技术(技术程序),化学工程、化学技术,印刷技术,能源技术(不含电气工程),精密工艺,机械学基础,木材技术,核技术、核生产技术,合成材料技术,医学技术,物理技术,机械制造产品,生产和制造技术,安全技术,机械学特殊领域,控制、测量和调节技术,技术、应用光学,纺织品技术,运输和分装技术,环境技术(含回收),构成加工技术,物流,垃圾清除技术,材料科学/技术
04	电气工程	电气能源技术,电气工程、电子学,微电子学,微系统技术,通讯技术、信息技术,光电子学	电气工程(普通),普通电子技术,电气能源技术,精密工艺(电气),微系统技术,通讯技术、信息技术,光电子学,调节技术(电气)
05	交通技术、航海术	车辆工程,航空航天技术,航海技术、航海术,船舶制造、船舶技术,交通工程	交通技术、航海术(普通),车辆和飞机制造,车辆工程,航空航天技术,航海术、航海技术,船舶制造、海洋工程,船舶运营技术,交通工程
06	建筑学、室内建筑学	建筑学,室内建筑学	建筑学(普通),建筑技术和建筑企业,文物保护(建筑),楼房建筑规划,设计和演示,建筑学基础和辅助科学,室内建筑学,城市建设规划和新居民区事务
07	生存环境规划	生存环境规划,环境保护	生存环境规划(普通),生存环境规划基础,基础设施规划,生存环境规划法规,区域生存环境规划,城市规划(地方规划),环境保护
08	土木工程	土木工程,木结构工程,钢结构工程,水利工程,水资源	土木工程,建筑企业管理,木结构工程,土木工程设计,交通土木工程、交通工程管理,水利工程、水利工程管理,土木工程其他领域

序号	学科	学生学习专业(9/53)	教师工作专业(9/85)
09	测量学	地图制图学,测量科学(大地测量学)	测量学(普通),地图制图学,摄影测量学

注:表中括号内前一数字表示门类内含的一级学科专业数,后一数字表示内含的二级学科专业数。

3.2.3　法国的工程学科框架

3.2.3.1　法国高等教育系统概览

法国高等教育系统时常让人望而生畏,原因不外乎它与人们熟知的英语国家高等教育结构大相径庭,也与欧洲大陆其他国家的高等教育体系在学校类型、办学体制、学位和其他资格证书等方面不尽相同。尤其是人们对法国自拿破仑时代创设的精英教育"grandes écoles"不甚了解,总以为只有综合大学才算得上高等教育的精华,于是面对这些法国特产的"大学校"手足无措。尤其是面对这样的事实(Etudiant,2007a):2001 年,5 年制的大学校毕业生平均月薪 2100 欧元,8 年制大学博士毕业生平均月薪 2050 欧元,恐怕更让人大惑不解。

法国高等教育主要分为四大类(Etudiant,2007b):

第一大类是(综合)大学(universites),现有 79 所。大学内设有作为核心部门的若干教学与研究单位(UFR)(相当于学系)和多种职业性学院,如大学技术学院(IUT)、大学专门职业学院(IUP)、大学工程师学院(institut d'ingénieur)、教师教育学院(IUFM)、大学企业管理学院(IAE)、政治学院(IEP)、新闻学院(IFP)、信息与传播高等研究学院(CELSA),以及同时隶属于某一医疗机构称为"大学医疗中心"(CHU)的教学研究单位,CHU 提供医科、药科和牙科的文凭课程。综合大学学制一般分为 3 个阶段。第一阶段为两年,是基础理论教育阶段。学生持中学会考合格的毕业文凭(Bac)经两年学习获得规定的学分,考试合格后可获得普通高等学业文凭(DEUG)、科技高等学业文凭(DEUST)或科技高等职业文凭(DUT)。第二阶段为 1－2 年,主要进行专业基础教育。学生完成第一年规定的课程和学分,考试成绩合格可获得"学士文凭"(Licence)或"职业学士文凭"(licence pro);如果继续深造,一年后可获得"硕士文凭"(旧制)。第三阶段为继续深造阶段,又分以下三种情况。第一种情况是获取职业导向的高等专业学习文凭(DESS)或其他新制的硕士文凭,学制 1 年。第二种是获取高等科技研究文凭(DRT),学制 2 年。第三种是攻读博士,第一年结束后可获高等深入研究文凭(DEA),第二年开始 3－4 年完成博士论文后可获普通博士文凭(Doctorat)。

第二大类是大学校(Grandes ecoles),现有 300 多所。大学校在中国现在多译成"高等专科学院",很容易被国人误以为大专,其实不然。早在 19 世纪初,法国几大著名的大学校就已经问世,长期发展形成一个独特的与综合大学平行的精英教育系统,在职场比综合大学更具竞争优势。大学校主要有:高等师范学校(Les écoles normales supérieures, ENS)、工程师大学校(Les grandes écoles d'ingénieur)、高等工商管理学校(Les écoles de commerce et de gestion)、兽医大学校(Les écoles vétérinaires)、高等行政学校(Les instituts d'études politiques, IEP),以及高等艺术学校等几大类。大学校以其专业特色和高质量的教学水平著称,是培养法国领导阶层精英分子的摇篮,如国家行政学院(ENA, Ecole Nationale d' Administration)、高等师范学院(Ecole Normale Superieure,简称 Normale Sup)、国立路桥学校(Ecole Superieure des Ponts et Chaussees)等。高中毕业生通过 Bac 会考后,若想进大学校,通常必须注册就读为期两年的预备学校或预科班(ecole preparatoire)。大学校的训练极为密集而专业,课程重而压力很大。但是大学校的毕业生可直接申请任职各机关单位主管,法国政要和工商业界名流常出自这些大学校。

第三大类是预备学校或设在高中的大学校预科班。预科班(CPGE)招收打算进入大学校系统的学生,根据大学校的入学要求,这些学生必须经过预科阶段的教育。

第四大类是大学以外的高等技术学院、高等职业学院,以及设在中学的高级技术员培训班(STS)。这类以职业定向的高等教育机构提供两年制的课程,主要开设工业、商务和服务方面的职业训练,颁发高级技术员文凭(BTS)。

早在 1999 年,欧共体国家的 29 位部长签署了《博洛尼亚宣言》,宣布欧共体国家统一教育结构和学位体制;在高等教育领域则是相应的"LMD"体制,即:Licence 文凭(大学 3 年),Master 文凭(大学 4－5 年,高等专业深入学习或研究),Doctorat 文凭(大学 6－7－8 年,课题研究和撰写论文)。从 2004 年秋季起,法国采用了国际通行又具有本国特点的新学士(分"学士"和"职业学士"两类)、新硕士(分"研究硕士"和"职业硕士"两类)以及博士三级学位制度,简称"358"学制。对法国来说,最大的变化是以 5 年的新制硕士学位取代以前 4 年制的硕士学位,目前有 1/3 地区实行新的学制。主要发生在大学系统的这些变化,加之独特的大学校系统,足以使法国高等教育系统令人眼花缭乱。

在法国,并不存在由官方统一颁布的高等教育学科(专业)目录。

根据法国高等教育和研究部(Ministère de l'Enseignement supérieur et de

la Recherche)提供的信息,高等教育领域的学科划分涉及以下 8 个门类(Etudiant,2007c):教育;人文学科;社会科学和法、商;自然科学;工程、运输和制造专业;农业和兽医科学;卫生和医疗保健;服务性专业。这些门类还可以进一步划分,例如自然科学学科分成 4 个大类(Etudiant,2007d):(1)生命科学;(2)物质科学;(3)数学和统计学;(4)信息科学(含信息学、计算机科学、计算机应用)。又如,工程学科分成 3 个大类含 10 个分支(Etudiant,2007e):(1)工程技术类,含机械与冶金,电力与能源,电子学与自动化,化学与过程工程,车辆、船舶与航空;(2)生产加工类,含粮食与食品加工,纺织、服装、鞋与皮革加工,原材料加工(木材、纸、塑料与玻璃);(3)结构建筑类:含结构与城镇规划,建筑与土木工程。

但是根据 Onisep 提供的信息,法国高等教育领域则又分为 16 个门类、82 个小类(Onisep,2007)。Onisep 是法国教育部管辖的权威机构,即"全国学科专业信息办公室"(Office national d'information sur les enseignements et les professions)。它与教育界和专业界紧密合作,专门负责收集、处理、加工与发布全国教育机构和相关部门、公司的学科专业信息,供学生、家长和有关组织与个人使用。Onisep 提供的分类如表 3.12 所示。

表 3.12　法国 Onisep 学科分类一览表

序号	学科门类	学科小类
1	农业/农业经营(5)	农业,农业经营,畜牧,渔业,农业机械化
2	艺术/文化/广播/电视(11)	文化活动,服饰与陈设,手工艺,展览艺术,图像艺术,塑雕艺术,广播电视,艺术贸易,艺术史,艺术修复,金属艺术
3	建造/建筑(2)	框架建筑,公用工程建筑
4	贸易(3)	贸易,财产经营,艺术贸易
5	公共防务/安全(4)	公共防务,安全,武器军备,预防
6	法律(2)	法律,政治科学
7	经济/管理/财务(6)	企业管理,会计,财务,人力资源,经济学,公益基金
8	教学(4)	大学教学,高中教学,私立机构教学,学术研究
9	环境/发展/清洁(4)	城镇规划,国土规划,环境,清洁
10	旅游(2)	酒店经营,餐饮
11	工业(17)	矿业,航空航天,设备制造,自动化,汽车工业,造船,电子学,高能科学,能源,生产,制图业,力学,造纸,农业机械化,纸板业,通信
12	通讯/信息(1)	视频和音频

续表

序号	学科门类	学科小类
13	文学/人类科学/语言(8)	人力资源，语言，文学，地理，历史、艺术史，哲学，心理学，社会科学
14	健康(5)	药物，医学，牙科，助产，护理
15	自然科学/计算机科学(7)	生物学，化学，数学，计算机科学，物理学，地球科学，宇宙科学
16	运动(1)	运动

注：表中括号内数字表示大类中的学科小类数。

3.2.3.2 理工学科的四种专业分类

法国作为世界第四大工业强国，每年向全世界输出大量高科技产品和成果，在空间、运输、电子、电信、化学、生物技术和医疗卫生等广阔领域均具有极大的竞争力。这些成就在很大程度上归功于法国工程师的杰出能力，归功于他们在各类工程师大学校中所受到的高水平的工程教育。法国具有完善的工程教育系统和极具特色的理工学科专业设置，虽然没有统一的目录，可是并不妨碍培养出各种类型的高质量工程人才。从现有资料看，针对法国理工学科的典型专业分类有如下四种。

一、CEFI 学科分类

1976 年，法国工业部和教育部联合倡议成立一个机构，旨在创造一个学习平台以推动未来工程师的训练和雇用。1978 年"工程师教育研究联合会"（CEFI，Comité d'études sur les formations d'ingénieurs）应运而生。CEFI 现今的成员有法国工程师与科学家理事会（CNISF）、代表专业界的大型联合会（UIMM、UIC、Syntec ingénierie）、商会、大公司和各大院校（CEFI，2007a）。

CEFI 提供的学科专业分类所见有三种（表 3.13）：第一种是针对大学系统内大学技术学院（IUT）的分类（CEFI，2007b）；第二种是针对大学系统内大学职业学院（IUP）的分类，它们将导致工程师硕士（ingénieur-maître）头衔（CEFI，2007c）；第三种是针对工程师大学校系统的分类，它们直接导致工程师文凭（diplôme d'ingénieur）（CEFI，2007a）。

表 3.13　法国 CEFI 学科分类一览表

类别	工程学科专业	说　明
IUT 分类 (25)	司法类职业,社会类职业,化学,生物工程,化学与过程工程,土木工程,工业流通工程,包装运输工程,电子工程和工业电子学,工业工程和机器维修,机械与生产工程,热力学与能源,工商行政管理,企业管理,物流工程和交通,卫生环境工程,信息和通讯,计算机,物理测量,质量、物流和组织,网络和电信,材料科学与工程,网络和电信服务,统计和数据处理,营销技术	大学的 IUT 提供一种技术普通训练的文凭课程,以在工业和服务行业从事职业为培养目标,文凭课程包括为期至少十周的企业实习。左列为 IUT 的文凭课程涵盖的学科专业
IUP 分类 (18)	农产品加工,生物学、生物技术、卫生和食品,化学和过程工程,通信和信息系统,热力学和流体力学,施工和环境工程,土木工程,地质学和矿业资源,机械学和计算机集成制造,信息处理和应用数学,物理学和材料,网络与通信,电子系统与元器件,创新和发展战略,工业设计和生产工程,财政与营销管理,经济法,杂类工程(纺织、木材、工程图、造纸)	大学的 IUP 在一年级的基础上提供一种三年制的硕士教育计划。该硕士课程的设计以大学和企业的合作培养为基础,结合理论与实践的教学。学生先获得硕士文凭后再在企业进行 6 个月实习,然后经过专门评审委员会答辩通过后,即可获得"硕士工程师"(TIM) 称号。左列为 IUP 的硕士计划涵盖的学科专业
工程师大学校分类 (13)	农业工程,施工和环境工程,生物学、卫生和食品工业,化学和过程工程,经济、管理和工业工程,电子学、电信和计算机,电气工程、自动化和计算机集成制造,土木工程和建筑,软件工程和应用数学,力学、流体和热力学,物理学、材料、冶金、核工程,军事工程,杂类工程(纺织、木材、工程图、造纸)	工程师大学校在左列的各工程学科提供广泛的专门化教育计划,导致能在广阔领域就业的工程师文凭

注:表中括号内数字为相应类别的学科专业数。

二、ParisTech 分类

ParisTech 是由巴黎的 10 所著名的工程师大学校于 1991 年成立的联盟,旨在加强合作,尤其是在国际项目方面的合作。该联盟成员学校的历史,个别的可以追溯到工业革命初期。建于 18 世纪的有 4 所:国立高等路桥学校(ENPC, 1747 年)、国立高等工艺制造学校(ENSAM,1780 年)、国立高等巴黎矿业学校(ENSMP,1783 年)、综合理工大学校(EP,1794 年);其他 6 所则建于 19 世纪和 20 世纪:国立高等邮电学校(ENST,1878 年)、工业物理和化学大学校(ESPCI, 1882 年)、国立高等农业工程学校(ENGREF,1893 年)、国立高等巴黎化工学校(ENSCP,1896 年)、国立高等统计和经济管理学校(ENSAE,1942 年)、国立高等理工学校(ENSTA,1970 年)。联盟成员全都是公立院校,它们分别隶属于教育部、工业部、农业部和国防部等不同部门，接受后者的拨款和监管。ParisTech是非营利组织，下设教育、研究、国际事务和公共关系 4 个委员会。各委员会主席由成员学校轮流担当，各配一名执行副主席管理日常事务。ParisTech 拥有其长期雇用的人员，他们授权处理联盟各委员会的具体事务。ParisTech 还设有一个战略方向委员会，其成员有法国工业界的若干代表人物，为联盟提供战略建议，增强联盟各成员学校与工业界的紧密联系。(ParisTech:2007)

ParisTech 联盟按下列学科领域和专业提供"工程师硕士学位"计划、"科学硕士学位"、"硕士后专业证书"等计划和"博士计划"：

1. 数学及其应用：数学，应用数学和计算，概率和统计，金融数学

2. 信息与通信科技：信息技术，自动化，机器人，电信，信号与图像处理

3. 物理、光学：物理学，声学，光学

4. 材料科学、力学与机械工程：材料科学，固体力学，机械工程，车辆工程，船舶和轮机工程，空间工程，土木工程与建造，交通工程

5. 流体力学与热力学：流体力学，热力学

6. 化学、物理化学与化学工程：化学和物理化学，化学工程

7. 生命科学和生物工程：生命科学，农业与食品工程，林业工程，生态学，生物技术和生物信息学

8. 地球科学与环境工程：地球科学与工程，环境工程

9. 经济、管理与社会科学：工业管理与工程，国土规划，经济学与社会科学

三、nPLUSi 分类

"nPLUSi"(即 n+i)组织是法国分布在 45 个城市的 60 多所工程师大学校和大学组成的网络联盟。该联盟采用一种合作方式为国内外的工科学生和聘用工程师的公司服务，尤其是面向外国留学生提供入学、接待、选课直至离境的一条龙服务，同时与国外面向工程和工程师教育的组织机构合作。联盟由中介机构"法国教育国际协作署"(EduFrance)管理，前者受到法国教育部和外交部的直接赞助。

"n+i"提供的法国新制硕士的学科专业计 71 种，详列如下(NplusI,2007)：

工业工程，材料与加工工程，地理信息系统和空间管理，纺织材料与加工，碰撞生物力学和运输安全，生物力学：治疗和康复仿真系统，产品设计和生产系统，设计、产业化、创新，电力和持续发展，材料和表面工程，虚拟现实与创新工程，CAO-DAO 数字工程，结构组织及生物力学工程，创新、设计、工程，纺织材料和加工，力学流体和热力学，力学与系统工程，实验力学与处理，力学：工程和材料，力学：机器，力学：材料、结构、处理，决策科学与风险管理，木材科学与技术，材料

化学,化学与工业风险,原料、能源与持续发展,流体动力学、热力学和传递,功率电子学、能量转换设计与配置,水文学、水化学、地面与环境,人工智能,材料、能源与环境,电子学与光学,力学与工程,机电一体化,软件和网络安全,运输与物流,电子学与电路,图像与人工智能,人机接口,软件和编程方法,材料和超高频,微技术、结构组成、网络和通信系统,通讯图像与光学,信号、TRAMP 和图像,信号与电路,系统、网络和结构组成,建筑材料与施工,木材与纤维科学,信息科学,高频通信系统,大地测量信息系统,天体物理学、天文学和空间科学,通讯电子元部件与系统,医学图像,工商管理实用数据处理,数据处理和网络,信息数据处理技术,数学数据处理:算法,纳米技术与微系统,电力科学与未来,认知科学,装备电子系统和工业数据处理,城市建筑与设计规划,机械工程与技术,污染与风险控制、区域规划和治理,数据处理系统,信号和图像处理自动化,经济网络与信息管理,数学基础及应用,等离子体、光学、光电子学和微系统,无线通讯系统

四、CGE 学科分类

法国大学校会议(Conférence des Grandes Ecoles,简称 CGE)是建于 1973年的一个非营利协会。创建者为以下 12 所大学校:中央工艺制造学校(ECP)、高等工商学校(HEC)、国立高等铁道学校(ENPC)、国立高等航空航天学校(ENSAE)、国立高等工艺制造学校(ENSAM)、巴黎国立高等矿业学校(ENSM.P.)、国立高等理工学校(ENSTA)、国立高等邮电学校(ENST)、综合理工大学校(EP)、高等电力学校(ESE)、巴黎工业物理和化学大学校(ESPCI)、巴黎国立农业工程学院(INA-PG)。

CGE 现有 226 个成员,其中大学校的校长 181 人,国外大学的校长 9 人,其他研究院和高等教育机构的负责人 36 人。大学校会议的任务有 4 条:(1)加强成员间的交流与团结;(2)在国内和国际两方面推进"大学校"(Grandes Ecoles)体制;(3)鼓励工程教育与管理教育的创新,促进继续教育和研究活动;(4)担当对官方政策制定者和研究界的发言人。(CGE,2007a)

大学校会议每年颁布成员学校设置的硕士(文凭工程师)专业目录。在其新近的《CGE 硕士专业目录(2006－2007)》中,共计包含 382 种专业(详见附录E)。值得注意的是,大学校会议(CGE)共列出大学校硕士(文凭工程师)计划的22 领域(共计 542 个专业学科点),若按各领域拥有的专业点的数量排序则有:

第一组:管理(153),财政、贸易和市场营销(59);
第二组:通信和信息系统(45)、环境与规划(40)、生物学与生物技术产业、保健和食品(31)、工业工程(31)、网络和通信(28)、航空(21)、信息学和

应用数学(21)、国际领域(20)、人力资源管理(11)；

第三组：农业、林业和木材(10)、化学和基因(10)、热力学和流体力学(10)、机械工业(10)、电子系统与元部件(10)、土木工程(9)、其他领域(8)、控制系统(6)、物质和材料(5)、纺织工业(3)、地质学和矿产资源(1)。

第一组2个领域的专业点数占到总数542点的39%；第二组9个领域的专业点数占46%；第三组11个领域的专业点数仅占15%。三个组别的不同比重，可能揭示了工程学科专业结构变动的走向，也反映出当今的社会、工程职业以及理工科学生择业的趋势。

总之，法国工程教育领域的学科专业设置看上去杂乱无章、不成系统，但是这种分类法所反映的"学术生产关系"并没有妨碍"学术生产力"的发展，而恰恰为工科院校面向现代工程职业和工程科技发展的需要敞开了方便之门。它提示我们，如果不是为了统计目的，大可不必将学科专业的设置整齐划一；即使为了统计方便，也未必需要在名称上硬性加以规定。

3.2.4 日本的工程学科框架

3.2.4.1 日本高等学校与学科概览

日本也是高等教育极其发达的国家。根据日本书部科学省发布的《学校基本调查速报》(2007)，全日本共有高等学校1254所，其中：大学有756校(国立87校、公立89校、法人公立45校、私立580校)，短期大学有434校(国立2校、公立34校、法人公立12校、私立398校)，高等专门学校有64校(国立55校、公立6校、私立3校)。

在日本，大学阶段"学部"的学科专业称"学科"，研究生阶段"大学院"的学科专业称"专攻分野"。学科/专攻分野皆可归并到相当于学科门类的"学系"。文部省历年报告中的高等学校相关统计口径如表3.14所示。

表3.14 日本书部省学科专业统计分类一览表

序号	门类	一级学科专业
1	人文科学	文学、史学、哲学、其他
2	社会科学	法学政治学、商学经济学、社会学、其他
3	理　学	数学、物理学、化学、生物学、地学、核科学、其他

序号	门类	一级学科专业
4	工 学	机械工程、电气通信工程、土木建筑工程、应用化学、应用理学、核工程、资源工程、冶金工程、纺织工程、船舶工程、航空工程、经营工程、环境工程、工艺学、其他
5	农 学	农学、农艺化学、农业工程、农业经济学、林学、林产学、兽医学畜牧学、水产学、其他
6	保 健	医学、牙学、药学、护理学、医学专门学群、其他
7	商 船	
8	家 政	家政学、食品学、服装学、住居学、儿童学、其他
9	教 育	教育学、教师教育、体育、体育专门学群、其他
10	艺 术	美术、设计、音乐、艺术专门学群、其他
11	其 他	

资料来源：根据日本书部省平成 19 年、昭和 61 年的相关统计资料整理。

对短期大学而言，其学科专业的统计口径则分为：人文、社会、师范、工业、农业、保健、家政、教育和其他，计 9 大类。

对高等专门学校而言，其学科专业多属于工程门类，计 25 种：

机械工程、生产机械工程、机械电气工程、电气工程、电子工程、电子控制工程、信息电子工程、信息工程、工业工程、化学工程、土木工程、土木建筑工程、建筑学、冶金工程、电子通讯学、航空机体工程、航空发动机工程、图像工程、工业设计工程、航海学、自动控制学、电子机械工程、电子信息工程、流通信息工程、材料工程。

日本对各门类所属学科或专攻分野的数量及其名称，并无严格的限定。以工程门类为例，据北京紫铭文化交流有限公司日本部统计的资料介绍，该门类目前至少有 14 个一级学科、231 个二级学科（"学科分野"）（见表 3.15）。不难看出，其中有不少学科专业是大同小异的。

表 3.15　日本高校工学门类常见学科专业一览表

序号	一级学科	二级学科
1	机械工程（28）	机械工程（普通）、机械系统工程、机械航空工程、能源机械工程、机械宇宙学、机械科学、机械信息（信息）工程、机械制造系统工程、机械创造工程、机械智能工程、机械电子工程、基础机械工程、机械控制系统工程、智能机械工程、智能机械系统工程、智能系统工程、智能生产系统工程、交通机械工程、交通电子机械工程、产业机械工程、生产工程、生产系统工程、精密机械工程、设计学、电子制造系统工程、动力机械工程、输送机械系统课程、人间·机械工程、机器人学
2	电气通信工程（24）	电气工程、电气电子工程、医用电子工程、应用电子工程、通信工程、通信网络工程、电气系统工程、电气信息工程、电气电子系统工程、电气电子信息工程、电子工程、电子·信息工程、电子信息学、电子应用工程、电子机械工程、电子基础工程、电子材料工程、电子系统学、电子·信息通讯学、电子制造系统工程、电子通信工程、电子·光缆工程、电子物理工程、电子物理科学科
3	土木建筑工程（24）	建筑学、建设（建筑）工程、土木工程、建设学、海洋土木工程、海洋系统课程、安全系统建设工程、开发学、环境规划、环境建设学、环境创造学、居住环境学、建设环境工程、建设系统工程、建设社会工程、建筑环境系统学、建筑设备工程、建筑都市学、构造工程、交通土木工程、社会开发工程、社会建设工程、土木开发工程、土木环境工程
4	应用化学（35）	应用化学、工业化学、应用精细化工、应用微生物工程、应用分子化学、化学应用科学科、化学应用工程、化学环境工程、化学工程、化学系统工程、化学生物工程、化学生命工程、环境化学工程、机能化学工程、工业材料、工业生物化学、高分子工程、材料开发工程、材料科学、生物应用化学、生物化学工程、生物化学系统学、精密物质学、发酵工程、材料化学、材料应用化学、材料化学工程、材料科学工程、材料环境化学、材料生命化学、材料科学与工程、分子化学工程、分子素材工程、无机材料工程、量子物质工程
5	应用理学（18）	应用物理学、应用科学与工程、机械控制工程、机能材料工程、机能物质科学、机能分子工程、计算工程、计算数理工程、材料机能工程、材料工程、材料创造工程、材料物理工程、数理工程、控制系统工程、尖端材料工程、信息材料工程、物理工程、物理信息工程
6	核工程（4）	原子工程、核能工程、原子反应堆工程、量子能量工程

序号	一级学科	二级学科
7	资源工程(4)	海洋资源学、环境资源工程、资源开发工程、地球工程
8	冶金工程(5)	冶金学、金属材料工程、材料工程、材料加工工程、材料物性工程
9	纺织工程(7)	机能机械学、机能高分子学、高分子学、精密素材工程、纺织系统工程、素材开发化学、有机材料工程
10	船舶工程(3)	海洋系统工程、船舶工程、船舶设计工程
11	航空工程(2)	航空宇宙工程、航空工程
12	经营工程(7)	营销工程、管理工程、管理信息工程、管理系统工程、管理信息系统工程、工业经营学、计划管理学
13	环境工程(17)	环境系统工程、环境工程、开发系统工程、环境化学、环境管理工程、环境机能工程、环境建设工程、环境数理学、环境设计学、环境都市工程、环境物质工程、居住环境规划学、社会开发系统工程、社会环境系统工程、都市工程、福利环境工程、物质·环境系统工程
14	其他工程(53)	遗传工程、医用工程、医用生体工程、宇宙地球信息工程、生态工程、能量工程、能量科学、应用自然科学、应用数理工程、应用生命系统工程、音响设计学、海洋环境学、海洋生物工程、海洋电子机械工程、图像工程、图像设计学、感性工程、感性设计工程、航海工程、光学工程、工业意匠学、工业设计学、产业设计学、系统科学、系统创新学、系统设计工程、循环系统工程、商船系统工程、信息图像工程、食品工程、控制信息工程、生产信息系统工程、生体工程、生物应用工程、生命工程、造型工程、素材基础工程、素材工程、地域信息科学、地球工程、地球综合工程、设计经营工程、设计信息学、电子信息工程、动力系统工程、光应用工程、光工程、福利系统工程、福利人间工程、物质生物系统工程、物质生命工程、物质光科学、输送信息系统工程

资料来源:根据紫铭网(2004)提供资料整理。

3.2.4.2 东京大学的工程学科设置

1877年建校的东京大学是日本最老的大学,也是学科设置最为齐全、专业拓展最具活力的大学。从1886年东京大学改名"帝国大学"时正式成立的"帝国大学工科大学"算起,东京大学的工程教育至今已有120年的历史。尽管日本没有国家颁布的统一学科专业目录,但是东京大学的工程学科设置和布局可以视为日本框架的典型,它在很大程度上具有代表性和示范性。

据东京大学(2007)网上资料介绍,该校现有"学部"10个、"大学院"辖属的

"研究科"等机构 15 个、学校附设研究所 11 个、附设研究中心 21 个和其他研究机构 9 个。东京大学的本科教育集中在"学部"进行；除了相当于基础部的"教养学部"外，另有 9 个按学科设置和命名的"学部"。10 个学部下共设有 51 个一级学科（"学科等"），后者又下设 141 个二级学科（"学科目"）。东京大学的研究生教育和研究集中在其研究生院（"大学院"）进行。研究生院下设 14 个学院（"研究科"，相当于一级学科）和 1 个研究部（"学府"）；学院和研究部又下设 98 个"专攻"；"专攻"下设 314 个"专门分野"，包括"讲座"或"讲义科目"。

20 世纪 90 年代中期，日本书部省提出一项"大学院重点化"创新战略，东京大学等 10 所实施重点化大学的学科组织和学科结构发生了巨大的变化。以工程教育为例，东京大学在其传统工学部、生产技术研究所和先端科技中心的"三台阶"模式基础上（详见孔寒冰等人，2002），近十年又有飞速进展。主要表现在除了学科专业的设置上继续保持宽口径特征外，在研究生层次上涌现出若干新颖的交叉学科，设置了大量的理工交叉、文理结合的"專攻"和"專攻分野"。从工科学生成长角度讲，本科阶段在工学院（"工学部"）学习，研究生阶段则有四条路径可供选择（见图 3.4），即研究生院工学研究科（"大学院工学研究科"）、研究生院前沿科学创新学院（"新领域创成科学研究科"）、研究生院信息科学与工程学院（"情报理工学系研究科"）和研究生院跨学科信息研究部（"大学院情报学环·学际情报学府"）。

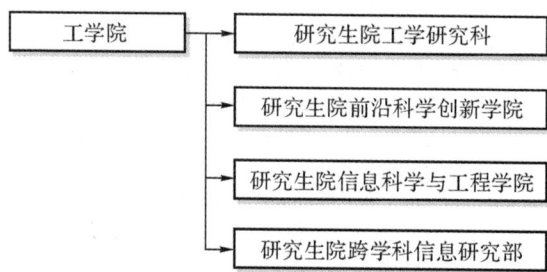

图 3.4　日本东京大学的工程教育组织

图 3.4 展现的日本东京大学工程教育组织全貌，包括工学院、研究生院工学院、研究生院前沿科学创新学院、研究生院信息科学与工程学院、研究生院跨学科信息研究部，共 5 个学术单位。以下分别给出这些单位的学科专业设置：

一、工学院

东京大学工学院（"工学部"）共设 18 个学科、27 学科分野，见表 3.16。

表 3.16　东京大学工学院学科专业设置

序号	工学科	工学科分野
1	土木工程(3)	土木工程 A(設計·技術戰略)、土木工程 B(政策·規劃)、土木工程 C(国际项目)
2	建筑学(1)	(未作细分)
3	市政工程(2)	市政规划、市政环境工程
4	机械工程(1)	(未作细分)
5	产业机械工程(1)	(未作细分)
6	机械信息工程(1)	(未作细分)
7	航空航天工程(2)	航空航天系统、航空航天推进器
8	精密工程(1)	(未作细分)
9	电气工程(1)	(未作细分)
10	信息和通讯工程(1)	(未作细分)
11	电子工程(1)	(未作细分)
12	应用物理(1)	(未作细分)
13	数学工程和信息物理学(2)	数量信息工程、系统信息工程
14	材料工程(3)	生物材料、材料环境基础(マテリアル環境·基盤)、纳米材料
15	应用化学(1)	(未作细分)
16	化学系统工程(1)	(未作细分)
17	化学和生物技术(1)	(未作细分)
18	系统创新学(3)	环境与能量系统、数理社会设计仿真、知识社会系统

注:表中括号内数字为相应类别的学科专业数。

二、研究生院工学研究科

东京大学研究生院工学研究科("大学院工学研究科")共设 23 个专攻、67个专攻分野,见表 3.17。

表 3.17　东京大学研究生院工学研究科学科专业设置

序号	工学专攻	工学专攻分野
1	土木工程(8)	土木工程技术与设计、水圈环境、建筑管理、设计与园林、都市与交通、国际项目、空间信息、都市防灾
2	建筑学(1)	(未作细分)

续表

序号	工学专攻	工学专攻分野
3	市政工程(2)	市政规划、市政环境工程
4	机械工程(1)	(未作细分)
5	产业机械工程(1)	(未作细分)
6	精密机械工程(1)	(含测量技术、机电一体化、精密制造)
7	环境海洋工程(5)	地球和海洋环境、能量和资源、运输和物流、技术政策和技术战略、先进要素技术
8	航空航天工程(1)	(未作细分)
9	电气工程(1)	(未作细分)
10	电子工程(1)	(未作细分)
11	应用物理(1)	(未作细分)
12	量子工程与系统科学(2)	系统设计、纳米设计
13	地球系统工程(4)	地球科学、地球工程(ジオエンジニアリング)、资源工程、资源经济与政策学
14	材料工程(3)	生物材料、材料环境基础(マテリアル環境・基盤)、纳米材料
15	应用化学(16)	理论化学、半导体表面化学、超导材料学、分光化学、触媒化学、有机化学・错体化学、光机能性材料学、环境计测化学、物性物理化学、表面化学、光电子机能薄膜、电气化学设计、机能性错体化学、环境触媒・材料化学、机能物性化学、机能分子工程
16	化学系统工程(1)	(未作细分)
17	化学和生物技术(1)	(未作细分)
18	超导工程(1)	(未作细分)
19	尖端跨学科工程(5)	材料设计、信息系统学、尖端生命科学、研究战略和社会系统学、知识产权学
20	原子能国际(1)	(未作细分)
21	生物工程(2006年设置)(6)	生物医学工程、生物电子学、生物设计、生物化学工程、生物材料、生物图像
22	技术管理战略学(2006年设置)(3)	技术开发、经营管理、知识财产管理
23	核能工程(1)	(未作细分)

注:表中括号内数字为工学专攻分野数。

三、研究生院前沿科学创新学院

前沿科学创新学院("新领域创成科学研究科")是东京大学研究生院的独立学院,1998 年开始设置以"学融合"为基本理念的硕士课程和博士课程。该学院以研究生院的部分基础学科、尖端生命科学和环境科学为基础,设交叉学科研究系、生物科学研究系、环境研究系和计算生物研究系,涉及应用物理、应用化学、材料工程、能源科学、航空航天工程、电气工程、计算机科学与工程、控制工程、非线性科学、地球与天体科学等科学与工程领域。

4 个研究系共设置 12 个新的领域专攻、160 分野,见表 3.18。

表 3.18 东京大学前沿科学创新研究生院学科专业设置

序号	新领域专攻	专攻讲座与分野
1	先进材料科学专攻 (5/16)	物性·光科学大讲座(量子物性科学、电子·量子波工程、量子光科学、超分子结构物性学),新材料·界面科学大讲座(超导材料科学、异质结构新功能材料学),材料功能设计大讲座(非平衡过程学、纳米结构设计学、纳米空间功能学),材料科学合作讲座 I(未细分),材料科学合作讲座 II(新材料科学、物性理论、纳米尺度物性、极限环境物性、高级光谱、中子散射)
2	尖端能源工程(5/5)	能量转换系统大讲座,系统电磁能量大讲座,等离子科学与工程合作讲座,宇宙能系统合作讲座,高级电能系统合作讲座
3	前沿信息学(3/8)	光电装置研究大讲座(装置设计学分野、光学装置研究分野、半导体系统学分野),高级信息网络大讲座(信息通信工程分野、人机接口研究分野、大规模信息系统学分野),高性能·分布式计算合作讲座(高性能计算基盘学、高性能信息通讯安全学)
4	复杂科学与工程 (4/21)	脑模块(脑计测、脑科学、生物物理、计算神经学、神经网络模型),极限物理模块(等离子、核聚变、分子エレクロニクス、强关联电子系统、光辐射),星球模块(天体科学、比较天体学、大陆初期演化、陆地动力学、IT 增强地震仪),复杂计算模块(计算机图形学、可视化,信息安全编码、密码学、非线性动力学、网络)
5	尖端生命科学(4/15)	结构生命科学大讲座(医学设计工程分野、分子识别化学分野、细胞反应化学分野),功能生命科学大讲座(生命反应系统分野、遗传系统创新研究分野、动物繁殖系统分野、植物生存系统分野、人类进化系统分野、资源生物控制学分野、资源生物创成学分野、植物全能性控制系统分析分野),合作讲座(癌症尖端生命科学分野、应用生物资源学分野),关联讲座(植物细胞功能控制学分野、细胞信息系统分野)

续表

序号	新领域专攻	专攻讲座与分野
6	医学基因学(5/30)	系统医科学大讲座(分子医学分野、基因控制医学分野、生命分子解析学分野),系统医疗科学大讲座(医用功能分子工程分野、患者病态医疗科学分野、生物医学智能用品分野),合作/关联讲座(基因动态分野、基因组功能分野、疾病基因分析分野、功能形成研究分野、临床医学分野、功能生物工程分野),校内关联讲座(17分野),捐赠讲座(1分野)
7	自然环境学(3/13)	陆地环境学讲座(自然环境变化学分野、自然环境结构学分野、生物圈功能学分野、自然环境评价学分野、自然环境形成学分野),海洋环境学讲座(地球海洋环境学分野、海洋资源环境学分野、海洋生物圈环境学分野),合作讲座(5分野)
8	环境系统学(1/12)	环境系统学大讲座(能源环境学分野、环境过程工程分野、海洋环境系统学分野、地球环境工程分野、环境系统信息学分野、环境经济系统学分野、环境健康系统学分野、环境模式集成学分野、地圈环境系统学分野、环境风险评价学分野、环境化学能源工程分野、循环型社会创成学分野)
9	人间环境学专攻(2/5)	人间支撑环境学讲座(人间环境支撑学分野),人工环境学讲座(环境设计学分野、工业环境学分野、环境仿真学分野、微观环境信息系统学分野)
10	社会文化环境学(1/7)	社会文化环境学大讲座(环境社会文化学分野、环境人间学分野、空间环境信息学分野、空间环境工程分野、建筑环境规划学分野、社会环境预测评价学分野、信息社会环境学分野)
11	国际研究专攻(3/16)	环境·资源讲座(资源政策论、环境政治学、环境法、环境经济学、国际环境组织论),合作开发讲座(环境开发政策学、项目开发论、农村规划论、区域关联论、国际合作学概论、开发·环境·制度方法论),制度设计讲座(国际政治经济系统学、国际宏观经济学、协调政策科学、国际政策协调学、国际日本社会论)
12	计算生物学专攻(4/12)	生物信息学讲座(生物数据库分野、基因数据解析分野),生物系统科学讲座(基因设计分野、生物高分子功能分析分野、生物系统仿真分野、生命系统观察分野),合作讲座/校内关联讲座(生物功能信息、细胞功能信息、生物信息科学学部教育计划),合作讲座(高级基因研究、分子功能信息学、系统生物信息学)

注:表中括号内数字第一数字为专攻讲座数,第二数字为专攻分野数。

四、研究生院信息科学与工程学院

信息科学与工程学院("情报理工学系研究科")是东京大学研究生院于2001年设立的独立学院。这个新学院现有6个专攻,其中5个由原先工学院和理学院的计算机科学、数理信息学、信息系统、电子智能学、智能机器信息学整合重组而成,2005年又增设了创新信息和计算机科学专攻。现有6专攻共设讲义科目105种,见表3.19。

表 3.19　东京大学信息科学与工程研究生院学科专业设置

序号	理工学专攻	讲义科目
1	计算机科学专攻(21)	数值分析理论,计算机语言系统理论,自然语言处理系统理论,分散并行计算理论,计算系统验证理论和算法理论,分散系统软件,并行计算理论,媒体信息和计算机科学,现代编程语言,计算机图形学,图像建模理论,DNA分析专论,功能基因组信息分析专论,特殊算法理论,计算生物物理,信息科学数据库,编程代数专论,代理系统专论,战略软件专论,生物信息学专论,三维图像处理专论
2	数学信息与计算机科学专攻(24)	概率统计信息论,随机过程理论,现代信息理论,连续信息理论,非线性现象论,数值计算理论,离散信息理论,数理结构理论,应用数学,应用几何信息论,编程原理和软件构造理论,应用经济工程,复杂系统数学理论,语言信息学,数理语言信息论,现代控制理论,线性代数要论,数学分析要论,数理统计要论,算法设计要论,数理信息学研讨,战略软件研讨,超鲁棒计算原理研讨,战略IT特别演讲
3	系统信息学专攻(15)	物理信息论,物理信息系统理论,测量控制系统理论,信号处理专论,图像系统专论,系统控制理论,系统识别专论,并行系统理论,虚拟现实、脑工程专论,生物控制论,动态系统理论,计算系统专论,系统结构理论、福利科技专论
4	电子信息学专攻(12)	电子智能电子学,计算机组成原理,软件构造理论,信号处理专论,人工智能,网络信息环境,信息网络工程,信号统计处理,通信系统专论,图像媒体工程,模式识别,语音信息处理
5	智能机械信息和计算机科学专攻(14)	智能机械设计理论,信息机制理论,微系统,智能机电一体化,实时系统,智能机械控制论,机器人技术,算法设计理论,神经动力学,脑型信息机,生命体系统研究,人机信息理论,信息基础设施系统,医疗福利系统

续表

序号	理工学专攻	讲义科目
6	创新信息和计算机科学专攻 (19)	战略系统创新理论，战略网络软件理论，软件构造理论，软件校验理论，数学建模理论，鲁棒软件理论，行为识别系统论，真实世界系统论，人类传媒研究，感知信息论，网络环境理论，互联网理论，创新信息学专论Ⅰ，创新信息学专论Ⅱ，创新信息学硕士论坛，创新信息学博士论坛，创新信息学硕士实习，创新信息学专题硕士研究，创新信息学专题博士研究

注：表中括号内数字为专攻的讲义科目数。

五、研究生院信息学环·跨学科信息学府(4"专攻")

2000 年创建的跨学科信息研究部（division）是东京大学研究生院在信息学科领域的一种组织创新。它作为教师所在的研究组织，称为"情報學環"；作为学生所在的教育组织，又称为"學際情報學府"（图 3.5）。与东京大学研究生院（"大學院"）的其他学院（"研究科"）相比较，信息研究部多了两种组织元素：开放与动态。这有利于打破以往学科的封闭性和单一性，促成传统文理学科的信息情报学的融合与发展，让学生接收更宽的信息情报领域的教育。

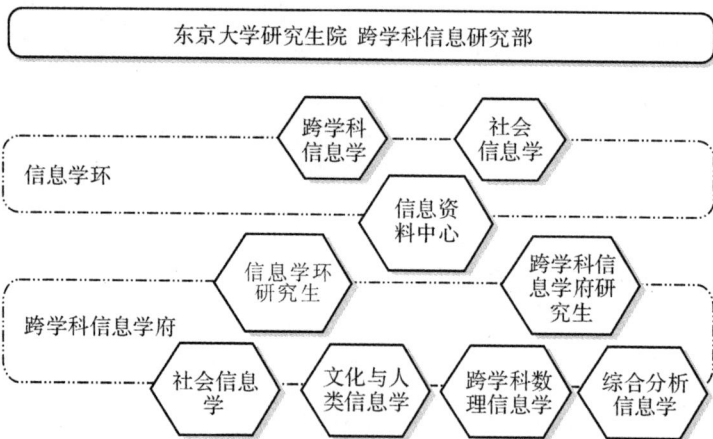

图 3.5 跨学科信息研究部组织结构图

东京大学研究生院的信息研究部设有 4 个专攻、25 个专攻分野，见表 3.20。

表 3.20 东京大学跨学科信息研究部学科专业设置

序号	工学专攻	工学专攻分野
1	社会信息学 (6)	新闻传播媒体,社会心理学与信息传播,政策法规(人文社会学院开设),经济学与产业(经济学院和生产技术研究所开设),社会学与历史(人文社会学院开设),亚洲地区研究(东洋研究所开设)
2	文化与人类信息学 (4)	生命·身体·环境(综合文化研究科与工学院开设),文化·表像·映射(综合文化研究科开设),媒体表达·学习·文化素养(教育学院和工学院开设),建筑·历史情报(史料编纂所与人文社会学院开设)
3	跨学科数理信息学 (3)	信息建模与媒体,空间设计与仿真,操作与界面
4	综合分析信息学 (12)	ユビキタスコンピューティング,医疗辅助信息学,可跟踪食品,空间信息学,认知信息分析学,软件工程,电脑建筑学,配置系统,分布式系统,计算机网络,网络配置(オーバーレイネットワーク),ユビキタスネットワーク

注:表中括号内数字为专攻分野数。

3.3 中国的七个典型框架

我国的学科分类也是多种多样的。本节从"研究"和"教育"两个维度,分别介绍 7 个典型的框架。1992 年国家颁布的学科分类标准(GB/T13745-92),虽然具有权威性,但不具有使用普遍性,至少教育系统的学科专业设置上不采用它。人文与社会科学研究系统当前多采用此标准,而自然科学、工程科学系统均有自己的专用目录。这些框架的最大特点是多样化,因为毕竟提供它们的部门不同,各自的用途也不同。

3.3.1 研究系统的学科分类

3.3.1.1 国家标准《学科分类》

1992 年正式发布、1993 年开始实施的《中华人民共和国学科分类与代码国家标准》(GB/T13745-92),是经国家技术监督局批准,由国家科委与技术监督局共同提出,中国标准化与信息分类编码研究所、西安交通大学、中国社会科学院文献情报中心负责起草,国家科委综合计划司、中国科学院计划局、国家自然科学基金委员会综合计划局、国家教育委员会科学技术司、国家统计局科学技术司、中国科协、中国科协干部管理培训中心等单位参加起草的。作为国家标准的《学科分类与代码》(GB/T13745-92)共设五个门类、58个一级学科、573个二级学科、近6000个三级学科。其中:

A门类为"自然科学",含8个一级学科,包括:数学、信息科学与系统科学、力学、物理学、化学、天文学、地球科学、生物学。B门类为"农业科学",含3个一级学科,包括:农学、林学、畜牧和兽医科学。C门类为"医药科学",含6个一级学科,包括:基础医学、临床医学、预防医学与卫生学、军事医学与特种医学、药学、中医学与中药学。D门类为"工程与技术科学",含21个一级学科。E门类为"人文与社会科学",含19个一级学科,包括:马克思主义、哲学、宗教学、语言学、文学、艺术学、历史学、考古学、经济学、政治学、法学、军事学、社会学、民族学、新闻学与传播学、图书馆和情报与文献学、教育学、体育科学、统计学。

在D门类的"工程与技术科学"中,21个一级学科共包括200个二级学科、526个三级学科(见表3.21)。表3.21中,一级学科名称后括号内数据为内含的二级学科数,二级学科名称后括号内数据为内含的三级学科数。

表3.21 中国国家标准"工程与技术科学"一览

序号	一级学科	二级学科
1	工程与技术科学基础学科(15)	工程数学,工程控制论,工程力学,工程物理学,工程地质学,工程水文学,工程仿生学,工程心理学,标准化科学技术,计量学,工程图学,勘查技术,工程通用技术(9),工业工程学,工程与技术科学基础学科其他学科
2	测绘科学技术(7)	大地测量技术(4),摄影测量与遥感技术(5),地图制图技术(5),工程测量技术(6),海洋测绘(10),测绘仪器,测绘科学技术其他学科
3	材料科学(11)	材料科学基础学科(8),材料表面与界面(2),材料失效与保护(5),材料检测与分析技术,材料实验,材料合成与加工工艺,金属材料(11),无机非金属材料(4),有机高分子材料(5),复合材料(8),材料科学其他学科
4	矿山工程技术(16)	矿山地质学,矿山测量,矿山设计(3),矿山地面工程,井巷工程(3),采矿工程(5),选矿工程(4),钻井工程,油气田开发工程,石油天然气储存与运输工程,矿山机械工程(4),矿山电气工程,采矿环境工程,矿山安全,矿山综合利用工程,矿山工程技术其他学科

序号	一级学科	二级学科
5	冶金工程技术（10）	冶金物理化学,冶金反应工程,冶金原料与预处理,冶金热能工程(5),冶金技术(10),钢铁冶金(4),有色金属冶金,轧制,冶金机械及自动化,冶金工程技术其他学科
6	机械工程(11)	机械史,机械学(5),机械设计(6),机械制造工艺与设备(10),刀具技术(4),机床技术(5),仪器仪表技术(10),流体传动与控制(2),机械制造自动化(5),专用机械工程(2),机械工程其他学科
7	动力与电气工程(5)	工程热物理(5),热工学(5),动力机械工程(11),电气工程(19),动力与电气工程其他学科
8	能源科学技术（10）	能源化学,能源地理学,能源计算与测量,储能技术,节能技术,一次能源(10),二次能源(6),能源系统工程,能源经济学,能源科学技术其他学科
9	核科学技术(17)	辐射物理与技术,核探测技术与核电子学,放射性计量学,核仪器,仪表,材料与工艺技术(2),粒子加速器(4),裂变堆工程技术(7),核聚变工程技术(5),核动力工程技术(5),同位素技术(4),核爆炸工程,核安全(2),乏燃料后处理技术,辐射防护技术,核设施退役技术,放射性三废处理,处置技术,核科学技术其他学科
10	电子、通信与自动控制技术(9)	电子技术(12),光电子学与激光技术,半导体技术(6),信息处理技术(6),通信技术(10),广播与电视工程技术,雷达工程,自动控制技术(8),电子,通信与自动控制技术其他学科
11	计算机科学技术(6)	计算机科学技术基础学科(7),人工智能(8),计算机系统结构(6),计算机软件(8),计算机工程(7),计算机应用(10)
12	化学工程(19)	化学工程基础学科(5),化工测量技术与仪器仪表,化工传递过程,化学分离工程(8),化学反应工程(8),化工系统工程(4),化工机械与设备,无机化学工程(6),有机化学工程,电化学工程(5),高聚物工程,煤化学工程,石油化学工程,精细化学工程(7),造纸技术,毛皮与制革工程,制药工程(4),生物化学工程,化学工程其他学科
13	纺织科学技术（8）	纺织科学技术基础学科(3),纺织材料,纤维制造技术,纺织技术(10),染整技术(5),服装技术(3),纺织机械与设备(3),纺织科学技术其他学科
14	食品科学技术（7）	食品科学技术基础学科(4),食品加工技术(13),食品包装与储藏,食品机械,食品加工的副产品加工与利用,食品工业企业管理学,食品科学技术其他学科

续表

序号	一级学科	二级学科
15	土木建筑工程(12)	建筑史,土木建筑工程基础学科(4),土木建筑工程测量,建筑材料(5),工程结构(6),土木建筑结构(8),土木建筑工程设计(7),土木建筑工程施工(7),土木工程机械与设备(8),市政工程(6),建筑经济学,土木建筑工程其他学科
16	水利工程(14)	水利工程基础学科(3),水利工程测量,水工材料,水工结构(3),水力机械,水利工程施工(3),水处理(2),河流泥沙工程学(3),海洋工程(5),环境水利(4),水利管理(4),防洪工程(4),水利经济学,水利工程其他学科
17	交通运输工程(9)	道路工程(4),公路运输(4),铁路运输(5),水路运输(7),船舶,舰船工程,航空运输(3),交通运输系统工程,交通运输安全工程,交通运输工程其他学科
18	航空、航天科学技术(13)	航空、航天科学技术基础学科(5),航空器结构与设计(4),航天器结构与设计(7),航空、航天推进系统,飞行器仪表、设备,飞行器控制,导航技术,航空、航天材料(5),飞行器制造技术(3),飞行器试验技术(5),飞行器发射,飞行技术(3),航天地面设施,技术保障(3),航空、航天系统工程(4),航空、航天科学技术其他学科
19	环境科学技术(3)	环境科学技术基础学科(10),环境学(5),环境工程学(11)
20	安全科学技术(6)	安全科学技术基础学科(5),安全学(8),安全工程(6),职业卫生工程(5),安全管理工程(5),安全科学技术其他学科
21	管理学(12)	管理思想史,管理理论(6),管理心理学,管理计量学,部门经济管理,科学学与科技管理(6),企业管理(11),行政管理,管理工程(12),人力资源开发与管理(3),未来学(5),管理学其他学科

资料来源：国家标准《学科分类与代码》(GB/T13745-92),国家技术监督局(1992)。

3.3.1.2 自然科学基金《学科代码》

国家自然科学基金委员会的首要职责是"制定和实施支持基础研究和培养科学技术人才的资助计划,受理项目申请,组织专家评审,管理资助项目,促进科研资源的有效配置,营造有利于创新的良好环境"(NSFC,2007)。基金委每年发布《项目指南》中,同时公布其受理学科与学科代码,以便寻找合适的相关学科专家进行同行通讯评议。

基金委下设数理科学部、化学科学部、生命科学部、地球科学部、工程与材料科学部、信息科学部和概念科学部。这7个学部的37个科学处,分别受理38个一级学科,共1596个二级学科的项目申请,它们多数皆涉及工程及其相关学科

（见表3.22）。

表 3.22   中国自然科学基金委"工程相关学科"一览

学　部	工程相关一级学科	工程相关二级学科
A. 数理科学部(5/327)		
B. 化学科学部(7/224)	化学工程及工业化学(57)	化工热力学和基础数据(6),传递过程(5),分离过程及设备(9),化学反应工程(9),化工系统工程(3),无机化工(4),有机化工(2),生物化工与食品化工(6),能源化工(4),化工冶金(5),环境化工(4)
C. 生命科学部(3/367)	基础生物学/生物物理学与生物医学工程学(31)	理论生物物理(4),环境生物物理(6),生物组织的物理特性(5),分子生物物理(3),膜与细胞生物物理,感官与神经生物物理,生物物理技术,生物物理学研究中的新概念和新方法,人工器官,生物医学信号处理,生物医学测量技术,生物系统的建模与应用,生物医学超声,生物医学传感技术,生物材料,生物医学图像,其他生物医学工程学研究
D. 地球科学部(6/91)		
E. 工程与材料科学部(9/307)	金属材料学科(26)	金属结构材料及制备基础(2),金属基复合材料及制备基础(2),金属非晶态,准晶和纳米晶材料及制备基础(3),极端条件下使用的金属材料,金属功能材料(3),金属材料的合金相图,相变及合金设计(3),金属材料的结构与缺陷(2),金属材料的形变与断裂(3),金属材料的凝固与结晶学(2),表面改性中有关金属材料的科学问题(2),金属腐蚀与防护(2),金属磨损与磨蚀,其他金属材料学科的科学问题
	无机非金属材料科学(29)	人工晶体(2),玻璃材料(2),结构陶瓷(3),无机非金属类信息与功能材料(4),水泥与耐火材料(2),碳素材料与超硬材料(2),无机涂层及薄膜(2),无机非金属基复合材料(3),无机非金属类半导体材料(2)无机非金属类电介质与电解质材料,无机非金属类磁性材料,古陶瓷与传统陶瓷,其他(4)
	有机高分子材料学科(16)	塑料、橡胶、纤维、聚合物基复合材料,功能高分子材料(5),多组分多相高分子材料,高分子型助剂,胶粘剂,涂料,高分子液晶材料,高分子耐磨和自润滑材料,耐高温耐腐蚀 耐烧蚀高分子材料,元素及金属有机材料,其他
	冶金与矿业学科(19)	矿物资源开采(6),矿物资源工程(3),冶金物理化学及其应用,冶金反应工程学与系统工程,特殊冶金与材料制备工程,钢铁冶金 金属精炼 现代冶金铸轧,有色金属冶金与分离工程,粉体工程与粉末冶金,冶金环境工程,其他(3)

续表

学　部	工程相关一级学科	工程相关二级学科
E. 工程与材料科学部（9/307）	机械工程学科（55）	机械学（35），机械制造（20）
	工程热物理与能源利用学科（75）	工程热力学（10），热流体力学（6），传热传质学（11），燃烧学（15），热物性与热物理测试技术（10），两相与多相热物理学（10），热力系统动态特性学（7），其他（6）
	电工学科（45）	电工基础理论（2），电机学（5），电器学（4），电力系统（8），绝缘与高电压（6），电力电子（3），电工新技术基础（8），电工测量及仪器（3），电力电磁兼容（3），超导电工技术，电加工，静电技术
	建筑环境与结构工程学科（12）	建筑工程数学与力学，建筑系统工程学，建筑学，城乡规划学，建筑物理学，环境工程学，结构工程学，地基与基础工程学，交通工程学，防灾工程学，建筑材料学，建筑施工与管理学
	水利学科（30）	水工结构（3），水力学（3），水文 水资源（3），河流 海岸动力学及泥沙研究（4），岩土力学及地基基础（5），环境水利（4），农田水利（3），水工新材料（3），水力机械（2）
F. 信息科学部（5/217）	电子学与信息系统（45）	信息理论与信息系统（10），信号理论与信号处理（8），电路与系统（6），电磁场与微波技术（4），电子离子物理 材料与器件（10），生物电子学（6），可靠性技术理论与应用
	计算机科学（31）	理论计算机科学（7），计算机软件（5），计算机系统结构（7），计算机外围设备技术（4），计算机应用基础研究（4），中国语言文字信息处理（4）
	自动化科学（49）	控制理论（12），工程系统与控制（9），系统科学与系统工程（5），模式信息处理（8），智能系统与知识工程（9），机器人学及机器人技术（6）
	半导体科学（37）	半导体材料（7），微电子学（9），半导体光电子学（6），半导体其他器件（5），半导体物理（8），半导体化学，半导体理化分析
	光学和光电子学（55）	光学信息处理（6），光电子器件（5），光信息传输（7），激光（8），非线性光学（6），红外技术（4），光谱技术（2），技术光学（5），光学和光电子材料（5），交叉学科中的光学问题（7）

学　　部	工程相关 一级学科	工程相关二级学科
G. 管理科学部(3/63)	管理科学与工程(24)	管理科学与管理思想史,一般管理理论,运筹与管理(3),决策与对策理论,组织理论,管理心理与行为理论,管理系统工程(4),评估技术,预测技术,数量经济分析方法,工业工程,信息技术与管理(4),复杂性研究(3),其他

资料来源:国家自然科学基金资助项目《项目指南》,(NSFC,2007).

3.3.1.3　中国工程院《专业划分标准》

中国工程院自成立以来,在历次增选中一直使用原国家技术监督局1992年发布的《学科分类与代码》国家标准。该标准与目前工程科技的实际存在相当距离,无法全面、准确地表示院士、候选人所从事的专业学科,也难以对各学部所涵盖的专业学科范围给出明确的界定。现行的教育部研究生学科专业、国家自然基金委的项目分类等,也不完全适用于中国工程院增选以及其他各项工作。为了便于对院士的学科分布进行分析,加强对院士队伍学科结构建设的指导,在对工程科技领域专业学科进行分类研究的基础上,中国工程院(2004)制定了《中国工程院院士增选学部专业划分标准》(试行)》(简称《专业划分标准》)。该标准的专业学科按工程院的8个学部划分,共设置53个一级学科,284个二级学科(图3.6,详见附录F)。

3.3.2　教育系统的学科专业(专门学业)分类①

3.3.2.1　研究生用《学科、专业目录》

1997年,国务院学位委员会和国家教育委员会联合发布《授予博士、硕士学位和培养研究生的学科、专业目录》,用于国务院学位委员会学科评议组审核授予学位的学科、专业范围划分的依据。同时,也供学位授予单位按照目录中各学科、专业所归属的学科门类,授予相应的学位。培养研究生的高等学校和科研机构以及各有关主管部门,可以参照目录制订培养研究生的规划,进行招生和培养工作。

---

① 2009年2月25日,国务院学位委员会和教育部印发《学位授予和人才培养学科目录设置与管理办法》的通知,规定学科目录"适用于学士、硕士、博士的学位授予与人才培养,并用于学科建设和教育统计分类等工作"。2011年3月8日教育部公布了《学位授予和人才培养学科目录(2011)》。新目录在原研究生用《学科、专业目录》基础上,增加了城乡规划学、风景园林学、软件工程、生物工程、安全科学与工程和公安技术6个一级学科,从而使工学门类的一级学科总数增加到38个。

A. 机械与运载工程学部	机械工程，船舶海洋工程，航空宇航科学技术，兵器科学与技术，动力及电气设备工程与技术，交通(地面)运输工程
B. 信息与电子工程学部	电子科学与技术，光学工程与技术，仪器科学与技术，信息与通信工程，计算机科学与技术，控制科学与技术
C. 化工、冶金与材料工程学部	化学工程与技术，材料科学与工程，冶金工程
D. 能源于矿业工程学部	能源和电气科学技术与工程，核科学技术与工程，地质资源科学技术与工程，矿业科学技术与工程
E. 土木、水利与建筑工程学部	建筑学，城乡规划与风景林，土木工程，测绘工程，水利工程
F. 农业、轻纺与环境工程学部	作物学，农业生物工程，园艺学，农业资源学，应用生态学，植物保护，畜牧学，兽医学，林学，水产学，农业工程，林业工程，食品科学与工程，纺织科学与工程，轻工技术与工程，环境科学技术，环境工程，气候科学，海注科学工程
G. 医药卫生工程学部	基础医学，临床医学，腔医学，公共卫生与预防医学，药学，生物医药工程与医学信息学，特种医学，中医学，中药学
H. 工程管理学部	工程管理

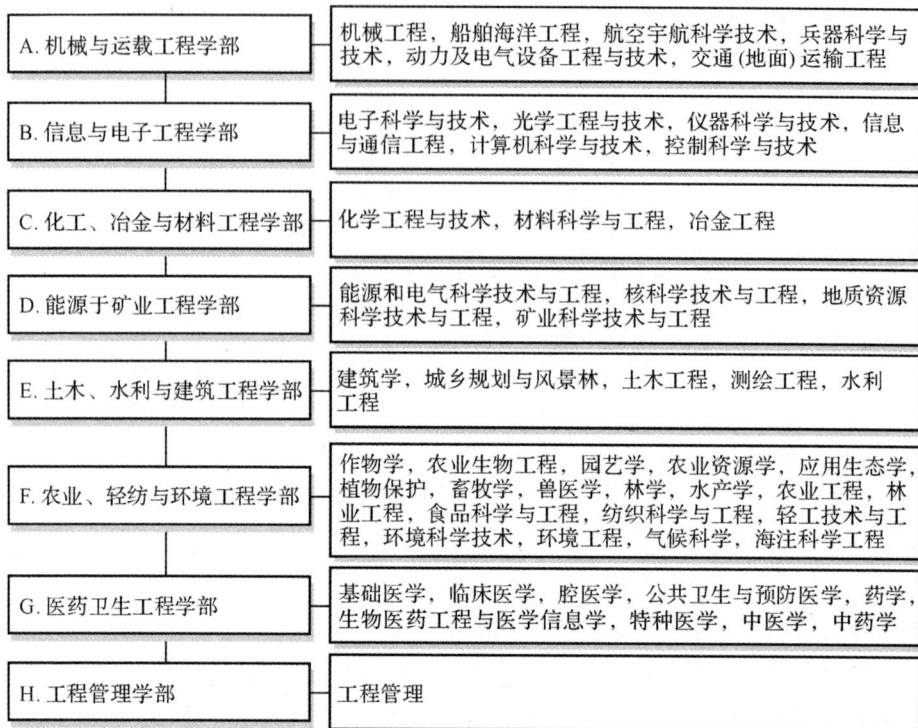

图 3.6　中国工程院学部专业划分示意图

97 版的《学科、专业目录》是在 1990 年的目录基础上经过多次征求意见、反复论证修订的。修订的主要原则是：科学、规范、拓宽；修订的目标是：逐步规范和理顺一级学科，拓宽和调整二级学科。使用了十年的这套《学科、专业目录》，授予学位的学科门类计 12 个、一级学科计 88 个，二级学科(学科、专业)计 382 种：哲学(1 个一级学科/8 个二级学科数，以下括号内数字含意相同)，经济学(2/16)，法学(4/27)，教育学(3/17)，文学(4/29)，历史学(1/8)，理学(12/50)，工学(32/113)，农学(8/27)，医学(8/54)，军事学(8/19)，管理学(5/14)。

表 3.23 给出的是目录中的工学门类学科设置。工学门类共有一级学科 32 个，除光学工程和生物医学工程外，其他一级学科均设二级学科或专业，共计 113 个。

表 3.23　研究生用《学科、专业目录》工学学科一览

序号	一级学科	二级学科、专业
1	力学(4)	一般力学与力学基础,固体力学,流体力学,工程力学
2	机械工程(4)	机械制造及其自动化,机械电子工程,机械设计及理论,车辆工程
3	光学工程	(不分设)
4	仪器科学与技术(2)	精密仪器及机械,测试计量技术及仪器
5	材料科学与工程(3)	材料物理与化学,材料学,材料加工工程
6	冶金工程(3)	冶金物理化学,钢铁冶金,有色金属冶金
7	动力工程及工程热物理(6)	工程热物理,热能工程,动力机械及工程,流体机械及工程,制冷及低温工程,化工过程机械
8	电气工程(5)	电机与电器,电力系统及其自动化,高电压与绝缘技术,电力电子与电力传动,电工理论与新技术
9	电子科学与技术(4)	物理电子学,电路与系统,微电子学与固体电子学,电磁场与微波技术
10	信息与通信工程(2)	通信与信息系统,信号与信息处理
11	控制科学与工程(5)	控制理论与控制工程,检测技术与自动化装置,系统工程,模式识别与智能系统,导航、制导与控制
12	计算机科学与技术(3)	计算机系统结构,计算机软件与理论,计算机应用技术
13	建筑学(4)	建筑历史与理论,建筑设计及其理论,城市规划与设计,建筑技术科学
14	土木工程(6)	岩土工程,结构工程,市政工程,供热、供燃气、通风及空调工程,防灾减灾工程及防护工程,桥梁与隧道工程
15	水利工程(5)	水文学及水资源,水力学及河流动力学,水工结构工程,水利水电工程,港口、海岸及近海工程
16	测绘科学与技术(3)	大地测量学与测量工程,摄影测量与遥感,地图制图学与地理信息工程
17	化学工程与技术(5)	化学工程,化学工艺,生物化工,应用化学,工业催化
18	地质资源与地质工程(3)	矿产普查与勘探,地球探测与信息技术,地质工程
19	矿业工程(3)	采矿工程,矿物加工工程,安全技术及工程
20	石油与天然气工程(3)	油气井工程,油气田开发工程,油气储运工程

续表

序号	一级学科	二级学科、专业
21	纺织科学与工程(4)	纺织工程,纺织材料与纺织品设计,纺织化学与染整工程,服装设计与工程
22	轻工技术与工程(4)	制浆造纸工程,制糖工程,发酵工程,皮革化学与工程
23	交通运输工程(4)	道路与铁道工程,交通信息工程及控制,交通运输规划与管理,载运工具运用工程
24	船舶与海洋工程(3)	船舶与海洋结构物设计制造,轮机工程,水声工程
25	航空宇航科学与技术(4)	飞行器设计,航空宇航推进理论与工程,航空宇航制造工程,人机与环境工程
26	兵器科学与技术(4)	武器系统与运用工程,兵器发射理论与技术,火炮、自动武器与弹药工程,军事化学与烟火技术
27	核科学与技术(4)	核能科学与工程,核燃料循环与材料,核技术及应用,辐射防护及环境保护
28	农业工程(4)	农业机械化工程,农业水土工程,农业生物环境与能源工程,农业电气化与自动化
29	林业工程(3)	森林工程,木材科学与技术,林产化学加工工程
30	环境科学与工程(2)	环境科学,环境工程
31	生物医学工程	(不分设)
32	食品科学与工程(4)	食品科学,粮食、油脂及植物蛋白工程,农产品加工及贮藏工程,水产品加工及贮藏工程

资料来源:国务院学位委员会、国家教育委员会《授予博士、硕士学位和培养研究生的学科、专业目录》(1997)。

3.3.2.2　本科用《专业目录》

国家教育部《普通高等学校本科专业目录》(98 版)是在 1990 年的目录基础上,经过多次征求意见、反复论证修订的。当时修订的主要原则是:科学、规范、拓宽;修订的目标是:逐步规范和理顺一级学科,拓宽和调整二级学科。本科专业目录的学科门类与研究生用《学科、专业目录》(97 版)相一致,分设哲学、经济学、法学、教育学、文学、历史学、理学、工学、农学、医学、管理学 11 个学科门类,仅未设军事学门类。本科专业目录在其学科门类下设相当于一级学科的"二级类",计 71 个;二级类下设相当于二级学科的"专业",计 249 种。

教育部在发布该目录的同时,还推荐了新一轮的《工科本科引导性专业目录》,旨在"加快和深化工科教育教学改革"(国家教育部,1998)。同期颁布的《普通高等学校本科专业设置规定》对目录外专业还作了特别规定:"普通高等学校设置、调整专业目录外的专业,由学校主管部门按规定程序组织专家论证后报教育部审批。"据此规定,高校自主设置的本科专业逐年增多,虽然至今仍保持 11 个学科门类,但是二级类增加到 73 个,专业数增加到了 615 种,不仅突破了 98 版目录的 249 种,也突破了 90 版目录的 504 种。

现将工学门类的 21 个二级类及其包含的专业用表 3.24 表达。表中,专业类名称后的括号内有两项数据,第一项是 2006 年统计用目录给出的专业数,工学专业计达 195 种(国家教育部,2006a);第二项是 1998 版目录的工学专业数,合计 67 种,在专业名称后用 * 号表示。

表 3.24　本科用《专业目录》工学学科一览

序号	类(一级学科)	专业(二级学科)
1	地矿类(10/5)	采矿工程*,石油工程*,矿物加工工程*,勘查技术与工程*,资源勘查工程*,地质工程,矿物资源工程,煤及煤层气工程,地下水科学与工程,地矿类新专业
2	材料类(14/4)	冶金工程*,金属材料工程*,无机非金属材料工程*,高分子材料与工程*,材料科学与工程,复合材料与工程,焊接技术与工程,宝石及材料工艺学,粉体材料科学与工程,再生资源科学与技术,稀土工程,高分子材料加工工程,生物功能材料,材料类新专业
3	机械类(13/4)	机械设计制造及其自动化*,材料成型及控制工程*,工业设计*,过程装备与控制工程*,机械工程及自动化,车辆工程,机械电子工程,汽车服务工程,制造自动化与测控技术,微机电系统工程,制造工程,体育装备工程,机械类新专业
4	仪器仪表类(3/1)	测控技术与仪器*,电子信息技术及仪器,仪器仪表类新专业
5	能源动力类(11/2)	热能与动力工程*,核工程与核技术*,工程物理,能源与环境系统工程,能源工程及自动化,能源动力系统及自动化,风能与动力工程,核技术,辐射防护与环境工程,核化工与核燃料工程,能源动力类新专业
6	电气信息类(35/7)	电气工程及其自动化*,自动化*,电子信息工程*,通信工程*,计算机科学与技术*,电子科学与技术*,生物医学工程*,电气工程与自动化,信息工程,光源与照明,软件工程,影视艺术技术,网络工程,信息显示与光电技术,集成电路设计与集成系统,光电信息工程,广播电视工程,电气信息工程,计算机软件,电力工程与管理,微电子制造工程,假肢矫形工程,数字媒体艺术,医学信息工程,信息物理工程,医疗器械工程,智能科学与技术,数字媒体技术,医学影像工程,真空电子技术,电磁场与无线技术,电信工程及管理,电气工程与智能控制,信息与通信工程,电气信息类新专业

续表

序号	类（一级学科）	专业（二级学科）
7	土建类(16/5)	建筑学*，城市规划*，土木工程*，建筑环境与设备工程*，给水排水工程*，城市地下空间工程，历史建筑保护工程，景观建筑设计，水务工程，建筑设施智能技术，给排水科学与工程，建筑电气与智能化，景观学，风景园林，道路桥梁与渡河工程，土建类新专业
8	水利类(6/3)	水利水电工程*，水文与水资源工程*，港口航道与海岸工程*，港口海岸及治河工程，水资源与海洋工程，水利类新专业
9	测绘类(4/1)	测绘工程*，遥感科学与技术，空间信息与数字技术，测绘类新专业
10	环境与安全类(8/2)	环境工程*，安全工程*，水质科学与技术，灾害防治工程，环境科学与工程，环境监察，雷电防护科学与技术，环境与安全类新专业
11	化工与制药类(6/2)	化学工程与工艺*，制药工程*，化工与制药，化学工程与工业生物工程，资源科学与工程，化工与制药类新专业
12	交通运输类(11/6)	交通运输*，交通工程*，油气储运工程*，飞行技术*，航海技术*，轮机工程*，物流工程，海事管理，交通设备信息工程，交通建设与装备，交通运输类新专业
13	海洋工程类(2/1)	船舶与海洋工程*，海洋工程类新专业
14	轻工纺织食品类(16/4)	食品科学与工程，轻化工程*，包装工程*，印刷工程，纺织工程*，服装设计与工程*，食品质量与安全，酿酒工程，葡萄与葡萄酒工程，轻工生物技术，农产品质量与安全，非织造材料与工程，数字印刷，植物资源工程，粮食工程，轻工纺织食品类新专业
15	航空航天类(9/4)	飞行器设计与工程*，飞行器动力工程*，飞行器制造工程*，飞行器环境与生命保障工程*，航空航天工程，工程力学与航天航空工程，航天运输与控制，质量与可靠性工程，航空航天类新专业
16	武器类(8/6)	武器系统与发射工程*，探测制导与控制技术*，弹药工程与爆炸技术*，特种能源工程与烟火技术*，地面武器机动工程*，信息对抗技术*，武器系统与工程，武器类新专业
17	工程力学类(3/1)	工程力学*，工程结构分析，工程力学类新专业
18	生物工程类(2/1)	生物工程*，生物工程类新专业

序号	类(一级学科)	专业(二级学科)
19	农业工程类(7/3)	农业机械化及其自动化*,农业电气化与自动化,农业建筑环境与能源工程*,农业水利工程*,农业工程,生物系统工程,农业工程类新专业
20	林业工程类(4/3)	森林工程*,木材科学与工程*,林产化工*,林业工程类新专业
21	公安技术类(7/2)	刑事科学技术*,消防工程*,安全防范工程,交通管理工程,核生化消防,公安视听技术,公安技术类新专业

资料来源:国家教育部《普通高等学校本科专业目录》、《工科本科引导性专业目录》,1998;国家教育部《高等学校本科专业目录》(统计用),2006.

3.3.2.3 高职高专用《专业目录》

2004 年,国家教育部发布《普通高等学校高职高专教育指导性专业目录》(试行)。该目录是国家对高职高专教育进行宏观管理的一项基础指导性文件,是指导高等学校设置、调整高职高专教育专业,制订培养方案、组织教育教学,安排招生,组织毕业生就业,以及行政管理部门进行教育统计和人才预测等工作的主要依据,也是社会用人部门选用高等学校毕业生的重要参考(国家教育部,2004,2005)。

在该套目录中,专业大类共计 19 个,二级类 77 个,专业 529 种,包括:农林牧渔大类(5 个类/38 个专业,以下括号内的数字含意相同),交通运输大类(7/51),生化与药品大类(4/23),资源开发与测绘大类(6/44),材料与能源大类(3/21),土建大类(7/27),水利大类(4/19),制造大类(4/32),电子信息大类(3/29),环保、气象与安全大类(3/15),轻纺食品大类(4/25),财经大类(5/36),医药卫生大类(5/26),旅游大类(2/8),公共事业大类(3/24),文化教育大类(3/39),艺术设计传媒大类(3/30),公安大类(3/29),法律大类(3/13)。

以上 19 个专业大类中,直接与工程技术相关的有 10 个大类(见表 3.25),共有工程技术二级专业类 45 个,包含专业 286 种,占专业总数的 54%。表中,专业大类后括号内数字,第一个为专业类数,第二个为专业数;专业类后括号内数字为专业数。

表 3.25　高职高专用《专业目录》工程技术专业一览

序号	专业大类	专业类
1	交通运输大类(7/51)	公路运输类(10),铁道运输类(8),城市轨道运输类(4),水上运输类(8),民航运输类(13),港口运输类(5),管道运输类(3)
2	生化与药品大类(4/23)	生物技术类(4),化工技术类(9),制药技术类(6),食品药品管理类(4)
3	资源开发与测绘大类(6/44)	资源勘查类(10),地质工程与技术类(7),矿业工程类(9),石油与天然气类(6),矿物加工类(6),测绘类(7)
4	材料与能源大类(3/21)	材料类(6),能源类(4),电力技术类(11)
5	土建大类(7/27)	建筑设计类(6),城镇规划与管理类(2),土建施工类(3),建筑设备类(4),工程管理类(4),市政工程类(5),房地产类(3)
6	水利大类(4/19)	水文与水资源类(4),水利工程与管理类(10),水利水电设备类(3),水土保持与水环境类(2)
7	制造大类(4/32)	机械设计制造类(12),自动化类(9),机电设备类(5),汽车类(6)
8	电子信息大类(3/29)	计算机类(10),电子信息类(13),通信类(6)
9	环保、气象与安全大类(3/15)	环保类(8),气象类(4),安全类(3)
10	轻纺食品大类(4/25)	轻化工类(5),纺织服装类(8),食品类(7),包装印刷类(5)

资料来源:国家教育部《普通高等学校高职高专教育指导性专业目录》(试行),2005.

3.3.2.4　中职用《专业目录》

我国中等职业教育也有自己的目录。国家教育部(2006b)制订的《中等职业教育专业目录》(统计用),把专业划分为 14 个类,共计 286 个专业,包括:农林类(含 20 个专业,以下括号内的数字皆为专业数),资源与环境类(26),能源类(21),土木水利工程类(20),加工制造类(63),交通运输类(18),信息技术类(17),医药卫生类(23),商贸与旅游类(17),财经类(9),文化艺术与体育类(25),社会公共事务类(23),师范(3),其他(1)。

在中职的专业目录中,与工程技术相关的专业类有资源与环境、能源、土木水利工程、加工制造、交通运输、信息技术,共 6 类,计 165 种专业,占专业总数的 58%。该专业数少于高职高专的 286 种,且划分标准和专业名称亦有很大差异,更接近于职业分类和劳动岗位的配置。以能源类为例,它包含的 21 个专业为:

选煤,石油开采,铀矿开采,电厂热力设备运行,反应堆及核电厂运行,水电厂机电设备运行,电厂热工仪表及自动装置维护与调试,电厂水处理及化学监督,电厂热力设备安装与检修,水电厂动力设备安装与检修,电厂及变电站电气运行,继电保护及自动装置维护与调试,电厂及变电站电气设备安装与检修,水电站与水泵站电力设备,输配电线路施工、检修与运行,电力电缆运行与施工,供用电技术,电气化铁道供电,农村能源开发与利用,电力营销,能源类新专业。

3.4 本章小结

本章选择了 8 个国家具有代表性的工程学科框架,分"英语国家"、"欧洲大陆和日本"与"中国"三个部分,在相应国家高等教育体制和学科分类的大背景下,详细展示和简要分析了它们的架构。这些具有特色各异的框架形态,不仅分类层次不完全相同,学科总数和学科名称也不完全相同。当然,它们各自宣称的功用也不尽相同。

美国、英国和澳大利亚三个英语国家的工程学科分类标准具有较宽的适用性,它们既用作统计,也供教育、研究、招生、就业等相关使用。在这些国家,工程(engineering)和工程技术(engineering technology)是截然不同的概念。美国和英国的标准中就是两种不同的学科设置,澳大利亚的标准虽然没有区分,但是明确地把它们放在"工程和技术"的门类中。其他国家的分类标准则表现出应用的"专属性",甚至一些国家在同类型应用中又有多个专门的标准。

除法国和日本外,工程学科分类标准都是由国家主导设置的。因此,法国和日本的工程学科框架表现出更大的多样性和随意性,本书仅选择其有特色的框架予以讨论,尤其重点介绍了法国大学校联盟(CGE)等 4 个典型分类,以及日本东京大学的特色分类。两组框架虽然给人一种不规范的、凌乱的印象,但是它们或许真实展示出一种改革创新的活力。法国框架表现的是传统工程学科明显让位于管理商贸类学科,而日本东京大学则更多表现出新兴学科和跨学科势头。

中国部分汇集了涉及工程科技的 7 个典型框架,它们反映着学科(专业)分类的不同应用和价值取向,当然也表明了各自相对的合理性。

本章列述的国外材料均直接采用原始资料,译词反复求证、校订,竭力避免先入为主和以讹传讹。它们既展示了工程学科框架的形态特征,又为后续的定性和定量分析提供了可靠的数据来源。

04 工程学科本体元素解析与合成

　　当我们考察了数十个学科框架后着手分析学科本体的时候,一个不容忽视的事实摆到面前:这些框架都是静止状态的东西,反映的只是最近10年间工程学科在不同国家存在的状态。它们从来就是这样的吗? 它们未来仍然会是这样的吗? 答案当然是否定的,因为工程学科框架像任何人工物一样,有它的来龙去脉。分清楚有哪些"来龙",有哪些可能的"去脉",以及直接影响来龙去脉的决定性因素,才能够对学科本体有一些基本认识。因此,本章首先借助系统观念的"过程方式"(王沛民等,1994:16—17),探讨工程学科从无到有及其发展演化过程的脉络,然后从工程的活动、知识体、职业、职能、过程,以及工程的应用拓展与价值等多个视角,挖掘工程学科本体的组成元素,进而阐明本体元素之间的关联性,以便构筑工程学科框架的本体论基础。

4.1　工程活动及其知识体形成

4.1.1　从 20 世纪的工程成就谈起

　　本节首先回顾 20 世纪的伟大工程成就,揭示它们对人类生存发展的深刻影响。但由于它们像阳光和空气一样无处不在、惠及天下,因此人们习以为常,直到天灾人祸发生才发现它们与生活、生命的息息相关。工程福祉从何而来? 它们其实是工程活动在我们这个星球于 20 世纪的时空聚焦下的造化:人类对幸福的向往与追求、工程师把理想化为现实的不懈努力,在满足人类需求的同时,也创造出了丰富多彩的工程学科和工程文化。

4.1.1.1　20 世纪最伟大的工程成就

　　美国工程院(NAE)、美国工程协会联合会(AAES)、全国工程师周刊(National Engineers Week)，以及几乎覆盖了所有工程学科的 27 个美国专业工程协会一起评出 20 世纪对人类社会影响最大的 20 项工程成就。这些成就展示了工程科技对改变人类生产和生活方式、提高生活质量所产生的巨大影响。这些工程成就是在各专业协会提交的包含 105 个项目的清单中遴选的，经过几次讨论筛选最后确定了前 20 项及其先后次序，并在 2000 年 2 月 22 日由世界登月第一人、著名美国宇航员、美国工程院院士阿姆斯特朗(Neil Armstrong)在华盛顿公开宣布。最伟大成就的选择标准是在过去 100 年中最大地改善了人类生活质量的那些成就。尽管有一些成就，如电话和汽车是 19 世纪的发明，但它们对社会的影响在 20 世纪才显现出来，所以也包括在内；也有一些工程奇迹，如壮观的跨海大桥、海底隧道、拦河大坝、摩天大楼等，由于它们只是在当地发挥影响，所以没有包括在内(Armstrong,1999)。

人类 20 世纪最伟大的 20 项工程成就，集中展示了土木工程、机械工程、电气工程、化学工程及其繁衍而生的航空航天工程、材料工程、计算机工程、信息工程、健康工程、环境工程等现代工程的风采。这些工程成就不仅依赖于科学原理的应用，而且更大程度上取决于创新的工程方法、强大的计算工具、可靠的测试技术、新颖的工程材料和制造工艺。100 年的工程成就给社会和个人生活的方方面面打下了深深的烙印，人们无时无刻不在享用工程产品、系统和服务提供的便捷，改善着生活的质量，乃至它们一旦丧失(例如停水断电)将成为巨大灾难。20 项工程成就改变了人们对地球的概念：地球变小了，距离拉近了，越洋跨海成了举步之劳。20 项工程成就也改变了人们的时间观念：时间缩短了，相隔千山万水的问候也只在须臾片刻之间。20 世纪工程师创造的工程成就，几乎神话般地改变着人们的生活方式、思维方式以及经济活动、军事和政治等活动的方式。不同人可以对"生活质量"有不同的理解，但对我们多数人来说，也许应当感谢早晨刷牙拧开水龙头即出水的那一时刻，因为必须承认是工程的成就保证了人类基本的生存条件。就在上个世纪以前，伤寒、霍乱、痢疾等饮水不洁造成的疾病，时刻威胁着人类健康和生命，但是不起眼的自来水工程顷刻改变了它。

这 20 项工程成就是(Constable and Somerville,2003;NAE,2007)：

1. 电气化(electrification)

在 20 世纪之初，伴随着爱迪生(Thomas Edison)青睐的直流电力系统与特斯拉(Nikola Tesla)和西屋电气倡导的交流电力系统之间的斗争，电力逐渐成为现代世界的强大臂膀。今天，它让工厂开工生产，让电讯行业得以运营，让家中各种电器和医院的救生设备为人服务，并以无数其他途径和方式随时提供和维护着亿万人的幸福。鉴于电力对现代社会的这种根本性影响，电气化被视为第一项工程成就是理所当然的了。

2. 汽车（automobile）

德国工程师苯茨（Karl Benz）在 1885 年制成了世界第一辆三轮汽车，戴姆勒（Gottlieb Daimler）又在 1886 年制成第一辆汽油发动机驱动的四轮汽车，他们因此被尊称为汽车工业的鼻祖。进入 20 世纪以后，美国人福特（Henry Ford）和他的公司在 1913 年借助流水装配线创造了大量作业方式，使得汽车的成本大大降低。汽车不再仅仅是有钱人的豪华奢侈品，开始逐渐成为大众化的商品。今天，汽车既是集声、光、机、电、热、电子、化工、美工于一身的高科技产品，也是世界上唯一的一种零件以万计、产量以千万计、保有量以亿计、售价以万元计的商品。小轿车、运货卡车已经成为全球的主要中近程运输工具，成为社会生产和生活须臾不能离开的工具。

3. 飞机（airplane）

尽管像鸟一样在空中自由飞翔是人类自古以来的理想，而且自达·芬奇后的三个世纪不断有人尝试飞行，但是直到 1903 年莱特兄弟（Wright brothers）在基泰霍克（Kitty Hawk）的著名试验取得成功，才开辟了航空工程的时代。飞机诞生之初仅用于军事，20 世纪下半叶才成为远程运输的主要手段。今天，商业航班只要 15 个小时就能把数百位乘客送到地球的另一面，大大拉近了城市、国家和洲际之间的距离。

4. 自来水（water supply and distribution）

霍乱、伤寒、痢疾等致命的与饮水相关的疾病，曾经世世代代威胁着人类的生命，尤其是在城市。即使到了 20 世纪初，一杯普普通通的水仍然可以为你解渴也可以夺你性命。饮用水的安全成为世界上很多地方的理所当然的需要。经过科学家和工程师的努力，自来水为人类提供了干净和充足的饮用水，大大减少了疾病传染，显著提高了人类的生活质量和平均寿命。

5. 电子技术（electronics）

从 19 世纪后期至今，由真空管到晶体管、集成电路，再到超大规模集成电路和微处理器，一批杰出的发明家合力打造了当代各行各业智能工作的基石。1947 年 12 月，美国贝尔实验室的肖克莱（William Shockley）、巴丁（John Bardeen）和布拉顿（Walter Brattain）的小组研制出世界第一只晶体管，他们为此荣获 1956 年诺贝尔物理学奖。在他们之前是电子的发现，真空管、纯晶体和二极管的发明；在其后则是晶体管引发的一场持久的电子革命，包括硅等新半导体材料的试验、微电子制造技术，以及各种电子装置与应用的实现。

6. 无线电和电视(radio and television)

马可尼(Guglielmo Marconi)是把麦克斯韦(James Clerk Maxwell)、赫兹(Heinrich Hertz)和特斯拉(Nikola Tesla)的理论成功用于实践的第一人,虽然他于 1895 年就表演了无线电的功能,但直到 1901 年才发出第一个越洋无线信号。必须提及的是,特斯拉与其说是理论家,不如说他是个工程师和发明家。著名的"特斯拉线圈"(由一个感应圈、两个大电容器和一个仅有几圈的初级线圈的互感器组成)是其杰作,某种形式的线圈至今仍用在广播和电视装置上,而现在世界上听不到广播、看不到电视已相当罕见。

7. 农业机械化(agricultural mechanization)

20 世纪的世界人口从 16 亿增加到了 60 亿,如果农业没有实现机械化(包括自动化灌溉系统),养活这么多的人口几乎是不可能的。从事农业的人口比例急剧下降,使更多人有可能从事其他的重要工作。例如在美国,1900 年的农民占美国劳动力 38%,20 世纪结束时,这一数字已经下降到 3%,戏剧性的变化证明了机械化所带来的农业革命。

8. 计算机(computers)

当第一台电子管计算机在 20 世纪第四个 10 年建造出来以后,当时估计全世界的需求量不过几台,人们根本想象不到它后来的能力和应用范围。这些早期的机器都是庞然大物,但是今天轻巧的"手提电脑"随处可见。计算机被广泛用于文字处理和储存、文件和图像的传送、科学计算、工商活动和各种管理活动。当代社会的各种可编程序电子装置使今后的几代人可以认定 20 世纪是一个计算机时代。

9. 电话(telephone)

贝尔(Alexander Graham Bell)发明的电话在 20 世纪已经跨越了大陆和海洋,使这个世界变得越来越小、各地的人群越来越近。电子程控交换系统和其他技术的进步,极大地方便了客户,使之甩开接线生也能拨打电话。移动电话的问世,更使得家庭成员、公司之间在世界任何地方和任何时间保持即时的联系。

10. 空调制冷技术(air conditioning and refrigeration)

保持宜人的凉爽或温暖,是人类渴望了几千年的事,但是直到 20 世纪之前的所有努力都是无效的,即使是达·芬奇设计并制造成功的机械通风机也不尽如人意。借助循环制冷剂的一种现代系统,涉及冷热交换和空气的干湿交换,首先取得成功并用于工业。事实上,在 1906 年的美国北卡罗莱纳州,名叫克莱姆(Stuart Cramer)的纺织工程师就利用这种装置改进了布料生产工艺,并创造出一个新名词"空调"。从那时起,舒适的凉爽或温暖已不再被认为是奢侈的欲望,而是一个实实在在的现代生存，成为人们的健康、运输、食品保鲜不可缺少的设施，人们可以在地球上最冷和最热的地方工作和生活。

11. 高速公路（highways）

通用汽车公司的创始人（William Durant）在 1922 年就说过："对我们大部分人来说，将活着看到这整个国家被点点相连的汽车高速公路网络覆盖，为此山峦将被削平或凿通，河谷将架起桥梁，自然界的交通障碍将被清除"。今天，经过 20 世纪土木工程师的努力，加之人们对汽车的钟爱，这个预言早已兑现。遍布全球的数万公里的多车道、无红绿灯的公路，使工程师追求效率、造福人类的梦想得到了实现。

12. 航天技术（spacecraft）

1957 年 10 月 4 日在哈萨克斯坦的草原上，苏联成功发射了人类有史以来的第一个航天器：有效载荷达 184 磅重的称为"Sputnik1 号"的东西。仅仅一个月后，"Sputnik 2"号也发射成功，不同的是这次还携带了一个活的乘客：小狗莱卡。四个月后，美国也把它的"探险者 1 号"卫星送上环绕地球的轨道。伴随着军事和政治的太空竞赛，人类太空时代的黎明比预想的还要快地到来了。

13. 互联网（internet）

1969 年，美国军方资助建立了世界上第一个分组交换试验网 ARPANET，连接美国的四个大学，标志着计算机网络发展新纪元的到来。今天这个信息高速公路四通八达，但是它的社会功能和灿烂前景要在 21 世纪才能完全显示出来。有人预计，全球互联网的用户数量 2009 年将达到 10 亿，全球网络电视用户数量 2010 年将超过 1 亿。

14. 成像技术（imaging）

用数码相机记录我们周围的世界，在今天已经不是稀罕的事。利用光学、电子学或光电子的各种成像设备，对医疗诊断、天气预报、超声探测、地质勘探、空间探测和军事活动发挥着巨大的作用，魔术般地影响到我们生活的各个方面。

15. 家用电器（household appliances）

该技术创造了 20 世纪的家庭电气化。电炉、微波炉、电熨斗、电风扇、热水器、吸尘器、洗衣机、干衣机和洗碗机等各式各样省时省力的家用设备，借助神奇的按钮或开关，就能让人摆脱家务琐事，腾出更多的时间和精力去休闲或工作。家用电器广受大众的欢迎，甚至人们的生活已经无法离开它们了。

16. 保健技术（health technologies）

1895 年德国物理学家伦琴（Wilhelm C. Roentgen）偶然发现的一种电磁辐射（X 射线）引发了一场革命。20 世纪发明的各种诊断工具（如 X 光机、血象仪、心电图仪、电脑扫描、B超和MRI等），人工移植器官和关节以及许多其他的手术设备和技术（如人工假肢、心脏起搏器、人工瓣膜和晶状体移植等），抗生素的发现和其他救命药物的研制，所有这些技术进步给亿万人延长了生命，提高了生活质量。1900年的平均预期寿命，在美国是47岁，而到2000年则接近77岁。诸多的因素之中，很大一部分功劳要归结为生物医学工程的进步，包括诊断、药物、医疗器械以及其他形式治疗的进步。

17. 石油化工（petroleum and petrochemical technologies）

当退休的铁路列车长德雷克（Edwin Drake）在1859年于宾夕法尼亚州的泰特斯维尔（Titusville）打出石油后，石油工业随即就被引发了。但是此后半个世纪，对原油的兴趣只是以煤油用于照明，以汽油和柴油用于内燃机和其他发动机。直到化学工程师在发展精炼技术过程中发现大量的有益的副产品后，现代的石油和石化工业才算正式诞生了。就像19世纪的煤炭一样，20世纪的石油已成为真正的黑色黄金，成为当代社会的一条生命线；石化产品也充满了社会生活的每一个角落。

18. 激光和光纤（lasers and fiber optics）

激光现在是复印机、打印机、手术器械、精密勘测、条码识别、光盘读取的关键；激光与高度透明的光缆在20世纪70年代的结合，又突破了电子沿铜线或同轴电缆传输的瓶颈，使通讯线路的成本极大降低，速度和容量急剧地增长。需要是发明之母。结合光学、电子学和功能材料的进展，此类新的发明将会惊人地改变人们的生活和工作环境。

19. 核技术（nuclear technologies）

尽管古希腊人正确地把"原子"视为构成万物的简单粒子，但直到20世纪的科学家才认识到，原子还是可以继续分解的。英国的汤姆逊（Joseph John Thomson）和丹麦的玻尔（Niels Bohr）给出的原子结构模型（电子、质子、中子）为核技术铺平了道路，核裂变过程提供了一种新的强大能源，核聚变更是地球上未来取之不尽的清洁能源。今日核能技术的社会影响虽然时有争论（如核威慑、核泄漏），但核技术用于发电、医学诊断和治疗、农业育种则是无可争议的。和平、安全地应用核能是科学与工程的重大挑战。

20. 高性能材料（high-performance materials）

材料是人类用于制造物品、器件、构件、机器或其他产品的那些物质。从汽车到飞机，从体育用品到摩天大楼，从服装（包括日常穿戴和超级防护）到计算机和各种电子设备，它们都不是自然界中的现成材料制造的，而是具备优良的力学性能、独特的物理和化学性质或生物功能的人造物质，包括金属材料、无机非金属材料、有机高分子材料和不同类型材料组成的复合材料。正是它们见证了20世纪材料工程师别出心裁的创造。

4.1.1.2 中国百年重大工程技术成就

据称,人类知识宝库中有80%的科学发现、技术发明和工程建设是20世纪的科学家和工程师们创造的(宋健,2002)。由上述20项工程和技术成就可见,20世纪的工程师提供了人类历史上从未有过的产品、服务和系统,后者彻底改变了人们的生产和生活方式,提高了创造财富的能力,改善了人们的生活质量,延长了人类的平均寿命。完全可以说,在漫长的人类历史中,20世纪才真正出现了重大转折,人类进入了不可逆转的现代物质文明社会。

20世纪中国的工程科技人员也为自己的祖国做出了历史性的贡献。从20世纪初中国人自己建设的京张铁路、玉门油矿,30年代的钱塘江大桥,60年代的大庆油田、南京长江大桥、"两弹一星",到80年代的杂交水稻等伟大成就,为中国的工业化和现代化建设拉开了序幕。中国得以建成独立完整的工业体系,凝聚了数代科学家和工程师们的心血和智慧。20世纪80年代改革开放以后,我国的科学和工程事业都进入了空前繁荣的新时期,工程科技人员为经济高速发展和社会进步同样做出了关键性贡献。现代社会中人们所能享受的物质文明主要是由工程技术创造的。所以,"工程师是新生产力的重要创造者,也是新兴产业的积极开拓者"(江泽民,2000),工程师的创造性劳动理应得到全社会的认知和尊重。

新世纪伊始,中国工程院组织了"20世纪我国重大工程技术成就"的推选活动,有中国科协及下属协会、有关部委司局及大型企业共60多个单位、600余位院士专家参与,经过推荐、筛选和评选委员会民主评选,选出了"两弹一星"等25个项目,作为20世纪我国重大工程技术成就的代表。

这25项工程技术成就是(宋健,2002;常平,2002):

两弹一星(排序1)

我国1955—1956年决定研制导弹、原子弹、氢弹和卫星,这是以毛泽东为核心的中共中央作出的具有伟大历史意义的决策。在科技落后、工业体系尚未建立、人才缺乏的建国之初,中国科学家和工程师用了仅15年的时间完成了导弹(1964年)、原子弹(1964年)、氢弹(1967年)、卫星(1970年)、核动力潜艇(1971年)的研制任务。"两弹一星"的制造和试验成功,扫除了中国有些人在列强面前畏葸怯懦的心态,结束了100多年来关于中国能否自力更生发展现代工业和科学技术的争论。

汉字信息处理与印刷革命(排序2)、电信工程(排序12)、广播与电视(排序

15)、计算机(排序 16)

我国自主创新发明的汉字激光照排系统使新闻出版业告别了铅与火,已经成熟的汉字信息处理系统使汉语文化进入新的辉煌时代。光缆、数字程控交换机、移动电话等现代通讯设备全部能由国内生产。从 1957 年生产第一台黑白电视机以后,1999 年生产了 3900 万台彩电;中国已成为电视机和视盘播放机生产和出口第一大国。计算机设计制造和应用已接近世界先进水平,年产微型计算机 860 万台(2000),成为能批量生产运算速度每秒 4000 亿次以上的巨型计算机和高档服务器(1999)的少数国家之一。

石油(排序 3)、无机化工(排序 20)、稀有金属和先进材料(排序 22)

石油是现代工业、交通运输、衣食住行的主要能源和原材料,被誉为现代工业的"血液"恰如其分。20 世纪下半叶,我国石油化工从零开始,无机化工从弱到强,2000 年化肥年产 3186 万吨、纯碱 834 万吨、硫酸 2365 万吨、水泥 6 亿吨,都是世界第一。我国是世界上稀土资源最富的国家,储量占全球的 80%。中国的科学家和工程师研究开发了全新的冶炼、分离、提纯、加工技术,建立了自己的产业工程,产量和技术均处于世界主导地位。

农作物增产技术(排序 4)、畜禽水产养殖技术(排序 14)、轻工与纺织(排序 24)

从 1949—1958 年,中国有 41 种大田作物育成 5600 多个新品系,1000 多个果蔬新品种,主要农作物已普遍更换了 4—6 次,化肥、农药年年足供。人均粮食产量从 280 公斤(1952)提高到 406 公斤(1999);1999 年人均占有肉 50 公斤、蛋 18 公斤、水产 33 公斤、水果 50 公斤,比 1978 年增长了 5—15 倍。纺织品产量居世界之首,化纤年产量占世界总产量的 24%。中国已成为食品、服装生产世界第一大国。

传染病防治(排序 5)、计划生育(排序 11)、外科诊疗(排序 21)

医学科学和医疗技术的飞速进步使中国人的平均期望寿命从 34 岁(1928—1933)提高到 70 岁(1997)。20 世纪中国人口从 4.26 亿(1901)增长到 12.7 亿(2000),预计 2040 年左右达到 16 亿以后将停止增长。这对中华民族的未来和后代人的福祉是一个历史的贡献。

电气化(排序 6)

中国第一座发电厂 1882 年建于上海,到 1949 年全国发电装机容量不过 180 万千瓦、人均用电 8 千瓦时。到 2000 年,装机容量达到 3.2 亿千瓦、人均用电 1094 千瓦时。全国已形成 12 个区域电网,乡村农户通电率达 98% 以上。世界上最大的三峡水利工程于 2003 年开始发电,完全建成后新增装机容量 1820

万千瓦,年发电量达 847 亿千瓦时。全国电气化的时代正在到来。

大江大河治理和开发(排序 7)、地质勘探和资源开发(排序 13)、城市化(排序 23)、采煤工程(排序 25)

20 世纪中国培养了一支强大的、世界第一流的地质科学家和工程师队伍。经过 100 年的奋斗,中国已经提升为仅次于美国的第二矿产大国,掌握了世界上最先进的探矿、采矿技术。20 世纪 60 年代的中国甩掉了"贫油国"的帽子,原油年产量从 12 万吨(1949)增加到 1.63 亿吨(2000)。

铁路(排序 8)、公路(排序 17)

19 世纪末到 20 世纪初,我国交通运输靠的是南船北马。从北京到武汉要走 27 天,到广州 56 天,到云南 59 天,到新疆要 3 个多月。20 世纪下半叶建成公路 140 万千米,其中高速公路超过 2 万千米,仅次于美国,居世界第二。铁路干线建设始于 19 世纪末,高潮是 20 世纪。到 2000 年铁道营业里程为 6.8 万千米,干线不断提速。机车、车辆、钢轨及通讯,各种装备全部自己制造并开始出口。

船舶设计制造(排序 9)、航空工程(排序 19)

1949 年以前,中国河海航运主要靠买船。在以后的 50 年内,工程师设计制造了客货轮(1954)、15 万吨以下的油船(1992—1996)、炮艇(1957)、护卫舰(1957)、潜艇(1965)、驱逐舰(1971)和核动力潜艇(1974)等各种船舶。20 世纪上半叶,中国航空工业还是空白。新中国建立了自己的航空工业设计制造能力,批量生产歼击机(1956)、轰炸机(1968)、运输机(1974)、直升机(1985)、加油机(1998)和大型客机(1980)。

钢铁(排序 10)、机械制造(排序 18)

从张之洞建立中国第一个汉阳铁厂(1890)始到 1949 年,铁的最高年产量曾达到 178 万吨、钢 92 万吨(1942—1943)。新中国成立后建立了年产钢 100 万吨以上的大型钢厂 36 家,年总产量 1.27 亿吨(2000)。中国已成为世界第一钢铁大国。20 世纪下半叶,我国建成了比较完备的机械装备制造业体系。现在,万吨以上的各种压力机(1962—1971)、钢铁厂全套装备(1974)、水轮机(1981—1999)、30 万−60 万千瓦发电机(1981—1988)、核电设备(1991)、矿山设备、石化成套装备等,我国都已具备设计制造能力。

4.1.1.3 学科资源:工程成就的基础

无论是美国工程院推出的 20 项成就,还是中国工程院推出的 25 项成就,它们都是在提醒人们:20 世纪的地球人无时无刻不在享受工程师的劳动成果与贡献,20 世纪社会的现代化水平其实就是工业化的水平,20 世纪国家和民族的竞争力首先就是它的工程活动的能力。人们可以谈论这种那种的文明,但是如果没有工程文明提供或保障的衣、食、住、行、用,恐怕大家在谈论这些文明时是不可能很潇洒的。

　　这些伟大的成就以强大的智力资本为基础,其背后是基于有组织的各个工程学科及其人力资源的共同努力(见表4.1)。任何一个工程项目总是与多个学科知识体的贡献相联系的,至少涉及"材料科学与工程"学科的贡献,"因为没有工程不用材料"(Gere,2003)。例如表4.1中的最后一列,给出的就是陶瓷工程分别在每项成就中的实际应用(沃特曼,2002)。这充分说明工程学科知识体的普遍应用性,反之,同样也说明了工程应用的多学科性。

表 4.1 工程伟大成就与相关工程学科

序号	工程成就	主要相关学科	美国相关协会(学会)	陶瓷工程应用举例
1	电气化	电气和电子工程,制造工程,工程管理	电气和电子工程师协会 IEEE,制造工程师协会 SME,工业工程师协会 IIE	输电绝缘子、工业及家庭用绝缘物、电器
2	汽车	车辆工程,机械工程,制造工程,工业管理	车辆工程师协会 SAE,美国机械工程师协会 ASME,制造工程师协会 SME,工业工程师协会 IIE	发动机传感器、催化转换器、火花塞、发动机器件
3	飞机	宇航工程,机械工程,工程力学,制造工程,工业管理	美国航空航天学会 AIAA,美国机械工程师协会 ASME,制造工程师协会 SME,工业工程师协会 IIE	防冻、防雾玻璃、喷气发动机器件、金属加工过程用耐热陶瓷
4	自来水	土木工程,环境工程	美国土木工程师协会 ASCE,美国环境工程师学会 AAEE	过滤器
5	电子技术	电气和电子工程	电气和电子工程师协会 IEEE	基板、集成电路包装、电容器、压电陶瓷、磁性材料、超导
6	无线电和电视	电气和电子工程	电气和电子工程师协会 IEEE	玻璃管、玻璃面板、电子器件
7	农业机械化	机械工程,农业工程,林业工程	美国机械工程师协会 ASME,美国农业和生物工程师协会 ASABE	耐热陶瓷使金属和非金属的熔化及成型成为可能

续表

序号	工程成就	主要相关学科	美国相关协会（学会）	陶瓷工程应用举例
8	计算机	计算机工程	计算机科学鉴定委员会 CSAB，电气和电子工程师协会 IEEE	电子器件、磁储存、监视器玻璃
9	电话	电气和电子工程	电气和电子工程师协会 IEEE	电子器件、光导纤维
10	空调制冷技术	供热制冷和空调工程	美国供热制冷和空调工程师协会 ASHRAE	玻璃纤维绝缘材料、陶瓷磁体
11	高速公路	建筑工程，土木工程，结构工程，测量工程，工程管理	美国土木工程师协会 ASCE，美国测绘协会 ACSM，工业工程师协会 IIE	路桥水泥、路线及信号用玻璃微珠
12	航天技术	宇航工程，机械工程，工程力学，制造工程，工业管理	美国航空航天学会 AIAA，美国机械工程师协会 ASME，制造工程师协会 SME，工业工程师协会 IIE	航天飞机隔热瓦、耐高温器件、电子器件、望远镜镜头
13	互联网	软件工程，信息系统，计算机工程	电气和电子工程师协会 IEEE，计算机科学鉴定委员会 CSAB	电子器件、磁储存、监视器玻璃
14	成像技术	电气和电子工程	电气和电子工程师协会 IEEE	超声诊断压力传感器、海底地形、CT、望远镜镜头、监视器玻璃
15	家用电器	电气和电子工程，制造工程	电气和电子工程师协会 IEEE，制造工程师协会 SME	搪瓷、烤箱及冰箱用绝缘玻璃纤维、电子陶瓷
16	保健技术	生物工程及生物医学工程	生物医学工程学会 BMES	人工关节、骨的替代品、助听器、起搏器、超声诊断传感器、CT
17	石油化工	石油工程，化学工程，地质/地球物理工程，矿业工程	石油工程师协会 SPE，美国化学工程师协会 AIChE，矿业、冶金和勘探协会 SME－AIME	陶瓷催化剂、石油及天然气净化用器件、钻井用水泥
18	激光和光纤	制造工程，化学工程	制造工程师协会 SME，美国化学工程师协会 AIChE	玻璃光纤、激光材料
19	核技术	核工程，工业管理，船舶和海运工程	美国核学会 ANS，工业工程师协会 IIE，船舶和海运工程师协会 SNAME	控制棒、运输、燃料小球、核废料储存罐

续表

序号	工程成就	主要相关学科	美国相关协会(学会)	陶瓷工程应用举例
20	高性能材料	陶瓷工程,化学工程,材料工程,冶金工程,焊接工程	全国陶瓷工程师协会 NICE,美国化学工程师协会 AIChE,矿产、金属和材料协会 TMS	耐磨、耐腐蚀、耐高温、高硬度、轻量、高熔点等等物化性能优异以及光、电、磁性能良好的陶瓷材料

仔细观察上述成就可以发现,20世纪及以前的自然科学发现与工程成就均有密切联系,数理化天地生的成就个个与之相关。但是很难说科学发现与工程成就之间是一种前因后果的关系,也很难简单地说工程就是科学原理的应用,例如"电气化应用的是麦克斯韦尔方程","空气动力学导致了飞机上天"。1820年,丹麦物理学家奥斯特(Hans Christian Oersted,1777—1851)发现电流磁效应,1831年,英国科学家法拉第(Michael Faraday,1791—1867)提出电磁感应定律,1864年,英国物理学家麦克斯韦(James Clerk Maxwell,1831—1879)把全部电磁学理论概括成一组方程,这些和其他一些伟大的科学成就,与爱迪生的直流电力系统或特斯拉的交流电力系统之间远远不是"一步之遥",也不是"科学学"教科书中说的"把原理转化为应用"那样简单。事情恰恰是现实社会对"电"这种新光源、新动力、新能源的渴求,才导致爱迪生和特斯拉等人去探索和试验"电"的经济可靠、安全有效和方便的应用。

再如航空工程。自古以来,人类一直梦想与追求像鸟一样自由自在地在空中翱翔。历史上最早留下飞行器设计图的是意大利的达·芬奇(1452—1519),包括一种展翼机和一种直升机。此后几个世纪有大量的飞行试验同时也是大量的失败记录,即使19世纪末已经完善的经典流体力学和随后发展的空气动力学对改变这个局面也无能为力。因为飞机能在空中飞翔,升力和动力的提供到19世纪末已经不是最主要问题,如何控制飞行和保持飞行的稳定性,以及与设计和材料相关的结构轻盈才是最主要的问题。后面几个问题不解决,只能像世世代代那样得到机毁人亡的结果。1903年,著名流体力学家朗格利团队的试验以耗尽美国政府7万美金资助后的彻底失败告终,反而是高中即辍学的自行车铺老板怀特兄弟的尝试取得历史性成功,拉开了飞行时代的序幕(参见富冢清,1982:106—125)。作为自行车行家的怀特兄弟本能地认识到,飞机跟自行车一样,自身没有稳定性,如何保持稳定是关键。所以他们的第一次实验,短短的几次试飞只是用来验证他们的关于保持稳定的设想。参考1871年英国人韦纳姆(Frank

H. Wenham,1824—1908)发明的风洞,怀特兄弟的风洞设计更加巧妙,用以测算各种升力十分简便。风洞,这是怀特兄弟成功的最大基础,而熟知力学理论的朗格利恰恰没有想到。(木水,2003)

怀特兄弟对流体力学的知识也并非一无所知,但这些知识是他们通过自学获得的。显然,与作为人类社会需求和征服欲望的驱动力不同,掌握学科专业知识的一代又一代工程科技人才是取得伟大工程成就的内在动力。因为工程人才是知识的载体,是工程成就背后的使知识活化和转化成为力量的机制。

现仍以美国为例,借用以下一系列图表说明美国工程科技人力资源的历史发展与现状。图 4.1—4.3 分别给出了最近半个多世纪来美国工科的学士、硕士和博士学位授予情况,反映出工程科技人才成长壮大的总体走向。三级学位授予数量总体呈急速上升态势,其中以硕士学位发展犹为稳健(见图 4.2)。EWC、ABET 和 DoEd 是三个不同的数据统计来源,它们给出了几乎一致的结果(图中以不同颜色的圆点表示)。这些历史性数据,形象地刻划出工程成就背后的美国工程科技人力资源的强力支撑。

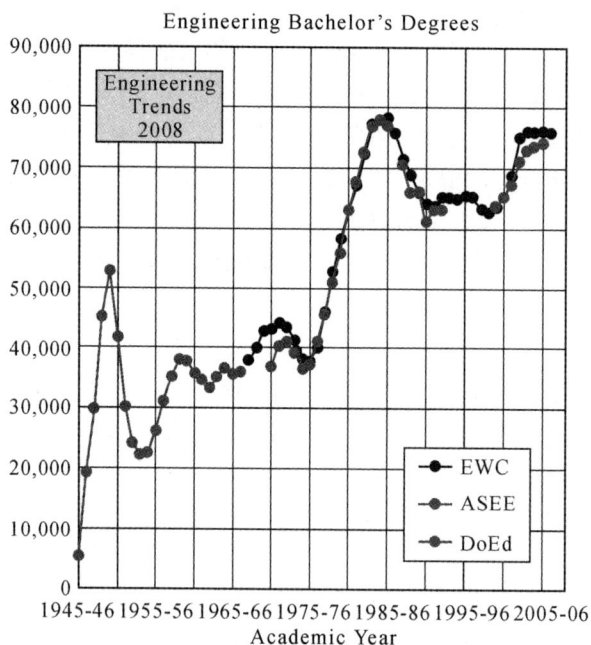

图 4.1 美国工科学士学位授予情况(1945—2005)

资料来源:http://www.engtrends.com/EngTrends/Engineering Bachelor's Degrees Awarded Since AY1945—46. htm

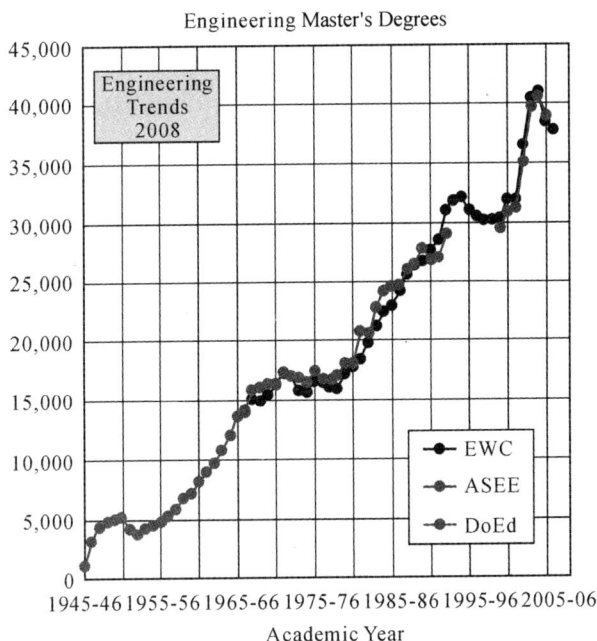

图 4.2 美国工科硕士学位授予情况(1945－2005)

资料来源:http://www.engtrends.com/EngTrends/Engineering Master's Degrees Awarded Since AY1945－46.htm

图 4.4 和图 4.5 分别给出了美国近 30 年来本科工程学科在校生人数。几个较大的工程学科是航空航天、生物工程、化工、计算机、土木、电气电子、工业工程和机械(图 4.4),几个较小的工程学科是环境、管理、制造、船舶、矿业地质、材料、核工程、石油和系统工程。这些曲线显示,80 年代后攻读电气工程的学生数量继续保持急速上升态势,但 1985 年后快速下降,代之以计算机工程的飞速发展(见图 4.4);同期的石油工程、矿业工程和系统工程一度攀高,随后却急速回落(见图 4.5);而机械、土木、化工和材料等学科虽有起伏,但始终保持相对较高的水平。

表 4.2 反映的是新世纪初美国工程学科的基本状态,包括设置工程学科的院校数和各学科学士学位授予数。排在前 5 位且占绝对优势的依然是机械工程、电气工程、土木工程、计算机工程和化学工程,5 个学科的学士学位授予量达到总量的 75%(Gibbons,2005)。表 4.3 反映的则是美国工程技术学科同期的基本状况。这些图表提供的数据虽然只是美国的数据,但是它们充分说明,包含工程学科在内的强大智力资源正是人类取得这些伟大工程成就的充分且必要的条件。

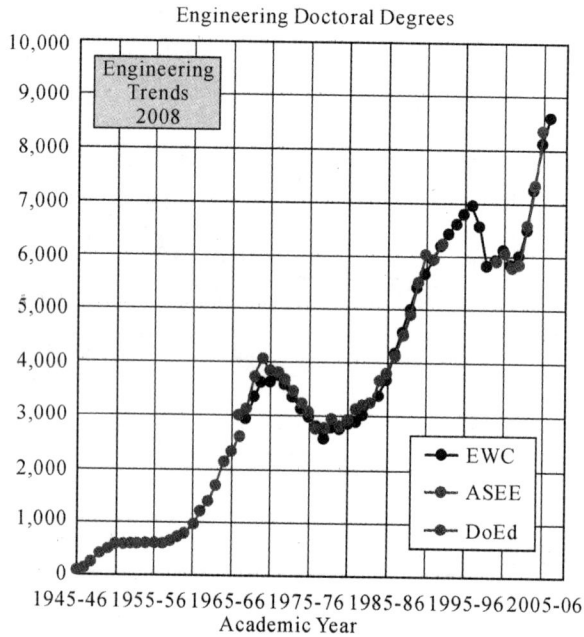

图4.3 美国工科博士学位授予情况（1945－2005）

资料来源：http://www.engtrends.com/EngTrends/Engineering Doctoral Degrees Awarded Since AY1945－46.htm

表4.2 美国工程学科设置及其学士学位授予情况（2004/05）

工程学科	学科设点数	学士学位授予数	占学位总数％
机械工程	277	14 947	22.9
电气工程	284	12 459	19.1
土木工程	233	8 549	13.1
计算机工程	183	8 379	12.9
化学工程	154	4 521	6.9
工业工程	97	3 482	5.3
生物医学工程	36	2 410	3.7
宇航工程	61	2 371	3.6
普通工程	35	1 179	1.9
材料科学/冶金工程	65	840	1.3
建筑工程	14	722	1.1

续表

工程学科	学科设点数	学士学位授予数	占学位总数%
农业工程	43	635	1.0
系统工程	10	570	0.9
环境工程	46	522	0.8
船舶/海洋工程	16	477	0.7
工程物理/工程科学	32	383	0.6
石油工程	16	315	0.5
工程管理	11	303	0.5
核工程	18	275	0.4
采矿/地质工程	32	224	0.3
制造工程	24	165	0.3
陶瓷工程	6	81	0.1
其他工程学科	12	1,464	2.2
总　计	1,495	65,183	100.0%

资料来源:http://www.asee.org/publications/profiles/upload/2005ProfileEng.pdf.

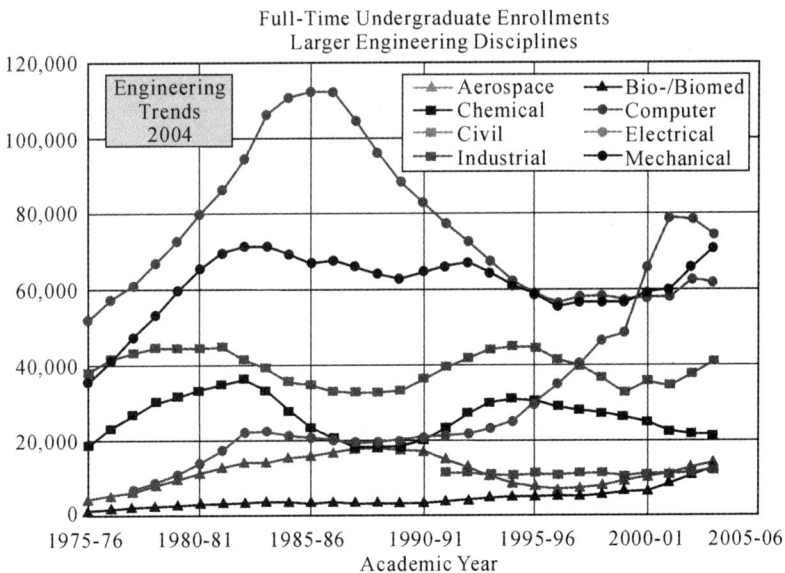

图 4.4　美国工程本科在校生分学科概览(1)(1975—2005)

资料来源:http://www.engtrends.com/EngTrends/Engineering Trends－1004A－Variations in Engineering Discipline Enrollments—Good and Bad News.htm

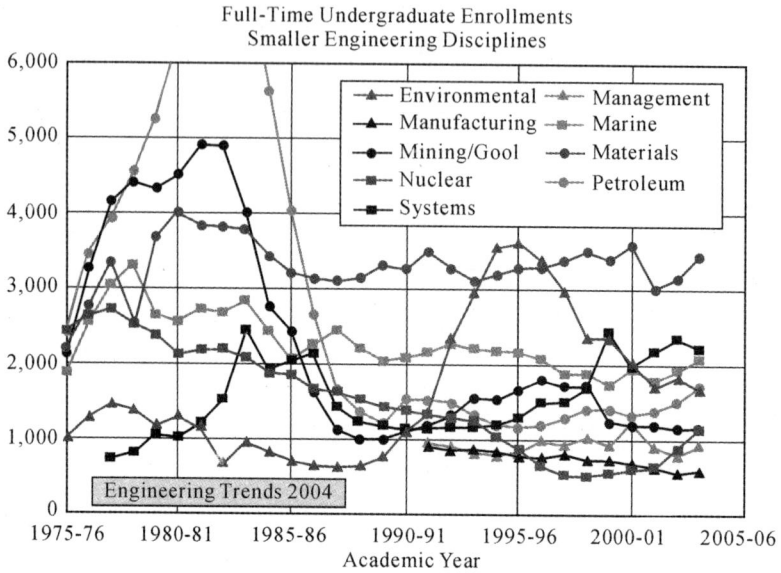

Full-Time Undergraduate Enrollments
Smaller Engineering Disciplines

图 4.5 美国工程本科在校生分学科概览(2)(1975—2005)

资料来源:http://www.engtrends.com/EngTrends/Engineering Trends—1004A—Variations in Engineering Discipline Enrollments—Good and Bad News.htm

表 4.3 美国工程技术学科设置及其学士学位授予情况(2004)

工程技术学科	学科设点数	学士学位授予数	占学位总数%
电气和电子技术	115	2,250	23.9
计算机技术	33	1,360	14.5
机械工程技术	67	1,296	13.8
建造技术	23	748	8.0
工业工程技术	9	563	6.0
土木工程技术	31	483	5.1
制造工程技术	32	469	5.0
其他工程技术	12	467	5.0
普通工程技术	5	443	4.7
核技术	2	259	2.8
建筑技术	7	198	2.1
航空技术	2	161	1.7
化工技术	4	127	1.4

工程技术学科	学科设点数	学士学位授予数	占学位总数％
机电一体化技术	8	112	1.2
绘图/设计技术	2	93	1.0
汽车工程技术	1	84	0.9
船舶工程技术	2	69	0.7
矿业/冶金/焊接技术	0	44	0.5
暖通和制冷技术	0	37	0.1
总　计	355	9,396	100％

资料来源：Engineering and Technology Degrees 2004，Engineering Workforce Commission of the American Association of Engineering Societies，Washington，DC，2004.

4.1.2　工程学科的初生形态

没有任何一个文明能够宣称是它最先创造发明或发现了工程。人类最古老的工程活动当数凿木为巢、掘土为穴的实践，以及脱离原始社会后的建造宫殿庙宇、修路造桥、开渠架槽、构筑工事、打造舰船等活动。这些群体性的活动多具有军事性质或公共性质，故有现在的军事工程（military engineering）和民用工程（civil engineering）之说（Singh，2007）；它们无一例外地涉及材料的运用和人工的调遣。就像工业革命催生机械工程、矿业工程学科一样，后发的科学技术革命也加速了电气工程和化学工程学科的诞生。用今天的眼光看，它们都是最早的工程学科（primary engineering disciplines），现在这样那样的工程学科莫不以其为土壤而生长繁衍。本节考察这些学科的"原生态"，结合麻省理工学院工程学科的创成与演变，探析工程学科的若干基本元素。

4.1.2.1　早期的工科院校

尽管人类的工程活动远远早于其制度化的工程教育，本节还是要从世界主要国家最初的工程教育活动谈起。因为它能让人首先注意到工程的"知识体"，通过几乎接近"工程教育简史"的论述，看看不同国家和社会是如何根据自己的需要，将"知识体"吸收到培养工程人才的教育机构中来的。

一、法国

1747 年，法国波旁王朝在巴黎创办了一所"路桥学校"，即今天著名的法国工程师大学校"国立高等路桥学校"（ENPC）的前身。巴黎路桥学校可视为现代工程教育的开端，这是工程教育的标志性事件（王沛民等，1989：1）。在法国历史上，建造道路、桥梁和运河的管辖权历来掌控在王室、商会或寺院的手里，技术人员受聘于一个特设的部门；只是到 1716 年，才特别组建了一个道路和桥梁工程师军团（Corps）。1747 年 2 月 14 日，国王路易十五下令建立一所三年制学校，对该军团进行专门训练。直到 1794 年，该校均由极有个性的让·鲁道夫·佩罗内特（Jean-Rodolphe Perronet）负责，佩罗内特因此被誉为"工程教育之父（Grayson，1977）。路桥学校荟萃了一大批有才华的学者，包括参与编写百科全书的狄德罗（Diderot）和达朗贝尔（d'Alembert）。当时在校学生大约 50 名左右，但却没有一个专门的老师。学生通过自学和互教互学，学习几何、代数、力学、流体力学等领域的理论，并且辅以严格的实践训练，如参见测量和绘制地图等。经过 1798 年至 1847 年的大革命和工业化时期的巩固和发展，ENPC 在建校 100 年后开始了自己成熟发展的历程，一方面坚持在交通、道路、桥梁和运河等领域的特色，另一方面在智能建筑、城市规划和环境保护、电站和空港建设等多个领域亦取得新的发展。从 1983 年起，ENPC 开始在招生模式、课程结构、教学方式等方面进行全面改革。在皮埃尔·维尔兹（Pierre Veltz）校长推动下，ENPC 在 2000 年开始新一轮深化改革，要求培养的土木工程师不仅具有坚实的科学文化基础和专业能力，同时具有国际背景下的管理能力，以解决复杂的社会经济技术问题。（ENPC，2007）

　　法国在 18 世纪还建立了一批工科院校，留存发展至今的工程师大学校即有国立高等工艺制造学校（ENSAM，1780 年）、巴黎国立高等矿业学校（ENSMP，1783 年）和综合理工大学校（EP，1794 年）。现为法国国防部所属的综合理工大学校，发端于拿破仑帝政时期创办的"中央公共土木事业学校"。正如其校名所表示的，它并不考虑军事性质还是非军事性质，只是为培养技术人才而教授不可缺少的数学、制图、化学、建筑技术或材料加工等知识与技能的专门教育机构。"并且，在以上述方式来满足国家需要的同时，又承担着促进各种精密科学（数学或者物理等）的发展这样一个使命。"（日本世界教育史协会，1979：187）这些工科院校均采用严格数学基础的课程计划，以此为通向工程实践的主要途径。

　　二、美国

　　西点军校（全称"美国军事学院"（USMA），又称"美国陆军军官学校"）是美国最早的工科院校。它在 19 世纪美国从欧洲引进技术和开展工程教育的过程中起了开创性的作用，它的历史也已经成为美国历史的一部分（国防科技大学，1987：7）。1802 年 7 月 4 日美国独立纪念日这一天，美国陆军军官学校正式宣布成立。当时除了工作人员外，正式学员仅有 10 名。出任第一任校长的乔纳森·威廉斯并无行伍经历，但是作为一位科学家，他组织了一支卓越的教师队伍，使西点军校一开始就建立在牢靠的学术基础之上。在 1817 年就任西点军校校长的西尔韦纳斯·塞耶是该校 1808 年的毕业生,就职前在法国考察了两年,为回国后成功地治理西点,并在任校长的 16 年中形成了著名的"领导艺术等于知识渊博加自我完善"的"塞耶思想"(国防科技大学,1987:22)。塞耶采用的教学计划基本上是受法国综合理工大学校的影响,甚至采用许多法国院校所用的课本,开设有桥梁、道路、运河和铁路的工程设计和结构等课程。从创建开始,西点就在土木工程和数学等领域居于领先地位,尤其它的军事教育实践也使其在美国军事教育发展中占有领导和核心地位。它不仅培养了美国最早受过正规教育和训练的工程师和教师,而且还编写出自然科学和工程学科的各种基本教科书,为美国的工程技术教育、自然科学教育和军事教育奠定了基础。1840 年以前在公共工程雇用的土木工程毕业生中,大部分是西点的校友,其中至少 30% 在铁路、运河等非军事工程的重要设计中担任总工程师。

1819 年,西点的早期毕业生艾伦·帕特里奇(Allen Partridge)在佛蒙特州的诺威奇,创办了"美国文理军事学院",1821 年改名为刘易斯学院,1834 年又改名为诺威奇大学,百姓称之为"帕特里奇学院"(Partridge Academy)。学院的第一个课程计划表明,该校除设置部分军事科目外,提出不同于军事工程的土木工程,包括道路、运河、水坝和桥梁,成为美国第一所民用的工科院校。到 1862 年著名的《莫雷尔法案》(Morill Act,又称《土地赠与法案》)在国会通过时,美国大约有 12 所工科院校,除前述两所外,还有:伦塞勒理工学院(RPI,1835 年)、联合学院(UC,1845 年设土木工程系)、美国海军学院(1845 年设蒸汽工程课程)、哈佛的劳伦斯学院(1847 年)、达特茅斯的钱德勒学院(1851 年)、耶鲁的谢菲尔德学院(1852 年设工程学科课程)、密歇根大学(1852 年)、宾州大学(PSU,1854 年设机械工程课程,1857 年设矿冶工程课程)、纽约大学和布鲁克宁多科技术学院(1854 年)、库柏联盟工程学院(1857 年),以及麻省理工学院(MIT,1861 年)。《莫雷尔法案》颁布 10 年后的 1871 年,美国工科院校增加到 21 所,1872 年再增加到 70 所(Grayson,1977)。

三、德国

德国的工科大学也是在 19 世纪建立的。在德国,工科大学是独立的大学,而不是综合大学内的工学院,这是它的特色。德国工科大学的前身学校大多是在 1820—1830 年间建立的中等教育程度的工科学校,1860 年后陆续升格为工科大学。它们不管有意或无意,学习借鉴的都是法国 1894 年建校的综合理工大学校(EP)。如果说 19 世纪前半叶是法国工科院校的全盛时期,那么 19 世纪后半叶则由德国工科大学显露锋芒。到 19 世纪末,德国工科大学总共 9 所,在校生已经超过万人。它们培养出来的工程师和企业家顺应了德国产业发展的需要，使德国迅速崛起为工业大国。德国这 9 所工业大学还在 2003 年结成著名的"TU9"大学联盟，旨在进一步加强工程与自然科学方面的知识和研究，促进德国工科院校的战略合作（TU9，2007）。表 4.4 给出了这 9 所老大学的部分新数据。

表 4.4　德国 9 所工科大学概况

工科大学校名		建校时间	在校学生数（1898/现今）
亚琛工业大学	RWTH Aachen	1870	446 / 30000
柏林工业大学	TU Berlin	1821	3072 / 30000
布伦瑞克工业大学	TU Braunschweig	1862	393 / 14000
达姆施塔特工业大学	TU Darmstadt	1836	1409 / 16900
德累斯顿工业大学	TU Dresden	1828	819 / 35000
汉诺威大学	Leibniz Universität Hannover	1831	1079 / 24000
卡尔斯鲁厄大学	Universität Karlsruhe（TH）	1825	979 / 17600
慕尼黑工业大学	TU München	1827	1845 / 20000
斯图加特大学	Universität Stuttgart	1829	771 / 20000

资料来源：(1) http://www.tu9.de /TU9-German Institutes of Technology. htm. (2) 日本世界教育史协会（1979）：《六国技术教育史》（李永连等译），北京：教育科学出版社，1984 年出版，第 230 页。

四、英国

虽然工业革命最先发生在英国，但是它的工程教育起步较晚，走的完全是与法国、美国和德国不同的道路，并不是由国家意志举办工科院校进而推进国防和产业的发展。在英国发挥相似作用的，一是在 1662 年由国王查尔斯二世（1630—1685）准办的"皇家学会"，其职责是"协调有关自然科学知识和一切适用技术、制造工业、机械设备、发动机的发明制造以及依靠实验对其进行改进"；二是市民阶级在 18 世纪向群众广泛普及知识以促进科学和技术发展而兴办的多种协会和讲座，如"奖励学习协会"（1735）、"工艺促进协会"（1755）、"职工讲习所"（1799）等。

"英国由于受放任学说的影响，教育完全被视为自愿的或私人的事情，因而长期在国家干预教育事业上踟蹰不前"（王沛民等人，1994：56），以至到 1850 年前后职工讲习所已经发展到 600 多所，但能提供"正规"工程教育的院校也才仅有建于 1827 年的伦敦大学一所。1936 年后，伦敦大学管理体制采用"联邦制模式",原建的伦敦大学改为"伦敦大学学院"(University College of London)独立办学,另在伦敦和全国各地先后建立若干"大学学院",均由"校本部"统一教学大纲、质量管理和颁发文凭。伦敦大学学院在 1841 年开设了土木工艺学、在 1846 年开设了机械工艺学和机械学三个新的工程学科讲座,故今天伦敦大学自豪地宣称自己是"第一个教授工程学的大学"。(张泰金,1995:27;日本世界教育史协会,1979:100)

19 世纪后半期,在牛津、剑桥等传统大学由于政府干预而开始慢吞吞地改革的同时,一批热心办大学的工业家积极为新大学的创办提供资金。大批涌现的城市大学就是这样的新型大学,它们努力将德国的技术教育移植过来,通过对一个或几个专门领域的深入研究来进行教育,培养将科学应用于产业的技术人员、工业管理人员和经营者。在地方的工业城市,如曼彻斯特、里兹、伯明翰、利物浦、布列斯特、谢菲尔德、威尔士等地均纷纷建立了这样的新大学。

五、俄国、日本、中国

俄国工程教育的历史可以从 1774 年 6 月 28 日在彼得堡开办矿业学校算起。这个俄国第一所高等工业学校,把自己的办学目标设定在"具有高度的理论教学水平和良好的实际训练专家的学校";学校开设的科目有数学、化学、力学、水力学、物理学、制图、矿山测量、矿物学和金属学等。此后又陆续建立了军事交通工程学校(1809)、彼得堡实用工艺学院(1828)和莫斯科技工学校(1830)等,但是它们在 19 世纪 60 年代后才正式定为高等学校。(叶留金,1983:94-96)

日本工程教育起步相对较晚。明治维新后,1871 年在工部省内设立工学寮,"其职责是以奖励开发工学,奠定发家立业之本为当务之急"。工学寮成立后即着手组建工部学校,学制 6 年(普通教育 2 年、专业教育 2 年、实际教育 2 年),设土木、机械、电讯、矿山等 6 学科;1877 年改建工部大学校后,又增设工艺和造船学科。1886 年《帝国大学令》规定,"工部大学校和东京大学工艺学部合并为工科大学",此即东京大学工学部的前身。(日本世界教育史协会,1979:18-21)

中国在 1848 年鸦片战争后,在办洋务、兴西学运动中也出现一些新式学堂。例如,福建船政局附设的福建船政学堂(1866),训练船舶制造和驾驶的人才;江南制造局附设的机械学堂(1867),培养机器制造的人才。其他如天津电报学堂(1879)、天津水师学堂(1880)、天津武备学堂(1885)、湖北矿业学堂和湖北工程学堂(1892)等。及至 1895 年,天津海关道台盛宣怀奏准开办天津中西学堂,设工程、电学、矿务、机器和律例五门学科,中国工程教育正式拉开大幕。

4.1.2.2 麻省理工的工程学科

本节选择美国的麻省理工学院(MIT)作为深入讨论的对象。

　　MIT 虽然不是世界上最老的工科院校,但却是世界上理工科最强的工科院校。在《美国新闻和世界报道》每年发布的学科实力排行榜上,MIT 连年夺得工程学科的魁首。它的工程学科设置基本齐全,而且经过百年变迁形成一个反映工程学科发达、繁衍、兴衰与拓展的缩影;加之它的集成实践与理论的工程教育理念以及实事求是的创造精神(王沛民,1996),使得 MIT 的工程学科格局极具开放性、发展性和典型性。本节简单讨论它的工程学科历史沿革和概貌,由此揭示工程学科本体的部分知识元素。

　　MIT 建于 1861 年。这是它领到办学许可证的一年,破土动工建校是在 1863 年,正式开学则是在 1865 年。MIT 的创建者和第一任校长是威廉·罗杰斯(Willian Barton Rogers),一位来自弗吉尼亚大学的地理学家。作为一名杰出的科学家,他充分认识到基础研究的重要性,因此他的最初设想是要把 MIT 办成一所以科学为基础的大学,以区别于西点军校和伦塞勒多科技术学院等纯粹工艺技术的院校,但是又不想把这个新大学落入哈佛等传统大学的巢臼。罗杰斯设想,这样的一所学校,不能仅仅教授工艺技能,重要的是为学生将来在工业部门工作打好科学理论基础。罗杰斯写道,在经过应用科学的学习之后,我们的机械师、化学师、工厂主或工程师便能对其所学和赖以工作的技术了如指掌,不致于盲目摸索,而是稳步前进;同时,由于对工作胸有成竹,定能成果卓著,且会有所发现、有所创造(刘永,2001:26)。1862 年,美国国会通过《莫雷尔法案》。在划给麻省各大学和学院的土地中,有 30% 的赠地归 MIT 所用。这促使罗杰斯把 MIT 最终定位在"教学、研究与关注真实世界问题相结合"的大学(倪明江,1999:338),不仅由此创建了独特的"大学—工业—政府"三结合的 MIT 模式,而且为日后发展成引领潮流的世界一流"创业型大学"奠定了坚实基础(Etzkowits,2002;王雁等,2003)。

　　MIT 在 1865 年首次开学时仅有 15 名学生入学。初期开设的课程"适于培养机械师、土木工程师、建筑师、矿冶工程师和应用化学师"。在 1873 年以前,机械工程课程是 MIT 的第一大专业课程(course),此后让位给土木工程。在 1873—1874 学年,MIT 的专业课程共设有 10 个大类,它们是:Ⅰ.土木工程;Ⅱ.机械工程;Ⅲ.地质与矿业工程;Ⅳ.建筑学;Ⅴ.化学;Ⅵ.冶金;Ⅶ.自然历史;.Ⅷ物理学;Ⅸ.科学与文学;Ⅹ.哲学。

　　机械工程和土木工程都是 MIT 最老的专业(course),但是直到 1883 年机械工程才成为一个正式的系,开始提一些专门化(specialization),如:轮机工程(1913 年止),机车工程(1918 年止),纺织工程,船舶工程(1894 年分出独立建系),供热和通风(1889—1913),汽轮机工程(1908—1918)。1911 年后,机械工程系增设了发动机设计(1913—1925)、汽车工程(1923—1949)、军械(1923—1924)、制冷和空调等专门化。土木工程则是在 1889 年合并了卫生工程后,于 1892 年才正式成立土木和卫生工程系(至 1961 年或 1962 年卫生工程被撤销)。

1882 年,MIT 的物理系开设了第一门电气工程课程;1902 年电气工程专业脱离出来独立建系,当年的电气工程毕业生占到全校毕业生的 27%,从 1921 年起,该系每年新生入学人数一直为 MIT 各系之冠。虽然早在 1888 年,MIT 的化学系就开设了化学工程课程,但是作为全美第一个化学工程系,直到 1920 年才在 MIT 宣告成立。

早期 MIT 的研究生培养是分散在工科各系进行的。1902 年成立工程研究研究生院(Graduate School of Engineering Research)后,工科研究生教育逐步走上正规。

20 世纪 30 年代,MIT 进入一个新的发展时期。1930 年 7 月 1 日,普林斯顿大学物理系主任、著名物理学家卡尔·康普顿(Karl Taylor Compton)正式接任 MIT 校长。1932 年,MIT 开始大规模机构变革,全校分为 5 个部分:工学院、理学院、建筑学院、人文学部和工业合作部(division),同时设有研究生院。工学院的第一任院长由副校长范尼瓦·布什(Vannevar Bush)兼任。布什是 MIT 的首批电机工程博士之一,第二次世界大战时期出任华盛顿国防研究顾问,著名报告《科学:永无止境的前沿》的撰稿人。此人为 MIT 工程学科的建设作出了奠基性工作。工学院是 MIT 最大的学院,也是全美最强的工学院,成立当年所授予的工科学位就占到全美的 1/3。

MIT 工学院成立之初共有 9 个系:建造工程和建筑系(1934 年成为土木和卫生工程系的一部分);商务工程和管理系(1950 年独立为工业管理学院,现今斯隆管理学院前身);化学工程系;土木和卫生工程系(1961 年为土木工程系,1992 年改名为土木和环境工程系);电机工程系(1975 年改名为电气工程和计算机科学系);机械工程系;矿业和冶金系(1936 年分为两个系:矿业工程系,1940 年撤销;冶金系,1967 年为冶金和材料科学系,1974 年改名为材料科学与工程系);船舶和轮机工程系(1971 年为海洋工程系,2005 年又并入机械工程系作为一个本科的专门化 specialization);普通科学与工程系(1957 年撤销)。工学院后来又设立:航空系(建于 1939 年,1959 年为航空航天系);核工程系(建于 1958 年,2004 年改名为核科学与工程系);生物工程系(1998 年成立时为生物工程学部,2007 年改为现名),以及一个跨学科的学部(division):工程系统学部(建于 1999 年)(MIT Libraries,2007)。

MIT 工学院目前共设有 8 个系和 1 个学部,即:

航空航天系；

生物工程系；

化学工程系；

土木和环境工程系；

电气工程和计算机科学系；

材料科学与工程系；

机械工程系；

核科学与工程系；

工程系统学部。

工学院的这9个学术单位均有自己的历史，对其逐一考察显然是有意义的。但为本书目的和方便计，仅对航空航天系作一简要介绍。早在1903年怀特兄弟飞行成功的前6年，MIT就已经开始研究航空。1896年，Albert J. Wells 设计建造了一个30平方英寸的风洞作为其论文的一个部分。1909年，MIT 组建了航空技术俱乐部。美国海军学院毕业的 Jerome C. Hunsaker 原先攻读 MIT 的船舶制造研究生计划，却成了狂热的航空爱好者，他利用1913年的夏秋两季去欧洲考察了一些航空实验室，在1914年开出了全国第一门航空工程课程。为支持该课程计划，Hunsaker 和他的助手在 MIT 的坎布里奇新校园建成一个风洞，这是新校园的第一座建筑物。Hou—Kun Chow 是完成该计划并获得航空工程科学硕士的第一人。1926年，MIT 物理系设立航空工程本科专业（undergraduate program in aeronautical engineering），在此之前仅有研究生计划。1928年建成 Guggenheim 航空工程实验室。1933年，航空工程划到机械系。新任机械工程系主任 Hunsaker 改造了航空工程专业，强调流体动力学、热力学、电气工程选课和飞机设计；1935年，建成仪器仪表实验室供导航和控制系统研究生试验用。1938年，Hunsaker 领导建设 MIT 最大的设施"怀特兄弟纪念风洞"，供高级航空动力研究使用。1939年，航空系正式成立，怀特风洞也投入使用并与其他几个实验室成为在二战期间国家的航空研究和试验中心。1957年苏联人造卫星上天的两年后，航空系又扩建为航空航天系。

MIT 工程学科的历史概貌颇具代表性（参见图4.6），我们从中可以发现：

第一，任何一个具体的工程学科皆有其发生与发展的历史过程。在此过程中，学科的知识体由零散到完备、由简单到成熟，具体的路线和阶段是：

（1）一门课程（classes）的开设；

（2）作为专业课程计划（course）的整套课程的开设；

（3）一套课程计划作为一个专门化（specialization）或作为一个学部（division)的发展；

（4）一个学系（department）的正式创建；

（5）学系的发展，包括分化、改组、兼并或撤销。

第二，课程或课程计划的创建有两种情况。一种是设置在本科生水平上，显然这些课程或课程计划的知识体是现成的，相对比较完善。一种是设置在研究生水平上，而且伴随着研究性的活动，这些"知识体"其实只是研究过程中形成的知识片断。MIT 的教学和研究活动，包括探究（inquiry）、发明（invention）和革新（innovation），都是被要求与解决真实问题相关联、相结合的，因而在大多数情况下，它们也是开创性的和新颖的。航空航天系就是一个典型例子。

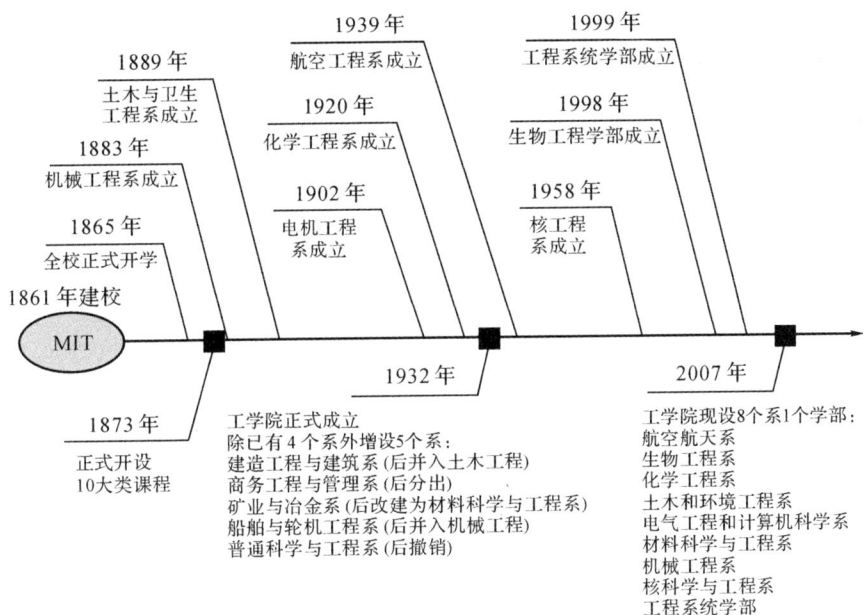

图 4.6 MIT 工程学科的历史概貌

第三，学院、学系、学部和专门化的概念，已经超出了知识体的范畴。它们虽然也有成熟和不成熟之分，但更准确地说，它们是基于知识生产（如挖掘、创造、传递、应用等）的学术性组织。如果用术语表达，我们可视之为"学科"，也可称其为由人参与、运作其中的知识体或"知识运行体"。因此，它们的设置、运行和发展就不是一种纯粹的知识运动，而是受到行政控制（administrative control），包括人、组织和制度控制的知识运动。与其说由知识体内在的逻辑来决定，不如说由外部条件决定着"知识运行体"是否要设置、如何设置，以及如何发展演变。追述到 1873 年，MIT 设立的地质和矿业工程专业课程的材料科学与工程系，就是一个典型的例子。

第四，从各国工程教育初创时期的学科设置看，土木工程、机械工程、矿业或矿冶工程都是"土生土长"的学科，电气工程和化学工程则是稍后才设立的。在MIT，电气工程和化学工程两个学科是由它的物理系和化学系的相应课程计划分别演化而来。这些史实告诉人们，现今多数的工程学科有两个源头，一个是来自技术（实践经验），一个是来自科学（理论应用）。因此，对于今天的一个具体工程学科，它总是兼有科学成分和技术成分；如果考虑到前技术形态的技艺，也可以说它兼有科学和艺术的成分。由此不难理解前文对工程的一种界说，即"工程是科学也是艺术"。人们常说的工程技术、工程科学或"科学与工程"，只是侧重和强调了它的某些成分罢了。

第五，正如下文将要讨论的，由于 IT 或 ICT 技术和计算科学的出现和推动，现代工程活动在解决自己的问题时出现了技术和科学、实践与理论高度结合的新的可能。在这里，人们已经很难对某些新的工程学科的产生和进展，来区分是技术推动还是科学推动，而笼统地视为工程推动。

4.1.3　工程知识体生长模型

无论是"土生土长"的工程学科，还是科学催生的工程学科，它们从其诞生之日起，就在解决外部工程问题的牵引下和科学技术变革的推动下，按照自身逻辑的演绎而发展，学科知识体系也在经历不断完善的过程。可以这样说，工程知识体处在一个孕育、诞生、发育、成长的完整生命周期中。本节以土木工程和化学工程为例，分别探讨这一演化过程，并提供几种典型的模式。

4.1.3.1　土木工程演化实例

土木工程的起源可以追述到远古的埃及金字塔、巴比伦神庙、罗马高架渠、古代的道路、桥梁、港口、灌渠、下水道，中国的都江堰、长城和大运河，中世纪的城市系统、大教堂，以及工业革命以后的铁路、隧道、供水系统、大坝和空港等（Hicks，1977：1－27；罗福午，2002）。因此，现今的土木工程至少涉及以下 7 个学科：结构工程、交通工程、环境工程、水资源工程、岩土工程、测绘和建筑工程。（Landis，2007）

结构工程（structural engineering）是土木工程领域中的基础性学科。众所周知，各种建筑物、构筑物和工程设施，都是在一定经济条件约束下以工程材料制成的各种承重构件相互连成的组合体。它们在规定的使用期限内，除应满足工程的功能要求外，还必须安全地承受外部及内部形成的各种作用。结构工程学科的知识体系就是以此划定边界的。这门应用性很强的传统学科，与其他传统的工程学科一样，它必须有工程应用背景，同时少不了力学和结构理论等其他基础学科的支持。这门古老的传统学科在当前具有若干新的特点，显现出它的发展趋势（刘西拉，1992）：

（1）整个学科由"理论"与"试验"（包括实践与观察）双因素构成，演变为"理论"、"试验"和"计算"的三因素构成（王沛民等人，1994：145-148）。

（2）在"硬"结构理论发生软化的同时，"软"工程经验开始硬化。与化工系统的连续生产过程不同，结构工程项目是离散的，而且多为各不相同的单体，因此它面临的不确定因素（包括随机因素和模糊性）和不确知因素很多。由于计算机处理信息的功能迅速扩大，使分析和综合这类因素成为可能。于是，原来仅能进行确定性分析的理论出现了软化。例如，在优化方法中，寻求满足确定目标函数的"最优解"逐渐根据工程需要变成寻找满足一些约束和标准的"满意解"，这就是优化方法的软化。另一方面，结构工程中大量的工程经验可以利用知识工程的手段，借助计算机把它们储存起来，通过推理寻找问题的解答，这又是一种硬化。

（3）工程的试验开始成为一门真正的试验科学。以往的结构工程技术发展主要凭借工程实践，其主要原因是有些客观情况过于复杂，难以如实地进行室内试验。而计算机加强了人们从复杂工程实践中提炼关键因素进行试验的能力，使结构工程的试验真正成为一门既来自工程实践又不同于工程实践的试验科学。

如前所述，由于土木工程项目带有很强的单体性和综合性，企图建立完整的数学模型通常是相当困难的。在许多情况下，已建工程项目的经验和专家的知识就成为解决问题的主要依据。这正好为知识工程提供了广阔的用武之地。土木工程师在处理工程问题中的许多启发性知识、联想类比的经验，都可以用规则、框架或网络的方式储存在计算机内，并可模拟人类的推理方法加以利用。由此建立的各类专家系统不仅可以用于工程的诊断，还可以用于工程的评价、决策和设计。现代土木工程中的 CAD 系统不仅包括有效的算法、数据库和图形显示，而且包括了知识库。新的集成的 CAD 系统不仅内部有灵活的交互界面，而且有便于用户全方位介入的人机界面，使知识库的 CAD 系统更加灵活实用。（刘西拉，2006）

总之，现代土木工程学科已开始全面突破其传统格局，在横向、纵向及深度三个方向上均有突破性发展。横向上，一方面由单个构件的分析，发展到整体结构及其耦联系统的综合与控制；另一方面由单纯技术领域的应用，发展到社会和生态大系统的应用。纵向上,由单纯考虑结构的正常使用,发展到综合考虑建造、使用和维修的结构生命周期全过程。深度上,由单纯依靠力学和结构理论,发展到依靠多学科交叉渗透,尤其是计算机和人工智能工具的应用,将使包括结构工程在内的 21 世纪土木工程发生天翻地覆的革命性变化。

4.1.3.2 化学工程演化实例

自有史以来,化学加工一直是同发展生产力、保障人类社会生活必需品和应对战争要求密不可分的。为了满足这些方面的需要,它最初是对天然物质进行简单加工以生产化学品,后来是进行深度加工和仿制,以至创造出自然界根本没有的材料和制品。它在形成工业之前的历史,可以追溯到远古时期,人类早就能够运用化学加工的方法制作部分生活必需品,如制陶、酿造、染色、冶炼、制漆、造纸,以及制造医药、火药和肥皂等。例如在制药过程中,为了配制药物,人们首先制得诸如硫酸、硝酸、盐酸和有机酸等化学品。当时虽未形成工业,但它导致化学品制备方法的发展,为后来化学工业的建立准备了条件。

一般认为,法国人路布兰(Nicolas Leblanc)在 1791 年发明的纯碱制造工艺是近代化学工业的里程碑,因为它带动了硫酸、盐酸、漂白粉等化工产品的生产,也促进了气体洗涤塔、旋转炉等化工装置的出现。此后,化学工业经历了无机化工、有机化工、高分子化工的发展阶段,在建立起石油化工以后又获得长足发展。20 世纪新技术革命的兴起,推动了化学工业新的技术进步,发展了精细化工、超纯物质、新型结构材料和功能材料等,化学工业开始进入维系人类社会可持续发展的现代阶段。(华军,2002;姜兆华等,2004)

与土木工程、机械工程的发展历程不同,化学工程的进展始终伴随着工业化学的进步。化学的核心是合成化学,是以人工合成或从自然界分离出新物质供人类需要为中心任务的。因此,化学的成就可用合成或分离出的新物质的数量和质量(重要性和用途)来衡量。20 世纪的 100 年中,化学合成和分离出了 2285 万种新化合物(徐光宪,2003)。虽然化学取得这些辉煌成就,但不等于这些新物质全部能够走出实验室、进入工业规模生产和日常应用。化学合成和分离的实验室技术不等于它的工业生产技术,更多的是由化学家和(化学)工程师在工业现场既分工又合作,导致化学工程的诞生。

19 世纪初期,随着路布兰制碱法由英国人马斯普拉特(James Muspratt)传到纺织工业中心利物浦,投资建厂扩大生产,英国化学工业开始迅速发展。当时的英国,由于不同专业的人员在化工厂长期供职,已使化学家具有工程直觉,工程师带有化学家的品味,实际上,他们就是最初的化学工程师。但是,很多人并未认识到这一点,以至 1880 年戴维斯(George E. Davis)等人发起成立"化学工程师协会"时,受到社会多方面反对而未能成功。英国迟至 1922 年才成立化学工程师协会,比 1908 年成立的美国化学工程师协会晚了十多年。戴维斯后来又在曼彻斯特工学院开设化学工程系列讲座,并于 1901 年把讲学内容整理出版了《化学工程手册》,这是第一部化学工程的专著,首开探讨化工过程规律的先河。19 世纪末,德国的化学工业已执世界之牛耳,当时的化学工程问题主要也是由工业化学家和过程工程师共同处理的。由于一些经典化学家热衷于用经验方法处理这类问题,认为化学工程的系统处理方法会束缚他们的创造力,而将化学工程视为一种不需要的"混血儿",致使德国也未能成为化学工程学科的发源地。

化学工程作为一门独立的学科,最早是在美国形成的,其中麻省理工学院(MIT)化学工程的发展对于整个化学工程学科的孕育、诞生和奠基起着至关重要的作用。1888 年,诺顿(Lewis M. Norton)在 MIT 的化学系创设了世界上第一个名为"化学工程"的学士学位计划。随后,宾夕法尼亚大学(1892)、戴伦(Tulane)大学(1894)、密歇根大学(1898)也相继开设化学工程,使得这门学科在美国首先发展起来。MIT 的这个课程计划结合了机械工程与工业化学的知识,被设计成"为满足那些渴望得到机械工程全面训练,同时愿意投入部分时间学习化学的应用,尤其是与制造化学品相关的工程问题的那些学生"(MIT ChE,2007;吴伟伟和程莹,2006)。1898 年,诺顿的继任者索尔普(Frank H. Thorpe)的专著《工业化学纲要》出版。1905 年,华克尔(William H. Walker)在讲述工业化学的课程中,系统地发挥了化工原理的基本思想。1915 年,曾任过美国化学会会长和化学工程师协会会长的利特尔(Arthur D. Little),在化学工程已取得的成就的基础上,提出了"单元操作"的重要概念,成为化学工程发展史上的一个里程碑。1920 年,MIT 化工系脱离化学系成为一个独立的系,刘易斯(War-ren K. Lewis)为首任系主任。1923 年,华克尔、刘易斯和麦克亚当斯(William H. McAdams)合著的具有划时代意义的《化工原理》出版,这是世界上第一部阐述各种单元操作的物理化学原理和计算方法的著作。

化学工程学科经过百年发展,其理论元素从"单元操作"、"单元过程"向"热量、质量、动量传递和化学反应工程"所谓"三传一反"的推进,表明该学科的知识体逐渐成熟与完善(刘启华,2002)。由于化学工程比较系统地研究和解决了反应过程、传递过程、单元操作过程的机理,因而它对材料、环境、生物、生命、能源等领域有着强大的扩散和渗透能力,以便开拓和形成更多的化学工程新领域,如:生物化工、材料化工、环境化工、微电子化工、场效化学工程、电化学工程、生态化学与工程、时空多尺度化学工程等(涌泉,2007a;2007b)。

4.1.3.3 学科生长的典型模式

由上述土木工程和化学工程两个学科的演化个案分析,可以归纳出两种典型的学科生长模式:扩展式和递阶式。当然还可以列述其他的模式,如分化式、合并式和螺旋式等等。本书从研究工程学科本体的需要出发,仅对扩展式和递阶式进行讨论

一、扩展式学科演化模式

工程学科的发展总是要有动力的,一般地说它是需求牵引的实践推动力。土木工程就是典型的例子(参见§4.1.3.1),图4.7描绘了它的扩展式演化。

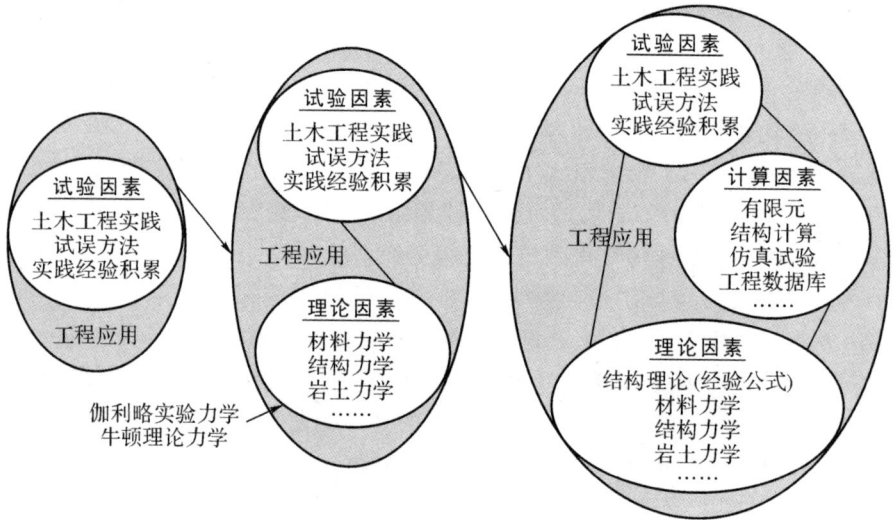

图4.7 扩展式学科演化模式(土木结构工程例)

由图可见,作为土木工程最基础学科的土木结构工程,其学科原始形态是土木工程的实践。实践中,人们借助工程的试探法(heuristics)或试误法(tries and error)的应用取得经验,在反复试验中积累经验,手口相传。当单纯的实践引进伽利略的实验力学和牛顿的理论力学后,理论的工具开始显现出强大威力,派生出材料力学、结构力学、岩土力学等新学科,并导致以经验公式为特征的结构理论。但在此时,计算因素的介入又为学科的理论与实践增添了新的活力,一方面使得分析性理论获得可计算性(所谓"软化"),另一方面使得经验性实践成为有"据"可依的科学(所谓"硬化")。最重要的是计算使得工程数据库与知识库的建立成为可能,从而使得工程学科进入智能时代和赛博(cyber)时代。

二、递阶式学科演化模式

工程学科的递阶式发展可以用化学工程作为代表。当化学制品开始工业生产的时候,化学家走出化学实验室与现场的工程师结合在一起,推动了工业化学和化学工艺学的发展,也催生了化学工程。但是直到 1915 年利特尔的"单元操作"概念的问世,才使得化学工程成为一门独立的学科,由此开始自己不断壮大跃升的学科历程(图 4.8)。

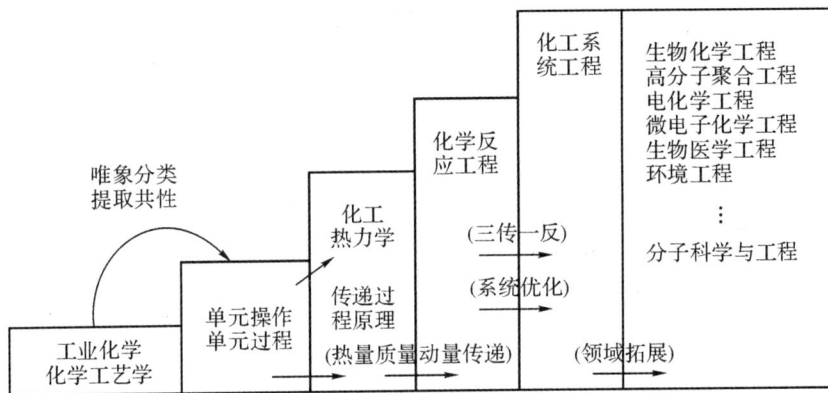

图 4.8　递阶式学科演化模式(化学工程例)

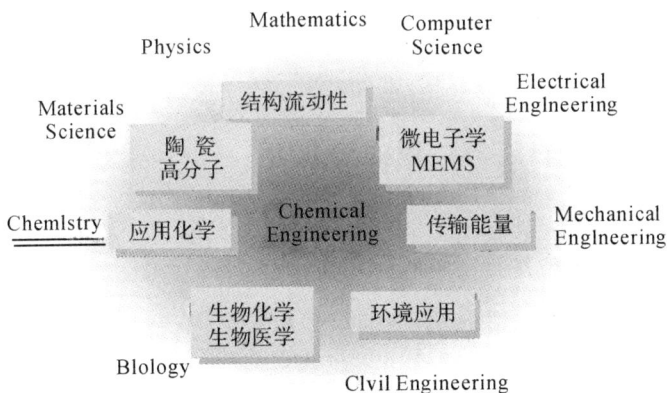

图 4.9　化学工程学科辐射图

今天的化学工程,不再仅仅是"化学的"工程。化学工程学科的发展,与化学、材料科学、物理系、生物学、数学,以及与土木工程、机械工程、电气工程、计算机科学等学科均有密切的联系(图 4.9)。由图 4.9 可见,化学工程在与这些学科的渗透、互动过程中，形成了诸如陶瓷、高分子等一系列的衍生学科或交叉学科，开辟了新的多个应用领域。像其他工程学科一样，化学工程在这里也表现出强大的辐射力和扩张性。

无论扩展式演变的实践推动，还是递阶式演变的理论推动，工程学科的发生发展总是受到来自外部和内部的种种作用。概括起来讲，学科的发展动力主要有以下几种(NRC,1985c)：(1)对工程产品、服务和系统的社会需求，这种"需求拉动"(Demand-Pull)似乎一直是工程学科发展的主要动力。(2)尚未发掘的社会需求。这是一种潜在的推动力；有市场眼光的企业家会识别市场的潜在需求，并且开发技术手段予以满足，同时创造出新的知识。(3)技术转移。可应用的新技术通过向社会的迁移，也是引起社会需要的触发力量。(4)来自科学与技术的原始创新的特有优势。不管原始创新是有目的的努力还是偶然的发现，自主性的原创知识如果满足社会需要，也能够创造出新需求，形成所谓的"供给推动"(Supply-Push)。

除此之外，能够对学科发展有时起到决定性影响的因素还有：(1)作为学科基础结构的组织支持，包括理工科院校和研究设施、竞争性企业、工程专业团体和其他技术交流网络；(2)关键性人物的支持，历史上经常是由个人而非组织突破和冲击了守旧观念和传统实践，从而造成发展的契机；(3)政府的支持，在工程专业活动规模不断扩大且复杂性日益增加的今天，国家的支持和干预是不可或缺的；(4)崇尚知识和创新的社会环境的支持，它能够为上述诸项动力的产生持续地发挥作用，等等。

4.2 工程职业、职能与过程的演化

4.2.1 工程职业谱系与架构

工程界定有三个关键词：活动、知识体和职业(参见§2.1.1)。本节从作为一种职业的工程出发，探讨它所包含的元素及其与工程学科的关系。如前所述，职业有普通与专门之分，我们讨论的工程显然属于专门职业之列。然而鉴于工程活动的群体性和复杂性，从事工程活动的人的职业结构也呈现出广谱性。处在职业谱系不同位置上的具体职业，要求其从业者具有不同的知识结构和教育水平。

4.2.1.1 中外职业分类概要

职业是在人类长期生产活动中，随着生产力发展和社会劳动分工的出现，而

逐步产生和发展起来的。现代职业分类是工业革命的产物，分类的客观性和科学性虽然逐步取代了传统社会职业分类的封建性和等级性，但仍然保留着国家的社会文化和经济结构的烙印。职业分类既具有职业的外在特征（社会需求的特征），也含有职业的内在特征（个人职业能力及其接受教育与培训的特征）。职业分类在任何国家的人力资源开发体系中均占有重要的基础性地位。

联合国国际劳工组织（ILO，1990）一直致力于帮助世界各国完善自己的职业分类，并力图通过提供一个国际范本促进世界各国分类的相互接近，或者提高可比性。国际劳工组织的这个范本就是《国际标准职业分类》，简称 ISCO（International Standard Classification of Occupations），1968 年首版推出，1988 年全新修订。《国际标准职业分类（ISCO-88）》包括 10 个大类、28 个中类、116 个小类和 390 个细类，见表 4.5。与本书讨论直接相关的是"专业人员"和"技术人员和辅助专业人员"两个大类中的部分职业小类的职业。

表 4.5　国际标准职业分类简表（ISCO-88）

职业大类	中类	小类	细类
1 立法者、高级官员和管理人员（3/8/33）			
2 专业人员	21 自然科学、数学和工程技术专业人员	211 物理学、化学和有关专业人员	55 种
		212 数学、统计学和有关专业人员	
		213 计算专业人员	
		214 建筑、工程和有关专业人员	
	22 生命科学和卫生专业人员	221 生命科学专业人员	
		222 卫生专业人员（不含护理人员）	
		223 护理和助产专业人员	
	23 教学专业人员	231 学院、大学和高等教育专业人员	
		232 中学教育教学专业人员	
		233 小学和学前教育教学专业人员	
		234 特殊教育教学专业人员	
		235 其它教学专业人员	
	24 其他专业人员	241 商务专业人员	
		242 法律专业人员	
		243 档案保管员、图书馆员等信息专业人员	
		244 社会科学和有关专业人员	
		245 作家、创作或表演艺术家	
		246 宗教职业人员	

续表

职业大类	中类	小类	细类
3 技术人员和辅助专业人员	31 自然科学和工程技术辅助专业人员	311 自然科学和工程科学技术人员	73种
		312 计算机辅助人员	
		313 光学和电子设备操作人员	
		314 船舶、飞机操纵人员和技术人员	
		315 安全和质量检查人员	
	32 生命科学和卫生辅助专业人员	321 生命科学技术人员和有关辅助专业人员	
		322 现代卫生保健辅助人员(不含护理人员)	
		323 护理和助产辅助专业人员	
		324 传统医学开业医生和信念治疗者	
	33 教学辅助专业人员	331 小学教育教学辅助专业人员	
		332 学前教育教学辅助专业人员	
		333 特殊教育教学辅助专业人员	
		334 其它教学辅助专业人员	
	34 其他辅助专业人员	341 金融和销售辅助专业人员	
		342 商务代理和贸易经纪人	
		343 行政辅助专业人员	
		344 海关、税务和有关的政府辅助专业人员	
		345 警督和警探	
		346 社会工作辅助专业人员	
		347 艺术、娱乐和体育运动辅助专业人员	
		348 宗教辅助专业人员	
4 职员(2/7/23)			
5 服务人员和商店、市场销售人员(2/9/23)			
6 农业和水产业技术人员(2/6/17)			
7 手艺(工艺)人和有关行业工人(4/16/70)			
8 设备和机械操作工和装配工(3/20/70)			
9 简单劳动职业者(3/10/25)			
10 军队(1/1/1)			
总　数	28	116	390

资料来源:ILO(1990);INTERNATIONAL STANDARD CLASSIFICATION OF OCCUPATION (ISCO-88),Geneva,International Labor Office,1990.

1986 年,我国首次颁布了《职业分类与代码》(GB6565-86),并启动了编制国家统一职业分类标准的宏大工程。1992 年,颁布了《中华人民共和国工种分类目录》,当时我国近万个工种归并为分属 46 个大类的 4700 多个工种。1998 年编制完成、次年正式出版了《中华人民共和国职业分类大典》(简称《职业大典》),它与同步修订的国家标准《职业分类与代码》(GB/T6565-1999)完全兼容,它本身也就代表了国家标准。《职业大典》把我国职业划分为四个层次:大类(8 个),中类(66 个),小类(413 个),细类(1838 个)(见表 4.6)。细类为最小类别,也就是所谓的职业项。《职业大典(增补本)》2005 年收录 77 个新职业、2006 年收录 88 个新职业,使得职业项总数增加到 2003 个。

表 4.6　中国职业分类简表

职业大类	中类	小类	细类
1 国家机关、党群组织、企业、事业单位负责人(5/16/25)			
2 专业技术人员	科学研究人员	18 种:哲学、经济学、法学、社会学、教育科学、文学和艺术、图书馆学和情报学、历史学、管理科学、数学、物理学、化学、天文学、地球科学、生物科学、农业科学、医学、其他科学研究人员	
	工程技术人员	35 种:地质、勘探、测绘、矿山、石油、冶金、化工、机械、兵器、航空、航天、电子、通信工、计算机与应用、电气、电力、邮政、广播电影电视、交通、民用航空、铁路、建筑、建材、林业工程、水利、海洋工程、水产工程、纺织、食品、气象、地震工程、环境保护工程、安全工程、标准化计量与质量工程技术人员、管理(工业)工程、其他工程技术人员	
	农业技术人员	7 种	
	飞机和船舶技术人员	3 种:飞行人员和领航人员、船舶指挥和引航人员、其他飞机和船舶技术人员	
	卫生专业技术人员	9 种	
	经济业务人员	6 种	
	金融业务人员	4 种	
	法律专业人员	7 种	
	教学人员	7 种:高等教育教师、中等职业教育教师、中学教师、小学教师、幼儿教师、特殊教育教师、其他教学人员	
	文学艺术工作人员	8 种	
	体育工作人员	1 种	

续表

职业大类	中类	小类	细类
2 专业技术人员	新闻出版、文化工作人员	8 种	379 种
	宗教职业者	1 种	
	其他专业技术人员	1 种	
3 办事人员和有关人员(4/12/45)			
4 商业、服务业人员(8/43/147)			
5 农、林、牧、渔、水利业生产人员(6/30/121)			
6 生产、运输设备操作人员及有关人员(27/195/1119)			
7 军人(1/1/1)			
8 不便分类的其他从业人员(1/1/1)			
总 数	66	413	1838

资料来源:《中华人民共和国职业分类大典》,中国劳动社会保障出版社 1999 年版.

我国职业分类在整体结构和分类方法上,非常接近 ISCO 提出的要求,这使我国职业分类具备了国际接轨的适应性。但是比较表 4.5 与表 4.6,除了几个显而易见的差别外,需要指出两点:(1)我国并不区分 ISCO-88 中的"专业人员"和"技术人员和辅助专业人员"两个大类,而是将它们囊括在"专业技术人员"一个大类中;(2)我国在"专业技术人员"大类包含 14 个中类,其中单独设立了"科学研究人员",这个项目在 ISCO-88 中恰恰是没有的。针对这两点可以问几个为什么,值得深入探讨。但若详细讨论则已超出本书范围。下节仅就两种分类中的工程及其相关职业予以论述。

4.2.1.2 职业谱中的工程和工程技术

现代社会中的劳动分工是各式各样的,因而相应的职业也多种多样。拿工程和技术类的职业来看(参见表 4.5),它们从 9 个职业大类中的"专业人员"、"技术人员和辅助专业人员",到"手艺(工艺)人和有关行业工人"、"设备和机械操作工和装配工",一直到"简单劳动职业者",形成一个及其宽广的职业谱系。相关工程和技术的职业,由接受教育程度的从高到低分成"专业级"、"技术级"(准专业级)、"技能级"和"非技能级"4 个等级(王沛民等,1994:231)。与本书讨论直接相关的,是属于"专业级"的"专业人员"中的工程师(engineer),以及属于"准专业级"的"技术人员和辅助专业人员"中的技术工程师(technologist)和工程技术员(enguneering technician)。工程队伍的这三种人才,工程师古来有之,技术员产生于 20 世纪的 20—30 年代,而"技术工程师"(又译为技术专家、副工程师、工程技术师等)则迟至 60—70 年代方才出现,他们的分工是现代工程活动的广泛性、深刻性和复杂性之使然。

在英语国家,培养工程师的高等教育称"工程教育"(engineering education),培养技术工程师和技术员的高等教育称"工程技术教育"(engineering technology education)。也就是说,工程和工程技术是两个不同的概念,其从业人员接受的教育是两种不同的高等教育,一个是 EE,一个是 ETE。这是相辅相成的两个系统,它们有效益且有效率地为现代工程活动输送各有其质量内涵的工程人才。欧洲大陆国家有所不同,他们按学习年限将其工程教育区分为长学制、短学制两种类型,较短学制的工程教育称为工程技术教育或高等技术教育,而通常所言的工程教育则是指较长学制的一种。(华世佳,1995)

我国对工程和工程技术并未加以区分,笼统称其人才为"工程技术人员",《职业大典》把他们归为"专业技术人员"一个大类,教育制度安排上将其划在"高等工程教育"类。在国家人力资源开发的战略规划中,提到过三类人才:"一大批拔尖的创新人才"、"数以千万计的专门人才"和"数以亿计的高素质劳动者";工程技术人员在此三类中似乎均应占有其份额。由于把工程与工程技术混为一谈,我们的高等工程教育是在用较长的学制去做本该由 ETE 做的一部分事,培养的是"技术工程师"而非"工程师";而应该由 ETE 做的另一部分"技术员"培养的事反而无人问津,乃至现在需要大力加强"高等职业教育",好像这是与高等工程教育无关的另外一种教育。

工程和工程技术显然是相关的,无疑又是有区别的。因为工程"它自古以来就是以利用和改造客观世界为目标的实践,它包含非技术成分,例如经济、政治、人文社科,技术里面既含有科学原理,也含有非科学因素(经验的、经济的、道德法制的、艺术的、社会传统的等等)或尚未发现的科学道理,它们以综合应用的目的联结成为一个工程整体"(路甬祥等,1996)。美国工程和技术鉴定委员会(A-BET,1986)早就给过几个明确定义:

工程的定义 "工程"是一种专门职业,从事这种职业的人需要把通过学习、体验和实践所获得的数学和自然科学知识用于开发并经济有效地利用自然资源,使其为人类造福。

工程技术的定义 "工程技术"是技术领域的一部分。在进行工程技术活动中,人们需要应用科学和工程的知识与方法,以及各种专门技能。从职业上来区分,工程技术专家(technologist)介于技术员和工程师之间,但与工程师比较接近。

正如在第 2 章已经谈到的,美国的 CIP、英国的 JACS 和澳大利亚的 RFCD

等学科分类系统,都对工程与工程技术作出了明确区分。这一方面归因于工程和技术活动的实际需要,另一方面也是为了满足人才成长的需要,由此导致学科知识体的差异。研究表明,同样的工科学生在能力和态度上会有很大的不同(NRC,1985b:148)。对于技术问题的"为什么这样做"比"如何做"更感兴趣的学生倾向于学习工程专业,因为他们偏好抽象的和理论的东西;而喜欢按别人设计好的方案动手制作或操作的学生可能更爱好和适合技术学科。工程师较多地关注研究、开发和先进设计等方面,而产品制造、试验、检验、维护和质量控制一类的工作通常求助于工程技术专家,尽管他们之间没有绝对的固定的界线,然而工程领域对两者的需求量还是极不相同的(见图4.10)。

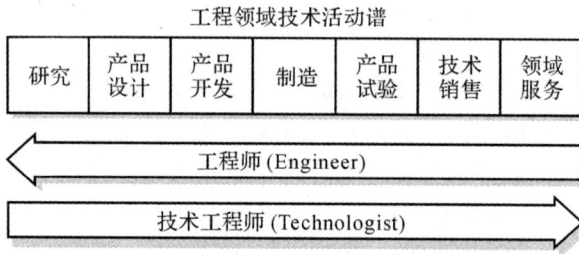

工程领域技术活动谱

研究	产品设计	产品开发	制造	产品试验	技术销售	领域服务

←———— 工程师 (Engineer) ————

技术工程师 (Technologist) ————→

图 4.10 工程技术活动链中的工程科技人才

表4.7给出加拿大职业分类中的专业(第21类)与专业技术(第22类)两类职业项目的比较,从这些职业的名称上也明显可见两类职业的差别,暗含各有特点的知识体系(参见§3.1.1.2)。

表 4.7 加拿大的两类职业的比照

21 自然科学和应用科学的专业性职业	22 与自然科学和应用科学相关的技术性职业
211 物质科学专业人员	221 物质科学中的技术职业
212 生命科学专业人员	222 生命科学中的技术职业
213 土木、机械、电气和化学工程师	223 土木、机械和工业工程中的技术职业
2131 土木工程师	2231 土木工程技术专家和技术员
2132 机械工程师	2232 机械工程技术专家和技术员
2133 电气和电子工程师	2233 工业工程与制造技术专家和技术员
2134 化学工程师	2234 建筑评估师
214 其他工程师	224 电子和电气工程中的技术职业

续表

2141 工业和制造工程师	2241 电气和电子工程技术专家和技术员
2142 冶金和材料工程师	2242 电子服务技术员(家庭和商业设备)
2143 矿业工程师	2243 工业仪器技术员和技工
2144 地质工程师	2244 航空仪表、电器及电子设备技工、技术员和检验师
2145 石油工程师	225 建筑、绘图、测绘和测量中的技术职业
2146 航空航天工程师	2251 建筑技术专家和技术员
2147 计算机工程师(除软件工程师和设计师)	2252 工业设计师
2148 其他专业工程师 (包括农业和生物资源工程师、生物医学工程师、工程物理学家和工程科学家、造船和轮机工程师、海事系统工程师、食品工程师、纺织工程师,以及他处未列的专业工程)	2253 绘图技术专家和技术员
	2254 土地测量技术专家和技术员
	2255 测绘及相关技术专家和技术员
	226 其他技术监督和监管人员
	2261 非破坏性测试与检验师
215 建筑师、城市规划师和土地测量师	2262 工程监督和监管人员
2151 建筑师	2263 公共环境卫生和职业健康安全督察
2152 园林建筑师	2264 施工监理
2153 城市和土地利用规划师	227 运输主管与调度员
2154 土地测量师	2271 空中领航员、飞行工程师和飞行教官
216 数学家、统计学家和精算师	2272 空中交通调度员与相关职业
217 计算机和信息系统专业人员	2273 水上运输监督
2171 信息系统分析师和顾问	2274 水上工程监督
2172 数据库分析师和数据主管	2275 铁路交通管制员和海上交通监管
2173 软件工程师和设计师	228 计算机和信息系统中的技术职业
2174 计算机程序员和互动媒体开发师	2281 计算机网络技术员
2175 网络设计师和开发师	2282 客户支持技术员
	2283 系统测试技术员

资料来源:http://www23.hrdc-drhc.gc.ca/2001/e/groups/2.shtml.

4.2.1.3 专业协会(学会)的架构

专业协会(学会)是一种专业同仁团体,它最初的职能仅限于与专业相关信息的交换，实质上是一个俱乐部。随着工业的发展，现代工程专业协会和学会的职能无疑是被极大地拓展了。工程师们不仅把自己看作是专业人员，而且意识到需要与其同事保持更加密切的联系，一起努力确定和解决共同的专业问题，加强整个专业的发展和社会地位。这些工程专业协会和学会，一方面出版专业杂志、举办专业学术会议和展览会，以研究专业发展的机会、推广专业领域的先进成果；另一方面也关注并涉足本专业预备人才的教育与培训，制订严格的专业规范与标准，包括建立和调整专业伦理标准，努力塑造工程师和工程事业的积极的公众形象，制定与自己专业相关的政策声明以影响公共政策和政府决策。所有这些职能都是以工程专业人员及其活动为核心的，它们暗含着专业人员的专业能力和专业知识体的构建。

现代社会的专业协会和学会对推动本专业的发展，包括专业知识体系的建立与发展，起着至关重要的作用。工程专业的发生发展史其实也是一部人类物质文明的发展史，展示着工程文化的变迁与进步。现在的美国，具有国际国内水平、代表工程师和工程行业利益并提供支持的协会和学会超过 50 个，它们绝大多数同时也是"美国工程师协会联合会"（AAES）的成员。图 4.11 描绘了美国23 个较大的工程师协会建立的先后顺序，其中电气电子工程师协会（IEEE）、汽车工程师协会（SAE）和工业工程师协会（IIE）等皆是国际性的协会；作为比较，图中还给出了英国的 7 个协会。

由图 4.11 可见，英国的土木、机械、矿业和电气的工程师协会均先于美国建立，车辆工程和船舶工程的协会也是如此，它们均在 19 世纪就已经成立了，仅化学工程晚于美国。这些事实也从一个侧面说明，无论是工业革命先发还是后发的国家，工程师及其专业知识和活动与其工业化进程都是直接相关的。

美国的工程师协会和学会大体上可分为四类：（1）被称为"奠基者协会"的土木工程（ASCE）、机械工程（ASME）、电气电子工程（IEEE）和化学工程（AIChE）的工程师协会；（2）关注一个较大职业领域内的业务实践的协会，如汽车（SAE）、航空航天（AIAA）、造船（SNAME）、农业工程（ASABE）、工业工程（IIE）、石油（SPE）、地质（SME－AIME）、测量（ACSM）和工程教育（ASEE）协会；（3）致力于一个专门技术领域或一组技术的协会学会，如陶瓷（NICE）、暖通（ASHRAE）、软件工程（CSAB）、原子能（ANS）、焊接（TMS）、生物工程（BMES）、制造（SME）、环境（AAEE）协会等；（4）由工程师个人或团体为了一个特殊目的而组成的协会或联合会，如"全国职业工程师协会"（NSPE）、"工程和技术鉴定委员会"（ABET）、"国家工程考试委员会"（NCEES）等。

每个工程师协会或学会其内部又设立若干"技术协会"（technical societies）

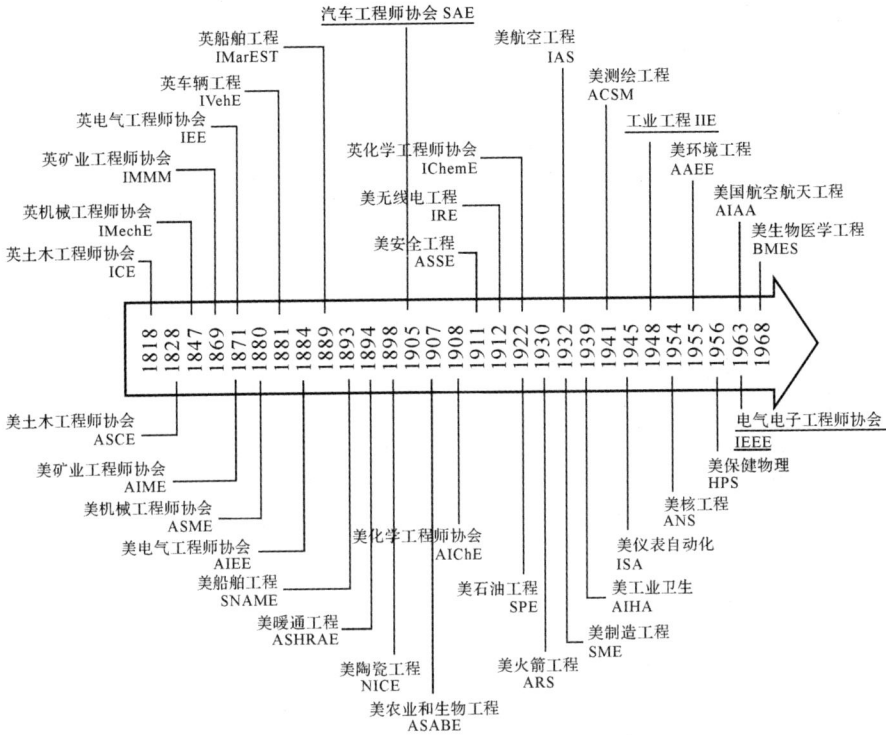

图 4.11　英美专业工程师协会（学会）发展概貌

或"技术分部"（technical divisions）；图 4.12 和图 4.13 分别展示了电气电子工程师协会（IEEE）和机械工程师协会（ASME）的此类结构。

专业协会的各个分支机构（领域）还可划分成"次级专业"（subspecialties），如图 4.13 中"先进能源系统"进一步分成 8 个专业：热功率转换和热量管理、能源系统的小型化、燃料电池电力系统、热泵、氢技术、磁流体动力学、超导电性和能源系统分析。反之，大大小小的专业也可以归并成几个"主要专业"（primary specialties），以形成不同的工程学科领域（engineering programs of study）。如电气工程可形成计算机工程、电子学、通讯工程、电力工程、控制工程、仪器仪表六大领域；机械工程可形成能量生产与传输、机械系统结构与运动、制造三大领域。工程专业协会（学会）的这种架构，反映出专业活动和学科知识体系的一种内在联系。

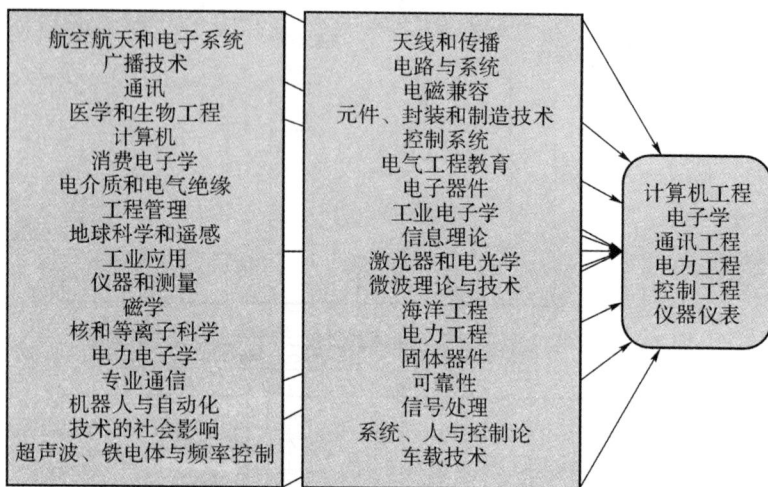

图 4.12　IEEE 的专业活动与知识体

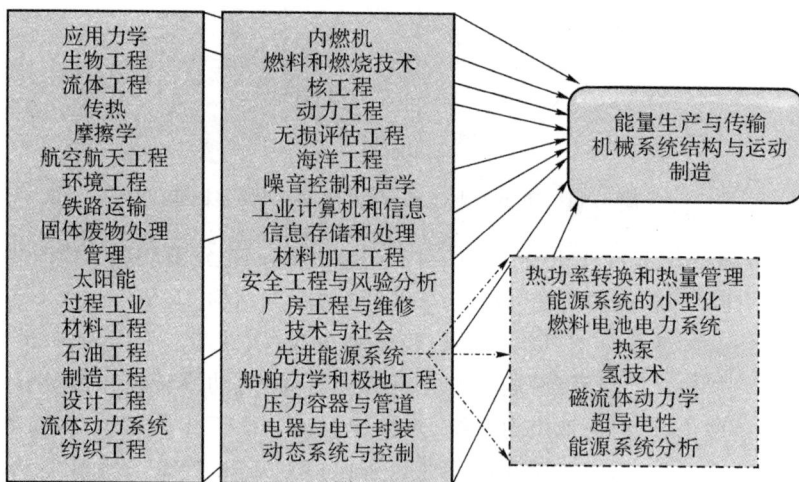

图 4.13　ASME 的专业活动与知识体

4.2.2　工程职能的拓展

工程活动中的工程师、工程技术专家和技术员,均在自己的职业岗位上担当一定的职责。举例来说,一个电气工程师,也可以称为设计工程师、测试工程师,或称为开发工程师等等,均可按照他的工作性质而定。因此,从工程职能的角度也可以讨论工程学科知识体的相关问题。但是必须看到,就像工程师的职业先是派生出工程技术员、后又派生出工程技术专家一样,他们的工作职责也是处在不断丰富扩展之中。探讨这些职能与变迁,将会对工程知识体有更多的了解。

4.2.2.1 工程的基本职能概述

工程的职能有多种,主要有:研究、分析/设计、设计/开发、产品/测试、制造/施工、运行/维护、销售、管理、咨询,以及教学等。

研究 研究工程师的工作与研究科学家的工作在寻求新的知识方面没有什么不同,不同的是其工作中追求的目标。科学研究工作者普遍感兴趣的是新知识本身,是他们对学生讲授或所探索的自然现象。工程研究工作者的兴趣则是探索工程实践知识和工程原理如何应用,解决新问题、获得新数据、掌握新方法。因此,研究工程师是为了实现工程成就,而在数学、物理、化学和工程科学的探究过程中寻找答案和启发。鉴于研究工程师的工作性质和要求,通常需要他们在其领域获得一个高级学位。事实上,大部分的工程研究要求研究工程师具有博士学位。

分析 分析工程师主要涉及物理问题的数学建模。借助数学、物理和工程科学的原理,以及广泛利用各种工程应用软件,分析工程师们在设计项目的最初阶段起着关键作用。分析工程师提所供的解题信息和方案相对来说是很廉价和方便的,一旦项目从概念和理论阶段进入到制造和实施阶段再行更改,无疑造成极大浪费。因此,分析工程师的工作在很大程度上就决定了项目的实际成本与时间。

设计 设计工程师的任务是把概念和信息转化为详细的设计图和技术要求,前者决定了一项产品如何开发与制造。由于可能存在多种设计方案,因此设计工程师必须考虑诸如制造成本、材料供应、生产条件,以及产品性能要求等种种因素。创造精神和创新能力,连同分析性思维和对细节的关注,是一名设计工程师成功的关键。

测试 测试工程师负有制订测试方案并进行测试的责任,通过测试来确认选定的设计或新产品符合全部技术要求。视产品不同,测试内容可能涉及结构完整性、产品性能或可靠性等方面,所有这些测试都必须在预期的环境条件下进行。测试工程师时常也负责对现有产品的质量控制检查。

开发 开发工程师如其头衔所示,他涉及的是产品、系统或过程的开发。问题是同样的对象,其"开发"的背景可以有很大的差别。由于是与某个具体的设计项目打交道,开发工程师就在设计工程师和测试工程师之间扮演了一种"中介"角色。他帮助设计工程师使其设计尽可能满足所有技术要求和限制条件。

一旦设计通过，开发工程师就要关注其加工制造——通常是负责监督设计样品或样机的制作。此时他与设计工程师的合作就扩大到与测试工程师的合作，因为在样品样机制作过程少不了大量的测量检验和设计的修改。在更一般的背景下，开发工程师也在从事把概念转化为实际产品，或者应用新知识改进现有产品的工作。就此能力而言，他是在做"研究开发"（R&D）中开发的事情，可以在许多公司企业都有的研发部门工作。在这里，开发工程师责任在于负责确定如何使实验室中的研究发现变成现实的应用，他的具体工作通常也是设计、制造和测试样机或试验模型。

生产运行 现场工程师在制造业中常称为生产工程师或制造工程师，而在建筑业中则多称为施工工程师或建造工程师。顾名思义，他们是生产和施工现场的工程负责人。其主要职责，包括指挥和协调制造加工（建造施工工艺）的技术管理与技术改造、推进生产作业（工程进度）计划，以及对工厂或建筑物、机器或其他设备的建设、装配、安装、运行维护和维修等进行技术指导。对现场工程师而言，除了必须拥有较强的专业技术背景，重要的还有丰富的现场经验和善于处理劳动关系的能力。

销售 销售工程师是公司与客户的联络人。销售工程师必须在技术上是精通的，同时了解产品本身和客户需要。这意味着他必须能够解释该产品细节：它如何运作，有哪些功能，性能如何，为什么它会满足顾客的要求。只要客户使用他的公司产品，他就需要与客户保持专业上的工作关系。他必须能够实地解决产品的有关问题，对新用户说明其功能，对使用中的问题快速提供优质服务。显然，除了坚实的技术知识和能力，销售工程师还必须具备优秀的沟通技能和相关的为人处世的技巧。

管理 如果一名成功的工程师又赋有领导才干，那他就可能进入管理角色：部门管理和项目管理。公司的技术人员通常分配在条状的工程部门中，部门基层每10—15人组成一个单位，设一名主任工程师；部门组织的向上各层也是如此，分别设部门经理、首席工程师或工程副总裁，最后到总裁。技术性公司的总裁常常就是一名工程师，他通过各级部门组织领导其他工程技术人员的工作。项目管理有点不同，因为人员是根据某一特定项目或任务组织的。每个项目的负责人就是一名项目经理。对于小项目，一个项目经理通常足以监督整个项目；对于较大的项目，项目经理需要借助若干专业职员的协助，管理范围可以达到上百号人。现今流行的是把工程管理视为一个学科，事实上由这类计划造就的专业人员直接进入管理领导岗位是罕见的，多数是作为项目经理的专业助手。

咨询 咨询工程师是基于客户合同而提供工程服务的，这种工作明显不同于所有其他工程师。咨询工程师通常是单独开业的,而咨询公司则是"出租"自己的咨询工程师。作为客户的公司和单位常常缺乏急需的某些专业知识,咨询工程师可以为其提供希望的服务,例如提供其组织绩效的外部评价。根据客户的具体需求,咨询工程师的工作可以有很大的差别,但是典型的工作包括:调查与分析、先期规划、设计与设计执行、研究与开发、施工管理,以及就工程有关问题提供建议等。这些工作有的在一天之内即可完成;但有的要求数周、数月、甚至数年才能完成,视咨询任务与合同而定。现今,工程咨询正在成为一种全球性事务;无论是公共部门还是私营部门,为了谋求发展,对咨询工程师的需要日益增长。

教学　与中国的情况有很大的不同,工业化国家的工程师均有参与和发展本国工程教育的传统,在种种技术职能之外,还承担类似大学工程教授的责任:教学、研究和服务。教学不仅包括课堂教学,还包括课程和实验室的开发,并指导学生的设计或论文。研究涉及追求新的知识,并且在整个工程专业界交流与传播,包括在工程专业期刊和学术会议发表论文,评价、推广教科书和软件等。"服务"的意思包罗万象,包括希望和要求大学工程教授的种种活动,如参与社区活动、学校治理、公共服务,以及非营利的咨询服务。

上述的诸项工程职能,除了工程师在全面承担外,工程技术专家(technologist)和工程技术员(technician)也多有相应的担当。工程技术专家承担最多的是技术设计与开发、测试,以及制造、运行维护和销售;工程技术员很少参与设计与开发,但是大多参加测试、施工、维护、销售等项。工程技术专家也能够从事工程咨询业务,但是考虑到许多专业的工程活动(如土木工程和技术咨询)涉及公众的安全,一些国家(如美国)明文规定,他们必须获得专业工程师(PE)资格并经注册后方能合法取得咨询工程师头衔开展业务。工程技术专家和工程技术员均能在研究实验室从事辅助性专业技术工作,但极少受聘于工程分析和研究岗位。他们也能在公司企业的管理岗位供职,机会要比工程师少许多,但不是绝无可能。由于工程人才的广谱性,培养他们的教育机构也是多种多样的,因此工程技术专家和工程技术员也有较多机会承担教学的职能。

4.2.2.2　从生产、经营到生态和生命

上节论述的这些工程职能,基本上发生在生产领域和生活领域。工程活动最初就是从解决人类的衣食住行开始的,工业革命后才得到广度和深度上的巨大发展,但仍主要局限在生产生活方面。在机、电、土、化四大原生学科基础上发展起来的众多工程学科,一般可划分为与生产的制造行业和非制造行业相关的两个学科大类,它们提供的知识直接为这两个部类的生产活动服务。由于工程

学科发展动力机制中"需求拉动"(Demand-Pull)和"供给推动"(Supply-Push)等合力的作用(参见§4.1.3.3),工程知识体显示出强大的扩展性和渗透力,传统工程职能正在向着生命和生态的领域拓展,环境工程和生物医学工程等学科的兴起就是极好的注解和证明。

在传统的制造行业,下列六大生产部门都有一个或多个自己的特色学科,并有掌握相应学科知识体的各类工程人员为其服务:

化工产品 该行业生产三个一般类别的产品:(1)基本化学品,如酸、碱、盐和有机化学品;(2)有待进一步加工的化学产品,如合成纤维、塑料、染料和涂料等;(3)最终为人们消费的化工产品,如药品、化妆品和肥皂;或被其他行业使用的原料或制品,如油漆、化肥和炸药等。

石油炼制 该行业从事炼制石油,以及从炼油副产品中生产路面材料、屋面材料、合成润滑油和润滑脂等。

工商业机器和计算机设备 该行业(装备业)从事制造发动机和涡轮机,农业和园艺机械,建筑、采矿和油田机械,升降机及输送设备,吊车和起重设备,轨道设备,工程机械和拖拉机,金工机械,电脑与外部设备和办公机器,制冷机和服务业器械。

电子和电气设备 该行业从事制造发电和配电设备,电动工业器具,家用电器,电气照明和线路设备,电台和电视台接收设备,通讯设备和电子元配件。

运输设备 该行业从事制造电动装置,飞机,导弹和空间装置,船舶船只,铁路车辆,摩托车、自行车等杂项运输设备。

科学仪器 该行业从事制造测量、测试、分析和控制用的仪器,相关的传感器和配件,光学仪器和镜片,勘测与绘图仪器,水文、气象和地球物理设备,搜索探测、导航和指导系统及设备,外科、牙科、眼科等医疗仪器、设备与用品,摄影设备与用品,钟表等计时器。

在传统的非制造行业,下列8个生产和经营部门也都有一个或多个自己的特色学科,并有掌握相应学科知识体的各类工程人员为其服务:

采矿 该行业从事天然物质的采掘提取,如煤炭,矿石,原油,天然气等。这些自然界存在的物质是相当多种多样的,例如高岭土,它们作为原料和原材料供其他部门使用。

建筑 该行业包括三个广泛类型的建设:(1)建筑物建设,如住宅、办公楼、商业楼宇、购物中心、商店商场,以及农村建筑物;(2)桥梁、隧道、河道、下水道、铁路、公路、机场、灌溉工程、防洪工程,以及港口等海上建造工程;(3)与具体行业相关的工业结构与建筑的建设。

通讯　该行业提供点对点的通信服务,包括电话和电报通信、有线电视和卫星电视信号传送、微波和光纤系统,以及无线电和电视广播。今天,有线和无线的数字信号处理技术提供的图像和语音服务,深刻地改变着人类的生活和生产活动,迅速地向各个方面扩展延伸,这方面已成爆炸性增长态势。

运输　该行业从事货物和旅客的运输,包括陆路、水路、航空与管道的运输,公共仓储和仓库,运输设备机械的操作运行与维修,也包括机场和其他站点的管理服务。

公用事业　该行业包括发电、输电、配电,燃气、热力或蒸汽供应,给排水、灌溉系统和清洁卫生系统,还包括垃圾、污水和其他废物的收集与处理。

贸易　贸易既包括批发贸易,也包括零售贸易。批发业包括:(1)批发商社;(2)制造业、炼油企业或工矿企业的销售分支机构和销售办事处;(3)代理商、商品经纪人和分销机构。零销机构则面向个人或家庭消费的商品销售。

工程服务　工程服务主要包括为其他公司提供临时合约的工程技术人员、专业建筑服务,以及专业的土地、水和航测服务。

计算机服务　该行业主要提供电脑服务,如编程、装配软件、计算机集成系统设计、计算机处理和数据准备、信息检索服务、电脑设施管理服务,以及电脑租赁、保养、维修和电脑咨询。

不难看出,以上最后三项的"贸易"、"工程服务"和"计算机服务",虽然属于非制造部门,几无生产性,而是把工商和商贸紧密融合的经营性、服务性部门。事实上,这些行业借助现代工程科技、电子商务和现代物流,成功地进入到工程领域。或者反过来看,工程的边界正在扩大,工程服务已经成功地扩展了自己的领域,既渗透到商贸和劳动的传统服务领域,又开辟了全新的服务领域。但是问题并不仅限于此。工程边界在持续地扩张,而且它的加速扩张态势呈现出一种"征服性",生态环保领域、生命健康领域都已经是它的属地。标志性的事件就是环境工程和生物医学工程的诞生。

一、生态:环境工程的关键词

环境工程古已有之。从开发水源和保护水源来说,中国早在公元前2300年前后就创造了凿井技术,促进了村落和集市的形成。后来为了保护水源,又建立了持刀守卫水井的制度,"刑"者"刀守井也"。从给排水工程来说,中国在公元前2000多年以前就用陶土管修建了地下排水道。古代罗马大约在公元前6世纪开始修建地下排水道。中国在明朝以前就开始采用明矾净水。英国在19世纪初开始用砂滤法净化饮用水,19世纪末采用漂白粉消毒。在污水处理方面,英国在19世纪中叶开始建立污水处理厂,20世纪初开始采用活性污泥法处理污水。这些都是卫生工程、给水排水工程的渊源。前述美国 MIT 的土木工程，当初也是在合并了卫生工程后才正式建系的(参见§4.1.2.2)。从图 4.14 所示的美国环境工程师学会(AAEE)发展史，也可以看出环境工程学科的演化与构成。

美国环境工程师学会(American Academy of Environmental Engineers, AAEE)诞生于 1955 年。它最初名为美国卫生工程联合协会理事会(ASEIB)，由土木工程师协会(ASCE)发起，公共卫生协会(APHA)、工程教育协会(AS-EE)、水务协会(AWWA)和水污染控制联合会(CASE)参与共同成立的。此前三年，土木工程师协会就成立了卫生工程进步委员会，专注于美国公共部门和国防系统的卫生工程。卫生工程联合协会理事会(ASEIB)成立不久，美国化学工程师协会率先作为赞助团体正式参加理事会，随后大气污染控制联合会和公共劳动协会也正式加入。1973 年，经多次分合改组，美国环境工程师学会(AAEE)正式定名，旋即又有全国职业工程师协会、美国环境工程和科学教授会、美国机械工程师协会和北美固体垃圾协会作为赞助团体加入(AAEE，2007)。由此明显可见，今天所讲的环境工程，在美国至少涉及土木工程、化学工程、机械工程、公共卫生，以及参加"美国环境工程和科学教授会"(Association of Environmental Engineering and Science Professors)的教授们所在的学科。

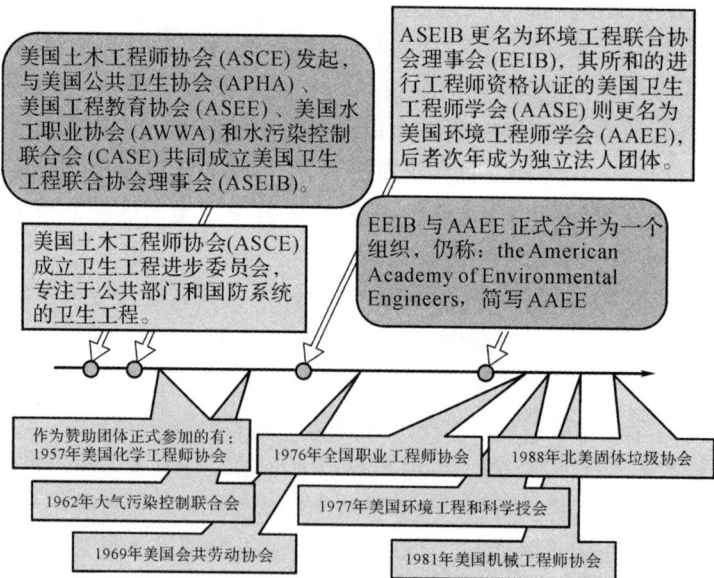

图 4.14　AAEE 的形成过程与学科构成

关于"环境工程",美国土木工程师协会的环境工程分会给出过如下定义："环境工程通过健全的工程理论与实践来解决环境卫生问题,主要包括:提供安全、可口的公共给水;适当处置与循环使用废水和固体废物;建立城市与农村符合卫生要求的排水系统;控制水、土壤和空气污染,并消除这些问题对社会与环境造成的影响。而且,它涉及的是公共卫生领域里的工程问题,例如控制通过节肢动物传染的疾病,消除工业健康危害,为城市、农村和娱乐场所提供合适的卫生设施,评价技术进步对环境的影响等。"(ASCE,2005)

在中国,人们把环境工程视为环境科学的一个分支,是"根据化学、物理学、生物学、地学、医学等基础理论,运用卫生工程、给排水工程、化学工程、机械工程等技术原理和手段,解决废气、废水、固体废物、噪声污染等问题","保护和合理利用自然资源,防治环境污染,以改善环境质量的学科"(Ikepu,2007)。与此同时,构造出一个庞大的"环境科学与工程"学科体系:环境地学、环境地质学、环境土壤学、环境海洋学、污染气象学、环境地球化学、环境化学、环境分析化学、环境污染化学、环境生物学、环境医学、环境毒理学、环境流行病学、环境物理学、环境光学、环境声学、环境热学、环境电磁学、环境空气动力学、环境经济学、环境工程学,等等。

发达国家的环境科学与工程相对比较简单,知识体系也相对明确,并不是由科学门类的所有学科都来割据一块,而给工程只留"环境工程学"一块小小的地盘。当然,这并不妨碍和改变环境工程的跨学科特性。例如在 20 世纪 90 年代初,MIT 在全校范围实施了一项"环境工程教育与研究计划"(PEEER)。该计划在四个主要领域构造了环境教育与研究的新范式:(1)污染防治、洁净技术和工业生态学;(2)可持续发展环境模型;(3)废物管理和环境再生;(4)结合环境政策分析的最佳集成科技。该计划认为,每个领域的发展对于总计划是相互依存、不可或缺的,每个领域的问题都要涉及自然的、技术的和公共政策的若干方面(王沛民,1999)。值得注意的是,该计划的环境工程知识体系与美国环境工程师学会一样,其中的"公共政策"知识体有着重要位置。因为 MIT 的决策者们清醒地看到,技术体制长期发展的价值与个别技术本身一样重要,MIT 要在此历史关头占据造就工程领袖人才的领先地位。PEEER 计划正是把可持续发展的观念、跨学科的努力,以及 MIT 有影响力的水平结合起来,用集成理念去培养技术和环境政策兼备的未来领袖。

二、生命:生物医学工程的关键词

生物医学工程是从 20 世纪 50 年代开始,随着工程领域的电子学、材料学、工程力学、信息科学和计算机等多种学科的进步,工程科技广泛应用于医学和生物学而迅速形成和发展起来的。众所周知的 X 射线计算机断层扫描（XCT）、磁共振成像（MRI）、超声成像、病人监护和生化分析技术和设备，新型临床诊断与监护技术和设备，激光和电磁治疗设备，人工心脏起搏器和人工心脏瓣膜，人工肾等血液净化技术，人工晶体、人工关节和功能性假体等，都是生物医学工程直接提供的技术和产品。生物力学的研究加深了对严重危害人类健康的动脉血管硬化和血栓形成机理的认识，为心、脑血管疾病的防治和人工心脏瓣膜、人工血管等人工器官的设计提供了依据；计算机和信息技术在医学和临床上的扩大应用，正在从根本上改变着传统医学和医院的面貌。

按照美国国家卫生研究院（NIH,1997）的工作定义："生物医学工程集成物理、化学、数学、计算科学和工程的原理用以生物学、医学、行为与健康的研究。它提升基本观念和概念，创造从分子水平到组织系统水平的知识，发展创新生物制品、材料、程序、植入物、装置和信息手段，为疾病预防、诊断、治疗、病人康复，以及为改善健康服务。"

生物医学工程的领域十分广泛，现阶段涉及的主要有：生物力学，康复工程（Rehabilitation Engineering）和辅助技术，生物材料，组织工程（Tissue Engineering），生物医学仪器，生物医学传感器，生物信号处理，生物电现象，生理建模，基因组学和生物信息学，计算细胞生物学和复杂性，辐射成像，医学影像，生物医学光学和激光等（BMES,2007）。与分子生物学相结合，加强细胞和分子水平的研究，是生物医学工程发展的重要趋势。利用多学科交叉的优势来揭示人类思维和认知的奥秘，是 21 世纪生物医学工程的一个主攻方向。同时，微创伤手术、老年医学、家庭健康监护和远程医疗等，也正在成长为新的研究领域。图4.15 描绘了生物医学工程大家庭的概貌（Enderle,et al,2005）。

国际上有关生物医学工程的专业协会和学会很多，较大的有：

电气电子工程师学会（IEEE）的医学和生物工程协会（Engineering in Medicine and Biology Society,EMBS），是世界上最大的国际性生物医学工程师协会。它的 8200 名成员中有 46％以上居住在美国以外的大约 70 个国家，工作在工业界、学术机构、医院和政府机构。他们是研究人员、教育工作者、技术人员和临床医生，他们借助科学与工程在生物学和医学的实际临床应用，把工程与生命科学联系在一起，谋求未来医药和医疗保健的革命性变化。（EMBS,2007）

美国生物医学工程协会（Biomedical Engineering Society,BMES）注册成立于 1968 年。如其宗旨所言，它"在国内外增进生物医学工程的知识及其为人类健康与福祉的利用"，代表了生物医学和工程双方的共同利益和目标。在其专业范围内的生物医学工程主要包括：生物医学仪器，生物材料，生物力学，细胞、组

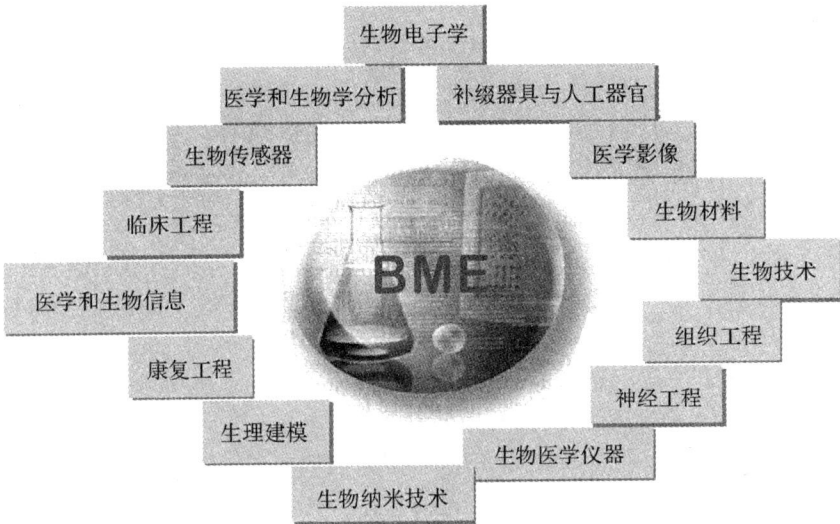

图 4.15　生物医学工程的学科构成

织和基因工程,临床工程,医学影像,整形外科,康复工程,系统生理学。由于科技发展日新月异,这些领域也在不断发生变化并创造着新的领域。(BMES,2007)

　　我国的生物医学工程也起步较早、发展较快。1980 年就成立了中国生物医学工程学会(CSBME),1986 年正式成为国际医学与生物工程联合会(IFMBE)的团体会员,发展至今已经拥有 20 个分会或专业委员会:人工器官、生物材料、生物力学、生物医学测量、生物信息与控制、医学物理、医学超声工程、心脏起搏与电生理、生物电磁学、生物医学传感技术、临床医学工程、中医药工程、血疗工程、体外循环、军事医学工程与装备研究、组织工程、干细胞工程技术、肿瘤靶向技术、数字医疗,以及医疗信息化;并且正在孕育形成纳米生物医学工程、再生医学工程等新学科。(CSBME,2007)

　　今天的生物医学工程师扮演着三种角色:卫生保健领域的临床工程师(clinical engineer)、工业界的生物医学设计工程师(biomedical design engineer),以及实验室的研究科学家(research scientist)。他们以"应用电、化、光、机和其他工程原理去认识、改善或控制生物系统"为使命,在以下方面从事一系列挑战性的创造工作(Enderle,et al,2005):

　　● 工程系统分析的应用(对生物学问题的生理建模、仿真与控制);

　　● 生理信号的检测、量测与监控(即生物传感器和生物医学仪器);

- 生物电子数据通过信号处理技术的诊断性解释；
- 治疗和康复的程序与设备（康复工程）；
- 更换器官或强化身体机能（人工器官）；
- 病人相关数据的计算机分析和临床决策（医疗信息学和人工智能）；
- 医学影像（解剖细节或生理机能的图像显示）；
- 新生物产品的创造（生物技术和组织工程）。

4.2.3 工程过程的演进

工程领域发生的工程活动，承载着各式各样的工程职能。从时间的维度讲，这些工程职能总是逐一分解在工程过程的各个阶段、步骤和环节上，以至在过程的终点，才可以见到其功能发挥的最后结果，才能完整地评价其职能履行的绩效。工程活动的过程性（时间特性）是显而易见的，可是工程活动过程本身的结构特性、价值特性则常常被人忽视。尤其是在今天，工程职能领域已经从狭窄的工程技术（生产与管理），拓展到宽广的生活、生态、生命领域，以及渗透到生产经营和商务部门。因此，我们似乎也应该更加关注工程的非传统特性，以便完整地揭示其本体属性。

4.2.3.1 从 CDIO 到多向的工程过程

过程视角的工程活动，可以简单地用带有反馈回路的系统图表示。由图 4.16 可见，工程活动的输入经过工程系统的转换，导致工程活动的输出；在输出和输入之间存在一条作为反馈的回路，该回路与输入、系统与输出共同形成一个工程活动周期，即工程过程，或工程生命周期（engineering lifecycle）。工程系统的输入项目有三类，首先是人的需求，其次是现有的资源条件，最后是限制性约束条件；反馈输入可以加入到上述任何一类。工程系统的输出项目也有三类，除了作为副产品的工程废弃物和工程知识（含经验）外，主要是为满足需求所给出的工程结果，它可以是一件工程产品、一种工程服务、一个工程系统或一项工程计划。

在日常生活中，人们把电梯、空调、汽车、洗发液等制造工业提供的工程的产品（product）直接叫做"产品"，把高速公路、机场、水电站等建筑工业提供的工程的项目（project）直接叫做"工程"（注意不叫"项目"），把供水、供电、供气等工程的服务（service）直接叫做"公用工程"。同时，人们还把通讯服务、计算机服务、物流服务、贸易服务等非制造工业部门提供的工程服务仅视为商业的服务，把诸如"节能减排"、"南水北调"、区域规划、城镇建设等非建造工业部门提供的工程计划和系统仅理解为政府管理的计划与系统。学术界津津乐道于科学和人文，言必称科学家、艺术家和国学大师，然而却说不清楚、甚至不屑言谈工程和工程

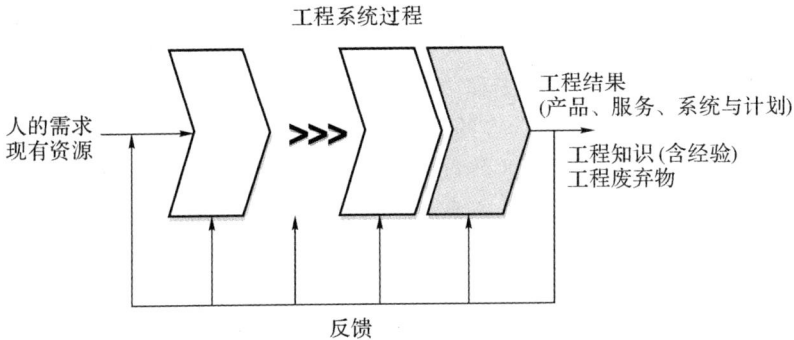

图 4.16 工程系统过程简图

师。这种根深蒂固的偏见也反映在对一般技术的看法上，以为技术不足道，形而上才成大器。这些认知表明，工程师给公众的印象只是现场干粗活的下等技术人形象。正如中国工程院院长徐匡迪（2005）所言："在当前各种各样的工程活动中，工程师就好比是'发动机'，理应拥有较高的社会地位和声望。但近十年来工程师的社会价值被严重地'低估'和'转移'，如尽管三峡工程、神舟飞船等都是实实在在的伟大工程成就，许多人却把这些成就归功于科学家而不是工程师，错误地认为，技术不过是科学的应用，工程不过是技术的延伸。"

但是在工业发达国家，公众的工程意识与认知与中国的大相径庭。如果说在 20 世纪 50 年代中期以前，西方尚有人把工程师与火车司机混为一谈，那么他们在今天绝不会闹出这个笑话。随着工业革命引发的工业化进展，工程师的实质性内涵已经发生了巨大变化。据称，从瓦特发明蒸汽机开始，工程师概念的发展迄今经历了五代（刘西拉，2006）。第一代工程师是从 18 世纪末到 19 世纪中期，其特点是多才多艺，设计、制造维修什么都能干。随着技术的发展，工程领域开始专门化，出现了第二代工程师，但其分工也还是比较粗。从 20 世纪初到 20 世纪中期，整个工程技术发展到非常专门化的程度，新中国学习苏联正好对应于这个时期，专业设置非常细，是所谓第三代工程师模式。这种状态在计算机出现以后很快发生了变化，从 20 世纪中期到 20 世纪 70 年代，出现了第四代工程师，其特点是一些工程师开始研究系统，不仅是做非常细节的分析，而且开始强调对系统的整体把握。因为借助计算机，大大提高了工程师的工作效率和研究层次，扩大了他们的工作、思考和创新的范围。从 20 世纪 70 年代到 20 世纪末，一般认为是第五代工程师活跃的时期。在知识经济和信息社会大背景下，传统工程领域与社会其他领域出现交叉、渗透和整合，产生了新鲜的"商务工程师"（business engineer）、"社会工程师"（social engineer）（王沛民、孔寒冰，2001），可以说跨学科是第五代工程师的特点。进入 21 世纪，工程的跨学科势头愈益强劲，涌现出"知识工程师"、"临床工程师"、"物流工程师"、"外包工程师"、"虚拟工程师"、"CAE（计算机辅助制造）工程师"、"PLM（产品生命周期管理）工程师"、"协同工程师"、"创新工程师"等众多的工程师"新品种"。如果说这个新生代的工程师是第六代，则第六代工程师的特点显然是充分的信息化和国际化。

因此，作为工程系统输出的产品、服务、系统或计划，在今天已经展示出它们各自丰富的实际内容，除了机电化工产品和土木建筑项目作为一类工程产品和系统（计划）仍然是工程的主要产出外，范围宽广的工程服务以及它对社会文化与价值观的影响和贡献，已经成为工程输出的不可小视的一个大方面。

从工程系统本身来看，第四、第五代以前的工程师由于专注于工程的科技层面，导致把工程系统局限在技术维度，使人误认为工程系统仅仅是技术系统。实际上，多向性是复杂人工系统的最基本特性，对现代工程系统而言，这种多向性表现为它的多维度、多层面特性。现代工程系统至少可以进一步区分出四个次级的系统：技术系统、管理系统、组织系统和支持系统，以及进一步区分次级系统各自的对象、功能与过程系统（王伟辉，1996）。因而，对于转化输入和输出的工程系统本身，完全可以从不同维度、不同层面加以分析和综合。

经典的分析只是局限在技术维度的以设计为核心的工程设计过程论。典型的工程过程（工程设计过程）或多或少地可以划分为 7 到 10 个不等的步骤，例如：HGCE(2006) 的 7 步法，Hull(2006) 的 8 步法，Moore(2003) 的 9 步法，Eide等人(1998) 的 10 步法等等。

我国学者在用"过程分析法"讨论工程活动时，给出一个六阶段构造的过程模型，包括：(1)工程任务准备；(2)总体方案拟订；(3)技术方案拟订；(4)作业方案拟订；(5)制（建）造和试验；(6)服役和评价（王沛民等，1994：137－140）。与上述几个过程模型比较，该模型强调了过程中的第 6 个"服役和评价"阶段。一般认为，工程活动以生产阶段的结束而结束，但是现在还需要延伸到工程"产品"的服役，并且评价其服役的表现。这个延伸是社会的需要，也是工程本身发展的需要。工程"产品"服役后的控制、操纵、维护、修理，以及种种支持服务，现在都是工程的常规职能。工程"产品"在服役过程中，监测、分析和评价其功能发挥状况，并且予以反馈，这是极其重要的工作，也是判断工程"产品"的退役或更新、改进的依据。

MIT 航空航天系在工程教育改革实践中提出一个精简的"CDIO"模型，用以造就新一代工程领导人（MIT Aero-Astro，2000）。CDIO 即构思(Conceive)、设计(Design)、实现(Implement)、运作(Operate)，它描述了工程系统和产品的完整流程与生命周期，勾画出未来工程师活动的真实场景与环境；CDIO 模型则是借以培养能够在此环境中有所作为的未来工程师。尽管对 CDIO 模型有多种实际运用（Crawley，2002；顾佩华等人，2008；查建中，2008；Crawley 等人，2008），但对作为工程过程的 CDIO 的解读，基本上还是一致的。在 CDIO 的四个阶段中，第一阶段是"构思"，包括定义需求，关注现有技术、规范和策略，进而开发概念或系统框架；第二阶段是"设计"，主要关注"原型"（即图样、样品、样机）的开发，描述将被实现的方案、计划与算法；第三阶段是"实现"，即把设计产生的原型转化成真正的产品和系统，包括制造、测试、检验与撰写使用说明；第四阶段是"运作"，即使用既成的产品和系统，达到想要的价值目标，此间还包括对产品和系统的维护、改进和报废。

不难看出，这两种工程过程模型仍然是以科技维度为其主轴的，虽然强调了"服役"或"运作"，但主要还是侧重技术层面的考虑。笔者认为，这两个模型（一个6 步、一个 4 步"）加之前述的 7～10 步多个模型，其实均可简化为三个步骤，即"设计—制造—服务"。借助工程管理（engineering management）职能的延伸和对商务过程（business process）的整合，我们可以构建一个以设计、制造、服务为三大核心领域，集成技术、营销、管理三项核心功能的多向工程过程模型，即 DMS 模型。图4.17 给出了 DMS 模型的细节。DMS 模型展示的多向工程过程，有四个明显特征：第一，保持了传统工程（生产）过程的技术强势、科技基础；第二，强化了过程中的信息流动与管理；第三，拓展了工程服务的内涵（从技术支持到提供各种流通平台）；第四，开辟了协同工程（collaborative engineering）的全新场景。

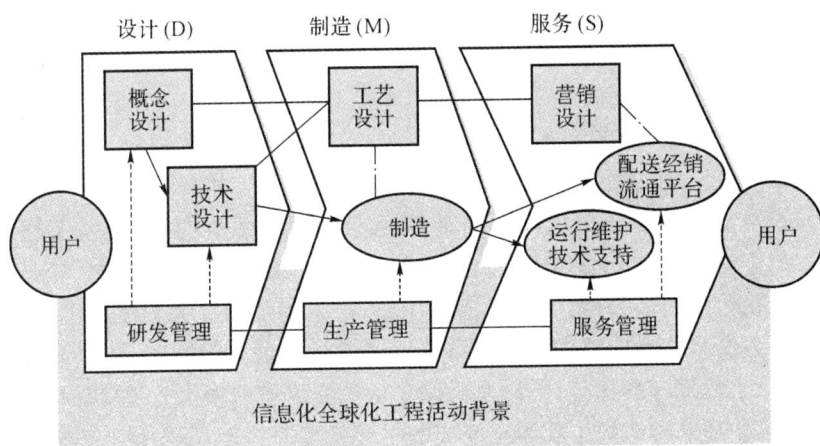

图 4.17 多向工程过程总体模型（DMS）

4.2.3.2 工程链:过程与价值的集成

人们现在似乎更倾向用"链"和"环节"来讨论有关过程的问题,把一个过程形象地称为一环紧扣一环的链条,如生产链、供应链、企业链、产业链、价值链等等。仅仅看到现代工程过程的多维度、多层面特性是必要的,但是还不够,因为它无非表达了外在的"过程链"的特性。工程过程有无其内在特性呢?如果有,该内在特性又是什么呢?

哈佛大学商学院教授迈克尔·波特(Michael Porter,1985)提出过一个所谓"价值链"(Value Chain)概念,用以概括企业内部所有创造价值的活动过程。波特认为,"每一个企业都是在设计、生产、销售、配送和辅助其产品的过程中进行种种活动的集合体。集合体的所有这些活动可以用一个价值链表达。"企业的价值创造分为基本活动和辅助活动两类,各自均由一系列活动构成:基本活动包括进货物流、生产作业、出货物流、市场营销、售后服务等五个环节的活动;辅助活动则包括采购、技术开发、人力资源管理和企业基础设施四项活动。这些互不相同但又相互关联的生产和经营活动,构成了一个创造价值的完整动态过程,即价值链。经济学家郎咸平(2008)也提供过一个"适用于任何行业"的全球产业链,该链条由产品设计、原料采购、加工制造、物流运输、订单处理、批发经营和终端零售七个环节构成;同时指出,从附加值角度看,加工制造环节处在价值链的最低端。

经济学家、管理学家关注的这些现象与话题已经在工程界和工程教育界激起反响。如果说美国工程院在 2004 年的报告《2020 的工程师:新世纪的工程愿景》和 2005 年的报告《培养 2020 的工程师:让工程教育适应新的世纪》(NAE,2004;NAE,2005;李晓强等人,2006a,2006b)、欧洲工程教育协会(SEFI)在2007 年的报告《再造欧洲的工程教育》(Borri and Maffioli,2007)已经注意到信息化、全球化对工程和工程教育的巨大影响,那么对工程系统过程与价值的重新审视,在今天已经被正式列入议事日程。

2007 年 11 月,美国国家科学理事会(NSB,2007)发表报告《推进工程教育完善》,把全球工程环境的急速变化列为工程教育面临的第一位挑战。全球工程环境的变化包括三个方面:一是市场、企业和供应链已经更大程度的国际化;二是工程服务开始成为能够提供它的那些国家的最大的价值源泉;三是基本的工程能力(如工程原理性知识)已经成为可以从许多国家的廉价工程师那里唾手可得的"日常用品",同时原本在本土完成的工程任务开始大量转移到海外。

2008 年 2 月,美国工程院(NAE,2008)又发表报告《工程外包:事实、未知数和潜在意义》,阐述了工程企业全球运作环境的变化和工程外包的趋势与影响,分析了软件工程、汽车、制药、个人计算机、建筑服务和半导体等 6 个主要工业部门的外包现状，揭示了现有知识准备的差距和未来的研究领域；对美国工程企业、教育机构、工业、政府、工程界和工程师个人指出这个环境变化所蕴含的意义，强调随着具有重要工程内容的外包服务的增加，必然导致 IT 技术的日益进步和对某些技术能力需求的增加；报告还用较大的篇幅，汇总了工程外包影响工程教育和公共政策的多方讨论意见。

早些时候，著名的 NEC（日本电气公司）为日本制造业提供了一个以"Obbligato Ⅱ"为内核的产品生命周期（PLM）解决方案，该管理软件通过将各个生产工序"可视化"，实现制造业的工序过程改革，从而有效地提高日本制造业的竞争力（NEC，2007）。现在世界上几乎所有的大型制造厂商，都有自己的 PLM 解决方案，并在探索如何把它与相对成熟的 ERP（企业资源计划）软件结合起来，实现生产和流通过程的优化和价值最大化。（Siemens，2007；UGS，2007；Altair，2007；Dassault，2008）

全球化背景下的这些产业界实践的前沿动向，给了我们极为重要的提示：面对 21 世纪工程的崭新课题，有必要引入全新的"工程链"（engineering chain）概念，用以整合创造不同价值的各种工程过程，打造一个现代工程自己的价值链（参见图 4.18）。这个工程链，能够突显出工程的生产经营一体化内涵，以工程活动的全过程设计（D）、制造（M）、服务（S）为平台，在 DMS 进一步细分的"板块"上，借助输入物流、生产作业、输出物流、市场营销和全程服务五项核心价值活动，实现工程知识体系的高度融合，以及工程职业的最大价值。

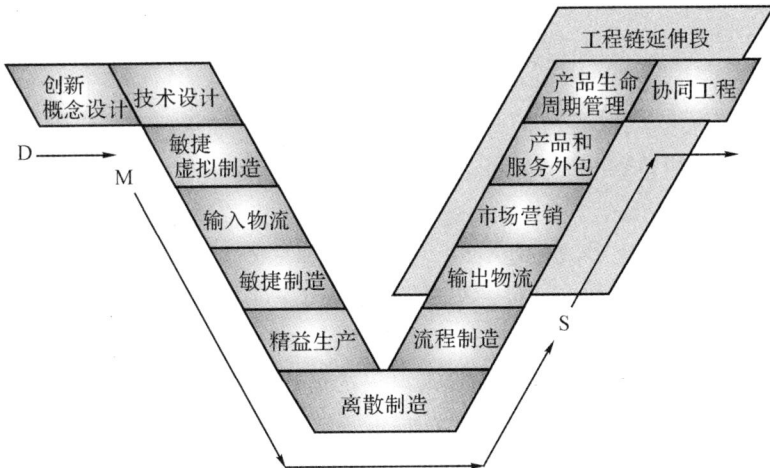

图 4.18　集成过程与价值的工程链

4.2.3.3 三位一体的工程世界

"三位一体"（Trinity / Triunity），源出于基督教的"上帝"，即"圣父"、"圣子"、"圣灵"的三合一。"基督教把圣父、圣子、圣灵称为三位一体，也就是三个位格、一个本体；本体又称为本原、本质等。基督宗教相信：只有独一的上帝；圣父完全是上帝，圣子完全是上帝，圣灵完全是上帝；圣父不是圣子，圣子不是圣灵，圣灵不是圣父。换句话说：圣父的神性、圣子的神性和圣灵的神性，本质上是同一个神性。三一论不是组合论，也不是形态论，又不是动态论，更不是多神论或泛神论。"（Wikipidia，2007）其他的宗教也有类似的说法，例如：佛教的"佛"，就是"法身、本身、应化身"的三合一或一变三。我国道教的老子"一气化三清"（玉清、上清、太清），也不约而同地暗合了这些教义。

中国传统文化认为，人生在世离不开"精、气、神"三大要素。精、气、神也是中国古代哲学中的概念，指的是形成宇宙万物的原始物质，含有元素的意思。中医则认为精、气、神是人体生命活动的根本。精者，多指构成人体、维持人体生命活动的物质基础。气者，多指生命活动的原动力，包括运行于体内的微小难见的物质，以及人体各脏腑器官活动的能力。神者，则多指统率一切生命活动的精神、意志、知觉、运动，包括魂、魄、意、志、思、虑、智等反映生命状态的活动。精、气、神三者之间关系密切，相互滋生、相互助长，乃是人的生命存亡的根本。

本书研究的工程，同样具有"三合一"或"一变三"的本性。工程的"三位一体"，就是"物质"、"能量"、"信息"三个不同位格的一个本体。如果借用人的"精、气、神"的说法，工程的"精、气、神"就是物质、能量和信息。前述的工程诸领域无不与物质、能量和信息同时发生、息息相关。以常见的机械工程为例，尽管可谓五花八门、名目繁多，但仔细分辨起来也就是三大类：以材料流和物质变换为主的机械，通常称它为"设备"、"器械"（如锅炉、冷凝器、离心机等）；以能量流和能量变换为主的机械，通常称它为"机器"、"机具"（如发动机、起重机、飞机和汽车等）；以信息流和数据变换为主的机械，通常称它为"仪器"、"仪表"（如手表、计算机、导航仪等）（Koller，1976：3）。这里只是说各类机械的主要作用，不是唯一的作用；事实上，任何一种机械运行时，三种作用都是同时发生的：机床是把电能转换成机械能以便切削加工零件的机械，从毛坯上被切除掉的多余的材料就是一种物质的运动，指示机床工作状态的仪器仪表反映的就是信息的运动。

工程实践领域对物质和能量的认识较之信息要早得多，相应的知识体系形成与成熟也要早得多，人们开始理性地、系统地认识和关注信息只是半个多世纪前不久的事。

第二次世界大战中，MIT 教授罗伯特·维纳（Norbert Wiener，1894—1964）

在防空火炮自动控制系统的研究中,为了提高火炮的命中率,需要预测飞机的速度和航向;他从统计学观点给出了由时间序列的过去数据对未来的行为进行预测的方法,建立了维纳最优滤波理论。这里,维纳首次把信息作为控制与通信过程的本质因素,从具体系统的物质和能量形态中抽象出来,用概率统计方法来统一处理控制与通信系统中的随机性问题,突破了牛顿力学的传统框架与机械论的束缚,奠定了随机过程论的理论基础。1943年,维纳与生理学家罗森勃吕特等人多方面合作,发表了《行为、目的和目的论》一文。该文用反馈原理分析了目的性行为,阐明了神经系统与自动机器之间在控制方面的共性:无论是机器还是生物有机体,或者社会、经济系统,反馈都是系统稳定的关键因素,通过反馈获取信息,是各种控制系统实现有目的的行为的重要条件。这两项史无前例的成就,使维纳成为当之无愧的控制论的奠基者。1948年,维纳总结了有关成果,出版了奠基性著作《控制论》(Cybernetics)一书,宣告了关于机器和生物的通讯和控制的控制论的诞生。几乎是在同时,被誉为"信息论之父"的美国数学家克劳德·香农(Claude Shannon,1916—2001)在1948年10月的《贝尔系统技术学报》上发表论文"通信的数学理论",首次给出了信息熵的定义,为信息论的建立奠定了基础。1954年,我国钱学森教授的《工程控制论》出版,总结了经典控制理论的成果,开拓了新的工程研究和应用领域。

这些开创性的工作使人们逐渐认识到,信息既不是物质,也不是能量。信息是与控制相联系的,是在各种控制与通讯过程中进行传递、变换和处理的本质因素,信息的正常流通是各种控制系统正常运转的基本条件。由于把握了控制与通讯过程的基本因素——信息,人们才能从信息传递、变换和处理的过程,统一地认识和解决系统的控制和通讯技术问题。由于利用了信息存在的普遍性及其相对独立性,人们才能把信息从具体的物质构造和能量形态中抽象出来,研究各种不同领域的控制系统和通讯系统的共性,揭示和利用各种控制和通讯过程中信息运动的共同规律。今天,信息论、控制论、计算机、人工智能和系统论等学科相互渗透、相互融合,使人类的认识产生了巨大的飞跃。信息、物质和能量是现实世界的三大要素,是人类社会文明的三大支柱,三位一体的"信息、物质和能量"也使得现代工程的面貌焕然一新。

本书在上节提出的工程链,其实就是三位一体的物质链、能量链和信息链。工程链是三合一和一变三的,工程链即是物质链,工程链即是能量链,工程链即是信息链。如果我们能像维纳那样,突破牛顿力学的框架与机械论的束缚,那么我们就会理解现代的工程系统必然会拓展到技术系统以外的领域,现代的工程不仅要致力于解决生产全过程的技术及其管理问题,而且理所当然地要涉足经营全过程的事务及其管理，以及系统地关注在全球化背景下的工程协同问题。工程的生产过程和经营过程同时发生着物质流动、能量流动、信息流动，它们是连续的，也是同质的。如果有这样的思想准备，我们也就不会对工程家族中出现"商务工程"、"金融工程"这些新成员而感到意外。

4.3 需求与现实之间的工程学科

以上各节分别探讨了工程的活动、知识体、职业，以及工程的职能、过程、价值，挖掘并解析了构成工程学科本体的若干元素。本节进一步阐明这些元素之间的内在关联性，并且揭示工程学科本体的最基本属性，以构筑工程学科框架的本体论基石。知，即知道、认识、理会；行，即行动、实行、践行。知和行的孰先孰后，向来是争论不休的话题。而工程学科是知先行后的学问，还是行先知后的学问，它的本体究竟是何种属性，也是需要讨论并明确予以认定的。

4.3.1 "大E工程"模型Ⅰ：工程在理论与实践之间

与自然科学、社会科学、人文学科和艺术不同，工程从其活动维度来讲，工程活动既不是纯粹的认识、解释和求知的活动，也不是纯粹的表达情感、张扬个性的活动；从其知识体维度讲，工程知识体系既不是纯粹的理论和教条，也不是纯粹的个体经验杂陈；从其职业维度讲，工程职业既不是科学家的研究职业，也不是人文学者和艺术家的职业。工程是介于其间的一项活动、一类知识体系、一种专门的职业。

就作为"学问分支"的学科而言，现代工程学科知识体系是技术传统与科学传统的融合，是工地、车间文化与大学、研究实验室文化的汇流。在理论与实践的"天平"上，工程学科应处于中间位置，正常状态下要求两者相互持平，但是它在历史发展过程中的表现并不是这样。

历史上看，工程知识体首先是"技术型"的。早期的土木工程、机械工程、矿业和冶金工程都是很好的例子，虽然它们全都与力学有不可分割的联系，可是与力学不存在必然的因果关系。20世纪初，在工程中对科学的新的认识和重视催生了电气工程，MIT的电气工程系在1902年从物理系独立出来就是一个证明。然后是化学工程在与化学紧密合作后的分道扬镳，前者在"单元操作"、"三传一反"的基础上确立了自己的学科体系。再后是工业工程从机械工程独立出来，与工程以外学科的交叉渗透使得制造过程更为效率化、系统化。尽管如此，在整个20世纪的上半叶，几乎所有的工程学科都还是打着明显的技术烙印，以致工程学科被人讥笑为"手册"工程,事实上大多数工程师通常也是翻用某某《工程手册》就能解决面临的问题。

早期提供工程教育的教育机构也有两大类型。一类是独立兴办的(如法、美)或者从技工学校、技术学校升格的(如英、德、俄、日)工科院校,它们提供的知识当然是"技术型"的。另一类是在原来综合大学内设置的工科课程或工科院系(如英、美)。在传统大学中引进实用性的工程教育无疑是一种挑战,遭遇到相当顽固的反对意见也在情理之中,新的"应用文科"(useful arts)或"应用科学"(applied science)能被传统的文理课程设置接受已经是不错了,虽然多数的待遇是被冷落在一边。以美国为例(参见§4.1.2.1),这后一类工科院系的境遇,只是当来自工业界和企业家的压力变得强烈后才稍有好转。但是他们多数在随后的过程中,或者渐渐销声匿迹,或者向文理学科的学术传统投诚。在文理学术传统占据绝对优势的学术界,这种现象至今难以幸免,而且波及到历史上曾经强势的职业性学科。

工程知识体的转型或改性,即由"技术型"向"科学型"的转变,主要发生在欧洲大陆以外的国家(含前苏联)和20世纪80年代以后的中国。诺贝尔奖得主、著名的美国经济学家、人工智能和认知心理学的创始人与开拓者西蒙教授(Herbert A. Simon)就无感慨地说:"工学院变成了数理学院,医学院变成了生物科学学院,商学院变成了有限数学学院。诸如'应用的'这种形容词的使用掩饰了事实,但并未改变事实。""这种靠拢自然科学、逃离人工物科学(注:这里是指设计)的运动趋势,在工程、商业和医学方面比我提到的其他专业领域要表现得更迅猛。"西蒙教授继续分析道:"这么普遍的现象必有一个根本原因。它确有一个明显的原因。随着专业学院(包括独立的工学院)越来越被融进大学的总体文化之中,它们也追求学术上的地位。"(Simon,1982:111-112)这种"学术上的地位",简言之,就是论文的发表。

其实,"科学型"的工程知识体以及它所造就的"分析型"工程师,在各国的工业界始终是受到质疑的,这可能就是所谓企业文化与学术文化的冲突。电气电子工程师协会(IEEE)1980年在杂志 *Transactions on Education* 上重新刊登该协会前任主席埃弗雷特(William L. Everitt)发表在40年代的一篇文章:《长生鸟——对工程教育的挑战》。这篇文献之所以经典,因为它明白无误地告诉人们:

"科学与工程的最根本的差别是分析和综合的差别。科学的主要兴趣在于探讨在给定原因下有什么样的结果发生,在于探讨自然现象(物理的和生物的)是什么和为什么。换句话说,科学对各种事物进行分析,并探讨在一组条件下可以期望得到什么样的结果。另一方面，工程走得比这个远得多。工程的兴趣在于组合人力物力制造出要求的结果或这种结果的合理的复制品。这是一个综合的过程：把事物配置在一起以实现一个确定的目标。……综合在更多的时候必然要求成熟的判断而不是分析。……在我们的工科课程安排中，我们差不多完全教学生进行分析的办法，很少教学生综合的方法。……仅仅学术步骤不能造就工程师。"(Everitt,1944)

20 世纪 80 年代，正当中国的工程教育由"技术型"工程学科向"科学型"转变的时候，美国却听从了埃强雷特、西蒙等一大批有识之士的告诫，酝酿着相反方向的改革方案与行动。继美国国家研究理事会（NRC）发表《美国工程教育与实践》的一系列研究报告后，美国国家科学理事会（NSB）发表《本科的科学、数学和工程教育》（即 Neal Report,1986），拉开整个美国教育系统的"科学、技术、工程和数学"(STEM)教育大改革的序幕。1989 年，MIT 的著名报告《美国制造：重振生产力的优势》发表，报告指出，战后的工科课程向着工程科学方向演变是不可避免的，也是合理的，但是今天的钟摆"很可能已经荡过了头"(Evans,1990)。美国的这一次工程知识体的转型，并不是由"科学型"退回到"技术型"，而是如 MIT 校长 Vest(1994)当时所言的"回归工程"，形成在新的水平上综合了科学和技术的工程自己的范式，即工程知识体的"大 E 工程"。

用"大 E"来刻划工程知识体，似乎多此一举、画蛇添足，可它是非常无奈的事。在长期历史发展过程中，工程知识体的种种元素是逐渐形成与丰富起来的。工程知识在最初是经验、技能、技艺、技术，"技术型"知识体占据了工业革命前后数百年的舞台。而后是科学元素的加入和扩张，直到今天夺取了工程知识体的相当的话语权，甚至造成"工程是科学的分支"这样一种误解，使人们对工程的本来面貌反而模糊起来。20 世纪的工程伟大成就表明，工程不仅是技术的、也是科学的，或者说，它是两者融合一体的。我们把这样的工程知识体用图 4.19 所示的模型 Ⅰ 表征，该模型反映了现代的"大 E 工程"知识体的第一重属性，即：科学与技术高度集成、理论与实践完美统一。

4.3.2 "大 E 工程"模型Ⅱ：工程在传统与现代之间

技术与科学的集成，是现代工程的第一次（或第一类）的集成，20 世纪 80 年代兴起的新技术革命就是以科学技术高度整合为特征的。90 年代以后，这个集成一方面在速度加快的同时，一方面表现出如虎添翼的急剧扩张态势，在人类急需解决的生活、生命、生态难题面前跃跃欲试、一展身手，开始了它的第二次（或第二类）集成新时期。如果我们用 STEM（科学—技术—工程—数学）表示作为

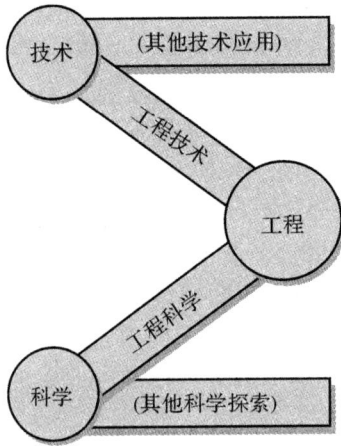

图 4.19 "大 E 工程"知识体模型 Ⅰ

第一次集成结果的模型 Ⅰ,那么图 4.20 表征的模型 Ⅱ 则是反映出 STEM 领域与人文学科等非 STEM 领域的汇聚和渗透。

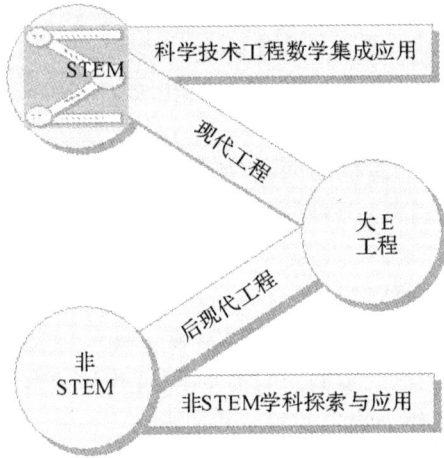

图 4.20 "大 E 工程"知识体模型 Ⅱ

对于"大 E 工程"知识体的第二重属性的逐渐展现,我们要做好充分的准备,但无须感到意外。上文提及的数字工程、纳米工程、基因工程、康复工程、商务工程、物流工程、金融工程、社会工程等等,早已远远超出了传统科学技术的概念和范畴。在 21 世纪初的人类想象力达到的范围内,它们构筑了现代工程的新的疆界,当然这是一个永无止境的疆界。对这样的态势,MIT 的工学院前院长

Moses 教授(1994)称之为"大写字的工程"(Engineering with a big E),用一个大写的"E"字,把现代工程的领域扩大、意义增长、使命加强和价值提升,突出地表达了出来。

工程和工程教育的知识源头本来就不是单一的,自然科学、人文社会科学、技术技能都是工程知识的源泉。"三者与工程教育都有最近的血缘关系,但不等于就是工程教育本身。倘若要成为工程教育的有机组成部分,它们就不再是纯粹的自然科学、纯粹的人文社会科学和纯粹的技术技能,而是工程的科学、工程的社会学、工程的技能训练,如此等等。"(参见王沛民,1989)工程必须拥有自己的知识体,既要营造它,更要夯实它。模型Ⅰ表达的第一重属性已经渐为人知,模型Ⅱ所表达的第二重属性仍然鲜为人知,但是它恰恰为 21 世纪工程学科框架的构建指出大有希望的发展方向。

4.3.3　工程学科本体元素的合成

作为信息技术、知识工程及人工智能领域研究对象的本体(ontology)都是关于知识的本体,亦称为知识本体(参见§2.3.1)。知识本体表达的是一个概念体系或概念模型,包含很多的概念以及概念之间的关系,涉及特定知识领域共有的知识和知识结构。如果把代表这些概念用词来定义,则 ontology 可以表达为一个词表,包括词的含义以及词与词之间的关系。这样一个体系可以作为大家理解问题的共同基础。

按照知识本体抽象程度的不同,它所表达的概念模型可视为处在不同的层次,前者通常分为以下几类:(1)对知识进行抽象表达的"元知识本体"(meta ontology);(2)对时间、空间、事物、数量、状态和属性等初始概念,从认识论出发给抽象表达的"通用知识本体"(common ontology);(3)对特定领域中的知识进行抽象,描述其中的概念及概念间关系的"领域知识本体"(domain ontology);(4)描述与特定任务相关的概念及概念间关系的"应用知识本体"(application ontology),这些任务通常依赖于特定的领域知识本体。

工程学科本体是典型的领域知识本体,图 4.21 对工程学科领域本体的逻辑结构给出一种形式化和说明性的简要描述。由图可见,本体的元素间关系呈网状形式,而非简单的树形结构,这是由本体的诸概念之间不同类型的关系所决定的。众所周知,基本的概念关系类型有 4 种:(1)"part-of",表达概念之间的部分与整体的关系;(2)"kind-of",表达概念之间的像父子那样的继承关系;(3)"instance-of",表达概念的实例与概念之间的关系;(4)"attribute-of",表达某个概念是另一概念的属性这样一种解释关系。这些关系在图中均有相应的展现,分别作用在工程学科领域知识本体的 6 个基本概念集合之间。这 6 个基本概念集是：工程基础学科、相关科学学科、工程功能领域、工程活动过程、工程科技属性，以及学科结构指数（又见图 4.22）。

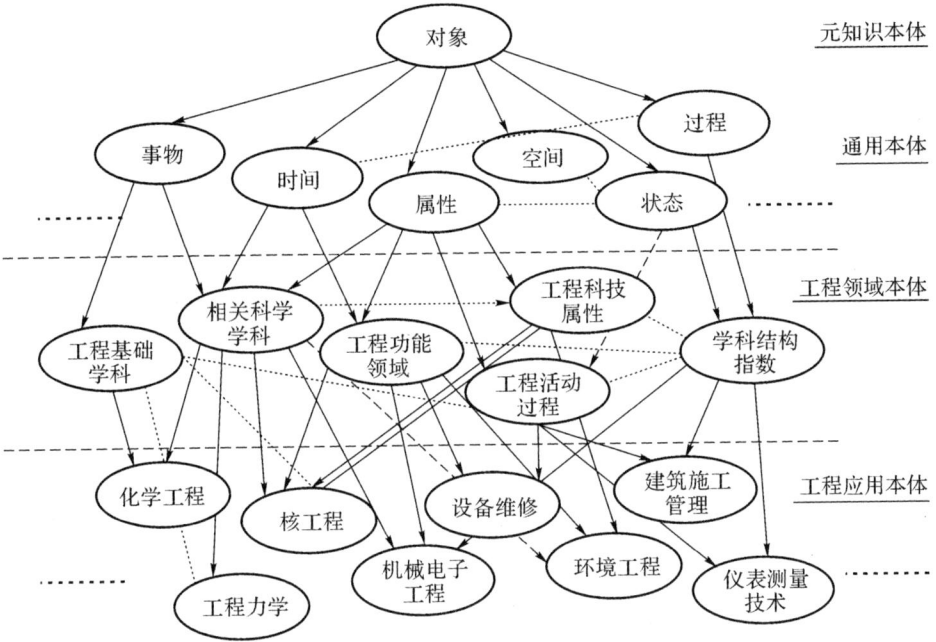

图 4.21　工程学科领域本体的逻辑结构

工程基础学科　指的是知识体系形成较早、相对成熟、相对独立且具备较强衍生能力或交叉能力的那些工程学科。具体地讲（详见 §4.1.2.1 和图 4.11），就是：土木工程、机械工程、电气工程、化学工程、矿冶工程和工业工程。与其他工程学科比较，这 6 个学科显然同时具有这里描述的四项特征。它们的出现最早自不待言，其相对成熟则是以专业协会的建立、集成专业活动规范的《工程手册》的出版、专业教育计划和相应教育机构的创设，以及与其他专业机构的合作和平等交往为标志。这最后一项标志，同样说明了工程基础学科的相对独立性，即它们其中的任何一个学科皆非由其他学科所派生。由于 6 个学科的这种原生性，现有的其他工程学科皆可视为它们的后代，包括直接衍生的后代和交叉形成的后代。

相关科学学科　这里指数学、力学、物理学、化学与生物学（参见 §4.1.2.2、§4.1.3.2 和图 4.15），它们提供给工程学科以自己的理论原理和分析方法、实验方法。这些科学的学科与工程学科的关系最为密切，其应用性的分支学科时常被视为工程学科。按照现代科学的严格划分，物理学、化学、生物学三门学科属于所谓"物质科学"（physical sciences）或自然科学，它们对各门工程学科所起的作用有强有弱。数学既不是自然科学，也不是社会科学，数学就是数学，它对所有学科都起作用。考虑到高等数学部分对工程和工程技术两类学科作用强度的实际水平，本书假定它仅对工程类学科起作用。

工程功能领域　指的是作为工程对象物所涉及的生产、经营、生命和生态 4 个方面的功能和职能（详见§4.2.2）。生产领域是工程职能的传统领域，包括生产运行与生产管理两个方面。生产与经营的分工虽然在早先的工学院和商学院之间划出明确界限，可是该分工是以两者相互区别的"运行"为基础的。工业化首先促成生产领域中管理职能与运行职能的剥离，继而管理的知识体系日臻完善并形成独立的学科。管理学科在工业背景下的创设与发展，很快就突破工学院的传统界限，朝向分工滞后的其他领域扩张，首当其冲的就是经营管理领域。信息化一方面在新的水平上整合了工程的生产与经营功能，另一方面则使得工程科技如虎添翼，将其应用的领域迅速拓展到生命与生态。

工程活动过程　指的是完整体现工程行为价值的设计活动、制造活动和服务活动三大过程（详见§4.2.3.1 和§4.2.3.2）。设计，无论是创新设计还是常规设计，向来被人视为工程活动的核心，但是它的价值实现必须借助制造或建造。传统的工程过程到此画上一个句号，然而就像功能领域扩张一样，信息化和现代服务业又把工程活动过程向前推进了一大步。知识经济和信息社会的到来，在全球范围内改变了物质生产和分配的方式和格局，现代制造、现代物流、现代金融、现代公共领域的科技服务等，已经成了高附加值的工程过程。

工程科技属性　这里指的是三位一体的物质、能量和信息（详见§4.2.3.3）。相关物质、能量和信息的工程领域及其知识体系，在人类文明史上是渐次发生和发展的，人们对其了解与认识也是在不断的深化、完善之中。尽管它们就像所谓"精气神"那样已经成为工程科技缺一不可的三大支柱，但是不同的工程分支和工程学科对它们仍然是各有侧重、各有所长，甚至成为分工或区分的重要标志。

学科结构指数　这里是指工程学科在特定的学科框架结构中所处的位置等级。处在上位的可视为一级学科，处在下位的可视为二级学科；仅有一级学科而不再划分二级学科的，默认其二级学科是与一级学科同名的学科。有些工程技术学科还可有进一步的划分，但此时与其称为三级学科，不如称为专门或专业。

将上述的基本概念综合起来，就可以看到如图 4.22 所示的工程学科知识本体的完整面貌。该本体模型包含 6 个基本概念集和 24 个本体元素,它们可以用来描写任何一个工程学科,进而刻画出不同工程学科框架的特性。

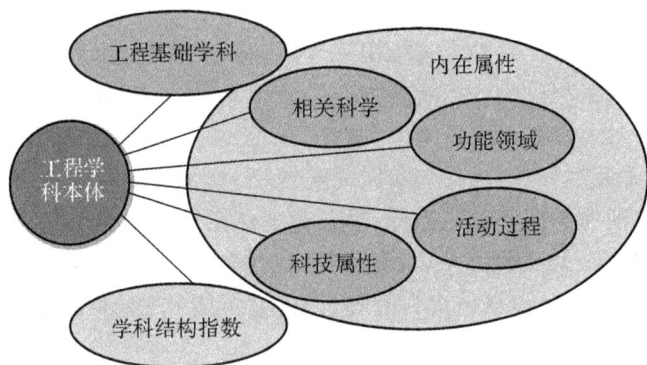

图 4.22　工程学科知识本体模型

4.4　本章小结

本章是对工程学科框架进行定性分析与综合的重点章。它在高等教育与管理领域首次引入本体概念,论证并构筑了工程学科知识本体模型,提出并深入讨论了该知识体的六个基本概念集合,即:"工程基础学科"、"相关科学学科"、"工程功能领域"、"工程活动过程"、"工程科技属性",以及"学科结构指数"。除了最后的概念集与框架形态有关,其他五个则是刻画框架的性态,分别描述工程学科的知识本源、衍生谱系、功能定位、过程走势和科技属性等内在特性。工程学科知识本体的构造,为本书框架研究以及工程学科及其分类的其他研究提供了一种理论工作平台。

工程学科知识本体的建构是定性分析与综合的结果。借助系统过程方式,以大量经考证的历史性资料,从工程活动、工程学科、工程知识体形成模式、工程职业、工程职能、工程过程、工程应用拓展与价值等多个侧面,挖掘出工程学科知识本体的基本元素。

在辨析本体元素的基础上,本章建构了现代工程过程的 DMS 模型。该模型刻画了在信息化和全球化的大背景下,现代工程的功能多向度、过程全周期的时代特征。

DMS 模型集成了"设计、制造、服务"三大工程核心领域,以及现代工程的"技术、营销、管理"三项核心功能。在保持传统工程(生产)过程的技术强势、科技基础的同时,强化了过程中的信息流动与管理,拓展了工程服务的内涵(从技术支持到提供各种流通平台),有望开辟不容懈怠的协同工程(collaborative engineering)的全新场景。

　　本章在同样分析的基础上又给出一个"工程链"概念,用以整合工程知识本体运动所揭示的工程过程的拓展特性与工程活动的价值特性。另外,本章还给出两个"大 E"的工程知识体系模型,模型Ⅰ表征现代工程知识体的第一重属性,即:科学与技术高度集成、理论与实践完美统一;模型Ⅱ表征现代工程的领域扩大、意义增长、使命加强和价值提升,早已远远超出了传统科学技术的概念和范畴。如果说模型Ⅰ已经渐为人知,模型Ⅱ则是鲜为人知。这些理论和实践主张尽管是一家之言,但是值得讨论和争鸣,因为它可能就是 21 世纪工程学科框架构建的新方向。

05 工程学科框架的实证分析与应用

本章借助 SPSS 统计软件(16.0 版本),对 8 个国家的 12 种工程学科框架做出初步实证研究。根据第 4 章提供的工程学科本体知识基础,本章设计并采集了学科统计样本诸项变量的相关数据,对其进行多维标度分析、因子分析和聚类分析,并对这些多元分析的结果加以初步分析和探讨,展望了实证分析结果的可能应用。

5.1 工程学科本体元素的数据描述

5.1.1 分析样本的选择与说明

现从第 3 章讨论的 8 个国家的学科框架中,选择有代表性的 12 个工程学科框架作进一步研究。这 12 个样本集合的总体状况由表 5.1 给出。

由表 5.1 可见,除选用中国的 4 个框架、美国的 2 个框架外,对澳大利亚、法国、德国、日本、俄罗斯和英国皆选用 1 个框架。在这些框架的名称中,有"工程与技术"、"工程与技术科学"、"工学"、"工程技术"、"理工"和"工程"等 6 种字样,严格地讲它们有不同的内涵。在英语国家,"工程"和"工程技术"是边界较为清晰的两个概念集合(参见 §3.1.1.2 和 §4.2.1.2),澳大利亚的 RFCD 框架和英国的 JACS 框架只是将其合并在一起,统称为"工程与技术"。在俄、德、法欧洲大陆国家和日本,"工程"和"技术"几无区别,时常用"工程技术"一个词汇表达,但另有"技术科学"一说,故其框架有"理工"的用法,其意是将科学与工程整合在一起。

表 5.1 工程学科分析样本集合概况

序号	框架代号	工程学科框架名称	1级	2级	3级	样本数	非零样本数
1	Aus	澳大利亚 RFCD 工程与技术学科框架	25	148	(148)	148	124
2	CGB	中国 GB 工程与技术科学学科框架	21	220	780	220	202
3	CGr	中国研究生用工学学科框架[a]	32	115	(115)	115	115
4	CSt	中国高职高专用工程技术专业框架	10	45	286	45	45
5	CUn	中国本科生用工学学科专业框架	21	195	(195)	195	175
6	Fra	法国 nPLUSi 理工学科框架	22	71	(71)	71	71
7	Ger	德国教师用理工学科框架	10	92	(92)	92	91
8	Jap	日本理工学科框架	14	179	(179)	179	178
9	Rus	俄罗斯 ВПО 理工学科框架	5	129	(129)	129	129
10	UKj	英国 JACS 工程与技术学科框架	30	143	194	143	114
11	USe	美国 CIP 工程学科框架[b]	34	42	(42)	42	39
12	USt	美国 CIP 工程技术学科框架	17	55	(55)	55	44
合计	/	/	241	1434	[c]	1434	1327

注[a]:框架 CGr 中,光学工程和生物医学工程不分设二级学科;

注[b]:框架 USe 中,仅土木工程和普通计算机工程分设二级学科;

注[c]:此列中未加括号的数据为三级学科数,分别属于框架 CGB、框架 CSt 和框架 UKj;其他框架的括号内数据为未分设三级学科的二级学科数。

中国框架因其用途各不相同,分别有"工程与技术科学"、"工学"、"工程技术"之说。除两个"工学"框架不设三级学科外,"工程与技术科学"设三级学科780个,"工程技术"设三级学科286个,学科数量是巨大的。本科生用"工学"框架的三级学科较之他国的框架,学科数量(195)也是相对巨大的,几乎是美国CIP工程框架的5倍。

从层次特征上对框架形态的分析可知,学科框架分为三类:(1)有三个学科层次齐全的框架,包括框架 CGB、框架 CSt 和框架 UKj;(2)仅个别一级学科设有二级学科,即基本上仅有一个学科层次的框架,包括框架 USe;(3)其余的8个框架属于第三类,以设有两个学科层次为特征。

从框架包含的学科数量看,学科框架亦可分为相应的三类:(1)学科分类最细的框架,同样是框架 CGB(780)、框架 CSt(286)和框架 UKj(194);(2)学科分类最粗的框架,同样是框架 USe(42);(3)其余8个框架包含的学科数量介于其间,把它们按从多到少的顺序排列为:框架 CUn(195)、框架 Jap(179)、框架 Aus(148)、框架 Rus(129)、框架 CGr(115)、框架 Ger(92)、框架 Fra(71)和框架

USt(55),在 2 级学科层次上仍然是中国的框架分类最细而美国最粗。

在本书研究中,所选 12 个框架的样本总数为 1434 种,扣除"零值"样本 107 种,实际统计用样本为 1327 种。每个学科样本的代码为框架代号加上框架内学科序列号,例如"Aus88"表示澳大利亚 RFCD 框架的第 88 号学科。每个框架的学科样本代码与学科名称的对照,详见附录 G,正文中不予细述。

5.1.2 样本变量的确定与赋值

根据第 4 章的研究,工程学科领域本体至少涉及"工程基础学科"、"相关科学学科"、"工程功能领域"、"工程活动过程"、"工程科技属性"和"学科结构指数" 6 个基本概念集合,共计 24 个学科本体元素(详见§4.3.3)。

概念"学科结构指数"描述的是一个学科在学科框架结构中所处的位置,包括上中下 3 个层次的所谓一级、二级和三级学科。多数学科框架系统设有两个学科层次,也有一些设了三个层次。为方便计,本书仅以处在中间层次的二级学科为分析对象;对少数不设二级学科的一级学科,假定其设有与一级学科同名的二级学科。这样,本书的分析对象涉及 5 个概念集的 21 个元素或变量,详见表 5.2。

表 5.2 工程学科框架的变量名称与代号

类	槽(概念集)	编号	代号	侧面(变量)	备注
××工程学科	工程基础学科	1	CEg	土木工程	覆盖建筑、交通、卫生、环境等
		2	MEg	机械工程	覆盖航空航天、船舶、车辆等
		3	Min	矿冶工程	覆盖油气煤等地质矿产和非化工原材料
		4	EEg	电气工程	覆盖电子、通信、计算机等
		5	ChE	化学工程	覆盖纺织、染料、制药、生物化工等
		6	IEg	工业工程	覆盖管理、系统工程、人机工程等
	相关科学学科	7	Mth	数学	含统计学及相关交叉学科
		8	Mch	力学	含相关交叉学科
		9	Phy	物理学	力学以外的物理学科及交叉学科
		10	Chm	化学	含相关交叉学科
		11	Bio	生物学	含生命科学及相关交叉学科
	工程功能领域	12	Pro	生产	参见§4.2.2.1
		13	Mkt	经营	参见§4.2.2.2
		14	Lif	生命	参见§4.2.2.2
		15	Eco	生态	参见§4.2.2.2

续表

类	槽（概念集）	编号	代号	侧面（变量）	备　注
××工程学科	工程活动过程	16	Dsn	设计	参见§4.2.3.1和§4.2.3.2
		17	Mfg	制造	参见§4.2.3.1和§4.2.3.2
		18	Svc	服务	参见§4.2.3.1和§4.2.3.2
	工程科技属性	19	Mas	物质	参见§4.2.3.3
		20	Erg	能量	参见§4.2.3.3
		21	Inf	信息	参见§4.2.3.3

　　表中的变量为二元变量，取值非 1 即 0，分别表示有关（比较有关）或者无关（不太有关）。对各变量的赋值，部分征集学科专家的咨询意见，但主要依据具体学科框架的相关文件给出的各个学科的定义或说明。

　　例如，美国框架的"机械工程"在《美国 CIP 的工程学科》（详见附录 A）中被界定为：

　　16 机械工程（含 1 个二级学科）

　　该计划培养的人才应能运用数学和自然科学原理去设计、开发并实地评估用于制造的物理系统和用于特殊应用的终端产品系统，包括机床、夹具及其他制造装置、固定功率组件和器械、发动机、自推进的车辆、机架和容器、控制运动的液压和电气系统，以及作业系统的计算机和遥控集成。

　　又如，英国框架的"机械工程"在《英国 JACS 的工程及其相关学科》（详见附录 C）中界定为：

　　H300 机械工程（含 7 个二级学科）：学习工程原理以用于机械的设计、开发、制造和运行。

　　H310 动力学：学习造成物体位移和运动的作用力，包括运动学；学习和应用专门的数学。

　　　　H311 热动力学：学习能量不同形式的内在关系和相互转化，包括学习压力、温度等效应，也称为热交换技术；学习和应用专门的数学。

　　H320 机构和机器：学习传送和转变力的运动构件的装配和构造以实现某些功能。

　　　　H321 涡轮技术：学习运动流体流经旋转叶片时动能向机械能的转换，包括学习和应用专门的数学。

　　H330 车辆工程：学习自推进的机械装置。

　　　　H331 公路车辆工程：学习公路上的自推进机械装置。

　　　　H332 铁道车辆工程：学习铁路上的自推进机械装置。

H333 轮机工程:学习水上的自推进机械装置。

H340 声学和振动:学习振动和共振。

H341 声学:学习声音及其波动。

H342 振动:学习平衡位置附近的周期运动。

H350 海上工程:学习工程原理以用于海上建筑物的建造及其与风浪的作用,包括学习和应用专门的数学。

H360 机电一体化工程:学习电气电子操纵的机械装置。

H390 他处未列的机械工程

再如,中国研究生框架的"机械工程"被描述为(国务院学位办,1999:211－216):

0802 机械工程(含 4 个二级学科)

机械工程……是为国民经济建设和社会发展提供各类机械准备和生产制造技术(……)的重要学科。(……)主要研究领域包括机械的基础理论、各类机械产品及系统的设计方法、制造技术、检测与控制、自动化及性能分析与实验研究。

080201 机械制造及其自动化:机械制造及其自动化学科是研究机械制造理论、制造技术、自动化制造系统和先进制造模式的学科。

080202 机械电子工程:机械电子工程是将机械学、电子学、信息技术、计算机技术、控制技术等有机融合而成的一门综合性学科。(……)在国民经济各领域机电一体化设备以及生产过程自动化中,得到广泛的应用,对科技的发展起着重大促进作用。

080203 机械设计与理论:机械设计是联系机器需求和技术实现的纽带,创新的设计是推动机械工程发展的动力,是决定机器产品功能、质量、价格、交货期的先决条件。机械设计与理论学科将在不同层次上培养从事机械设计、机械系统性能分析和相关理论研究的人才。

080204 车辆工程:车辆工程学科的研究对象是汽车、机车车辆、拖拉机、军用车辆及工程车辆等陆上移动机械的理论、设计与技术问题。(……)车辆工程从初期涉及力学、机械设计理论、金属材料、化工,到今天拓展至与计算机、电子技术、测试计量技术、交通运输、控制技术等的相互渗透、相互联系,并进一步触及医学、生理学及心理学等广泛领域,形成了一门涵盖多种高新技术的综合性学科。

根据类似的这些信息,可以把学科样本数据基本采集齐备;个别的还可以由学科名称直接判定。作为示例说明,表 5.3 列出的是对应以上 12 个学科的样本数据。

表 5. 3　工程学科样本数据示例

学科名称	代号	CEg	MEg	MIn	EEg	Che	IEg	Mth	Mch	Phy	Chm	Bio	Pro	Mkt	Lif	Eco	Dsn	Mfg	Svc	Mas	Erg	Inf
机械工程	USe024	0	1	0	0	0	0	1	1	0	0	0	1	0	1	0	1	1	0	1	1	1
动力学	UKj053	0	1	0	0	0	0	1	1	1	0	0	1	0	0	0	1	0	0	1	1	1
机构和机器	UKj054	0	1	0	0	0	0	1	1	0	0	0	1	0	0	0	1	1	0	1	1	1
车辆工程	UKj055	0	1	0	0	0	0	1	1	0	0	0	1	0	0	0	1	1	0	1	0	0
声学和振动	UKj056	0	1	0	1	0	0	1	0	0	0	0	1	0	0	0	1	0	0	0	0	1
海上工程	UKj057	0	1	0	0	0	0	1	1	0	0	0	1	0	0	0	1	1	0	1	0	0
机电一体化工程	UKj058	0	1	0	1	0	0	1	1	0	0	0	1	0	1	0	1	1	0	0	0	1
他处未列的机械工程	UKj059	0	0	0	0	0	0	1	1	1	0	0	0	0	0	0	0	1	0	0	0	0
机械制造及其自动化	cGr005	0	1	0	1	0	0	1	1	1	0	0	1	0	0	0	1	1	1	0	0	1
机械电子工程	cGr006	0	1	0	1	0	0	1	1	1	0	0	1	0	1	0	1	1	0	1	0	1
机械设计及理论	cGr007	0	1	0	0	0	0	1	1	0	0	0	1	0	0	0	1	0	0	1	0	1
车辆工程	cGr008	0	1	0	0	0	0	1	0	0	0	0	1	0	0	0	1	1	1	1	0	0

　　由表 5.3 可见,每个学科样本均由 0 和 1 组成的字符串构成,它们共同反映着该学科的综合本体属性。须加说明的是,像表中代号为 UKj059 的"他处未列的机械工程"这类学科,在许多学科框架中随处可见,这是预留给其他新生学科的一种必要的框架安排;因其变量赋值皆为 0,故未予以实际运算。

5.2　可视化的工程学科框架释义

5.2.1　多维标度分析(MDS)

　　多维标度分析(multidimentional scaling,MDS),又称多维尺度分析,是多元分析中用于判断样本相似性的一种重要的有效统计方法。凭借 SAS、SPSS、TSP 和 STATISTICA 等统计软件,MDS 还能够给出直观的图示分析结果,便于研究者形象地发现和认识问题,给出有价值的分析结果,进而深入开展研究。

　　一般地讲,作为多元数据分析的多维标度分析,就是通过一系列运算技巧将多维空间的研究对象(样本或变量)简化到低维空间,加以定位、分析和归类,同时又保留着对象间原始关系。经过适当的"降维"处理,研究对象之间的相似(或不相似)程度就在低维度空间以点与点之间的距离表示出来。显然,这有助于识别影响事物间相似性的潜在因素。

　　多维标度分析方法的应用,主要有以下几个步骤(何晓群,2008:399):(1)确定研究的目的;(2)选择需要进行比较分析的样本和原始变量;(3)选择适当地求解方法,分析样本间的距离矩阵;(4)选择适当的维度,得到直观地表征样本间距离矩阵古典解的变量分布,并对结果加以解释和讨论;(5)检验模型对样本的拟合情况并且做出判断。

　　在本书工作中,上述第(1)和(2)步已经由先前的章节完成。第(3)步是打开 SPSS 软件,进入菜单(ALSCAL)、将 21 个变量选入变量框;由于输入的是原始变量,样本间的距离矩阵要通过原始变量来计算,故选择"Create distances from data",同时选择欧氏距离作为样本间的间隔尺度,选择"Z Scores"将变量标准化。第(4)步选择间隔尺度作为测量水平,选择欧氏距离、二维模型作为标度模型。第(5)步是根据计算机运算结果进行甄别和讨论。受软件限制,每次执行多维标度分析命令时样本数不得超过 100,故将 12 个框架的 1327 个样本分为 20 个样本组进行运算(详见下节和附录 G)。现以框架 USe 的 39 个学科样本为例,说明样本的拟合情况。

　　框架 USe 运算后的部分输出结果列于表 5.4。

表 5.4　框架 USe 叠代过程和距离阵的古典解（部分）

Iteration history for the 2 dimensional solution (in squared distances)
Young's S-stress formula 1 is used.

Iteration	S-stress	Improvement
1	.04685	
2	.03984	.06991
3	.03946	.00407
4	.03937	.00049

Iterations stopped because
S—stress improvement is less than　.001000

Stress and squared correlation (RSQ) in distances
RSQ values are the proportion of variance of the scaled data (disparities)
in the partition (row, matrix, or entire data) which
is accounted for by their corresponding distances.
Stress values are Kruskal's stress formula 1.

For　matrix

Stress=　.03176　　RSQ=　.77631

Configuration derived in 2 dimensions

Stimulus Number	Stimulus Name	1	2
1	VAR1	1.1858	1.7116
2	VAR2	.5032	−.7120
3	VAR3	1.0846	1.6359
4	VAR4	.4159	−.6765
5	VAR5	.2960	2.0883
6	VAR6	1.1357	.5722
7	VAR7	1.3455	−.0596
8	VAR8	.5089	−.7378
9	VAR9	.5090	−.7378
10	VAR10	.5091	−.7379
11	VAR11	.4303	−.6239
12	VAR12	.7240	−1.0241
13	VAR13	−1.0812	−.4354
14	VAR14	−1.3751	−.4592
15	VAR15	−1.8407	1.0871
16	VAR16	−.9478	−.9250

Stimulus Number	Stimulus Name	1	2
17	VAR17	−.6905	−1.0107
18	VAR18	−1.3120	−.1916
19	VAR19	−1.2143	−.8239
20	VAR20	−1.1685	2.8831
21	VAR21	.9904	.7343
22	VAR22	.7146	−1.0945
23	VAR23	1.3095	.5655
24	VAR24	.8232	−.2926
25	VAR25	.5998	−.6020
26	VAR26	.6561	−.7429
27	VAR27	−1.3770	.7020
28	VAR28	.9845	−.5241
29	VAR29	−1.2021	−.1784
30	VAR30	.8800	.5119
31	VAR31	.8030	.9938
32	VAR32	.8767	.5127
33	VAR33	−.0773	−1.1763
34	VAR34	1.2567	.4016
35	VAR35	−1.8309	.0290
36	VAR36	−.2410	−1.0282
37	VAR37	−1.9502	.7496
38	VAR38	−1.0021	−.1199
39	VAR39	−1.2322	−.2639

同其他多元分析方法一样，对运用多维标度分析（MDS）获得的结果也要进行可靠性和有效性的评估。在这里，Stress（压力指数）是其信度指标，反映 MDS 的拟合劣质程度；RSQ 是其效度指标，它是拟合优度（相关系数）的平方，反映 MDS 的拟合良好程度。两个指标的度量角度完全相反，Stress 值越小说明拟合度越好；RSQ 值越大说明结果越理想，当其值大于或等于 0.6 即认为可以接受（卢纹岱，2008：528）。在上例中，Young 氏压力指数为 0.03937、Kruskal 氏压力指数为 0.03176，均小于 5%；RSQ 为 0.77631，明显大于 0.6，所以该框架的拟合结果是可以接受的。表5.4 还给出该框架的 39 个样本变量在二维平面中的坐标值，据此可以生成直观的二维平面图用以进一步分析。

5.2.2 工程学科框架图谱与解读

像上节对框架 USe 所做的分析那样，对 12 个学科框架的分析结果同样表明，它们各自的 Stress 值和 RSQ 值均能满足多维标度分析的基本要求，本节不再一一列表说明。本节展示 12 个框架的二维坐标数据所生成的 20 幅 MDS 图谱，它们展现的学科分布形态各不相同。利用附录 7 给出的各变量与学科名称的对照表，可以逐一探讨图谱展示的性态特征，但以下仅选择性地给以简要说明。

5.2.2.1 澳大利亚 RFCD 工程与技术学科框架

澳大利亚 RFCD 学科分类的特色是兼顾研究与教学的需要，其学科目录包含若干已被承认的学术性学科、高等学校的主修领域及其分支、国立研究院所的主要研究领域，以及新兴的学习研究领域（详见§3.1.3.1）。因此，它的工程与技术学科框架所包含的学科也具有同样的特点。

图 5.1 展示了 RFCD 的框架图谱。图 a 中，集中分布在上方的学科多属于机械、矿冶和土木，下方的多是电类、化工和综合技术类学科，且两者多分布在第Ⅱ、第Ⅲ象限。图 b 中，密集在原点周围的是电工、电子、通讯和计算机类的学科，同样多分布在第Ⅱ、第Ⅲ象限。这种情况似乎说明，沿着框架图谱的纵轴由下而上分布的学科，依次是基于科学的工程学科和基于技术的工程学科。

关注偏离分布中心的那些学科可能是有益的，它们能带来新的发现。例如在图 a 中，最边缘的 3 个学科是水和卫生工程（VAR31）、生物救治（VAR44），以及发酵、生物技术和工业微生物（VAR1），它们显然侧重于生命和生态方面，也许正因为如此，才使得它们与主流学科拉开较大的距离。对于图 b 中最右边的农业工程（VAR21），鉴于它也涉及生命和生态，可以给出同样的解释。

在图 a 的第Ⅳ象限，居中偏右的一个学科集群是环境技术（VAR46）、海运工程（VAR50）、包装存储与运输（VAR18）、环境工程设计（VAR45）、运输工程（VAR32）、环境工程模拟（VAR43）、安全与质量（VAR19），以及海洋工程（VAR51）和航道与选址（VAR41）。该学科集群所涉及的工程功能领域是经营和生态，位于生产技术性学科的右侧。注意到图 b 的第Ⅳ象限，同样引人注目的是由生物材料（VAR3）、康复工程（VAR2）、生物传感器技术（VAR23）、临床工程（VAR1）和生物力学工程（VAR4）构成的学科集群。这两个事实似乎说明，框架图谱的水平轴线是沿着生产、经营、生命、生态的次序延伸开来的。

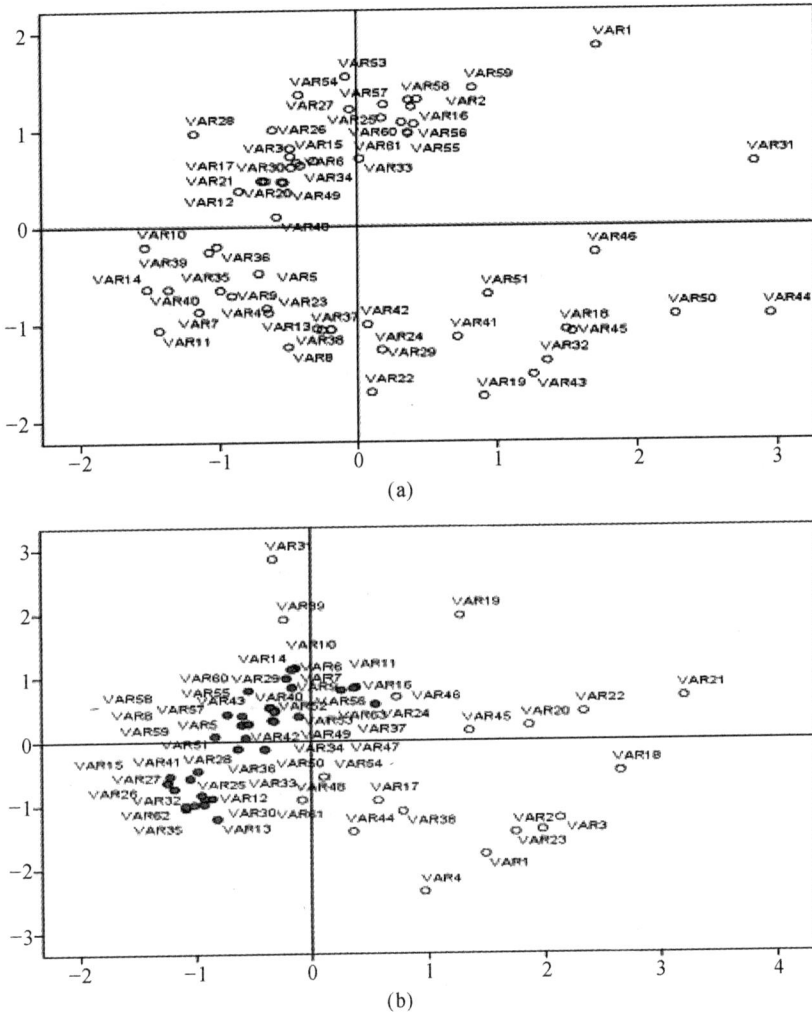

(a)

(b)

图 5.1　澳大利亚 RFCD 学科框架图谱

5.2.2.2　中国 GB 工程与技术科学学科框架

　　该框架的工程与技术科学学科,取自 1992 年颁布的《中华人民共和国学科分类与代码国家标准》(GB/T13745-92)(详见 § 3.3.1.1)。该标准的特色是学科层次丰富、学科数量齐全,在人文社会科学领域的科研管理中得到较广的应用。图 5.2 展示了目录中工程与技术科学学科的分布图谱。

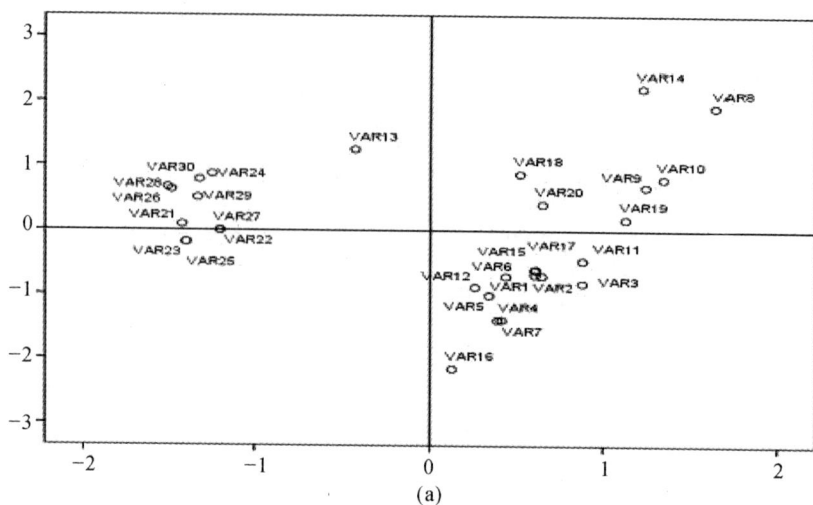

(a)

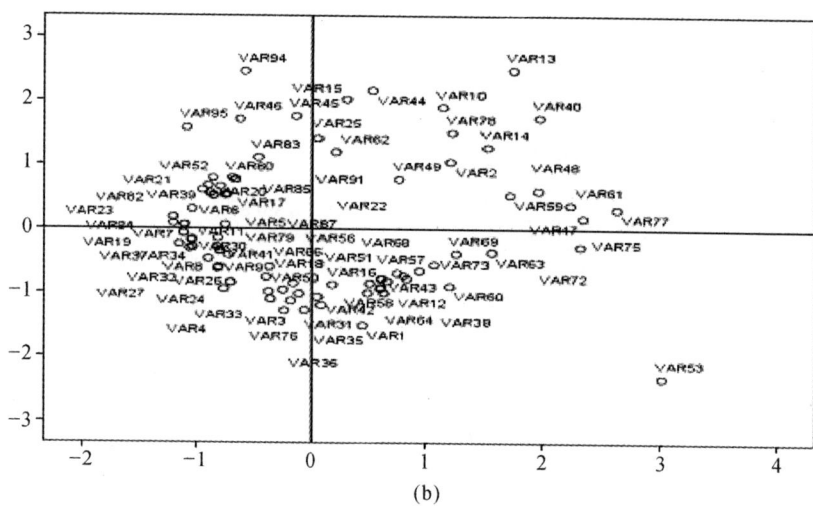

(b)

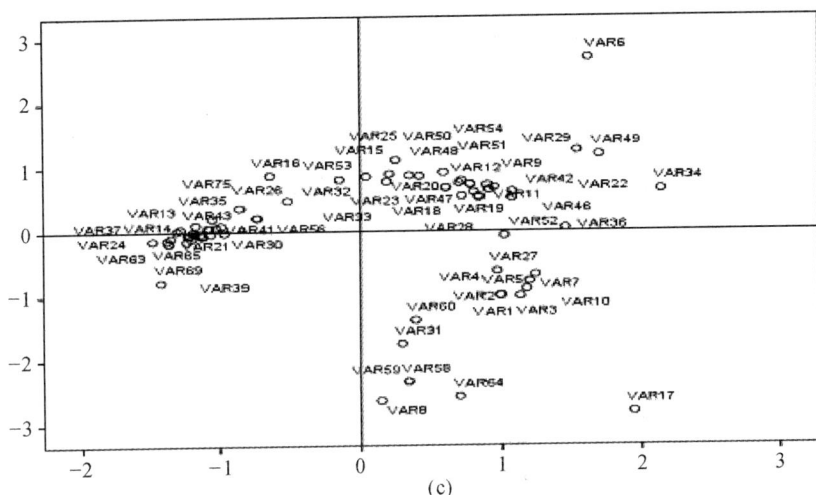

图 5.2　中国国标学科框架图谱

5.2.2.3　中国研究生用工学学科框架

　　该框架的工学学科,取自 1997 年国务院学位委员会和国家教育委员会联合发布的《授予博士、硕士学位和培养研究生的学科、专业目录》(详见§3.3.2.1)。该目录在我国研究生教育已经形成巨大规模的今天,对研究生的招生、培养和学位授予,以及高等学校的学科建设和学科组织设立起着严格的规范与标准约束作用。

　　图 5.3 展示了工学学科的框架图谱。若将图 a 和图 b 的坐标叠合在一起则可看到,处在图谱平面最右侧的学科集群是人机与环境工程(VAR51)、水文及水资源(VAR11)、交通运输规划与管理(VAR43)、农业生物环境与能源工程(VAR62)、安全技术及工程(VAR29),以及辐射防护及环境保护(VAR59)。这里再次表明,水平轴线的方向指示的是工程功能领域的拓展的方向。鉴于图谱中工学学科更多地聚积在水平轴线的下方,可以认为,该框架的学科更多的是以科学为导向的。

5.2.2.4　中国高职高专用工程技术专业框架

　　该框架包含了 45 类供高职高专院校使用的工程技术专业(详见§3.3.2.3),图 5.4 展示了它的框架图谱。这些专业比较匀称地分布在平面的四个象限,其中:第Ⅰ象限集中了公路运输、民航运输、电力技术、城镇规划与管理、工程管理、房地产、安全等专业;第Ⅱ、第Ⅲ象限的交界处集中了轻化工、纺织、食品、材料、矿业等专业;第Ⅲ、第Ⅳ象限的交界处集中了计算机、电子信息、

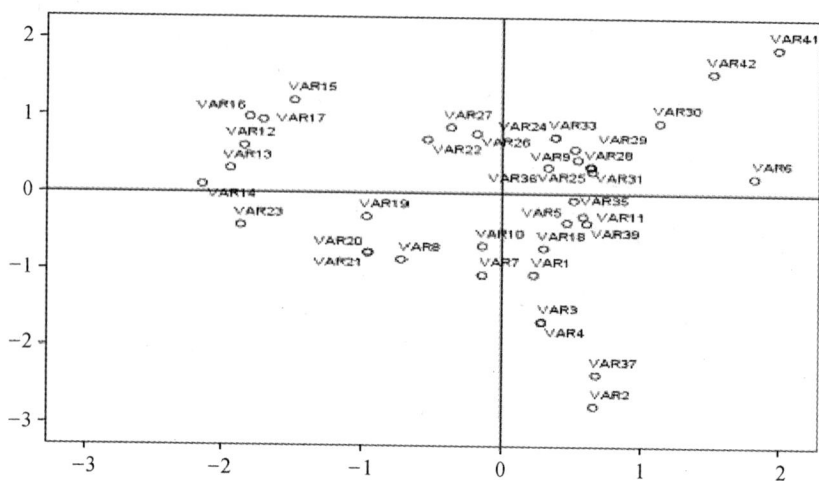

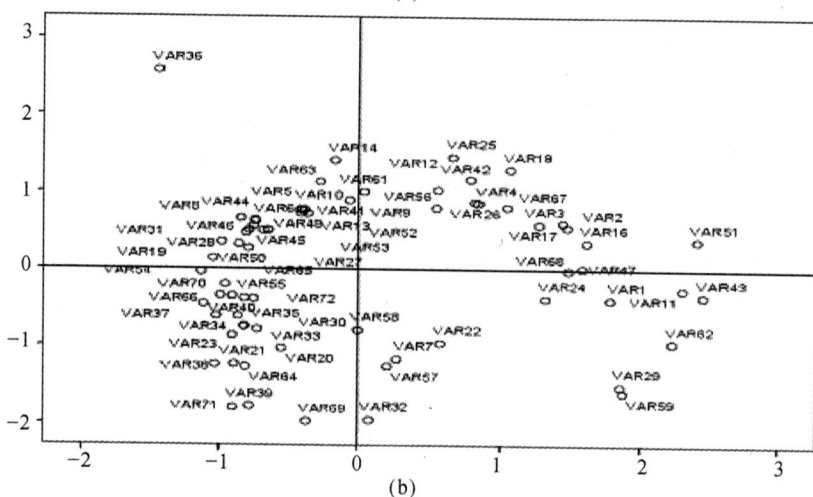

图 5.3　中国研究生用学科框架图谱

通讯等专业；第Ⅳ象限集中的则是水文与水资源、水土保持与水环境、气象、环保等专业。

5.2.2.5　中国本科生用工学学科专业框架

　　该框架与上述三个中国学科（专业）框架比较是相对独立的，与后三者不存在互补或承继的关系，仅供各类院校四年制普通本科教育以及本科远程教育、自学考试、成人教育专升本等使用（详见§3.3.2.2）。将框架的两幅图谱（见图5.5）按比例沿坐标轴叠合在一起，则可看到175个学科均匀地分布在四个象限；

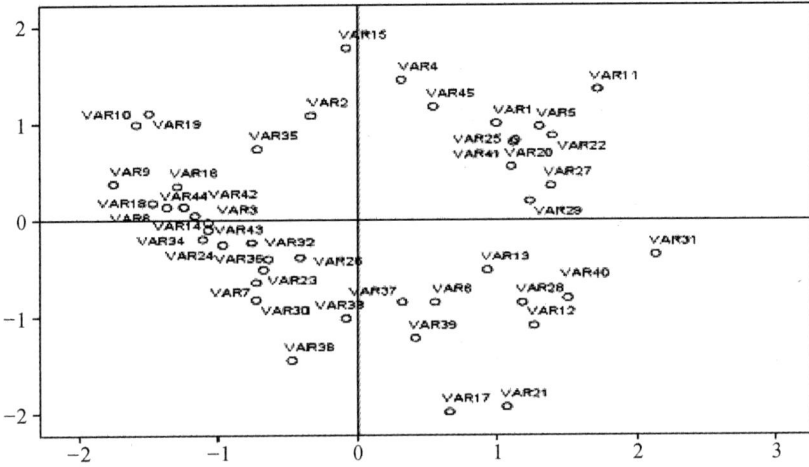

图 5.4　中国高职高专用学科框架图谱

最左侧的学科是地质工程(图 a),最右侧的学科是环境监察(图 b),且同时位于水平轴线的下方,表明其科学含量可能大于其技术含量。

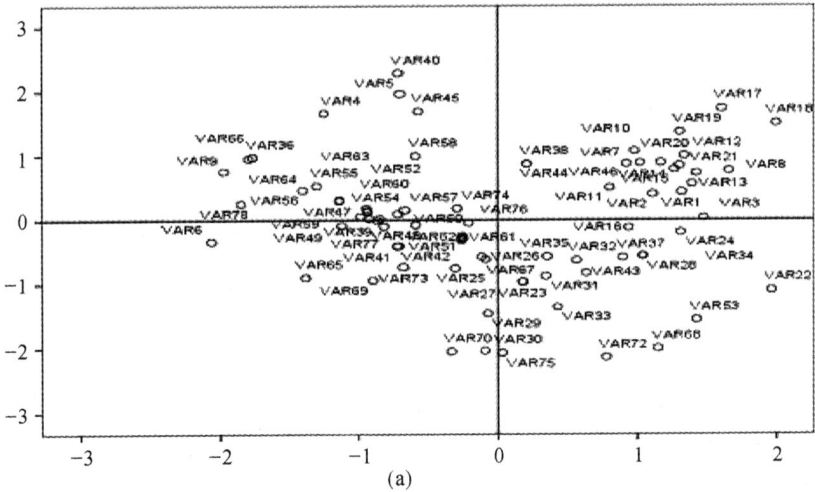

(a)

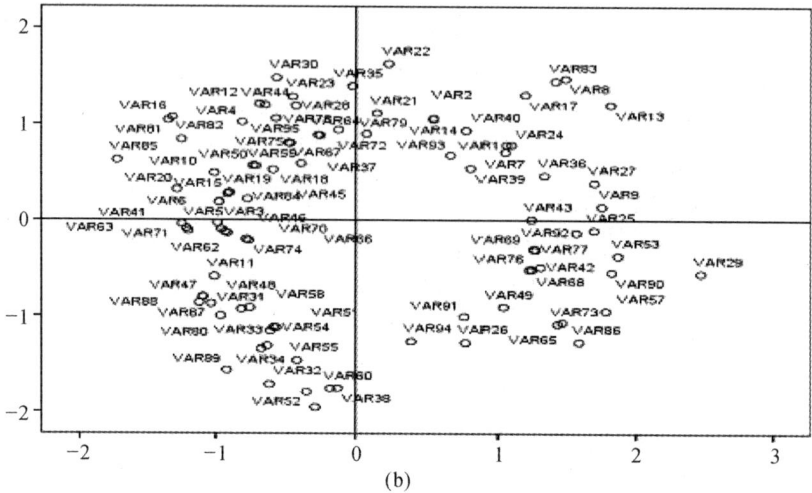

图 5.5　中国本科生用学科框架图谱

5.2.2.6　法国 nPLUSi 理工学科框架

法国工程教育系统有自己独特的多样化特征,这里选作分析的 nPLUSi 框架是其众多框架中的一种(详见§3.2.3.2)。

由图 5.6 给出的图谱可见,第Ⅱ象限及其与第Ⅲ象限交界处分布的学科较为密集。在第Ⅰ象限也密集分布着相当数量的学科,其核心成员有:运输和物流、工商管理实用数据处理、CAO—DAO 数字工程,以及地理信息系统和空间管理、大地测量信息系统和污染与风险控制、区域规划和治理等。在与该学科集群毗邻的第Ⅳ象限,也有一个包含 4 个学科的集群,它们是:化学与工业风险,原材料、能源与持续发展,材料、能源与环境,以及治疗与康复仿真系统。这两个相对醒目的学科集群在 nPLUSi 框架的学科总量中,占有 1/3 左右的比重,它们展示了法国框架的一种新面貌,即其学科设置的重心正在向传统工程学科以外的领域大力拓展,正在借助"信息"进一步整合"物质"与"能量",并迅速用之于经营管理、生命和生态环境。

5.2.2.7　德国教师用理工学科框架

图 5.7 展示了德国特色的框架图谱(详见§3.2.2.2)。由图可见,该框架突显出学科交叉、科技融合的工程学科特性。学科分布的重心在水平轴线的下方,且相对均匀。第Ⅰ和第Ⅱ象限的学科集群,似乎显现出偏离传统工程学科的倾向。值得注意的是图谱最上方的学科"VAR4",该学科名为"科技史",它可能彰显了德国框架的一个重要特色。

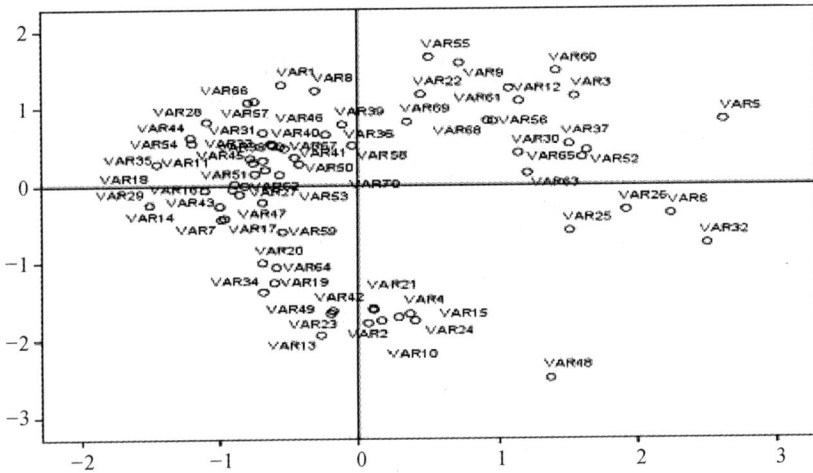

图 5.6　法国 nPLUSi 学科框架图谱

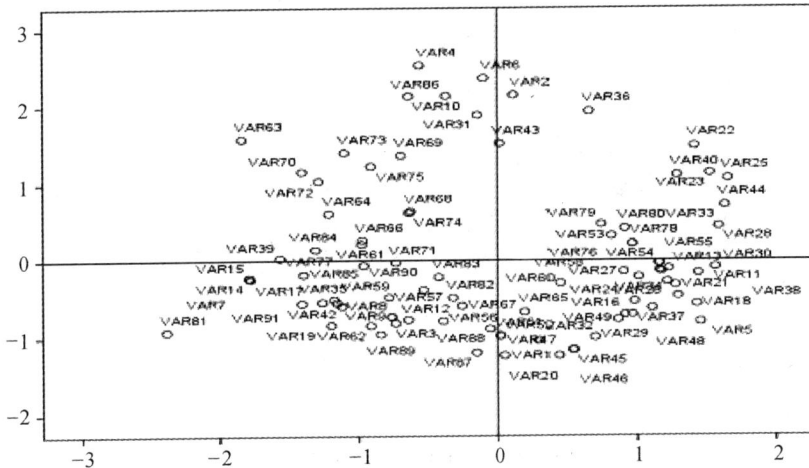

图 5.7　德国教师用学科框架图谱

5.2.2.8　日本理工学科框架

图 5.8 展示了日本一个理工学科框架的图谱(详见 §3.2.4.1)。若将 a 和 b 两图按比例叠合在一起,则可看到四个象限内比较均匀的学科分布。在本书研究的 12 个框架中,日本框架涉及的学科数量为 178 个,仅次于中国 GB 框架的 202 个学科、略高于中国本科框架的 175 个学科而位居第二位。学科划分细腻,可能是中日框架的共同特征。

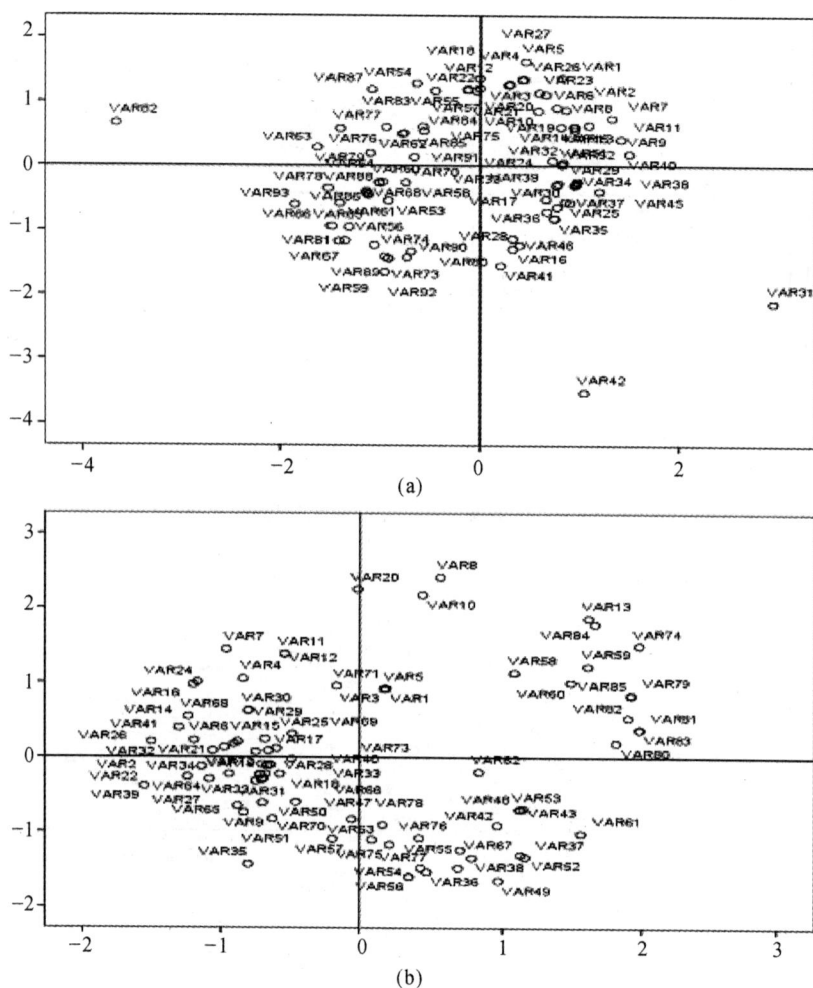

图 5.8　日本理工学科框架图谱

5.2.2.9　俄罗斯 ВПО 理工学科框架

图 5.9 展示了俄罗斯 ВПО 框架的图谱(详见 §3.2.1.2)。同样,若将 a 和 b 两图按比例叠合在一起,也可看到四个象限内相对均匀的学科分布。俄罗斯框架的学科数量为 129 个,位居第四,仅占位居第三的中国本科框架学科数量的 73.7%,还不足后者的 3/4。

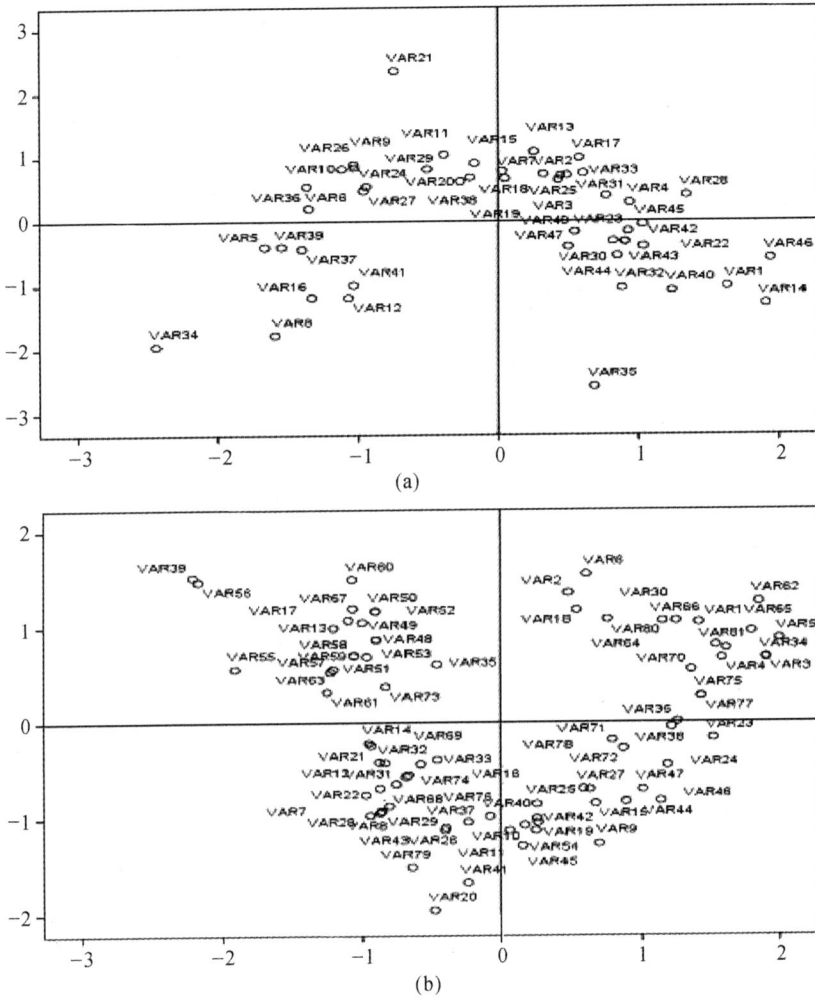

图 5.9　俄罗斯 ВПО 学科框架图谱

5.2.2.10　英国 JACS 工程与技术学科框架

图 5.10 展示了英国 JACS 框架的图谱(详见 §3.1.2.2)。与澳大利亚的
RFCD 框架一样,该框架统一适用于英国学术界和高等教育界。同样,若将 a 和
b 两图按比例叠合在一起,也可看到四个象限内相对均匀的学科分布,尽管右半
平面学科更为密集一些。可以关注的是图 a 中的 VAR32、VAR37、VAR2 和
VAR1 四个学科形成的集群,分别是认知模式、力学、应用数学和纯粹数学。再
一个特别的是远离中心的 VAR34,该学科名为"综合工程"。它们的意义值得进

一步探讨。

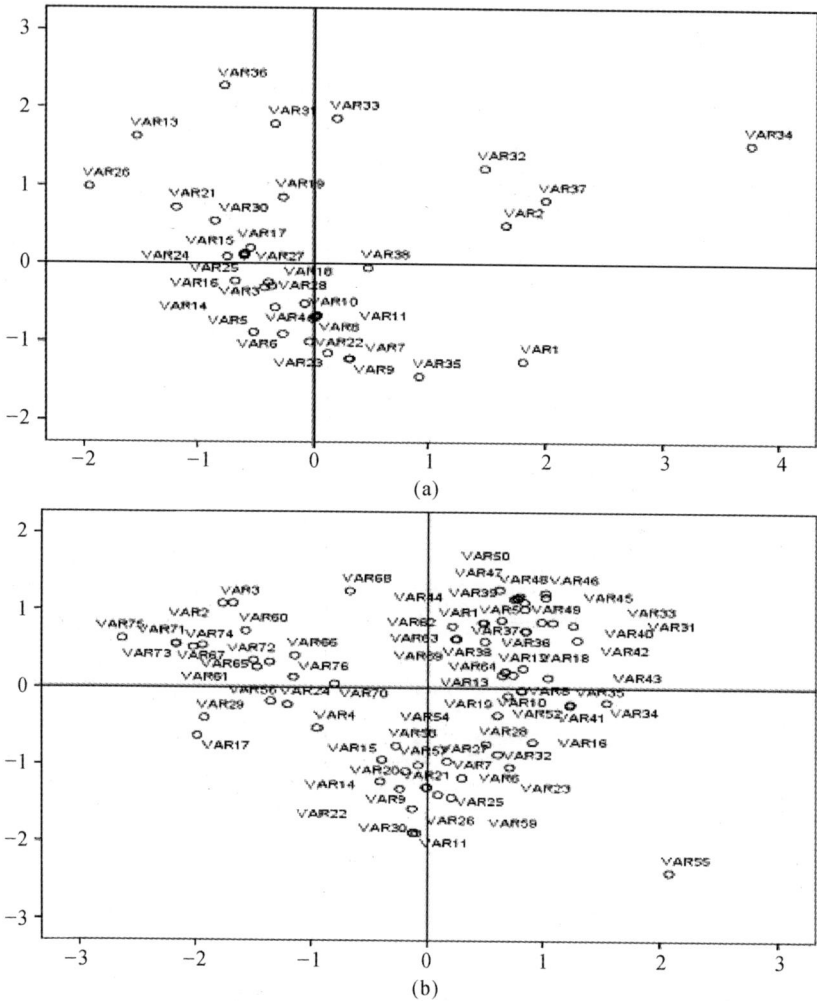

图 5.10　英国 JACS 学科框架图谱

5.2.2.11　美国 CIP 的工程学科和工程技术学科框架

图 5.11 和图 5.12 分别展示了美国 CIP 框架的两个图谱(详见 §3.1.1.2)。CIP 工程学科分类以其宽、粗而成为特色。前已述及,CIP 基本上仅设一级工程学科 34 种,唯独土木工程和普通计算机工程设有自己的二级学科。CIP 的工程技术学科的 17 个一级学科之大部分虽然也分设了若干二级学科,但比较其他国家的框架其数量也是最少。

　　若将图 5.11 和图 5.12 按比例叠合在一起,可以看到两个框架是完全互补的。在图 5.11 中,主要分布在第Ⅲ象限的学科集群包含的工程学科有:电气电子学和通信工程、普通计算机工程、计算机硬件工程、计算机软件工程;工程力学、工程物理、工程科学;系统工程、运筹学、工业工程,以及测绘工程和地质/地球物理工程。该学科集群展现出以物理学为核心的高度科学相关性。与此类似,主要分布在第Ⅰ象限、靠近水平轴线的学科集群包含的工程学科有:材料工程、材料科学、高分子和塑料工程、陶瓷科学和工程、化学工程;林业工程,以及矿业工程、冶金工程。该学科集群展现的则是以化学为核心的高度科学相关性。

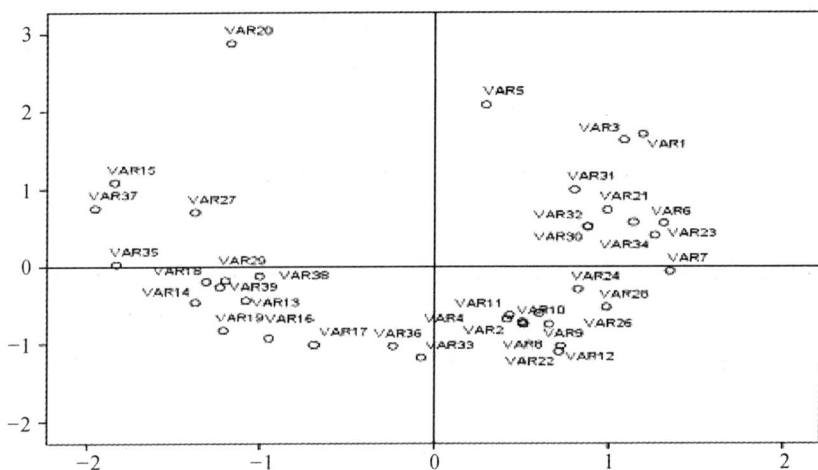

图 5.11　美国 CIP 工程学科框架图谱

5.2.3　学科框架性态的初步比较

　　从上节展现的图谱可见,每个框架不仅包含不同的学科数量,而且都有自己独特的学科分布,或多或少地表现出框架的某种性态。按照第 4 章对工程学科本体属性的研究,这些性态涉及:(1)与基础工程学科的血缘亲近程度;(2)与数学及相关自然科学的血缘亲近程度;(3)在工程功能领域的分布状态;(4)在工程生命全周期中所侧重的过程与阶段;(5)在物质、能量、信息三大基石上的立足状态。图谱仅对这些性态给出直观的提示,并未予以细致的解释。

　　学科框架性态是学科总体呈现的一种根本面貌,它表征了该框架的学科设置倾向性,即所谓学术性向或知识取向。学科框架当然是为某种需要而建立的,但不可避免地受到框架"设计者"对学科认知的限制,受到"设计者"知识价值观

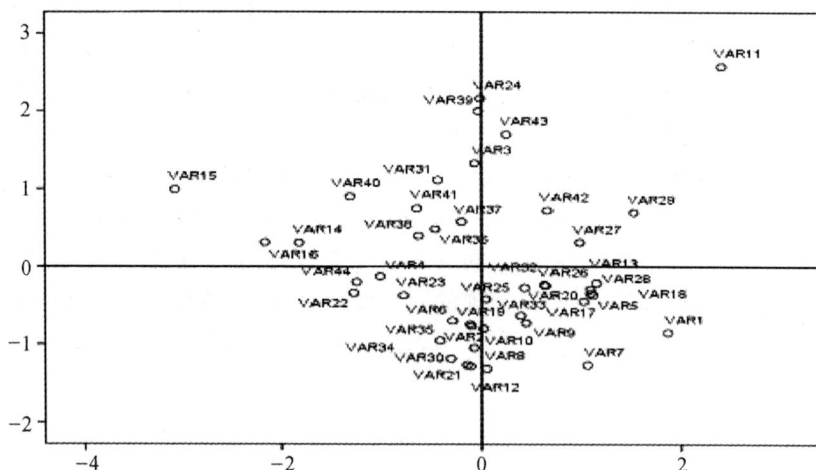

图 5.12　美国 CIP 工程技术学科框架图谱

的束缚,无论该"设计者"是个人还是群体。学科框架的设计与其说依赖什么先进的理论,不如说靠的是明智的主观判断。这个判断的依据包括:对"用户"需求的识别,对传统框架的扬弃和继承,对同类框架的鉴赏和借鉴,对未来框架扩展的预见和预测。上述依据工程学科本体属性提到的 5 个方面,只是给出可以参考的思路。

　　作为一个实际运用的例子,本书仅就工程学科在工程功能领域的分布,讨论框架的功能性态,分析数据列于表 5.5。

表 5.5　工程学科框架的功能性态

序号	框　架	学科总数	生产领域学科比重	经营领域		生命领域		生态领域	
				学科数	%	学科数	%	学科数	%
1	澳 RFCD 框架	124	72.6%	19	15.3	10	8.1	5	4.0
2	中国标框架	202	72.8%	33	16.3	8	4.0	14	6.9
3	中研究生框架	115	79.1%	6	5.2	8	7.0	10	8.7
4	中高职高专框架	45	53.4%	13	28.9	3	6.7	5	11.1
5	中本科生框架	175	64.6%	23	13.1	19	10.9	20	11.4
6	法 nPLUSi 框架	71	61.9%	14	19.7	6	8.5	7	9.9
7	德教师框架	91	60.4%	16	17.6	7	7.7	13	14.3
8	日理工框架	178	57.9%	21	11.8	16	9.0	38	21.3
9	俄 ВПО 框架	129	78.3%	15	11.6	4	3.1	9	7.0

序号	框　架	学科总数	生产领域学科比重	经营领域		生命领域		生态领域	
				学科数	%	学科数	%	学科数	%
10	英 JACS 框架	114	71.1%	16	14.0	9	7.9	8	7.0
11	美 CIP 工程框架	39	74.2%	4	10.3	5	12.8	1	2.7
12	美 CIP 技术框架	44	70.5%	6	13.6	4	9.1	3	6.8

表 5.5 中的第 4 列数据表明,所有 12 个框架的学科设置,都是以作用于生产领域的工程学科和工程技术学科为重点,同时也都程度不等地涉足到其他功能领域。排除占生产领域学科比重最大的第 3 号中国研究生用框架(79.1%)和比重最小的第 4 号中国高职高专用框架(53.4%),其余 10 个框架的该比重平均值为 68.7%。若以该平均值为界限,位于其上方的有(按从大到小顺序):俄罗斯框架、美国 CIP 工程框架、中国国标框架、澳大利亚框架、英国框架和美国 CIP 技术框架;位于其下方的有(按从小到大顺序):日本框架、德国框架、法国框架和中国本科生框架。

两组框架说明这样的事实:第二组框架已经较多地涉足到工程的经营、生命和生态领域,而第一组暂时还不能充分反映出来。第一组框架中的两个美国框架可以作为例外,因为它们二级学科设置数量极少,统计分析的样本数量当然也少,屏蔽了相关的信息。

5.3　工程学科框架综合属性新解

5.3.1　因子分析(FA)和聚类分析(CA)

因子分析(factor analysis,FA)也是多元分析中"降维"处理的一种统计方法。因子分析已经有百余年的历史,它是在心理学和教育学、特别是在对人的智力问题的研究过程中建立和发展起来的(王权,1993:1—9)。因子分析为解释人的行为以及行为能力的心理学理论提供了一个有效的数学模型,近年来又在社会学、经济学、管理学,以及地质学和气象学、医学和生物学等领域获得广泛的成功应用。

因子分析方法利用降低维度的思想,由研究原始变量相关矩阵内部的依赖关系出发,根据相关性(或相似性)大小把原始变量分组,使得同组内的变量之间相关性(或相似性)较高,而不同组的变量间相关性(或相似性)较低,从而把一些具有错综复杂关系的变量归结为少数几个综合因子的一种多变量统计方法。每组变量代表一个基本结构,并用一个不可观测的综合变量表示,此即所谓综合因子或公共因子。提取和利用这些少量的因子,就可以帮助人们对复杂研究对象进行分类、分析和解释。

按照分析的内容,对变量作的因子分析称为 R 型因子分析,对样本作的因子分析称为 Q 型因子分析。两种因子分析的过程都一样,可以分为确定因子载荷、因子旋转、计算因子得分三个步骤。以 R 型因子分析为例,其矩阵形式的数学模型为

$$\underset{(p \cdot l)}{X} = \underset{(p \cdot m)}{A} \quad \underset{(m \cdot l)}{F} + \underset{(p \cdot l)}{\varepsilon}$$

式中,X 是可实测的 p 个指标所构成的 p 维随机向量;F 是称为公共因子的不可观测的向量,可以把它们理解为在高维空间中相互垂直到 m 个坐标轴;A 是因子载荷矩阵;ε 为 X 的特殊因子,表征与公共因子无关(即公共因子提取后)的因子。

因子载荷矩阵 A 中的因子载荷 a_{ij} 表示第 i 个变量在第 j 个公共因子上的负荷,反映第 i 个变量在第 j 个公共因子上的相对重要性。由于 X_i 可视为 m 维因子空间的一个向量,故 a_{ij} 实际上就是 X_i 在坐标轴 F_j 上的投影。因此"确定因子载荷",就是选择和借助主成分法、主轴因子法、最小二乘法、极大似然法等方法,根据样本数据确定因子载荷矩阵 A。

不管用何种方法确定初始因子载荷矩阵 A,它们都不是唯一的,由此便引出因子分析的第二个步骤"因子旋转"。因子旋转的目的是为了使得因子载荷矩阵的结构简化,便于对公共因子进行解释。这里所谓结构简化,也就是选择和借助正交旋转、斜交旋转等方法,使得每个变量仅在一个公共因子上有较大的载荷,而在其他公共因子上的载荷较小。

因子分析的第三个步骤是"计算因子得分"。顾名思义,因子得分就是公共因子 $F_1, F_2, \cdots, F_m$ 在每一个样本点上的得分。通常借助回归方法,即可计算出因子得分。根据因子的得分值,结合具体研究对象即可对问题作进一步分析。

在本书研究中,为了多视角地查证学科框架的属性,对因子得分的结果还将继续进行聚类分析。聚类分析(cluster analysis,CA),又称为群分析,它是研究样本或变量分类问题的一种多元统计方法。为了将样本或变量的集合按照其性质上亲疏关系(相似性)进行分类,需要做到同一个类中的研究对象彼此相似,而与其他类中的对象彼此相异,即所谓类内差异小、类间差异大。通常用数据之间的距离来描述这种相似度,距离越大,相似度越小,反之则越大。距离的种类有

很多,这里仍选择欧氏距离用于聚类分析。分类的方法也有多种,如系统聚类法、模糊聚类法、K—均值法、有序样本聚类等等,这里主要采用系统聚类法。

系统聚类法(hierarchical cluster)是聚类分析中应用最广泛的一种方法。它首先将 n 个样本每个自成一类,然后每次将具有最小距离的两类合并成一个新类,合并后重新计算类与类之间的距离,这个过程一直持续到所有样本归为一类为止。应用系统聚类法进行聚类分析的步骤为:(1)确定待分类的样本的变量;(2)收集数据;(3)对数据进行变换处理(如标准化或规格化);(4)使各个样本自成一类,即 n 个样本共有 n 类;(5)计算各类之间的距离,得到一个距离对称矩阵,将距离最近的两个类并成一类;(6)并类后,如果类的个数大于1,那么重新计算各类之间的距离,继续并类,直至所有样本归为一类为止;(7)最后根据需要绘制系统聚类谱系图,按不同的分类标准或不同的分类原则,得出不同的分类结果。

借助 SPSS 等统计分析软件,在正确输入数据、恰当选择命令参数后,上述的因子分析和聚类分析步骤均能方便迅速地实现,不再赘述。

5.3.2 工程学科框架的主要成分

对 8 个国家 12 个工程学科框架涉及的 21 个本体元素进行因子分析(FA),得到如下一系列结果。本节首先展示其统计结果,并作简单说明,而后再作讨论。

在正式进行因子分析之前,通常需要对了解变量之间的相关性以判断是否合适应用此种多元分析方法。表 5.6 是本书研究的工程学科框架 21 个分析变量(本体元素)的相关系数矩阵表。由表可见,这些变量之间的相关性尚可。表 5.7 进一步给出相关性的 KMO 检验和 Bartlett 球形检验结果。KMO 检验用于检验变量间的偏相关系数是否偏小,一般情况下,当 KMO 大于 0.9 时效果最佳,小于 0.5 时不适宜做因子分析。Bartlett 球形检验用于检验相关系数矩阵是否为单位阵,如果结论是不拒绝该假设,则表示各个变量都是各自独立的(罗应婷和杨钰娟,2007:293)。表 5.6 的数据显示,本书 KMO 检验结果为 0.726,大于 0.5,接近 0.9,适合做因子分析;Bartlett 球形检验的 Sig. 取值为 0.000,表示拒绝相关系数矩阵是单位阵的假设。

表 5.6 21 个分析变量的相关系数矩阵表
Correlation Matrix

	CEg	MEg	Min	EEg	ChE	IEg	Mth	Mch	Phy	Chm	Bio	Pro	Mkt	Lif	Eco	Dsn	Mfg	Svc	Mas	Erg	Inf
CEg	1.000	-.187	-.110	-.220	-.181	.045	-.032	.028	-.270	-.128	-.056	-.233	-.053	-.070	.381	.046	-.190	.107	-.122	-.166	.127
MEg	-.187	1.000	-.143	-.053	-.042	-.198	.014	.454	-.043	-.157	.042	.142	-.144	.087	-.149	.101	.232	-.195	.267	.001	-.162
Min	-.110	-.143	1.000	-.156	.193	-.126	.023	-.012	.071	.220	-.019	.063	-.047	-.088	.007	-.128	.115	-.105	.205	.033	-.291
EEg	-.220	-.053	-.156	1.000	-.221	-.161	.004	-.127	.515	-.230	-.078	.115	-.025	.030	-.104	.215	.087	-.071	-.212	.165	.300
ChE	-.181	-.042	.193	-.221	1.000	-.175	.014	-.092	-.163	.676	.251	.095	.157	.118	-.095	-.061	.167	-.179	.334	-.067	-.410
IEg	.045	-.198	-.126	-.161	-.175	1.000	-.003	-.229	-.211	-.158	-.022	-.231	.510	-.014	.118	-.276	-.316	.451	-.291	-.125	.291
Mth	-.032	.014	.023	.004	.014	-.003	1.000	.186	.190	.064	.063	.038	-.048	.010	-.009	.289	-.027	-.132	-.035	.049	.065
Mch	.028	.454	-.012	-.127	-.092	-.229	.186	1.000	-.110	-.140	-.039	.144	-.189	.019	-.104	.250	.165	-.282	.272	.103	-.211
Phy	-.270	-.043	.071	.515	-.163	-.211	.190	-.110	1.000	-.074	-.060	.148	-.128	-.010	-.125	.204	.037	-.136	-.183	.220	.219
Chm	-.128	-.157	.220	-.230	.676	-.158	.064	-.140	-.074	1.000	.207	.076	-.173	.031	.045	-.070	.102	-.161	.266	.021	-.339
Bio	-.056	.042	-.019	-.078	.251	-.022	.063	-.039	-.060	.207	1.000	-.193	-.081	.524	.093	.025	-.014	.039	.046	-.070	-.023
Pro	-.233	.142	.063	.115	.095	-.231	.038	.144	.148	.076	-.193	1.000	-.161	-.172	-.358	.127	.292	-.278	.232	.094	-.237
Mkt	-.053	-.144	-.047	-.025	.157	.510	-.048	-.189	-.128	-.173	-.081	-.161	1.000	.011	-.010	-.301	-.193	.480	-.197	-.138	.181
Lif	-.070	.087	-.088	.030	.118	-.014	.010	.019	-.010	.031	.524	-.172	.011	1.000	.134	.016	.032	.109	-.024	-.034	.069
Eco	.381	-.149	.007	-.104	-.095	.118	-.009	-.104	-.125	.045	.093	-.358	-.010	.134	1.000	.033	-.227	.192	-.152	-.014	.195
Dsn	.046	.101	-.128	.215	-.061	-.276	.289	.250	.204	-.070	.025	.127	-.301	.016	.033	1.000	-.028	-.415	-.002	.072	.092
Mfg	-.190	.232	.115	.087	.167	-.316	-.027	.165	.037	.102	-.014	.292	-.193	.032	-.227	-.028	1.000	-.382	.532	.176	-.513
Svc	.107	-.195	-.105	-.071	-.179	.451	-.132	-.282	-.136	-.161	.039	-.278	.480	.109	.192	-.415	-.382	1.000	-.324	-.126	.315
Mas	-.122	.267	.205	-.212	.334	-.291	-.035	.272	-.183	.266	.046	.232	-.197	-.024	-.152	-.002	.532	-.324	1.000	.048	-.744
Erg	-.166	.001	.033	.165	-.067	-.125	.049	.103	.220	.021	-.070	.094	-.138	-.034	-.014	.072	.176	-.126	.048	1.000	-.135
Inf	.127	-.162	-.291	.300	-.410	.291	.065	-.211	.219	-.339	-.023	-.237	.181	.069	.195	.092	-.513	.315	-.744	-.135	1.000

表 5.7 **KMO 检验和 Bartlett 球形检验结果表**

KMO and Bartlett's Test

		.726
WKaiser-Meyer-Olkin Measure of Sampling Adequacy.		.726
Bartlett's Test of Sphericity	Approx. Chi-Square	8.594E3
	df	210
	Sig.	.000

表 5.8 是 21 个分析变量的共同度表,它给出了提取公共因子前后各变量的共同度。变量共同度是衡量公共因子相对重要性的指标。例如,表中第一行数据说明变量"CEg"(土木工程)的共同度为 0.687,即提取的公共因子对变量"CEg"的方差做出了 68.7% 的贡献;其余类推。

表 5.8 **21 个分析变量共同度表**

Communalities

	Initial	Extraction		Initial	Extraction
CEg	1.000	.687	Pro	1.000	.513
MEg	1.000	.630	Mkt	1.000	.643
Min	1.000	.485	Lif	1.000	.730
EEg	1.000	.698	Eco	1.000	.648
ChE	1.000	.758	Dsn	1.000	.647
IEg	1.000	.637	Mfg	1.000	.606
Mth	1.000	.765	Svc	1.000	.640
Mch	1.000	.702	Mas	1.000	.707
Phy	1.000	.692	Erg	1.000	.582
Chm	1.000	.734	Inf	1.000	.786
Bio	1.000	.710			

Extraction Method: Principal Component Analysis.

表 5.9 为主成分表。表中列出了所有的主成分,并且按照其特征根从大到小的次序排列。由表可见,第一主成分特征根为 3.910,方差贡献率为 18.617,前 7 个主成分的累计方差贡献率为 66.667。根据设定的提取因子条件——特征根大于 1,这 7 个主成分即为符合条件的所有公共因子。

表 5.9 主成分和公共因子表

Total Variance Explained

Component	Initial Eigenvalues			Extraction Sums of Squared Loadings		
	Total	% of Variance	Cumulative %	Total	% of Variance	Cumulative %
1	3.910	18.617	18.617	3.910	18.617	18.617
2	2.609	12.426	31.043	2.609	12.426	31.043
3	1.854	8.830	39.873	1.854	8.830	39.873
4	1.830	8.714	48.588	1.830	8.714	48.588
5	1.542	7.344	55.932	1.542	7.344	55.932
6	1.182	5.629	61.561	1.182	5.629	61.561
7	1.072	5.106	66.667	1.072	5.106	66.667
8	.871	4.146	70.813			
9	.791	3.768	74.580			
10	.665	3.165	77.745			
11	.637	3.032	80.777			
12	.616	2.936	83.713			
13	.544	2.588	86.301			
14	.485	2.311	88.612			
15	.421	2.003	90.615			
16	.408	1.945	92.560			
17	.397	1.890	94.450			
18	.359	1.708	96.158			
19	.316	1.505	97.664			
20	.272	1.298	98.961			
21	.218	1.039	100.000			

Extraction Method: Principal Component Analysis.

表 5.10 为因子载荷矩阵,它反映(在旋转前)如何由 7 个因子来解释 21 个变量的变易。但是,用这 7 个初始因子来解释其所代表的典型变量非常困难。如第一因子对"物质"(Mas)等 10 个变量皆发生正向影响,然而仅仅对"物质"(Mas)和"制造"(Mfg)的影响相对较大,其影响程度(载荷系数)分别为 0.735 和 0.660,而对其余变量的影响较小,皆不足 50%。这种情况导致第一因子的含

义模糊不清,其他 6 个因子的情况亦相仿,皆不便对学科框架进行分析。因此仍需对初始公共因子进行线性组合,即进行因子旋转,以期找到意义更为明确、实际意义更明显的公共因子。

表 5.10　初始因子载荷矩阵

Component Matrix[a]

	Component						
	1	2	3	4	5	6	7
Inf	−.740	.398	.197	.103			−.146
Mas	.735	−.302	−.122	−.191			
Svc	−.677	−.287	−.172		.222		.126
Mfg	.660		−.197		.191	−.292	
IEg	−.617	−.261	−.240		.159	.278	.162
Mkt	−.513	−.210	−.406		.301	.216	.182
Pro	.479	.264	−.346			.195	−.226
EEg		.670		.394	.136	−.248	
Phy		.633		.515			.149
ChE	.466	−.536	.165	.383		.188	−.208
Dsn	.217	.516	.475	−.104	−.198	.226	
Chm	.394	−.506	.189	.454	−.218	.168	
Bio		−.289	.610	.222	.449		
Eco	−.345	−.202	.459	−.118	−.307	−.303	.278
Mch	.394	.207	.139	−.608	.142	.199	.233
Lif		−.142	.548	.148	.593	−.165	
MEg	.362	.183		−.472	.486		
CEg	−.300	−.153	.279	−.466	−.479	−.210	
Mth		.225	.301			.677	.384
Erg	.216	.278		.165		−.271	.593
Min	.273	−.253	−.153	.252	−.290		.419

Extraction Method：Principal Component analysis. a. 7 components extracted.

　　表 5.11 是因子旋转后的载荷矩阵。比较表 5.11 和表 5.10,明显可见载荷矩阵发生了变化,公共因子本身也发生了很大变化。尽管它们仍然是 21 个变量的线性组合,且其总贡献率仍为 66.667,但每个公共因子对原始变量的贡献不再相同。在表 5.11 中,我们把呈现较强相关(大于 50%)的载荷系数加浓标记,

可以看出:第一主因子由一个变量表达,即"设计"(Dsn);第二主因子由三个变量表达,即"物质"(Mas)、"制造"(Mfg)和"能量"(Erg);第三主因子由两个变量表达,即"物理"(Phy)和"电气工程"(EEg);第四主因子由两个变量表达,即"化学"(Chm)和"化学工程"(ChE);第五主因子由两个变量表达,即"生态"(Eco)和"土木工程"(CEg);第六主因子由两个变量表达,即"生命"(Lif)和"生物学"(Bio);第七主因子由一个变量表达,即"数学"(Mth)。

表 5.11 旋转后的因子载荷矩阵

Rotated Component Matrix[a]

	Component						
	1	2	3	4	5	6	7
Mkt	−.783						
IEg	−.738	−.243					
Svc	−.693	−.210			.229		−.223
Dsn	**.573**	−.220					.481
Inf		−.709	.357	−.242	.232		
Mas	.260	**.652**	−.365		−.259		
Mfg	.278	**.623**			−.327		
Erg		**.548**	.482				
Min		.470		.433			
Phy			**.785**				
EEg			**.746**				
Chm				**.798**			
ChE			−.271	**.719**	−.240	.258	
MEg		.213	−.254	−.523	−.364	.254	
Mch	.247	.311	−.311	−.479			.454
Eco					**.793**		
CEg			−.345		**.653**	−.201	
Pro	.253				−.590	−.283	
Lif						**.845**	
Bio						**.812**	
Mth							**.864**

Extraction Method: Principal Component Analysis.

Rotation Method: Equamax with Kaiser Normalization.

a. Rotation converged in 52 iterations.

如果降低表达主因子的变量因子载荷数值,将会看到:变量"服务"(Svc)以

0.229 的贡献加入第五主因子;变量"信息"(Inf)以 0.357 和 0.232 的贡献分别加入第三和第五主因子;变量"矿冶"(Min)以 0.470 和 0.433 的贡献分别加入第二和第四主因子;变量"机械工程"(MEg)以 0.213 和 0.254 的贡献分别加入第二和第六主因子;变量"力学"(Mch)以 0.247、0.311 和 0.454 的贡献分别加入第一、第二和第六主因子;变量"生产"(Pro)以 0.253 的贡献加入第一主因子。尽管如此,7 个公共因子仍与变量"营销"(Mkt)和"工业工程"(IEg)无关;换言之,这两个变量并不反映工程学科框架的主体属性。

因子旋转的运算结果也同时给出了因子得分系数矩阵(见表 5.12)。表中可见,每个公共因子的得分大小展现出与表 5.11 的因子载荷同样的意义和几乎一致的规律性。例如,第一主因子的变量"设计"(Dsn)得分为 0.250,仍旧是第一主因子中的最高得分,如此等等。唯一例外的只是第二主因子,它除了变量"物质"(Mas)、"制造"(Mfg)和"能量"(Erg)保持领先的得分外,变量"矿冶"(Min)也具有高达 0.299 的分值。这些高分值的因子得分系数,同样在表中用加浓标记。它们能够给出哪些解释呢? 对这些结果的初步解释和结论是:

(1)设计显然是工程学科框架的最基本属性。人们通常把设计视为工程的精华、本质和核心(essentials)可能并不过分,因为这个看法不仅仅是工程实践的经验和常识,也是可视为广义工程的创造一切人工物的理论命脉(Simon,1982)。

(2)制造,包括原材料的采掘制造(矿冶工程),是工程学科框架的另一个最主要属性,它突出地承载着物质、能量和信息(工程的"精气神")的前两位本体属性。尽管信息对第二主因子中未表现明显贡献,但是谁也不会否认,从设计到制造的工程过程正是信息化的过程,并且蕴涵在制造过程、产品和服务过程的整个生命周期。

(3)紧密依靠物理学的电气工程、紧密依靠化学的化学工程,以及自古以来与生态环境休戚相关的土木工程,都是工程学科框架的核心内容。它们揭示出工程与物质科学的内在关联性,也凸现了公用基本设施(土木工程的原有和应有之意)与自然生态和人居环境的内在关联性(Singh,2007)。当自然科学摆脱神学的羁绊并与自然哲学分道扬镳以后,一方面逐渐形成独立的知识体系,一方面也显现出强大的应用潜力。后者与工程实践的需要几乎是一拍即合,以至今天在电气和化工两大工程领域,传统的科学与工程的界线变得模糊起来,且在其某些分支领域的这个界限已经消失殆尽。一度被认为科技含量低的土木工程,亦已摆脱"又土又木"的世俗偏见,在高度人性化、智能化和系统化的学科发展征途上,展现出大土木的风采。

　　(4)以生物学为基础的工程学科,包括生物工程、生物医学工程以及现代农业工程等等,是异军突起的新生工程学科。这些学科为生物学、生命科学提供的是工程的创造性解决问题的理念和方法,以及直接的工程科技产品和服务。电气和化工曾经从物理和化学那里是先受益而后回哺,现在对生物和生命科学的情况正好相反。第六主因子所体现的,可能正是工程学科框架的扩展和兼容的属性。

　　(5)数学是工程学科的基础是毋庸置疑的。虽然可以说数学是所有学科的基础,但数学对于工程的意义不在于智力游戏或思维体操,而是实实在在地为工程提供测量与构型(几何)、计算(代数)、设计分析(数学分析与数学模型)的工具性基础。可以认为,第七主因子表征了工程学科框架必须具有的一种数量的、定量的或量化的"量性"(quantity)。

表 5.12　因子得分系数矩阵
Component Score Coefficient Matrix

	Component						
	1	2	3	4	5	6	7
CEg	.204	−.059	−.175	−.063	**.350**	−.142	−.082
MEg	.015	.047	−.151	−.304	−.182	.174	.047
Min	−.138	**.299**	.112	.199	.159	−.131	.158
EEg	.097	−.052	**.344**	−.060	−.079	.057	−.169
ChE	.063	−.105	−.108	**.338**	−.139	.107	.002
IEg	−.332	−.018	−.075	−.007	−.048	−.021	.148
Mth	−.146	−.012	.004	.097	−.015	−.007	**.681**
Mch	.001	.145	−.169	−.266	.005	.027	.309
Phy	.013	.032	**.381**	.058	−.030	.005	.089
Chm	.053	−.049	−.039	**.390**	−.019	.035	.063
Bio	.008	−.027	.006	.057	.017	**.464**	.033
Pro	.064	−.091	−.015	.035	−.307	−.159	.001
Mkt	−.380	.050	−.018	−.039	−.128	−.003	.082
Lif	−.025	.049	.070	−.073	.037	**.504**	−.033
Eco	.067	.140	.039	.002	**.472**	.053	.009
Dsn	**.250**	−.188	.001	−.023	.019	−.001	.268

	Component						
	1	2	3	4	5	6	7
Mfg	.038	**.278**	.070	−.088	−.053	.053	−.166
Svc	−.270	.033	.014	−.033	.041	.071	−.072
Mas	.022	**.250**	−.121	−.022	−.033	.019	−.043
Erg	−.115	**.442**	.322	−.065	.235	−.004	.106
Inf	.012	−.288	.102	−.046	.008	.031	.041

Extraction Method：Principal Component Analysis.

Rotation Method：Equamax with Kaiser Normalization.

Component Scores.

(6)在 7 个主因子及其得分中,机械工程(MEg)和力学(Mch)两个变量是以较小的贡献出现的,并没有其他原生工程学科和自然科学相关学科那样显赫,似乎不可思议。本书的解释是:孪生的机械(mechanism)和力学(mechanics)是工程的元属性,没有它们就没有任何工程,也就没有任何的工程学科,更加谈不上工程学科框架。机械起源于工具,工具起源于人类拓展自身功能、扩大活动领域的省力和造力的不懈追求。出于机械和力学的这种原始性、基础性和普遍性,它们不出现在任何主因子中也就不奇怪了。

(7)工业工程(IEg)、生产(Pro)和经营(Mkt),以及服务(Svc)和信息(Inf)都是因子得分较低的变量,它们没有出现在任何一个主因子中。其主要原因在于:第一,现有工程学科设置侧重生产的技术方面,涉及人的生产管理方面仅有工业工程等少数学科,涉足经营商务领域的工程学科更加罕见(参见§4.2.2.2);第二,工程的过程链和价值链尚未充分延伸到工程服务端,同时,信息化尚未充分整合到工业化过程中,仍然留有巨大的信息革命空间(参见§4.2.3),而这些都正是工程学科框架亟待补足与完善的。

5.3.3　利用因子得分的聚类分析

借助表 5.12 提供的因子得分,对工程学科框架的 21 个变量进行聚类,以便获得学科框架属性的更多认识和理解。表 5.13 是对原始数据预处理后得到的相似性矩阵,矩阵元素反映变量间的亲近程度。对该矩阵做系统聚类分析,得到图 5.13 所示的聚类过程与结果。

表5.13 相似性矩阵
Proximity Matrix

Squared Euclidean Distance

Case	1:CEg	2:MEg	3:Min	4:EEg	5:ChE	6:IEg	7:Mth	8:Mch	9:Phy	10:Chm	11:Bio	12:Pro	13:Mkt	14:Lif	15:Eco	16:Dsn	17:Mfg	18:Svc	19:Mas	20:Erg	21:Inf
1:CEg	.000	.505	.490	.512	.495	.528	.916	.425	.564	.435	.578	.495	.653	.642	.170	.303	.409	.411	.307	.667	.328
2:MEg	.505	.000	.631	.392	.448	.285	.677	.137	.468	.551	.284	.283	.279	.267	.585	.332	.226	.257	.176	.663	.299
3:Min	.490	.631	.000	.498	.441	.271	.438	.410	.245	.285	.549	.479	.299	.606	.265	.498	.299	.259	.231	.159	.490
4:EEg	.512	.392	.498	.000	.402	.471	.932	.590	.101	.409	.352	.268	.438	.332	.470	.365	.189	.276	.334	.467	.174
5:ChE	.495	.448	.441	.402	.000	.330	.612	.556	.369	.034	.254	.200	.389	.422	.571	.291	.399	.322	.278	.841	.257
6:IEg	.528	.285	.271	.471	.330	.000	.337	.244	.338	.319	.379	.275	.022	.440	.492	.393	.356	.080	.238	.502	.241
7:Mth	.916	.677	.438	.932	.612	.337	.000	.348	.522	.512	.668	.625	.449	.825	.771	.374	.879	.611	.652	.728	.543
8:Mch	.425	.137	.410	.590	.556	.244	.348	.000	.470	.549	.432	.401	.299	.450	.428	.263	.338	.322	.199	.478	.381
9:Phy	.564	.468	.245	.101	.369	.338	.522	.470	.000	.296	.360	.286	.333	.384	.395	.290	.247	.258	.324	.274	.195
10:Chm	.435	.551	.285	.409	.034	.319	.512	.549	.296	.000	.302	.253	.395	.474	.437	.275	.401	.316	.279	.675	.270
11:Bio	.578	.284	.549	.352	.254	.379	.668	.432	.360	.302	.000	.502	.408	.034	.412	.362	.332	.255	.306	.622	.276
12:Pro	.495	.283	.479	.268	.200	.275	.625	.401	.286	.253	.502	.000	.285	.605	.709	.250	.297	.312	.241	.769	.199
13:Mkt	.653	.279	.299	.438	.389	.022	.449	.299	.333	.395	.408	.285	.000	.432	.581	.510	.307	.071	.238	.473	.304
14:Lif	.642	.267	.606	.332	.422	.440	.825	.450	.384	.474	.034	.605	.432	.000	.418	.485	.286	.254	.322	.543	.347
15:Eco	.170	.585	.265	.470	.571	.492	.771	.428	.395	.437	.412	.709	.581	.418	.000	.418	.335	.320	.299	.278	.409
16:Dsn	.303	.332	.498	.365	.291	.393	.374	.263	.290	.275	.362	.250	.510	.485	.418	.000	.468	.441	.359	.708	.130
17:Mfg	.409	.226	.299	.189	.399	.356	.879	.338	.247	.401	.332	.297	.307	.286	.335	.468	.000	.179	.059	.275	.371
18:Svc	.411	.257	.259	.276	.322	.080	.611	.322	.258	.316	.255	.312	.071	.254	.320	.441	.179	.000	.160	.362	.206
19:Mas	.307	.176	.231	.334	.278	.238	.652	.199	.324	.279	.306	.241	.238	.322	.299	.359	.059	.160	.000	.348	.349
20:Erg	.667	.663	.159	.467	.841	.502	.728	.478	.274	.675	.622	.769	.473	.543	.278	.708	.275	.362	.348	.000	.655
21:Inf	.328	.299	.490	.174	.257	.241	.543	.381	.195	.270	.276	.199	.304	.347	.409	.130	.371	.206	.349	.655	.000

This is a dissimilarity matrix.

HIERARCHICAL CLUSTER ANALYSIS

dENDROGRAM USING aVERAGE lINKAGE (bETWEEN gROUPS)
rESCALED dISTANCE cLUSTER cOMBINE

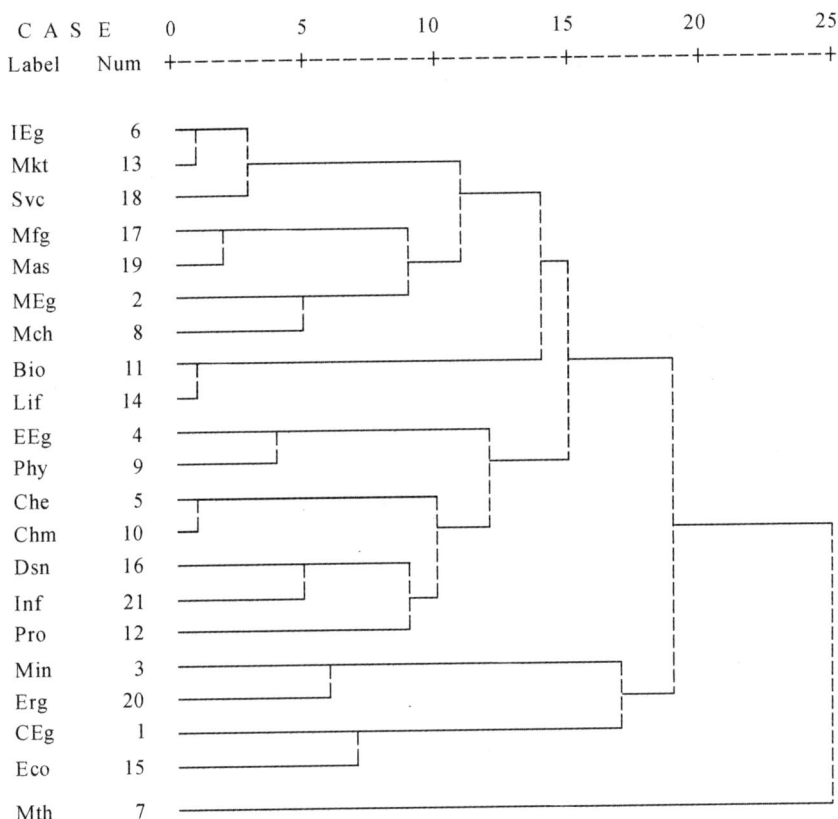

```
C A S E        0        5       10       15       20       25
Label   Num    +--------+--------+--------+--------+--------+

IEg      6
Mkt     13
Svc     18
Mfg     17
Mas     19
MEg      2
Mch      8
Bio     11
Lif     14
EEg      4
Phy      9
Che      5
Chm     10
Dsn     16
Inf     21
Pro     12
Min      3
Erg     20
CEg      1
Eco     15
Mth      7
```

图 5.13　反映聚类过程和结果的树形图

由图 5.13 可见,工业工程(IEg)和经营(Mkt)较亲近,而后与服务(Svc)并为一类;制造(Mfg)与物质(Mas)较亲近,机械工程(MEg)与力学(Mch)较亲近,而后并为一类;如此等等,不一一赘述。总之,聚类结果与通常的认知还是比较接近的;基本上也能佐证由上文因子分析给出的结论。

图 5.14、图 5.15 和图 5.16 是利用因子得分变量自动生成的散点图。在这些图中,X 轴使用第一主因子的得分,变量为 V1;Y 轴使用第二主因子的得分,变量为 V2。3 幅图表示 21 个变量分别聚为 3 类、4 类和 5 类的情况。

在图 5.15 中,聚为四类的散点图 5.15 清楚地表明,数学在工程学科框架中

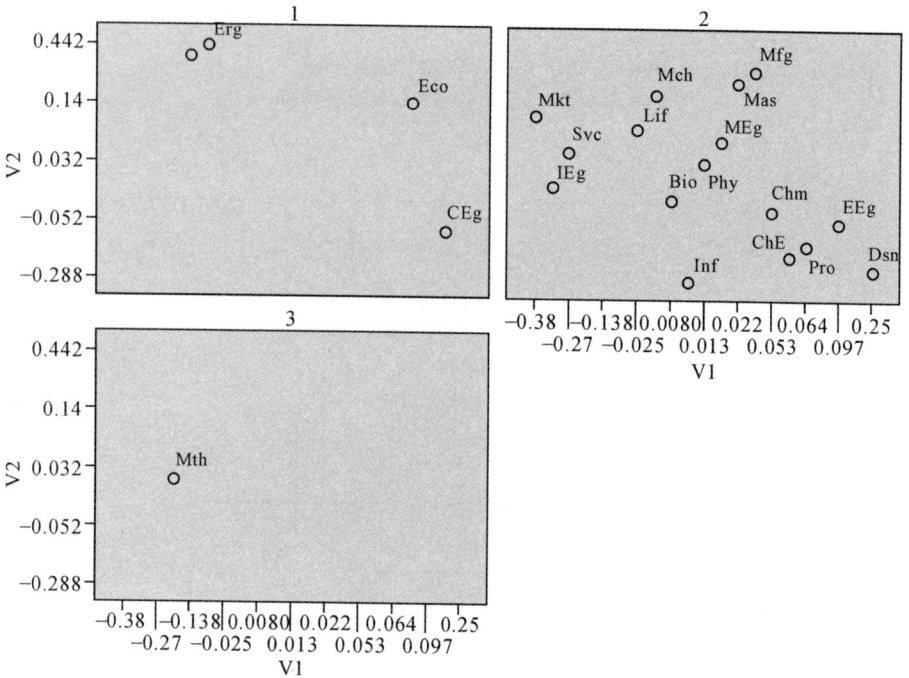

图 5.14　聚为三类的因子得分散点图

占有独特的不可替代的作用(右下图 4);土木工程诸学科与生态环境有着紧密的联系(左上图 1);矿冶工程诸学科与能源联系更紧密(左下图 3);而工程学科框架的其他变量则全部集中在右上图 2 中。

　　图 5.16 保持了这个分布的基本格局,只是把图 5.15 的右上图 2 进一步拆分成两个类,一是左下图 4 展示的变量集合,二是右中图 2 展示的变量集合。第一个集合有 7 个变量,集中分布在图平面的右下角,包含了作为基础工程学科的电气工程和化学工程,以及与其有着血缘关系的物理系和化学;此外,变量信息、生产和设计也处于同一类。该集合可能向人们揭示,这 4 个科学与工程学科以信息为其主要科技属性,以生产为其主要功能领域,以设计为其主要活动过程。第二个集合有 9 个变量,集中分布在图平面的左上角,包含了作为基础工程学科的机械工程和工业工程,以及相关自然科学的力学和生物学;此外,功能领域的经营和生命、活动过程的制造和服务,以及科技属性的物质均处在同一个集合。这 9 个变量的紧密联系表明,首先,物质是人类生活的第一需要,更是生命存在的基础;其次,机械工程和力学在此扮演着重要角色,它们既使物质生产得以方便,又借助生物医学仪器和生物力学等手段使生命救治得以保障;再次,与机械

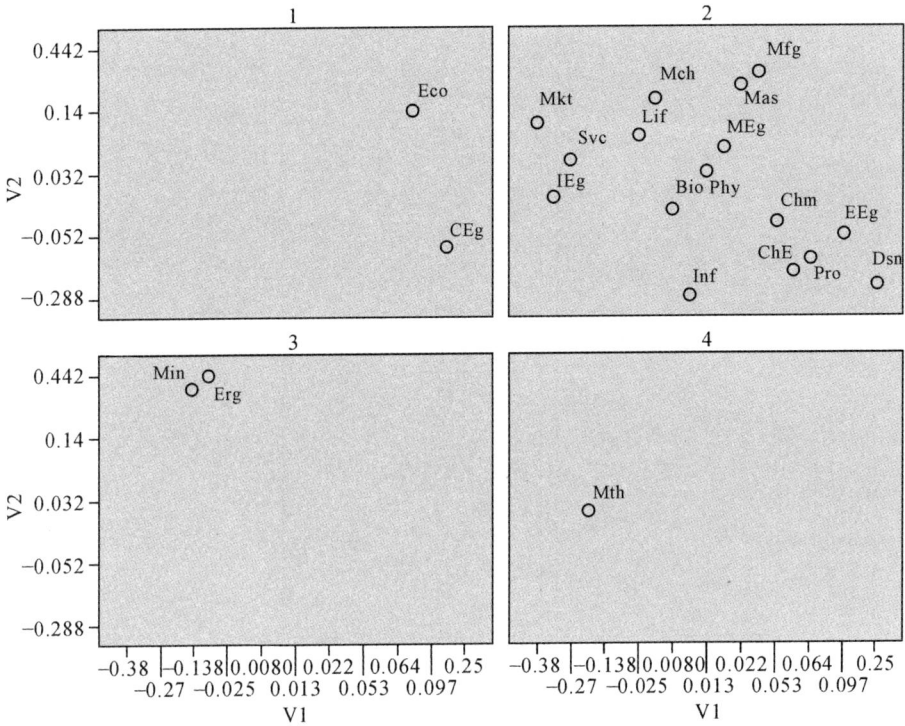

图 5.15　聚为四类的因子得分散点图

工程血缘亲近的工业工程,是将工程的功能延伸到生产以外、将工程活动过程从设计制造拓展到服务的前沿阵地,就此意义而言,工业工程(工程管理)学科是工程学科框架扩展和再造的要害。

5.4　本章小结

　　本章是对工程学科框架进行实证研究的重点章。基于第 3 章的数据支持和第 4 章的定性研究结论支持,本章对 8 个国家的 12 种典型工程学科框架,借助现成的统计软件 SPSS 进行了 1327 个样本的本体性态研究,包括分别对各个框架的可视化性态分析,以及所有框架全样本的主因子提取与可视化分析,并简要说明了它们的应用。

　　对 12 个学科框架及其样本的多维标度分析给出的图谱可见,各个工程学科(样本)的差异主要表现在:横向沿水平轴线自左向右,相继为生产、经营、生命和

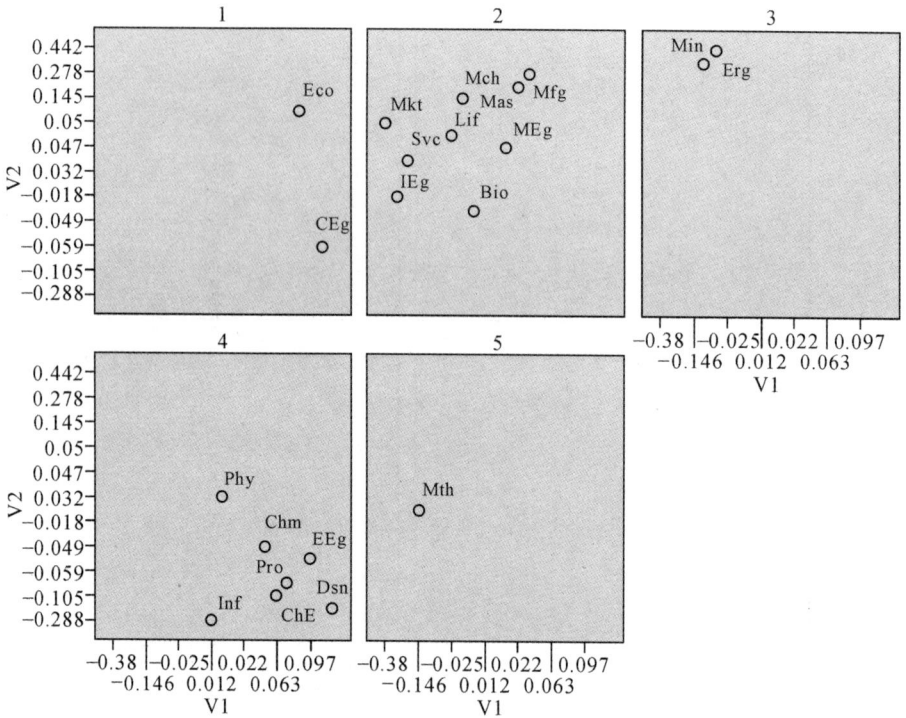

图 5.16 聚为五类的因子得分散点图

生态等功能领域的不同侧重;纵向沿垂直轴线自下而上,分别是对科学依赖和技术依赖的倾向性。各个框架的差异所在,一是学科的密集程度,二是学科集群在上述二维平面的具体位置,三是个别远离集群中心的学科所表现的特别意义。

对全部 12 个框架 1327 个样本的因子分析和聚类分析结果,给人以工程学科面貌的新认识和新思考。从本体元素的轻重程度来看,分析结果确认了 7 个主因子中的设计、制造与矿业工程、物理学与电气工程、化学与化学工程、土木工程、生物学、数学,在工程学科体系中占有显著的地位。意外的是,机械工程、力学,以及工业工程,它们在 7 个主因子中并没有得到充分表现。可能的合理解释是:机械工程和力学是本体元素中更具普遍性的要素,它们对其他本体元素起到一种基础作用;而工业工程的缺位正是说明它在传统框架中的弱势地位,大力发展与之关联的生产、经营和工程服务类的学科应当成为新建框架的重要考虑。

本章对框架的功能性态分析表明,各个典型框架在生产领域的学科设置数量平均占到 70% 左右,有 30% 之多的学科填补了在经营领域、生命和生态领域的空白,而且其趋势有增无减。两者悬殊的比重也可以解释因子分析结论的

"意外"。

　　对工程学科框架的实证研究表明，知识可视化是一个有用的工具，它在高等教育与管理的研究中也是可以有所作为的。虽然本章是基于现时状态数据的研究，但是不同框架图谱的差异性也让人感受到工程学科与科学学科边界的进一步模糊或淡化，工程活动过程从设计、制造向服务的进一步整合或延伸，工程科技属性的地位也在由物质、能量向信息的方向进一步加重或提升。这些由知识本体所揭示的或者可以进一步动态挖掘的工程学科框架性态，可以给人以更多的严肃思考，帮助人们对工程学科的传统设置进行认真反思，以便对学科框架进行再造。

06 结 论

众所周知,一百年前由美国工程师泰罗(F. W. Taylor,1856—1915)及其追随者开创的现代管理运动,经历了三个大的发展阶段:科学管理运动、人的关系运动,以及20世纪50年代发展至今的管理科学运动。在中国,这个管理科学运动方兴未艾、如火如荼。但是,"管理科学运动的'这一立场是世界更大的技术化和科学化的一部分。它也许根本被错误地看待了,并且是对人类情况的异乎寻常的误解,即否认人的创造性、自由和人的精神的主动性','在教育管理中朝着科学的全部努力都可能用错了地方'"(王沛民等,1994:430)。认知心理学创始人、人工智能开拓者、管理决策学派代表人物、诺贝尔经济学奖得主西蒙教授(H. A. Simon,1981:111)也早已批判了大学学术的科学化倾向,深刻地指出:设计"是将专业(profession)与科学(science)区分开的主要标志"。据此,本书力求回答的关于工程学科框架的研究问题(详见§1.2),与其说是科学问题,不如说是有关管理决策与规划的专业实践问题。为设计和构建新的学科框架,收集与甄别尽可能多的相关有用信息是必须的,包括对工程学科框架的形态和性态两个方面特征的探索。本书的全部工作,就是据此思路进行的,其结论如下。

一、工程学科框架具有形态多样性

从本书汇集和评介的框架可知,中、美、俄、英、法、德、日、澳等国家实际应用中的典型工程学科分类,具有特色各异的框架形态,不仅分类层次不完全相同,学科总数和学科名称也不完全相同。当然,它们各自宣称的功用也不尽相同:三个英语国家的工程学科分类标准具有较宽的适用性,它们既用作统计,也供教育、研究、招生、就业等相关使用;而其他国家的分类标准则表现出应用的"专属性",甚至一些国家在同类型应用中又有多个专门的标准。结构多样性的客观现实,反映着学科分类的不同价值取向,说明各自的存在均具有相对合理性。

对工程学科分类而言,可取的策略是知行并重。分类是为了应用,因而必须明确分类的目的所在,探讨该目标与客观环境、主观需要的协调程度。不同的学科框架运作在不同的主客观环境中,不加剪裁地照搬照抄并不可取,谋求统一框架的努力也"可能用错了地方"。

二、工程学科具有本体元素的同一性

对工程知识本体的研究表明,典型工程学科框架具有相似的内在性态,即内在的知识本体元素同一性。概括地讲,工程学科知识本体的基本概念集合包括:与基础工程学科的同源派生关系,与数学及相关自然科学的亲缘互补关系,在功能对象领域的基本分布状态,在生命周期中的主要运作阶段,对工程科技的物质、能量和信息的负载状态,以及反映学科外在特性的结构指数。本体视角的工程学科框架,不过是这些本体元素的不同组合。因而,如果需要构建一个新的学科框架,那么识别本体元素则是先行的步骤,其次才是对本体元素的一一定位和配置。

学科框架反映的是知识体系的一种架构。从工程的发生发展及其对人类做出的巨大贡献来看,工程的知识体系是伴随工程活动的规模化、复杂化而形成与发展的;从工程的职业、职能与工程过程的变迁来看,工程的知识体系是伴随着对社会作用的加大而不断充实与壮大的。尽管各个典型框架在生产领域的学科设置数量平均占到70%左右,但是毕竟有30%之多的学科填补了在经营领域、生命和生态领域的空白,而且其趋势有增无减。

这是学科框架在本体的工程功能领域隐含的性态,在其他本体概念集合体现的性态中,可以看到工程学科与科学学科边界的进一步模糊或淡化,工程活动过程从设计、制造向服务的进一步整合或延伸,工程科技属性的地位也在由物质、能量向信息的方向进一步加重或提升。这些由知识本体所揭示的工程学科框架性态,可以给人以更多的严肃思考,帮助人们对工程学科的传统设置与架构进行认真反思。

三、框架图谱为工程学科提供了新的认知

工程学科框架的实证研究表明,知识可视化是一个有用的工具。由12个学科框架及其样本的多维标度分析给出的图谱可见,各个工程学科(样本)的差异主要表现在:横向沿水平轴线自左向右,相继为生产、经营、生命和生态等功能领域的不同侧重;纵向沿垂直轴线自下而上,分别是对科学依赖和技术依赖的倾向性。各个框架的差异所在,一是学科的密集程度,二是学科集群在上述二维平面的具体位置,三是个别远离集群中心的学科所表现的特别意义。

全部12个框架1327个样本的因子分析和聚类分析结果,给人以工程学科新的认识和思考。从本体元素的轻重程度来看，分析结果确认了工程学科体系的 7 个主因子中的设计、制造与矿业工程、物理学与电气工程、化学与化学工程、土木工程、生物学、数学的显著地位和作用。让人感到意外的是机械工程、力学，以及工业工程，它们在 7 个主因子中并没有得到充分表现。可能的合理解释是：机械工程和力学是本体元素中更具普遍性的要素，它们对其他本体元素起到一种基础作用；而工业工程的缺位正是说明它在传统框架中的弱势地位，大力发展与之关联的生产、经营和工程服务类的学科应当成为新建框架的重要考虑。

四、工程学科框架的全貌得以相对准确的展现

本书在第三章对全球代表性国家的典型学科分类，尽可能客观地给出了完整正确的描述。由于语言、文化和制度的差异，相同的术语未必有同样的涵义，同样的对象则又有不同的词语可以表征。因此本书在列述这些材料时，直接采用原始资料，译词反复求证、认真校订，且竭力避免先入为主和以讹传讹。它们与附录中给出的 6 个工程学科清单，既是本书工作的数据分析基础，也是为今后的相关研究提供一个可靠的资讯基础。

全面认识世界工程学科的面貌，有助于打开眼界，开拓视野。除了体制与模式，工程教育毕竟是全球性的事业，尤其是工程学科的设置有很强的对比性和可借鉴性。本书关于工程学科的资料工作，填补了这方面的空白。

五、理论和实践中的三个重要概念得到甄别

人们日常频繁地混淆使用但又不求甚解的"学科"、"专业"以及"工程"三个术语，在本书得到初步辨析和厘定。"学科"（discipline）不是科学（science）的专属品，科学以外的学问也可以有自己的学科，如人工智能、软件工程等皆是。"专业"（profession）以及专业界、专业人才、专业领域、专业教育、专业资格论证等术语中的"专业"，都是专门职业的意思。中国大学里的"专业"（相当于 program）则是专门学业的意思。中文的"工程"（engineering）虽不同于日文的"工学"，但与两种指称的专业以及学科都有着密切联系。本书明确地给出了三者的区别与联系，也就是工程以知识体与学科相联系、以专门职业与专业相联系；而学科则以"学问分支"、"教学科目"分别与工程和专业相联系，同时学科又在组织的意义上成为一种学术的专业（专门职业）。

可见愈是普通的概念，愈加是见仁见智。但作为一项学术研究或讨论的前提，概念运用的准确、明晰或者事先的约定总是至关重要的。因此本书的此项工作与其说概念厘定，不如说是抛砖引玉。

综合上述，本书的主要创新之处表现在理论贡献、实践贡献和新观点争鸣三个方面：

（1）在高等教育与管理领域首次引入本体概念，论证并构筑了工程学科知识本体模型，提出并深入讨论了涉及框架性态的五个本体基本概念集合。利用这些概念集合及其包含的 21 个本体元素，可以刻画工程学科的知识本源、衍生谱系、功能定位、过程走势和科技属性等内在特性，进而为工程学科及其分类的广泛深入研究提供了一种理论工作平台。

（2）在工程学科分类框架研究中首次应用多元分析和可视化工具，并且获得若干新的认知和发现，包括：工程学科的框架多样性和本体元素同一性，工程学科在不同功能领域的比重和对科学、技术的不同侧重集中反映框架差异性，机械工程与力学在工程学科知识体中最基本作用，工业工程在工程功能领域拓展与价值过程延伸中的尚未足够关注的地位，等等。这些新知识的接受和运用，可以避免盲目追求统一完美的工程学科分类的企图，也可为新框架的构建和工程学科建设提供可依据的充分的理由。

（3）在基本概念、理论元素和工程学科知识本体的分析探讨过程中，本书阐述了一些新的观点和主张，包括：对学科、专业与工程的见解，三个基本概念可以而且应当在其知识定义或组织定义上得到统一；高等教育与管理也有构筑自身知识本体的任务，知识论（含知识管理、知识工程）、本体论和框架理论都是其重要的理论元素；21 世纪工程的发展呼唤新的工程学科框架以解放和促进工程科技生产力，加强核心成分、调整学科结构、开辟新的领域、发展工程服务等均为构建新框架的重要途径；工程的物质、能量、信息的"三位一体"；拓展与整合工程的设计、制造和服务过程，构建现代工程多向度、全周期的 DMS 模型，以及用"工程链"统合工程过程链与工程价值链，实现"大 E 工程"的理论与实践主张。

本书不足之处在于：对工程学科框架的研究仅仅限于框架形态（由现成的多个具体框架表征）和框架性态（由开发的本体元素及其组合表征）两个方面，虽然在本体开发过程也涉及个别工程学科、职业和活动的历史过程，但是对各国框架整体的演化过程、结构变动等未予讨论。对于新框架的具体构建而言，框架自身的历史数据显然是不可缺少的，而本书未能对此做出贡献。此外，对 12 个框架图谱仅仅限于特征展示，未予以更多的讨论和阐发，因此某些结论可能显得武断和片面。

这些欠缺的弥补与改进，以及对工程学科本体在应用本体层面上的讨论，都是今后的研究课题。好在"工程教育研究是我们永久的课题"（路甬祥语，引自王沛民等，1994:4），这些问题的迟早解决，将会对 21 世纪工程和工程教育的新成就做出切实的贡献。

参考文献

[1] AAEE(The American Association of Engineering Societies),Available at http://www. aaee. net/Website/BriefHistory. htm,2007.

[2] Abbott, A. ,*The System of Professions: An Essay on the Division of Expert Labor* ,Chicago: The University of Chicago Press, 1988.

[3] ABET(The Accreditation Board for Engineering and Technology), Available at http://www. abet. org/policy. shtml,1982.

[4] ABET(The Accreditation Board for Engineering and Technology),1998 *ABET Accreditation Yearbook* ,Accreditation Board for Engineering and Technology, Inc. , Baltimore, MD, 1998.

[5] ABET(The Accreditation Board for Engineering and Technology),Available at http://www. abet. org/gov. shtml, 2006.

[6] ABS(The Australian Bureau of Statistics),*Australian Standard Research Classification(ASRC)* ,Australian Bureau of Statistics, 1998,Available at http://www. abs. gov. au/ausstats/abs@. nsf/ 0/EC743D670DD6BD6ECA25697E0018FB13? opendocument,1998.

[7] Accenture,*Accenture Technology Vision* ,Accenture Technology Labs,Available at http://www. accenture. com/Global/Research _ and _ Insights/By _ Industry/ Communications/default. htm,2008.

[8] Ackerman,F. and Eden,C. ,"Contrasting Single User and Networked Group Decision Support Systems for Strategy Making", *Group Decision and Negotiation* ,(10):47-66,2001.

[9] ACP(The Australian Council of Professions), *About Professions Austral-ia: Definition of a Profession*, Available at http://www. professions. com. au/ defineprofession. html,2004.

[10] Alavi, M. ,"KPMG Peat Marwick U. S. : One Giant Brain", *Harvard Business School (Case)*,9—397, Rev. July 11, 1997.

[11] Alavi,Maryam & Dorothy Leidner,"Knowledge Management System: E-merging Views and Practices from the Field",Proceedings of 32nd Ha-waiian International Conference on System Science,1999.

[12] Albert, L. K. ,"YMIR: an Ontology for Engineering Design", Ph. D. Thesis, University of Twente, Twente, The Netherlands, 1993. Cited from Guarino, N. ,*Understanding*, *Building and Using Ontologies*, pp. 293—310,1997.

[13] Altair, "Altair Engineering HyperWorks Selected by Ducati for Series Production of ' Hypermotard'", Available at http://www. altairhyper-works. com. cn/ newsdetail. aspx? news_id=165&news_country=zh—CN,2007.

[14] Andersen,Arthur(1999),*Business Consulting*,Zukai knowledge manage-ment,Toyo Keizai Inc. , Tokyo,Japan. Available at:《商务咨询》(刘京伟译)[M],台北:商周出版社,2000.

[15] Andrews, Elizabeth,Nora Murphy and Tom Rosko,*William Barton Rog-ers: MIT's Visionary Founder*,Available at http://libraries. mit. edu/ archives/ exhibits/wbr-visionary/index. html,2004.

[16] Answers,Available at http://www. answers. com/topic/discipline,2007.

[17] Armstrong, Neil,"Foreword by Neil Armstrong",*Greatest Engineering Achievements of the 20th Century*, NAE, Available at http://www. greatachievements. org/? id=4793,1999.

[18] ASCE(The American Society of Civil Engineers), *Fulfillment and Vali-dation of the Attainment of the Civil Engineering Body of Knowledge*, Report of the Body of Knowledge Fulfillment and Validation Committee of the Committee on Academic Prerequisites for Professional Practice (CAP3),ASCE,April,2005.

[19] ASEE(The American Society for Engineering Education), *Engineering and Technology Degrees* 2004,Engineering Workforce Commission of the

American Association of Engineering Societies,Washington,DC,2004.

[20] Augusti, G,et al, Glossary of *Terms Relevant for Engineering Education*, March 2003.

[21] Bateson, Gregory(1955),"A Theory of Play and Fantasy,Psychiatric Research Reports",（Ⅱ）39－51,It is reprinted in Bateson's Steps to an Ecology of Mind,NY:Ballantine Books, 1972.

[22] Beckman, T. J. ,"The Current State of Knowledge Management",In J. Liebowitz(Eds.), *Knowledge Management Handbook*（pp. 1－22）,NY: CRC Press,1999.

[23] BGBI, *Gesetz über die Statistik für das Hochschulwesen（Hochschulstatistikgesetz-HstatG）*vom 2. November 1990（BGBI. I. S. 2414）. Available at http://www. destatis. de/download/d/stat _ ges/fist/505. pdf,1990.

[24] BGBI, *Hochschulrahmengesetz（HRG）in der Fassung der Bekanntmachung* vom 19. Januar 1999（BGBI. I S. 18）. Available at http://www. bmbf. de/pub/ HRG_ 20050126. pdf,1999.

[25] Bildung und Kultur, *Prüfungen an Hochschulen.* 2003. （Fachserie11/ Reihe4. 2）Wiesbaden: Statistisches Bundesamt, Anhang, Übersicht 3, S. 297,2004.

[26] Bledstein, Burton J. , *The Culture of Professionalism : The Middle Class and the Development of Higher Education in America* ,New York: Norton,1976.

[27] Bloom,B. S. ,et al(1956),Available at:教育目标分类学(第一分册)(罗黎辉等译)[M],上海:华东师范大学出版社,1986.

[28] BMES(The Biomedical Engineering Society),Available at http://www. bmes. org/ default. asp,2007a.

[29] BNET Business Dictionary,"Business Definition for: Profession",Available at http://dictionary. bnet. com/definition/profession. html,2007.

[30] Bobrow, Daniel G. and Terry Winograd, "An Overview of KRL, a Knowledge Representation Language", *Cognitive Science : A Multidisciplinary Journal* ,1(1):3－46,1977.

[31] Bolman, L. G. and Deal, T. E. , *Reframing Organizations : Artistry, Choice and Leadership* ,Jossey-Bass, San Francisco, CA,1991.

[32] Boone, T., "Constructing a Profession, Professionalization of Exercise Physiology online", *International Electronic Journal for Exercise Physiologists*, 4(5)May, Available at http://www. css. edu/users/tboone2/asep/ ConstructingAprofession. html, 2001.

[33] Borner, Katy, Chaomei Chen and Kevin W. Boyack, "Visualizing Knowledge Domains", *Annual Review of Information Science*, pp. 179 – 255, 2002.

[34] Borri, Claudio and Francesco Maffioli(eds), *Re-engineering Engineering Education In Europe*, TREE(TEACHING AND RESEARCH IN ENGINEERING IN EUROPE) Thematic Network, Firenze University Press, 2007.

[35] Borst, W. N., *Construction of Engineer Ontologies*, PhD Thesis, University of Twenty, Enschede, 1997.

[36] Burbules, N. & Densmore, K., "The Limits of Making Teaching a Profession", *Educational Policy*, 5(1):44−63, 1991.

[37] Buzan, Tony, Available at http://www. tooe. org/article_view_23. htm, 1999.

[38] Calhoun, C. , Light, D. & Suzanne Keller, Sociology, 7th ed. MCGraw-Hill Inc, 1997.

[39] Card, S. K. , J. D. Mackinlay and B. Shneiderman, *Reading in Information Visualization :Using Vision to Think*, Morgan Kaufmann Publishers Inc. , 1999.

[40] Carlson, Bernard, "Academic Entrepreneurship and Engineering Education: Dugald C. Jackson and the MIT-GE Cooperative Engineering Course", In *The Engineer in America*, edited by Terry S. Reynolds, Chicago: Chicago University Press, pp. 367−398, 1991.

[41] Carr-Saunders, Alexander M. & P. A. Wilson, *The Professions*, Oxford: Oxford University Press, 1933.

[42] CEFI(Comité d'études sur les formations d'ingénieurs), Available at http:// www. cefi. org/CEFISITE/CE_SPECS. HTM, 2007a.

[43] CEFI(Comité d'études sur les formations d'ingénieurs), Available at http:// www. cefi. org/CEFISITE/CE_IUT. HTM, 2007b.

[44] CEFI(Comité d'études sur les formations d'ingénieurs), Available at ht-

tp:// www. cefi. org/CEFISITE/CE_IUP. HTM，2007c.

[45] CEFI(Comité d'études sur les formations d'ingénieurs)，Available at http:// www. cefi. org//MODE_A/AZ_DESS. HTM，2007d.

[46] CGE(Conférence des Grandes Ecoles)，*LISTE DES MASTERES SPE-CIALISES* 2007 − 2008，Available at http://www. cge. asso. fr/cadre_pres_en. html，2007a.

[47] CGE(Conférence des Grandes Ecoles)，*Présentation de la Conférence des Grandes Ecoles*，Available at http://www. cge. asso. fr/cadre_pres_en. html，2007b.

[48] Chandrasekaran，B. ，J. R. Josephson，and V. R. Benjamins，"What are Ontologies and Why Do We Need Them?"，*IEEE Intelligent Systems Archive*，(Jan/Feb):20−25，1999.

[49] Cheshier，Stephen R. ，*Studying Engineering Technology*，Discovery Press，2008.

[50] Coates，J. F. ，"The Inevitability of Knowledge Management"，Research Technology Management，V42，pp. 6−7，1999.

[51] Constable，George and Bob Somerville，*A Century of Innovation*:*Twenty Engineering Achievements that Transformed our Lives*，Washington，D. C. ，The National Academies Press，2003.

[52] Crawley，Edward F，查建中，Joham Malmqvist and Doris R. Brodeur. 工程教育的环境[J]，高等工程教育研究，(4):13−21，2008.

[53] Crawley，Edward F. ，"Creating the CDIO Syllabus，A Universal Template for engineering education"，in *Frontiers in Education*，2002，32nd Annual 2，2002.

[54] CSBME. 学会概况[EB/OL]，Available at http://www. csbme. org:8080/csbme/content. jsp? BigClassID＝1&SmallClassID＝69&NewsID＝327，2007.

[55] Dassault，"Dassault Systems PLM Solutions Help China's Industries Go Green"，Available at http://www. c-cnc. com/news/newsfile/2008/6/23/103145. html，2008.

[56] Davenport，T. H. and L. Prusak，*Working Knowledge*:*How Organizations Manage What They Know*，Boston:Harvard Business School Press，1998.

[57] Davenport, T. , De Long, D. & Beers, M. , "Successful Knowledge Management Projects", *Sloan Management Review*, V39, pp. 43—57, 1998.

[58] Davis, M. L. and David A. Cornwell, *Introduction to Environmental Engineering* (4th edition), MCGraw Hill, 2004.

[59] De Long, D. & Fahey, L. , "Diagnosing Cultural Barriers to Knowledge Management", *The Academy of Management Executive*, V14, pp. 113—127, 2000.

[60] Demarest, M. E. , "Understanding Knowledge Management", *Long Range Planning*, (30): 317—332, 1997.

[61] Dretake, F. , *Knowledge and the Flow of Information*, Cambridge, MA: MIT Press, 1981.

[62] Eccles, R. G. and Nohria, N. , *Beyond the Hype: Rediscovering the Essence of Management*, Boston, MA: Harvard Business School Press, 1992.

[63] ECPD(The Engineers' Council for Professional Development, 1961), Available at *Goals of Engineering Education*, *The Preliminary Report*, ASEE, p. 11, 1965.

[64] ECUK(Engineering Council UK), *EC in Part 2 of SARTOR*, 3rd Edition, Ref. 2. Engineering, Subject benchmark statements, QAA for Higher Education, 2000.

[65] Eide, Arvid R. , Roland D. Jenison, Lane N. Mashaw and Larry L. Northup, *Introduction to Engineering*, WCB MCGraw-Hill, 1998.

[66] EMBS(The Biomedical Engineering Society), Available at http://www. embs. org/ aboutus. html, 2007b.

[67] Enderle, J, et al. , *Introduction to Biomedical Engineering* (2nd edition), Academic Press, 2005.

[68] ENPC(École des Ponts ParisTech), Available at http://www. enpc. fr/ fr/enpc/ historique/histoire_ecole. htm, 2007.

[69] Entman, R. M. , *Projections of Power: Framing news*, *Public Opinion*, *and U. S. Foreign Policy*, Chicago: University of Chicago Press, 2004.

[70] Eppler, M. J. & Burkard, R. A. , "Knowledge Visualization: Towards a New Discipline and its Fields of Application". *ICA-Working Paper* #2/2004, University of Lugano, 2004.

[71] Etudiant,Available at http://www. etudiant. gouv. fr/formation-emploi/ etudes-statistiques/generation-2001-74. html, 2007a.

[72] Etudiant, Available at http://www. etudiant. gouv. fr/etudes-su-perieures/ un-coup-oeil/10. html, 2007b.

[73] Etudiant,Available at http://www. etudiant. gouv. fr/formation. php? action＝sommaire, 2007c.

[74] Etudiant,Available at http://www. etudiant. gouv. fr/formation. php? action＝guideEtape1 & nomenclature＝4 & categorie＝0 & submit＝Valider ＋％3E, 2007d.

[75] Etudiant, Available at http://www. etudiant. gouv. fr/formation. php? action ＝ GuideEtapelorderByCursusNomenclature & categorie ＝ & nomenclature＝5, 2007e.

[76] Etzkowits,Henry,*MIT and the Rise of Entrepreneurial Science*, Rout-ledge Press, London, UK,2002.

[77] Evans,D. L. et al,"Design in engineering education:past views of future directions", *Journal of Engineering Education*, (Jul/Aug):517 — 522,1990.

[78] Everitt,William L. (1944),"The Phoenix-A Challenge to Engineering Ed-ucation",*IEEE Transactions on Education*, Vol. 23, (Nov)1980(4)pp. 179—183. Cited from:工程师的形成:挑战与对策[M],杭州:浙江大学出版社,(1989):22—31.

[79] EWC(The Engineering Workforce Commission),*Engineering and Tech-nology Degrees* 2004,Engineering Workforce Commission of the Ameri-can Association of Engineering Societies, Washington, D. C. , 2004.

[80] Finniston, M. et al,*Engineering Our Future:Report of the Committee of Inquiry into the Engineering Profession*,Cmnd 7794, London:HM-SO, 1980.

[81] Fisher,K. M. ,"SemNet Software As An Assessment Tool",*Assessing Science Understanding*,pp. 197—221,2000.

[82] Free Dictionary,Available at http://www. thefreedictionary. com/profes-sion,2007.

[83] Freidson, Eliot,*Professional Powers:A Study of the Institutionaliza-tion of Formal Knowledge*,Chicago:University of Chicago Press,1986.

[84] Furter, W. F. (ed.), *History of Chemical Engineering*, based on a symposium cosponsored by the ACS Divisions of History of Chemistry and Industrial and Engineering Chemistry at the ACS/CSJ Chemical Congress, Honolulu, Hawaii, April 2−6, 1979.

[85] Gamson, W. A. and Modigliani, A., "The Changing Culture of Affirmative Action", In Braungart, R. G. & Braungart, M. M. (eds.), *Frontiers in Social Movement Theory*, New Haven, CT: Yale University Press. 53−76, 1987.

[86] Gamson, W. A., "A Constructionist Approach to Mass Media and Public Opinion", *Symbolic Interaction*, (11):161−174, 1988.

[87] Gartner Group, "Knowledge Management: Understanding the Core Value and Science", *Gartner Group Business Technology Journal*, July, 1999.

[88] Gere, James E., Cited from *Mechanics of Materials* Ⅱ, Available at http:// www. academic. uprm. edu/pcaceres/Courses/Courses&Modules. htm, 2006.

[89] Gibbons, Michael, *The Year in Numbers*, *American Society for Engineering Education*, Washington, DC, 2005. Available at http://www. asee. org/publications/ profiles/upload/2005ProfileEng. pdf, 2005.

[90] Gitlin, T., *The Whole World is Watching*: *Mass Media in the Making and Unmaking of the New Left*, Berkeley: University of California Press, 1980.

[91] GOC(The Gene Ontology Consortium), "Gene Ontology: Tool for the Unification of Biology", Nature Genetics, (5):25−29, 2000.

[92] Goffman, E., Frame Analysis: An Essay on the Organization of Experience, New York: Harper & Row, 1974.

[93] Gomez A., A. Moreno, J. Pazos and A. Sierra-Alonso, "Knowledge Maps: An Essential Technique for Conceptualization", *Data & Knowledge Engineering*, 33(2):169−190, 2000.

[94] Gordon, J. L., "Creating Knowledge Maps by Exploiting Dependent Relationships", *Knowledge-Based Systems*, (13):71−79, 2000.

[95] Gore, Chris & Emma Gore, "Knowledge Management: The Way Forward", *Total Quality Management*, V10, pp. 554−560, 1999.

[96] Grayson, L. P., *The Making of an Engineer*: *An Illustrated History of*

Engineering Education in the US and Canada, Chapter 2; John Wiley and Sons, Inc. 1993.

[97] Grayson, L. P. , "A Brief History of Engineering Education in the United States", *Journal of Engineering Education*, 68(Dec), 1977.

[98] Greenwood, E. , "Attributes of a Profession", In S. Nosow & W. H. Form(Eds.), *Man, Work, and Society*, pp. 206 — 217, New York: Basic Books, 1962.

[99] Greenwood, E. , "Attributes of a Profession", In T. Tripodi(Eds.), *Social Workers at Work: an Introduction to Social Work Practice*, pp. 208 — 220, Itasca F. E. Peacock Publishers, 1957.

[100] Greenwood, Wilf, "Harnessing Individual Brilliance for Team Creation The Six C's of the Knowledge Supply Chain", Online Collaboration Conference, Berlin, 1998.

[101] Gruber, Tom(1994), Cited from Mike Uschold, "Knowledge Level Modeling: Concepts and Terminology", *The Knowledge Engineering Review*, 13(1):5 — 29, 1998.

[102] Gruber, Tom, "Ontolingua: A Translation Approach to Portable Ontology Specifications", *Knowledge Acquisition*, 5(2):199 — 200, 1993.

[103] Guarino, N. , "Understanding, Building and Using Ontologies", *International Journal of Human and Computer Studies*, 46(3/4):219 — 310, 1997.

[104] Guarino, N. and P. Giaretta, "Ontologies and Knowledge Bases: Towards a Terminological Clarification", In Mars(eds.): *Towards Very Large Knowledge Bases: Knowledge Building and Knowledge Sharing*, Amsterdam: IOS Press, 1995.

[105] Guttig, John V. (ed.), *The Electron and the Bit: Electrical Engineering and Computer Science at the Massachusetts Institute of Technology*, 1902 — 2002, Cambridge, Mass. : Electrical Engineering and Computer Science Department, MIT, 2005.

[106] Harris, James G. , "Journal of Engineering Education Round Table: Reflections on the Grinter Report", Journal of Engineering Education, January, pp. 69 — 94, 1994.

[107] Harris, D. , "Creating a Knowledge-Centric Information Technology En-

vironment, in Knowledge Environment", Available at http://www. db-harris. com/ckc. htm, 1996.

[108] Harwood, Jonathan, "Engineering Education between Science and Practice: Rethinking the Historiography", *History and Technology*, V22, (1):53—79, 2006.

[109] HESA(The Higher Education Statistics Agency), Available at http://www. hesa. ac. uk/jacs/jacs. htm, 2006a.

[110] HESA(The Higher Education Statistics Agency), Available at http://www. hesa. ac. uk/jacs/completeclassification. htm, 2006b.

[111] HGCE, *Mechanical Engineering*, *The Engineering Design Process* (*Core of Engineering*), Available at http://www. hgce. org/me. php, 2006.

[112] Hicks, P. E. (1977), *Introduction to Industrial Engineering and Management Science*, MCGraw-Hill Co., 1977. Available at: 工业管理与管理科学导论(沈益康译)[M], 上海: 上海科学技术出版社, 1981.

[113] Hougen, O. A., "Seven Decades of Chemical Engineering", *Chemical Engineering Progress*, V73, (1):89, 1977.

[114] Hull, John, *Engineering Design: A New Engineering-Technology Module for Creative Problem Solving*, Available at http://www. engineering-ed. org/ design/documents/design_module_overview. ppt, 2006.

[115] Hyerle, David, "Visual Tools foe Mapping Minds", Available at http://www. thinkingfoundation. org/research/journal _ articles/journal _ articles. html, 1988.

[116] IEEE(The Institute of Electrical and Electronics Engineers), 21 *Definitions of Engineering*, Available at http://www. spectrum. ieee. org/INST/apr95/ 21_defs. html, 1995.

[117] Ikepu, Available at http://www. ikepu. com/geography/environment/environoment _branch/environoment_engineering_total. htm, 2007.

[118] ILO (The International Labour Organization), *INTERNATIONAL STANDARD CLASSIFICATION OF OCCUPATION* (*ISCO-88*), Geneva, International Labor Office, 1990.

[119] JACS(The Joint Academic Coding System), *JACS Subject Coding System*, Available at http://www. ucas. ac. uk/website/documents/JACS_coding/jacsclass1. pdf, 2002.

[120] Johnson, Terence J., *Professions and Power*, London: MacMillan,1972.

[121] Johnson, Arthur T., "Defining the Body of Knowledge for the Discipline", Available at http://www. ibeweb. org/engineering/defining. cgi, 2002.

[122] Kim, W., "Newspaper Influence on Health Policy Development", *Newspaper Research Journal*, 15(summer):89—104,1994.

[123] Klegon, Douglas A., "The Sociology of Professions:An Emerging Perspective",*Sociology of Work and Occupations*,(5),1978.

[124] Knapp, Ellen M., "Knowledge Management", *Business and Economic Review*,44(4):3—6,1998.

[125] Koller,R. (1976),Available at:机械、仪器和器械设计方法学(吕持平译) [M],北京:科学出版社,1984.

[126] Kotnour, T., C. Orr and J. Spaulding, "Determining the Benefit of Knowledge Management Activities ", *IEEE Internal Conference On Computational Cybernetics and Simulation*, Ⅵ,pp. 94—99,1997.

[127] Kruse, C. R., "The Movement and the Media:Framing the Debate Over Animal Experimentation", *Political Communication*, 18, pp. 67—87,2001.

[128] Kuperh,A. & Kuper, J.,Cited from:社会科学百科全书 [M],上海:上海译文出版社,1989.

[129] Landis, R. B., "An Academic Career:It Could Be for You," American Society for Engineering Education, Washington, D. C., 1989.

[130] Landis,R. B.,*Studying Engineering:A Road Map to a Rewarding Career*(Third edition),DISCOVERY PRESS,2007.

[131] Larsen, Tor J and Linda Levine,"Searching forManagement Information Systems:Coherence and Change in the Discipline",*Information System Journal*,(15):357—381,2005.

[132] Larson, Magali S., *The Rise of Professionalism:A Sociological Analysis*,Berkeley: University of California Press,1977.

[133] Laurie, J., "Harnessing the Power of Intellectual Capital", *Training and Development*, 51(12):25—30,1997.

[134] Lemelin, Jean-Marc, Transcendence or Immanence? Available at ht-

tp:// www. ucs. mun. ca/~lemelin/discipline. htm，2000.

[135] Lenaert，Tom，Available at http://iridia. ulb. ac. be/~tlenaert/teach/slides/AIMA/,2005

[136] Machlup，F. ，*Semantic Quirks in Studies of Information*，NY：Wiley-Interscience Publication,1983.

[137] McDermott，Richard,"Why Information Technology Inspired But Cannot Deliver Knowledge Management",*California Management Review*，V41，pp. 103—117,1999.

[138] Millerson，Geoffrey，The Qualifying Associations：A Study in Professionalization,London：Routledge,1964.

[139] Minsky,Marvin Lee,"A Framework for Representating Knowledge",In Winston，P. H. (Eds.)，*The Psychology of Computer Vision*，New York：MCGraw—Hill,1975.

[140] MIT Aero-Astro,"Reforming Engineering Education：The CDIO™ Initiative",Available at http://web. mit. edu/aeroastro/academics/cdio. html,2000.

[141] MIT ChE,"The History of Chemical Engineering at MIT",Available at http://web. mit. edu/cheme/che/history. html,2007.

[142] MIT Libraries,"History of the School of Engineering MIT,Institute Archives"，MIT Libraries,January 1996；updated April 2007,Available at http:// libraries. mit. edu/archives/mithistory/histories-offices/scheng. html,2007.

[143] MIT(The Massachusetts Institute of Technology,1991),Cited from：路甬祥. 再论现代工程教育[J],高等教育研究(武汉),(1)：1—8,1994.

[144] MIT(The Massachusetts Institute of Technology,2005),MIT Bulletin,2005—2006.

[145] Moore，Kevin L，Engineering Design Process，Available at http://egweb. mines. edu/faculty/kmoore/USUJunior/Lecture2. pdf,2003.

[146] Moses,Joel,*Engineering With A Big E：Integrative Education in Engineering*,Long Range Plan 1994—1998，School of Engineering,Massachusetts Institute of Technology，Spring,1994.

[147] NAE(The National Academy of Engineering),*Educating the Engineer of 2020：Adapting Engineering Education to the New Century*,THE

NATIONAL ACADEMIES PRESS,Washington, DC,2005.

[148] NAE(the National Academy of Engineering),*Greatest Engineering Achievements of the 20th Century*,Available at http://www. greatachievements. org/? id=3882,2007.

[149] NAE(The National Academy of Engineering),*The Engineer of 2020: Visions of Engineering in the New Century*,THE NATIONAL ACADEMIES PRESS,Washington, DC,2004.

[150] NAE(The National Academy of Engineering),*The Offshoring of Engineering:Facts, Unknowns, and Potential Implications*,Committee on the Offshoring of Engineering, National Academy of Engineering,THE NATIONAL ACADEMIES PRESS,Washington, DC,2008.

[151] NCES,*Classification of Instructional Programs:2000 Edition*,APRIL 2002,U. S. Department of Education,Office of Educational Research and Improvement,NCES 2002—165.

[152] Neal,Homer A. ,*Undergraduate Science anf Engineering Education*, Task Committee on Undergraduate Science anf Engineering Education, National Science Board,NSB86-100,March,1986.

[153] Neches,R. ,R. E. Fikes,T. Finin,T. R. Gruber,T. Sdenator,and W. R. Swartout,"Enabling Technology for Knowledge Sharing",*AI Magazine*,12(3):36—56,1991.

[154] NIH(The National Institutes of Health),"NIH working definition of bioengineering",July 24, Available at http://www. bmes. org/default. asp,1997.

[155] Nissani,Moti, "Fruits, Salads, and Smoothies:a Working Definition of Interdisciplinarity",*Journal of Educational Thought*,26(2),1995.

[156] NOC(National Occupation classification), *Natural and Applied Sciences and Related Occupations*, Canada, Available at http://www23. hrdc-drhc. gc. ca/2001/ e/groups/2. shtml,2006.

[157] Nonaka, I. & Takeuchi, H. ,*The Knowledge Creating Company:How Japanese Companies Create the Dynamics of Innovation*, New York: Oxford University Press,1995.

[158] Nonaka, I. A. ,"Dynamic Theory of Organizational Knowledge Creation", *Organization Science*,5(1):14—37,1994.

[159] Novak,J. D. and D. B. Gowin(1984),Learning How To Learn,Cambridge:Cambridge University Press,Available at:《学会学习》(方展画等译)[M],武汉:湖北教育出版社,1989.

[160] NplusI,Available at. http://www. nplusi. com/public/france-site/fr/rechercher_un_ou_plusieurs_etablissements. 3-32-1. html♯,2007.

[161] NRC(The National Research Council,1985a),*Engineering Infrastructure Diagramming and Modeling*,Available at:工程基础结构的图解与建模[A],美国工程教育与实践(续)(上海交大译)[M],上海:学苑出版社,1990.

[162] NRC(The National Research Council,1985b),*Engineering Technology Education*,Available at:工程技术教育[A],美国工程教育与实践(续)(上海交大译)[M],上海:学苑出版社,1990.

[163] NRC(The National Research Council,1985c),*Engineering and Society*,Available at:工程与社会[A],美国工程教育与实践(续)(上海交大译)[M],上海:学苑出版社,1990.

[164] NSB(The National Science Board),*Moving Forward to Improve Engineering Education*,National Science Board,NSB-07-122,2007.

[165] NSF(The National Science Foundation),*Science & Engineering Indicators*,2006,NSB,Available at http://www. nsf. gov/statistics/rdexpenditures/ glossary/s_efield. htm,2006.

[166] NSFC. 学科代码[S],国家自然科学基金委员会,Available at http:// www. nsfc. gov. cn/nsfc/cen/daima/index. htm,2007.

[167] OECD(The Organization for Economic Co-operation and Development). 第三级教育(谢维和等译)[M],北京:高等教育出版社,2002.

[168] Onisep, Available at http://www. onisep. fr/onisep-portail/portal/media-type/html/, 2007.

[169] Orlikowski, W. J. and Gash,D. C.,"Technological Frames:Making Sense of Information Technology in Organizations",*ACM Transactions on Information Systems*,12(2):174—207,1994.

[170] Palmer, Ian and Dunford, "Richard,Reframing and Organizational Action:the Unexplored Link",*Journal of Organizational Change Management*, 9(6):12—25,1996.

[171] Papows, Jeff,"Enterprise. com:Market Leadership in the Information

Age", *Perseus Books*, *Reading*, MA：MIT Press，1998.

[172] ParisTech, Available at http：//www. paristech. org/en/paristech_domaines. html，2007.

[173] Parsons,Talcott(1968)，职业自主性与国家干预——西方职业社会学研究述评(刘思达)[EB/OL]，Available at http：//hk. findalawyer. cn/lawyers/article/ editor_print_article. php? editorArticleID＝38，2006.

[174] PES(Professional Engineering Services)，Federal Supply Schedule，871 SC Group 871,Available at http：//pes. bah. com/matrix. asp，2007.

[175] Polanyi,Michael,*Personal Knowledge*：*Towards a Post-Critical Philosophy*，University of Chicago Press，1958.

[176] Porter，Michael,*Competitive Advantage*：*Creating and Sustaining Superior Performance*，New York：The Free Press，1985.

[177] Pratte，R. & Rury,J. L. ，"Teachers, Professionalism, and Craft"，*Teachers College Record*，93，pp. 59－72，1991.

[178] RAE(The Research Assessment Exercise)，Available at http：//www. hero. ac. uk /uk/research/research _ assessment _ exercise _ 2485. cfm，2007.

[179] RAE(The Research Assessment Exercise)，*RAE*2008：*Panel criteria and working methods* (January)，RAE 01/2006，Available at http：// www. rae. ac. uk/pubs/ 2006/01/，2006.

[180] Rogers，G. F. C. ，*The Nature of Engineering*，Macmillan Press Ltd，1983.

[181] Russell,J. S. ,*Perspectives in Civil Engineering*：*Commemorating the 150th Anniversary of the American Society of Civil Engineers*，American Society of Civil Engineers，2003.

[182] Russia (2000)，*Новые государственные образовательные стандарты высшего профессионального образования*，*Перечень направлений подготовки и специальностей высшего профессионального образования*，2000 год，Available at http：//www. edu. ru/db/portal/spe/ archiv2. htm.

[183] Russia(2003)，*Архив файлов примерных программ учебных дисциплин ГОС ВПО*，Федеральный компонент，Available at http：//www. edu. ru/ db/ cgi-bin/portal/spe/prog_new. plx.

[184] Russia (2007), *ГОС и ПУП направлений и специальностей высшего профессионального образования*, Available at http://www. edu. ru/db/cgi-bin/portal/spe/list. plx? substr=&gr=0&st=all.

[185] Schreiber, G. , Wielinga, B. and Jansweijer, W. , "The kactus view on the "o" word", workshop on basic ontological issues in knowledge sharing:international joint conference on artificial intelligence,1995.

[186] Seely, Bruce, "Research, Engineering and Science in American Engineering Colleges, 1900—1960", *Technology and Culture*, 34, pp. 344 — 86,1993.

[187] Seely, Bruce, "The Other Re-engineering of Engineering Education, 1900—1965", *Journal of Engineering Education*, (July): 285 — 294,1999.

[188] Shen. F. ,"Chronic Accessibility and Individual Cognitions:Examining the Effects of Message Frames in Political Advertisement", *Journal of Communications*, 54(1):123—137,2004.

[189] Siemens, SIEMENS PLM SOFTWARE 在中国发布 TEAMCENTER 2007,拓宽 PLM 实施领域[EB/OL],Available at http://www. simwe. com/art/info/2007-11-06/info0-2-1006. shtml,2007.

[190] Simon,Herbert A. (1981), *The Sciences of the Artificial*,2nd ed,MIT Press,Cambridge, Mass. , USA. Available at:人工科学(武夷山译)[M],北京:商务印书馆,1987.

[191] Singh, Amarjit, "Civil Engineering:Anachronism and Black Sheep", *Journal of Professional Issues in Engineering Education and Practice*, (Jan):18—30,2007.

[192] SIU(The Southern Illinois University), *Engineering as a Profession*,Available at http://civil. engr. siu. edu/intro/profession. htm, undated page, accessed November 2004.

[193] Solso, R. L. (1979), Available at:认知心理学(黄希庭等译)[M],北京:教育科学出版社,1990.

[194] Staab, S, R. Studer, Hans-Peter, and York Sure,"Knowledge Processes and Ontologies", *IEEE Intelligent Systems*, 16(Jan):2—10,2001.

[195] Stephen, Haag, Maeve Cummings and Donald J. *McCubbrey*,*Management Information Systems for the Information Age*, 4th Edition,

MCGraw-Hill Companics,Inc,2004.

[196] Sternberg,R. J. and Horvath,J. A. ,*Tacit Knowledge in Professsional Practice*:*Research and Practitioner Perspectives*,London:Lawrence Erlbaurm Associates Inc. ,1999.

[197] Studer,R. ,Benjamins,V. R. and Fensel,D. , "Knowledge Engineering: Principles and Methods", *Data and knowledge Engineering*, V25, pp. 161—197,1998.

[198] Tadmor, Zehev, "Redefining Engineering Disciplines for the Twenty-First Century",*The Bridge*,36(2):33—37,2006.

[199] TU9, Available at http://www. tu9. de/TU9-German Institutes of Technology. htm,2007.

[200] Turban,E. and Aronson, J. E. ,*Decision Support Systems and Intelligent Systems*(fifth edition),Prentice Hall,1998.

[201] UCAS(The Universities and Colleges Admissions Service),Available at http:// www. ucas. ac. uk/higher/courses/jacsclass. pdf,2006.

[202] UGS,2007 *UGS Global Calendar Program-Best of Show*,Available at http:// www. plm. automation. siemens. com/promotions/calendar,2007.

[203] UNESCO,*Annual Report*,International Centre for Engineering Education(UICEE),2007.

[204] Uschold, Mike and Gruninger, M. , "Ontologies:Principles, Methods and Applications", *The Knowledge Engineering Review*,11(2):93—155,1996b.

[205] Uschold, Mike, "Building Ontologies:Towards a Unified Methodology",In:Proceedings of the 16th Annual Conference of the British Computer Society Specialist Group on Expert Systems, Cambridge, UK,1966a.

[206] Uschold,Mike, "Knowledge Level Modeling:Concepts and Terminology",*The Knowledge Engineering Review*,13(1)5—29,1998.

[207] Usehold, Mike, et al, "Ontology:Principles, Methods and Applications",*The Knowledge Engineering Review*,(1):1,1996.

[208] van der Spek, R. and Spijkervet, A. , "Knowledge Management:Dealing Intelligently with Knowledge", *Knowledge Management and Its Inte-*

grative Elements, J. Liebowitz & L. Wilcox (Eds.), New York: CRC Press, 1997.

[209] Van Heijst, G., Schreiber, A. T. and Welinga, B. J., "Using Explicit Ontologies in KBS Development", *International Journal of Human and Computer Studies*, 46(3/4): 183—292, 1997.

[210] Vest, Charles M., "Our revolution", *ASEE PRISM*, (May): 40, 1994.

[211] von Krogh, Georg, Kazuo Ichijo and Ikujiro Nonaka, *Enabling Knowledge Creation: How to Unlock the Mystery of Tacit Knowledge and Release the Power of Innovation*, Oxford; New York: Oxford University Press, 2000.

[212] Wæver, Ole, "Still a Discipline After All These Debates?", *OXFORD Higher Education*, Oxford University Press, 2004.

[213] Wielinga, B. J., and Schreiber, A. T., "Reusable and Sharable Knowledge Bases: a European Perspective", In Proceeding of Proceedings of first International Conference on Building and Sharing of Very Large-scaled Knowledge Bases, Tokyo, Japan, 1993.

[214] Wiig, K. M., *Knowledge Management Methods: Practical Approaches to Managing Knowledge*, Texas: Schema Press, 1995.

[215] Wikipedia, Available at http://en. wikiquote. org/wiki/Theodore_von_Karman, 2006.

[216] Wikipedia, "Trinity", Available at http://en. wikipedia. org/wiki/Trinity, 2007.

[217] Wikipedia, Available at http://en. wikipedia. org/wiki/Profession, 2007.

[218] Wilensky, H., "The Professionalization of Everyone?", The American Journal of Sociology, 70(2): 137—158, 1964.

[219] William, S. & Austin, T., "Ontologies", *IEEE Intelligent Systems*, (Jan/Feb): 18—19, 1999.

[220] Zack, M. H., "Managing Codified Knowledge", Sloan Management Review, 40(4): 45—58, 1999.

[221] 百度百科. 马文·明斯基——"人工智能之父"和框架理论的创立者[EB/OL], Available at http://baike. baidu. com/view/406805. html, 2007.

[222] 鲍 嵘. 美国学科专业分类系统的特点及其启示[J], 比较教育研究, (4): 1—5, 2004.

[223] 曹　燕,王迎伟. 基于 AVS/Express 平台开发气象模式三维可视化系统的应用研究[A],2002 年度 AVS 用户年会论文集[C],Available at http://visualsky. com/paper/lunwen5. htm,2002.

[224] 曹存根. 大规模知识获取和分析[A],知识科学和计算科学(陆汝钤主编)[C],北京:清华大学出版社,2003.

[225] 查建中,论"做中学"战略下的 CDIO 模式[J],高等工程教育研究,(3):1—6.

[226] 柴福洪. 高职院校院、系设置研究[J],十堰职业技术学院学报,(2):6—9,2007.

[227] 柴福洪. 论职业、专业与高职专业设置[EB/OL],Available at http://www. chinavalue. net/Article/84422. html,2007.

[228] 常　平(主编). 20 世纪我国重大工程技术成就[M],广州:暨南大学出版社,2002.

[229] 陈　强,廖开际,奚建清. 知识地图研究现状与展望[J],情报杂志,(5):43—46,2006.

[230] 陈　悦,刘则渊. 悄然兴起的科学知识图谱[J],科学学研究,23(2):149—154,2005.

[231] 陈学东. 近代科学学科规训制度的生成与演化[D],博士学位论文,山西大学,2004.

[232] 邓三鸿,金　莹,杨建林. 学科知识地图的构建:以图书、情报学为例[J],情报学报,25(1):3—8,2006.

[233] 丁家永. 知识的本质新论——一种认知心理学的观点[J],南京师范大学学报(社会科学版),(2):67—70,1998.

[234] 丁雅娴(主编). 学科分类研究与应用[M],北京:中国标准出版社,1994.

[235] 东京大学. 学部・大学院・研究所・センターインデックス[EB/OL],Available at http://www. u-tokyo. ac. jp/index/c00_j. html and http://www. t. u-tokyo. ac. jp/ eepage/introduction/history. html, 2007.

[236] 冯厚植等. 工程教育设计与工程设计方法[M],北京:北京航空航天大学出版社,2003.

[237] 冯向东. 学科、专业建设与人才培养[J],高等教育研究(武汉),23(3):67—71, 2002.

[238] 冯志伟. 术语学中的概念系统与知识本体[J],术语标准化与信息技术,(1):1—8,2006.

[239] 冯志勇,李文杰,李晓红. 本体论工程及其应用[M],北京:清华大学出版社,2007.

[240]【法】米歇尔·福柯(1975). 规训与惩罚——监狱的诞生(刘北成、杨远婴译)[M],北京:三联书店,1999.

[241]【日】富冢清(1982). 生活中的科学技术(石玉良译)[M],中国发明创造者基金会、中国预测研究会(内部交流),1985.

[242] 顾佩华等. 从 CDIO 到 EIP-CDIO——汕头大学工程教育与人才培养模式探索[J],高等工程教育研究,(1):12—20,2008.

[243] 郭峰渊,科技框架理论于知识管理应用之探讨[D],硕士学位论文,台湾中山大学,2001.

[244] 国防科技大学. 西点军校丛书之一:西点概况[M],长沙:国防科技大学训练部(内部资料),1987.

[245] 国家技术监督局. 国家标准《学科分类与代码》(GB/T13745-92)[S],1992.

[246] 国家教育部. 高等学校本科专业目录(统计用)[EB/OL],2006 年 6 月 5日,Available at http://www.stats.edu.cn/tjbz/bkzyml.htm,2006a.

[247] 国家教育部. 教育部关于印发《普通高等学校本科专业目录(1998 年颁布)》、《普通高等学校本科专业设置规定(1998 年颁布)》等文件的通知,教高[1998]8 号,1998.

[248] 国家教育部. 教育部关于印发《普通高等学校高职高专教育指导性专业目录(试行)》的通知,教高[2004]3 号,2004.

[249] 国家教育部. 普通高职高专专业目录(统计用)[EB/OL],2005 年 9 月 1日,Available at http://www.stats.edu.cn/tjbz/gzgzzyml.htm,2005.

[250] 国家教育部. 中等职业教育专业目录(统计用)[EB/OL],2006 年 4 月 26日,Available at http://www.stats.edu.cn/tjbz/zzzyml.htm,2006b.

[251] 国家劳动部. 中华人民共和国职业分类大典(2005 增补本)[S],北京:中国劳动社会保障出版社,2005.

[252] 国家劳动部. 中华人民共和国职业分类大典[S],北京:中国劳动社会保障出版社,1999.

[253] 国务院学位办. 授予博士硕士学位和培养研究生的学科专业简介[M],国务院学位委员会办公室、教育部研究生工作办公室编,北京:高等教育出版社,1999.

[254] 何东昌(主编). 中华人民共和国重要教育文献(1949—1975)[M],海口:

海南出版社,1998.

[255] 何晓群. 多元统计分析(第二版)[M],北京:中国人民大学出版社,2008.

[256] 侯海燕等人. 当代国际科学学研究热点演进趋势知识图谱[J],科研管理,27(3):90－96,2006.

[257]【日】欢喜隆司. 学科的历史与本质(钟言译)[J],外国教育资料,(4):16－23,1990.

[258] 胡建雄. 学科组织创新:高等学校院系等学科结构的改革研究[M],杭州:浙江大学出版社,2001.

[259] 华 军. 21世纪化学工程学科的发展方向[J],国外油田工程,(9):53－54,2002.

[260]【美】华勒斯坦. 学科·知识·权力(刘健芝等编译)[M],北京:三联书店,1999.

[261] 华世佳. 工程教育(EE)和工程技术教育(ETE):两种高等工程教育类型及其模式的研究[D],硕士学位论文,浙江大学,1995.

[262] 黄荣怀,李茂国,沙景荣. 知识工程学:一个新的重要研究领域[J],电化教育研究,(10):1－7,2004.

[263] 江泽民. 在国际工程科技大会上的讲话[EB/OL],2000年10月11日,Available at http://www. 61. gov. cn/tzjh/zy2000/200707/t20070710_559288. htm,2000.

[264] 姜兆华,孟令辉,尹鸽平. 拓展化工学科领域,使专业方向具有现代特征[J],化工高等教育,(2):76－78,2004.

[265]【美】克拉克(1981). 高等教育系统(克拉克著,王承绪等译)[M],杭州:杭州大学出版社,1994.

[266] 孔寒冰,吴若斌. 英国科技评估的经验与借鉴[J],学位与研究生教育,(1):56－60,2005.

[267] 孔寒冰等. 高等学校学术结构重建的动因探析[J],清华大学教育研究,(2):78－82,2001.

[268] 孔寒冰等. 日本东京大学理工科的学术组织与创新[J],西安交通大学学报(社科版),(3):93－96,2002.

[269] 拉 班(819). 牧师教育[A],外国教育史料(【美】克伯雷选编)[M],武汉:华中师范大学出版社,1990.

[270] 郎咸平. 产业链阴谋———一场没有硝烟的战争[EB/OL],Available at http:// www. blog. sina. com. cn/s/blog_4120db8b01009ze7. html,2008.

[271] 李伯聪. 工程哲学引论[M],郑州:大象出版社,2002.

[272] 李德仁. 数字地球与 3S 技术[A],科学与中国——院士专家巡讲报告集(第一辑)[C],北京:北京大学出版社,Available at http://www. casad. ac. cn/2006-3/2006320104528. htm,2005.

[273] 李晓强,孔寒冰,王沛民. 部署新世纪的工程教育行动——兼评美国 2020 工程师《行动报告》[J],高等工程教育研究,(4):14—18,2006b.

[274] 李晓强,孔寒冰,王沛民. 建立新世纪的工程教育愿景——兼评美国 2020 工程师《愿景报告》[J],高等工程教育研究,(2):7—11,2006a.

[275] 林 林. 工程学科发展的途径、问题与对策研究[D],博士学位论文,华中科技大学,2004.

[276] 林 平,蒋祖华. 本体论工程的比较研究[J],计算机工程,31(4):1—8, 110,2005.

[277] 刘 迅,张金玺等. 从角落到头版:1985—2003 人民日报艾滋报道的框架研 究 [EB/OL], Available at http://studa. net/xinwen/060513/ 14565641. html,2006.

[278] 刘 永. 麻省理工的骄傲[M],延吉:延边大学出版社,2001.

[279] 刘北成,杨远婴(1999),Available at http://www. 2000888. com/www/ yule/0725/ qiyidessds/yilan. asp. htm.

[280] 刘红阁,郑丽萍,张少方. 本体论的研究和应用现状[J],信息技术快报,3 (1):1—12,2005.

[281] 刘念才等(2002). 美国学科专业设置与借鉴[J],世界教育信息,(1—2): 27—44,2003.

[282] 刘启华. 化学工程学的历史演变与逻辑行程[J],南京工业大学学报(社会科学版),(1):92—96,2002.

[283] 刘思达,职业自主性与国家干预——西方职业社会学研究述评[J],社会学研究(1),Available at http://www. sociology. cass,2006.

[284] 刘西拉. 从结构工程学科的演变看传统学科的革新[J],科技导报,(5):46 —54,1992.

[285] 刘西拉. 从土木工程领域看 21 世纪的工程教育[J],高等工程教育研究, (3):8—14,2006.

[286] 刘仲林. 现代交叉学科[M],杭州:浙江教育出版社,1998.

[287] 龙炜璇,台湾社会工作概论课本对社会工作专业形象的描绘[D],硕士学位论文,台湾东吴大学,2007.

[288] 卢纹岱. SPSS for Windows 统计分析(第 3 版)[M]，北京：电子工业出版社，2008.

[289] 卢晓东，陈孝戴. 高等学校"专业"内涵研究[J]，教育研究，(7)：47—52，2002.

[290] 路甬祥，王沛民. 工业创新和工程教育改革[J]，高等工程教育研究，(2)：7—13，1996.

[291] 罗福午. 土木工程(专业)概论(第 2 版)[M]，武汉：武汉工业大学出版社，2001.

[292] 罗福午. 土木工程的历史[J]，建筑技术，(6)：460—462，2002.

[293] 罗应婷，杨钰娟. SPSS 统计分析：从基础到实践[M]，北京：电子工业出版社，2007.

[294] 【德】阿·迈纳(1984). 方法论导论(王路译)[M]，北京：三联书店，1991.

[295] 孟登迎. 文学学科史教学大纲[EB/OL]，Available at http://baike.baidu.com/view/676990.htm，2006.

[296] 木　水. 从怀特兄弟和朗格利的比较看工程师企业家的精神[EB/OL]，Available at http://www.rainbowplan.org/cgi-bin/edu/mainpage.pl，December 18，2003.

[297] 倪明江(主编). 创造未来——工程教育改革研究[M]，杭州：浙江大学出版社，1999.

[298] 潘懋元，高等教育学讲座[M]，北京：人民教育出版社，1985.

[299] 潘懋元，王伟廉. 高等教育学[M]，福州：福建教育出版社，1995.

[300] 潘云鹤. 计算机图形学——原理、方法及应用[M]，北京：高等教育出版社，2001.

[301] 庞青山. 大学学科结构与学科制度研究[D]，博士学位论文，华东师范大学，2004.

[302] 珀　金(1984). 第一章：历史的观点[A]，高等教育新论(克拉克著，王承绪等译)[M]，杭州：浙江教育出版社，1988.

[303] 日本世界教育史协会(1979). 六国技术教育史(李永连等译)[M]，北京：教育科学出版社，1984.

[304] 阮明淑，温达茂. Ontology 应用于知识组织之初探[J]，佛教图书馆馆讯，(32)：6—17，2002.

[305] 沙景荣. 不同学科领域知识观的比较分析[J]，中国电化教育，(4)：9—14，2005.

[306] 史培军. 关于资源学科定位及其学科与人才培养体系的建设[J],自然资源学报,18(3):65—71,2003.

[307] 史忠植. 知识发现[M],北京:清华大学出版社,2002.

[308] 史忠植. 知识工程[M],北京:清华大学出版社,1988.

[309] 宋 健. 工程技术百年颂[EB/OL],Available at http://www.cae.cn/comminfo/content.jsp?id=1044,2002.

[310] 孙绵涛. 学科论[J],教育研究,(6):49—55,2004.

[311] 谭玉红,吴 岩. 关于学校知识管理中的"知识地图"研究[J],电化教育研究,(3):17—19,26,2005.

[312] 【美】小詹姆斯·坦卡德,沃纳·赛弗林. 传播理论:起源、方法与应用(郭镇之等译)[M],北京:华夏出版社,2000.

[313] 汤 智. 自适应:基于 CAS 理论的专业特性分析[J],辽宁教育研究,(9):23—25,2007.

[314] 万力维. 控制与分等:权力视角下的大学学科制度的理论研究[D],博士学位论文,南京师范大学,2005.

[315] 王 君,樊治平. 一种基于知识地图集的知识管理系统模型框架[J],工业工程与管理,(6):10—14,2003.

[316] 王 权. 现代因素分析[M],杭州:杭州大学出版社,1993.

[317] 王 昕. 综述:本体的概念、方法和应用[J/OL],Available at http://www.prdm.net/papers/knowledge/ontology%20overview.htm,2002.

[318] 王 轩. 中国三家日报关于美伊战争报道的新闻框架分析[EB/OL],Available at http://www.zijin.net/blog/user1/1137/archives/2006/7173.shtml,2004.

[319] 王 雁,孔寒冰,王沛民. 创业型大学:研究型大学的挑战和机遇[J],高等教育研究(武汉),(5):52—56,2003.

[320] 王广宇. 知识管理:冲击与改进战略研究[M],北京:清华大学出版社,2004.

[321] 王沛民,顾建民,刘伟民. 工程教育基础:工程教育理念和实践的研究[M],杭州:浙江大学出版社,1994.

[322] 王沛民,孔寒冰. 面向高新科技的大学学科改造[M],杭州:浙江大学出版社,2005.

[323] 王沛民,孔寒冰. 努力培养 21 世纪的中国工程师[J],中国工程科学,(6):19—23,2001.

[324] 王沛民. 工程教育的目标、模式、核心:问题与思考[J],浙江大学教育研究,(1):16－21,1989.

[325] 王沛民. 工程教育实学精神的典范[A],创造未来——工程教育改革研究(倪明江主编)[M],pp. 338－353,杭州:浙江大学出版社,1999.

[326] 王沛民. 争创一流的 MIT 办学精神与实践[J],上海高教研究,(3):68－71,1996.

[327] 王树国等人. 俄罗斯学科专业设置情况调研[EB/OL],Available at http:// ed. sjtu. edu. cn/subject/subjet. htm,2006.

[328] 王伟辉. 工程系统之方法论[EB/OL],Available at http://www. ntou. edu. tw/ ntoucse/www/introduction％ 20to％ 20engineering96. 09. 26. doc,1996.

[329] 王伟廉. 高等学校学科、专业划分与授权问题探讨[J],高等教育研究(武汉),(3):39－43,2000.

[330] 王承绪(主编). 高等教育新论:多学科的研究[M],杭州:杭州大学出版社,1988.

[331] 文部科学省. 关系学科(专攻分野)别[EB/OL],《文部省第 114 年报》(昭和 61 年度)[3 6 (4)],Available at http://www. mext. go. jp/b_menu/hakusho/html/ hpaf198601/hpaf198601_3_405. html, 1986.

[332] 文部科学省. 平成 19 年度学校基本调查速报[EB/OL],公表资料(平成 19 年), Available at http://www. mext. go. jp/b_menu/toukei/001/07073002/index. htm,2007.

[333]【美】约翰·B. 沃特曼. 二十世纪的陶瓷创新[A],美国陶瓷五十年回顾与展望[C],Available at http://www. ccisn. com. cn/hwcz/reads. asp? id ＝1014,2002.

[334] 乌　来.《知识社会学》和《学科·知识·权力》导论[EB/OL],Available at http://www. xxc. idv. tw/mt/mt-tb. cgi/526,2004.

[335] 吴伟伟,程　莹. MIT 的化学工程教育:历史、现状与启示[J],化工高等教育,(5):76－80,2006.

[336] 萧蕴诗等. 德国学科专业设置调研报告[EB/OL],Available at http:// ed. sjtu. edu. cn/subject/subjet. htm,2006.

[337]【美】斯蒂文·小约翰. 传播理论[M],北京:中国社会科学出版社,1999.

[338] 熊　枫. 知识管理研究文献述评[J],财金研究,(5):73－74,2007.

[339] 徐光宪. 今日化学何去何从？[J],大学化学,(1):1－5,2003.

[340] 徐匡迪. 工程师社会价值被严重低估[EB/OL]，Available at http://www.ycwb.com/gb/content/2005-10/14/content_999494.htm,2005.

[341] 薛国仁,赵文华. 专业:高等教育学理论体系的中介概念[J],上海高教研究,(4):1−6，1997.

[342] 杨秋芬,陈跃新. Ontology 方法学综述[J],计算机应用研究,(4):5−7,2001.

[343] 姚人多. 傅柯:殖民主义与后殖民文化研究[J],台湾社会学,6(12):223−266，2003.

[344]【苏】叶留金. 苏联高等教育(张天恩等译)[M],北京:教育科学出版社,1983.

[345] 涌　泉. 化学工程历史里程碑[EB/OL],Available at http://www.leafsea.com/posts/the-milestones-of-chemical-engineering-172.html,2007a.

[346] 涌　泉. 化学工程发展趋势[EB/OL],Available at http://www.leafsea.com/posts/chemical-engineering-development-trends-175.htm,2007b.

[347] 余　欣. 人文视野中的敦煌学[J],敦煌学辑刊,(1):84−91,2000.

[348] 余丽嫦. 培根及其哲学[M],北京:人民出版社,1987.

[349] 臧国仁,新闻媒体与消息来源[M],台北:三民书局,1999.

[350] 臧国仁,钟蔚文,黄懿慧. 新闻媒体与公共关系(消息来源)的互动:新闻框架理论再省[A],大众传播与市场经济(陈韬文等编)[C],香港炉峰学会,1997.

[351] 张　钢,倪旭东. 从知识分类到知识地图:一个面向组织现实的分析[J],自然辩证法通讯,(1):59−68,2005.

[352] 张洪忠. 大众传播学的议程设置理论与框架理论关系探讨[J],西南民族学院学报(哲学社会科学版),(9):88−91,2001.

[353] 赵国庆,黄荣怀,陆志坚. 知识可视化的理论与方法[J],开放教育研究,11(1):23−27,2005.

[354] 赵俊芳. 论大学学术权力[D],博士学位论文,吉林大学,2006.

[355] 赵文华. 高等教育系统论[M],南宁:广西师范大学出版社,2001.

[356] 郑晓沧(1936).大学教育的两种理想[A],浙大教育文选(浙江大学教育研究室编)[C],杭州:浙江大学出版社,1987.

[357] 中国工程院. 中国工程院院士增选学部专业划分标准(试行)[S],中国工程院学科分类标准研究课题组,2004.

[358] 钟启泉. "学校知识"与课程标准[J],教育研究,(11):50−68,2000.

［359］周　川．专业散论［J］，高等教育研究，(1)：79－83，1992.

［360］周慧之．时尚与规训：生于70年代人的自我建构方式［J］，社会科学论坛，(4)：61－67，2002.

［361］朱青生．关于术语［EB/OL］，Available at http://bbs. zsu. edu. cn/bbsanc? path＝boards/Reading/D. 1163897680. A /D. 1164989459. A/D. 1077424697. A/ M. 1065635913. A，2003.

［362］朱晓峰．知识管理研究综述［J］，理论与探索，(5)：406－408，2003.

［363］紫铭网．日本大学专业的最新详细介绍［EB/OL］，Available at http://www. ziming. com. cn/cgi-bin/23/2004-04-30/153549. html，2004.

附录 A 美国 CIP 的工程学科

CIP-2000 第一组的第 14 系列是关于"工程"(Engineering)的教学计划系列,编码为"14.＃＃"的有 34 种(相当于"一级学科"),编码为"14.＃＃＃＃"的计有 42 种(相当于"二级学科"),它们均旨在"使学生能运用数学和自然科学原理去解决实际问题"(NCES,2002:Ⅲ-63)。

这些教学计划("学科")的内容详细列述如下。

1.普通工程(区别于数学和物质科学),含 1 个二级学科

普通工程(区别于普通工程技术) 该计划培养的人才通常应能运用数学和自然科学原理去解决工业、社会组织、公共活动和商业中的广泛的实际问题。

2.航空航天工程,含 1 个二级学科

航空航天和宇航工程(区别于航空航天工程技术/技术员) 该计划培养的人才应能运用数学和自然科学原理去设计、开发并实地评估航天器、宇宙飞船及其系统;对飞行特性进行应用性研究;开发空天载体的着陆、导航与控制的系统和程序。

3.农业/生物工程,含 1 个二级学科

农业/生物工程(区别于食品科学和技术) 该计划培养的人才应能运用数学和自然科学原理去设计、开发并实地评估用于农产品生产、加工和存储的系统、装置与设施;提高农业生产力,以及开发农业生物系统。

4.建筑工程,含 1 个二级学科

建筑工程(区别于建筑学、建筑工程技术/技术员) 该计划培养的人才为了人的居住和其他用途,运用数学和自然科学原理去设计、开发并实地评估用于构造物与装备物的材料、系统和方法。

5.生物医学/医学工程,含 1 个二级学科

生物医学/医学工程(区别于生物医学技术/技术员、环境控制技

专家/技术员、职业安全与保健技术/结束语、生物技术、生物学技术员/生物技术实验技术员、健康专业和相关临床科学专业） 该计划培养的人才应能运用数学和自然科学原理去设计、开发并实地评估生物和健康系统与产品，如集成生物系统、仪器、医学信息系统、人工器官，以及健康管理和保健实施系统。

6. 陶瓷科学和工程，含 1 个二级学科

　　陶瓷科学和工程　该计划培养的人才应能运用数学和自然科学原理去设计、开发并实地评估无机非金属材料，如陶瓷、水泥工业陶瓷、陶瓷超导体、研磨剂，以及相关材料和系统。

7. 化学工程，含 1 个二级学科

　　化学工程（区别于化学、化学技术/技术员） 该计划培养的人才应能运用数学和自然科学原理去设计、开发并实地评估采用化学过程的系统，如化学反应器、动力学装置、电化学装置、能量守恒过程、热量和质量传递系统，以及分离过程；实用化学问题分析，如腐蚀、微粒磨损、能量耗散、污染，以及流体力学。

8. 土木工程，含 6 个二级学科

　　普通土木工程（区别于土木工程/土木技术/技术员） 该计划培养的人才通常应能运用数学和自然科学原理去设计、开发并实地评估承载结构、物料搬运、交通、水资源和材料控制系统；以及环境安全规程。

　　土工工程　该计划培养的人才应能运用数学和自然科学原理去设计、开发和操作性评估在结构物场所利用和控制地面和地下特征的系统，包括土壤和岩石搬运与加固、堤坝、废弃物和副产品的结构利用和环境稳定、地下建筑，以及地下水和危险物防范。

　　结构工程（区别于建筑工程技术/技术员） 该计划培养的人才应能运用数学和自然科学原理去设计、开发并实地评估用于建造承载结构的材料和系统，包括建筑物、道路、铁路、桥梁、水坝、渠道、离岸平台和工作站，以及其他结构外壳，同时分析诸如失效、振动、安全和自然灾害的结构问题。

　　交通和高速公路工程　该计划培养的人才应能运用数学和自然科学原理去设计、开发并实地评估物理搬运人、物质和信息的完整系统，包括一般网路设计与规划、设备计划、场点评估、交通管理系统、需求计划和分析，以及成本分析。

　　水资源工程　该计划培养的人才应能运用数学和自然科学原理去设计、开发并实地评估地表水和地下水的汇集、存储、移动、保藏和控制，包括水质控制、水循环管理、生活用水和工业用水的需求管理、水配送，以及洪水控制。

　　其他土木工程　以上未列的其他土木工程教学计划。

9. 普通计算机工程，含 4 个二级学科

普通计算机工程（区别于计算机科学、计算机工程技术/技术员、计算机技术/计算机系统技术）　该计划培养的人才应能运用数学和自然科学原理去设计、开发并实地评估计算机硬件和软件系统以及相关设备和装置，分析各种任务的计算机应用中的特殊问题。

计算机硬件工程　该计划培养的人才应能运用数学和自然科学原理去设计、开发并实地评估计算机硬件和相关外围设备；该计划包括学习计算机电路设计和芯片设计、电路系统、计算机系统设计、计算机装备设计、计算机布局规划、测试程序，以及相关的计算机理论和软件系统。

计算机软件工程　该计划培养的人才应能运用数学和自然科学原理去设计、分析、查证、确认、执行和维护由不同语言编写的计算机软件系统；该计划包括学习离散数学、概率论和统计学、计算机科学、管理科学，以及复杂计算机系统应用。

其他计算机工程　以上未列的其他计算机工程教学计划。

10. 电气、电子学和通信工程，含 1 个二级学科

电气、电子学和通信工程（区别于电气、电子学和通信工程技术/技术员）　该计划培养的人才应能运用数学和自然科学原理去设计、开发并实地评估电气、电子系统及其组件，相关通信系统及其组件，以及发电系统；应能对诸如超导、波导、能量存取、接受和放大等问题进行分析。

11. 工程力学，含 1 个二级学科

工程力学　该计划一般侧重应用经典力学的数学和科学原理对工程问题中结构、力和材料行为的分析与评估；该计划包括学习静力学、运动学、动力学、天体力学、应力和失效，以及电磁学。

12. 工程物理，含 1 个二级学科

工程物理　该计划一般侧重应用物理学的数学和科学原理对工程问题的分析与评估；该计划包括学习高温和低温现象、计算物理、超导、应用热动力学、分子和粒子物理学应用，以及空间科学的研究。

13. 工程科学，含 1 个二级学科

工程科学　该计划一般侧重综合应用数学和科学原理去分析与评估工程问题，包括在人的行为、统计学、生物学、化学、地球和行星科学、大气和气象学，以及计算机应用方面的应用性研究。

14. 环境工程/环境卫生工程，含 1 个二级学科

环境工程/环境卫生工程（区别于环境控制技术、环境研究环境科学、质量控

制和安全技术） 该计划培养的人才应能运用数学和自然科学原理去设计、开发并实地评估可控人居环境系统和自然环境可控因素监控,包括污染控制、垃圾和危险物质处理、健康和安全保护保持、寿命支持,以及特殊材料及其工作环境的保护。

15. 材料工程,含 1 个二级学科

材料工程(区别于材料科学） 该计划培养的人才应能运用数学和自然科学原理去设计、开发并实地评估材料及其利用不同装置的制造过程;综合新型工业材料,包括粘结和焊接;分析材料需求和技术说明,以及依赖材料的系统设计的相关问题。

16. 机械工程,含 1 个二级学科

机械工程 该计划培养的人才应能运用数学和自然科学原理去设计、开发并实地评估用于制造的物理系统和用于特殊应用的终端产品系统,包括机床、夹具和其他制造装置、固定功率组件和器械、发动机、自推进的车辆、机架和容器、控制运动的液压和电气系统,以及作业系统的计算机和遥控集成。

17. 冶金工程,含 1 个二级学科

冶金工程(区别于:15.0611 冶金技术/技术员） 该计划培养的人才应能运用数学和自然科学原理去设计、开发并实地评估结构、负载轴承、动力、传输和运动系统的金属成分;分析诸如应力、蠕变、失效、合金性能、环境波动、制造过程优化等工程问题以及相关的设计考虑。

18. 矿业工程,含 1 个二级学科

矿业工程(区别于采矿技术/技术员） 该计划培养的人才应能运用数学和自然科学原理去设计、开发并实地评估矿物开采、处理和精炼系统,包括露天矿和井下矿、探矿和现场分析仪器和装置、环境和安全系统、采矿设备和实施、矿物处理和精炼方法与系统,以及物流和通信系统。

19. 船舶和轮机工程,含 1 个二级学科

船舶和轮机工程 该计划培养的人才应能运用数学和自然科学原理去设计、开发并实地评估包括内陆、海岸和海洋环境下的在水上或水下自推进的、固定的或拖动的舰船;分析诸如腐蚀、动力传送、压力、船体效率、应力要素、安全和生命救援、环境风险和因素,以及特殊应用需求等相关工程问题。

20. 核工程,含 1 个二级学科

核工程(区别于核物理、核/核动力技术/技术员） 该计划培养的人才应能运用数学和自然科学原理去设计、开发并实地评估包括核电站、裂变反应堆设计、动力传送系统、隔离设施和结构设计在内的核能控制和操作系统;分析诸如

裂变和聚变、过程、人和环境因素、建筑物等相关工程问题,以及运行考虑。

21. 海洋工程,含 1 个二级学科

　　海洋工程(区别于海洋学)　该计划培养的人才应能运用数学和自然科学原理去设计、开发并实地评估在海岸和海洋环境下的水下平台、洪水控制系统、堤防、水力发电系统、潮汐和回流控制和预警系统、通讯设备的监控、操作和运行;工作在水上和水下环境的各种系统的规划和设计;分析诸如水对物理系统和人类的作用、潮汐力、水流动,以及波浪运动的相关工程问题。

22. 石油工程,含 1 个二级学科

　　石油工程(区别于石油技术/技术员)　该计划培养的人才应能运用数学和自然科学原理去设计、开发并实地评估原油和天然气的勘察、开采、加工和精炼系统,包括探矿设备和仪器、采矿和钻井装备、加工和精炼装备和设施、存储设施、运输系统,以及相关的环境和安全系统。

23. 系统工程,含 1 个二级学科

　　系统工程(区别于计算机科学、系统科学和理论)　该计划培养的人才应能运用数学和自然科学原理去设计、开发并实地评估广泛的工程问题的系统解决,包括集成必须的人力、物质、能量、通信、管理和信息,以及为特殊解法必不可少的分析方法的应用。

24. 纺织科学与工程,含 1 个二级学科

　　纺织科学与工程　该计划培养的人才应能运用数学和自然科学原理去设计、开发并实地评估用于测试和生产人造的天然的纤维及纤维制品的系统;开发新的和改良的纤维、纺织品及其应用;分析诸如结构成分、分子合成、化学制造、编织方法、增强和精整、使用寿命、染料等工程问题,以及计算机系统的应用。

25. 材料科学,含 1 个二级学科

　　材料科学(区别于材料工程)　该计划培养的人才应能运用数学和自然科学原理去设计、开发并实地评估固体特征和行为,包括内部结构、化学性能、传送和能量流性能、固体热动力学、应力和失效因素、化学转化形态与过程、复合材料,以及研究特殊材料在工业中的应用。

26. 高分子和塑料工程,含 1 个二级学科

　　高分子和塑料工程(区别于高分子技术/技术员、高分子化学)　该计划培养的人才应能运用数学和自然科学原理去设计、开发并实地评估合成的大分子化合物及其特殊的工程应用,包括组合性能工业材料的开发、轻型结构元件的设计、液态或固态高聚物的应用,以及聚合过程的分析和控制。

27.建设工程,含1个二级学科

建设工程　该计划培养的人才应能运用科学、数学和管理原理去规划、设计、建造设施和结构,应能在土木工程方面进行指导工作,包括结构原理、场址分析、计算机辅助设计、地质学、评估与测试、材料、招投标、项目管理、制图,以及法律法规的应用。

28.林业工程,含1个二级学科

林业工程　该计划培养的人才应能运用科学、数学和林学原理为有效的林业管理、木材生产和相关林业的物流系统去设计机械装置与过程,包括从事林产品加工、林业管理、采伐、木料结构设计、产品分析、路桥施工、车辆适配设计、采伐装备设计方面的设计。

29.工业工程,含1个二级学科

工业工程(区别于工业技术/技术员)　该计划培养的人才应能运用科学和数学去设计、改进和安装人力、物质、信息和能量集成的系统;该计划包括学习应用数学、物质科学、社会科学、工程分析、系统设计、计算机应用,以及预测和评估方法。

30.制造工程,含1个二级学科

制造工程　该计划培养的人才应能运用科学和数学去设计、开发和实现制造系统;该计划包括学习材料科学与工程、制造过程、装配与产品工程、制造系统设计,以及制造竞争力。

31.运筹学,含1个二级学科

运筹学　该计划侧重发展和应用复杂的数学模型和仿真模型去解决关注人机接口的作业系统的问题;该计划包括学习高等多变量分析、判断和统计测试的应用、优化理论与应用、资源配置理论、数学建模、控制理论、统计分析,以及专项研究问题的应用软件。

32.测绘工程,含1个二级学科

测绘工程　该计划培养的人才应能运用科学和数学去测定天然和人为的地形地貌的位置、标高和构成;该计划包括学习用地线划定、测绘、大地测量、航空和陆地摄影、遥感、卫星图像、全球定位系统、计算机应用,以及图像信息处理。

33.地质/地球物理工程,含1个二级学科

地质/地球物理工程(不同于地质学/地球科学、地球物理和地震学)　该计划培养的人才应能运用数学和地质学原理去分析与评估相关工程问题,包括施工场所的地质评估、作用于结构和装置的地质影响分析、潜在自然资源分析,以及对地质现象的应用研究。

34. 其他工程，含 1 个二级学科

其他工程　以上未列的其他工程教学计划。

与 1900 年旧版比较，CIP－2000 的工程教学计划分类：(1)在"普通计算机工程"中增设 3 个二级学科：计算机硬件工程、计算机软件工程和其他计算机工程；(2)撤销"工业/制造工程"，分设"工业工程"和"制造工程"；(3)撤销"工程管理/工业管理"，划归"建筑工程技术/技术员"外，增设"运筹学"；(4)撤销"工程设计"；(5)新增"测绘工程"；(6)撤销"地质工程"和"地球物理工程"，设立"地质/地球物理工程"。

翻译自：

Classification of Instructional Programs：2000 Edition，APRIL 2002，U. S.．Department of Education，Office of Educational Research and Improvement，NCES 2002－165.

附录 B 美国 CIP 的工程技术学科

  CIP-2000 第一组的第 15 系列是关于"工程技术"(Engineering Technology)的教学计划系列,编码为"15.♯♯"的有 17 种(相当于"一级学科"),编码为"15.♯♯♯♯"的计有 55 种(相当于"二级学科"),它们均旨在"使学生能够运用基本的工程原理和技术技能以支持工程与相关的任务"(NCES,2002:Ⅲ-72)。

  这些教学计划("学科")的内容详细列述如下。

1.普通工程技术,含 1 个二级学科

  普通工程技术 该计划培养的人才通常应能运用基本的工程原理和技术技能以支持那些在众多领域工作的工程师;该计划包括学习针对研究、生产、运行和特定工程专业(specialty)应用的多种支持技术。

2.建筑工程技术/技术员,含 1 个二级学科

  建筑工程技术/技术员(区别于建筑工程) 该计划培养的人才应能运用基本的工程原理和技术技能以支持那些在建筑物、城镇规划和相关系统的设计开发方面工作的建筑师、工程师和规划师;该计划包括学习设计测试程序、工程制图、结构系统测试、原型制作和内部系统分析、测试装置运行和维护,并学习撰写报告。

3.土木工程技术/技术员,含 1 个二级学科

  土木工程技术/技术员(区别于土木工程) 该计划培养的人才通常应能运用基本的工程原理和技术技能以支持那些在诸如高速公路、大坝、桥梁、隧道与其他设施的公用项目的设计和执行的土木工程师;该计划包括学习场址分析、结构测试程序、现场和实验室测试过程、计划和说明书制备、测试装置运行和维护,并学习撰写报告。

4.电气工程技术/技术员,含 4 个二级学科

  电气、电子和通信工程技术/技术员(区别于电气、电子学和通信工程) 该计划培养的人才应能运用基本的工程原理和技术技能以支持,

电气、电子和通信工程师;该计划包括学习电路、样机开发和测试,系统分析和测试、系统维护、器械标定,并学习撰写报告。

激光和光学工程技术/技术员 该计划培养的人才应能运用基本的工程原理和技术技能以支持那些用于商业或研究的激光和光学仪器开发应用的工程师和其他专业人员;该计划包括学习激光和光学原理、测试和维修程序、安全防范、不同任务的特殊应用,并学习撰写报告。

无线通信技术/技术员 该计划培养的人才应能运用基本的工程原理和技术技能以支持无线通信系统的设计和实现;该计划包括学习通讯样机、数据网络、数字压缩算法、数字信号处理、互联网存取、面向对象的关系数据库和编程语言。

其他电气和电子工程技术/技术员 以上未列的其他有关电气电子工程技术教学计划。

5.机电一体化设备与维修技术/技术员,含5个二级学科

生物医学技术/技术员 该计划培养的人才应能运用基本的工程原理和技术技能支持生物或医学系统与产品开发的工程师;该计划包括学习器械标定、设计和安装调试、系统安全和维护程序,并学习撰写报告。

机电一体化技术/机电一体化工程技术 该计划培养的人才应能运用基本的工程原理和技术技能以支持那些在自动化系统、伺服系统和其他机电一体化系统中从事开发和测试的工程师;该计划包括学习样机调试、制造运行调试、系统分析和维护程序,并学习撰写报告。

仪器仪表技术/技术员 该计划培养的人才应能运用基本的工程原理和技术技能支持那些从事控制和测量系统及程序开发的工程师;该计划包括学习仪器设计与维修、标定、设计和制订调试方案、仪表自动化、特殊工业应用,并学习撰写报告。

机器人技术/技术员 该计划培养的人才应能运用基本的工程原理和技术技能支持那些从事机器人开发和应用的工程师及其他专业人员;该计划包括学习机器人原理、设计与运行调试、系统维护与维修程序、机器人计算机系统及控制语言、特殊系统型号和特殊工业应用,并学习撰写报告。

其他机电一体化装置与维修技术/技术员 以上未列的其他机电一体化装置与维修技术教学计划。

6.环境控制技术/技术员,含7个二级学科

供热、空调和制冷技术/技术员(区别于供热、空调和制冷维修技术/技术员) 该计划培养的人才应能运用基本的工程原理和技术技能支持那些从事机器人

开发和应用的工程师及其他专业人员；该计划包括学习机器人原理、设计与运行调试、系统维护与维修程序、机器人计算机系统及控制语言、特殊系统型号和特殊工业应用，并学习撰写报告。

能量管理与装置技术/技术员　该计划培养的人才应能运用基本的工程原理和技术技能支持那些从事高效太阳能装置开发的工程师及其他专业人员；该计划包括学习太阳能转换原理、仪器标定、监控系统和测试程序、能量损耗检查程序、能量转换技术，并学习撰写报告。

太阳能技术/技术员　该计划培养的人才应能运用基本的工程原理和技术技能支持那些从事太阳能电站开发的工程师及其他专业人员；该计划包括学习太阳能原理、能量存储和传输技术、测试和检查程序、系统维护程序，并学习撰写报告。

水质、废水处理管理与再生技术/技术员　该计划培养的人才应能运用基本的工程原理和技术技能支持那些从事蓄水、水电和污水处理装置的开发和应用的工程师及其他专业人员；该计划包括学习蓄水、水电和（或）处理装置与设备、测试和检查程序、系统维护程序，并学习撰写报告。

环境工程技术/环境技术员　该计划培养的人才应能运用基本的工程原理和技术技能支持那些从事室内外环境污染控制系统的开发和应用的工程师及其他专业人员；该计划包括学习环境安全原理、测试和取样程序、实验室技术、仪器标定、安全和保护程序、设备维护，并学习撰写报告。

危险物质管理与垃圾技术/技术员　该计划培养的人才应能运用基本的工程原理和技术技能支持那些从事危险物质鉴别与处理的工程师及其他专业人员；该计划包括学习环境安全原理、生物危害识别、测试和取样程序、实验室技术、仪器标定、有害垃圾处理程序与装置、安全和保护程序，并学习撰写报告。

其他环境控制技术/技术员　以上未列的环境控制技术教学计划。

7. 工业生产技术/技术员，含 5 个二级学科

塑料工程技术/技术员　该计划培养的人才应能运用基本的工程原理和技术技能支持那些从事工业高分子开发和应用的工程师及其他专业人员；该计划包括学习大分子化学原理、聚合和塑料制造过程与设备、设计和运行测试程序、设备维护和修理程序、安全程序、产品的特殊应用，并学习撰写报告。

冶金技术/技术员　该计划培养的人才应能运用基本的工程原理和技术技能支持那些从事工业金属与冶炼过程的开发和应用的工程师及冶金专家；该计划包括学习冶金原理、相关制造装备、实验室技术、测试和检查程序、仪器标定、系统与设备维护与修理、特殊过程应用，并学习撰写报告。

　　工业技术/技术员　　该计划培养的人才应能运用基本的工程原理和技术技能支持工业工程师和经理人员;该计划包括学习优化理论、人的因素、组织行为、工业过程、工业规划程序、计算机应用,并学习撰写报告和宣讲。

　　制造技术/技术员　　该计划培养的人才应能运用基本的工程原理和技术技能去支持那些识别与解决产品制造中的生产问题的工业工程师和经理人员;该计划包括学习机器运作、生产线运行、工程分析、系统分析、仪表、物理调节、自动化、计算机辅助制造(CAM)、制造计划、质量控制,以及信息基础设施。

　　其他工业生产技术/技术员　　以上未列的工业生产技术教学计划。

8.质量控制和安全技术/技术员,含 5 个二级学科

　　职业安全与健康技术/技术员　　该计划培养的人才应能运用基本的工程原理和技术技能支持那些维持职业健康与安全标准的工程师及其他专业人员;该计划包括学习安全工程原理、检查与监控程序、测试和取样程序、实验室技术、特殊工作环境应用,并学习撰写报告。

　　质量控制技术/技术员　　该计划培养的人才应能运用基本的工程原理和技术技能支持那些维持制造和建造标准的工程师及其他专业人员;该计划包括学习质量系统管理原理、用于特殊工程和制造项目的技术标准、测试程序、检查程序、相关仪器仪表的运行与维护,并学习撰写报告。

　　工业安全技术/技术员　　该计划培养的人才应能运用基本的工程原理和技术技能支持那些执行和强制性执行工业安全标准的工程师及其他专业人员;该计划包括学习工业过程、工业卫生学、毒物学、人类工程学、系统与过程安全、安全性能测量、人的因素、人的行为,以及法律法规应用。

　　毒性物质信息系统技术/技术员　　该计划培养的人才应能运用基本的工程原理和技术技能支持那些执行、监控和强制性执行毒性物质管理与搬运的工程师及其他专业人员;该计划包括学习环境科学、环境卫生、人的行为、经济学、管理科学、信息系统与应用,以及交流技能。

　　其他质量控制和安全技术/技术员　　以上未列的质量控制和安全技术教学计划。

9.机械工程相关技术/技术员,含 4 个二级学科

　　航空航天工程技术/技术员(不同于航空维修技术)　　该计划培养的人才应能运用基本的工程原理和技术技能支持那些飞行器及其系统的开发、制造和测试的工程师和其他专业人员;该计划包括学习飞行器系统技术、设计和开发测试、样机和运行测试、检查和维护程序、仪器标定、测试仪表操作与维护,并学习撰写报告。

车辆工程技术/技术员(不同于汽车和自动机技术) 该计划培养的人才应能运用基本的工程原理和技术技能支持那些自推进地面装置及其系统的开发、制造和测试的工程师和其他专业人员;该计划包括学习车载装置技术、设计和开发测试、样机和运行测试、检查和维护程序、仪器标定、测试仪表操作与维护,并学习撰写报告。

机械工程/机械技术/技术员 该计划培养的人才应能运用基本的工程原理和技术技能支持那些在设计和开发阶段涉及机械装置的各种项目的工程师;该计划包括学习机械原理、特殊的工程系统应用、设计测试程序、样机与运行测试及检查程序、制造系统测试程序、测试仪表运行与维护,并学习撰写报告。

其他机械工程相关技术/技术员. 以上未列的机械工程相关技术教学计划。

10. 矿业和石油技术/技术员,含 3 个二级学科

矿业技术/技术员 该计划培养的人才应能运用基本的工程原理和技术技能支持那些开发和运行采矿和矿业加工装备的工程师和其他专业人员;该计划包括学习选矿和相关地质学、矿区测绘与矿址分析、测试和取样方法、仪器标定、化验分析、测试仪器运行和维护、矿井环境与安全监控程序、矿井检查程序,并学习撰写报告。

石油技术/技术员 该计划培养的人才应能运用基本的工程原理和技术技能支持那些开发和运行石油天然气提取和加工设施的工程师和其他专业人员;该计划包括学习采油原理和相关地质学、油田测绘和矿址分析、测试和取样方法、仪器标定、实验室分析、测试仪器运行和维护、对油气田与设施的环境和安全监控程序、设施检查程序,并学习撰写报告。

其他矿业和石油技术/技术员 以上未列的矿业和石油工程技术教学计划。

11. 建设工程技术,含 1 个二级学科

建设工程技术/技术员(不同于建筑工程技术、建筑物/住宅施工检查员)该计划培养的人才应能运用基本的工程原理和技术技能支持那些负责建筑物和相关结构物施工的工程师、工程承包商和其他专业人员;该计划包括学习基本结构工程原理和施工技术、建造现场检查、现场管理、施工人员管理、计划和说明书解释、物资供应和采购、相关建筑法规,并学习撰写报告。

12. 工程相关技术,含 3 个二级学科

测量技术/勘测员 该计划培养的人才应能运用数学和科学原理描绘、测定、规划和标定土地、水陆疆界、地形地貌,以及绘制相关地图、海图和编写报告;该计划包括学习应用测地学、计算机图形学、照片识读、航空测量和地学测量、测量学、野外观测、测量仪器运用及维护、设备标定,以及基础绘图法。

水力学和流体动力技术/技术员　该计划培养的人才应能运用基本的工程原理和技术技能支持那些开发和应用流体动力与传输装置的工程师和其他专业人员;该计划包括学习流体力学和水力学原理、流体动力装置、管路和水泵系统、设计和运行测试、检查和维护程序,以及相关使用仪器,并学习撰写报告。

其他工程相关技术　以上未列的工程相关技术和技术员教学计划。

13.计算机工程技术/技术员,含5个二级学科

计算机工程技术/技术员　该计划培养的人才应能运用基本的工程原理和技术技能支持那些设计和开发计算机系统与安装的计算机工程师;该计划包括学习计算机电子学和编程、样机开发与调试、系统安装和调试、固体微型电路、外围设备,并学习撰写报告。

计算机技术/计算机系统技术(不同于计算机安装和修理技术/技术员)　该计划培养的人才应能运用基本的工程原理和技术技能支持那些应用计算机系统的专业人员;该计划包括学习基础计算机设计和组成、编程、特殊的计算机应用问题、部件及系统维护与检查程序、硬件和软件的问题诊断与修理,并学习撰写报告。

计算机硬件技术/技术员　该计划培养的人才应能运用基本的工程原理和技术技能支持那些设计计算机硬件和外围设备的工程师;该计划包括学习计算机系统设计、计算机组成、计算机电子学、处理器、外围设备、测试仪器,以及计算机制造过程。

计算机软件技术/技术员　该计划培养的人才应能运用基本的工程原理和技术技能支持那些开发、实现与评估计算机软件和程序应用的工程师;该计划包括学习计算机编程、编程语言、数据库、用户接口、网络和存储、密码和安全、软件测试与评估,以及用户定制。

其他计算机工程技术/技术员　以上未列的计算机工程技术教学计划。

14.制图/设计工程技术/技术员,含7个二级学科

普通制图和设计技术/技术员　该计划培养的人才通常应能运用技术技能为各种应用创作工程图和计算机仿真;该计划包括学习技术说明书制作、尺寸标注技术、图形计算、材料估计、技术交流、计算机应用,以及人际沟通。

CAD/CADD制图和(或)设计技术/技术员　该计划培养的人才应能运用技术技能和先进的计算机软硬件去生成图像和模拟以支持工程项目;该计划包括学习工程图学、二维和三维工程设计、实物模型制作、工程动画、计算机辅助制图(CAD)、计算机辅助设计(CADD),以及自动CAD技术。

建筑制图和建筑CAD/CADD　该计划培养的人才应能运用技术知识和技能为建筑和相关施工项目绘制工程图和电子仿真;该计划包括学习基本的施工

和结构设计、建筑素描、建筑计算机辅助制图(CAD)、布局和设计、建筑蓝图表达、建筑材料,以及基本结构配线图。

土木制图和土木 CAD/CADD　该计划培养的人才应能运用技术知识和技能绘制工程图和电子仿真以支持土木工程师、地质工程师及相关的专业人员;该计划包括学习基本的土木工程原理、地质地震图绘制、机器绘图、计算机辅助制图(CAD)、管线图、测量图绘制,以及施工蓝图。

电气/电子制图和电气/电子 CAD/CADD　该计划培养的人才应能运用技术知识和技能绘制作业图表以支持电气/电子工程师、计算机工程师及相关的专业人员;该计划包括学习基本的电子学、电气装置和计算机布局、机电集成图、制造线路图、计算机辅助制图(CAD),以及电气装置说明书编制。

机械制图和机械制图 CAD/CADD　该计划培养的人才应能运用技术知识和技能开发工程图和电子仿真以支持机械工程师、工业工程师及相关的专业人员;该计划包括学习制造材料与过程、机械制图、机电集成图、基础金属学、尺寸标注与公差、加工蓝图和技术交流。

其他制图/设计工程技术/技术员　以上未列的制图/设计工程技术教学计划。

15.核工程技术/技术员,含 1 个二级学科

核工程技术/技术员　该计划培养的人才应能运用基本的工程知识和技术技能支持那些运行核装置以及从事核应用与核安全程序的工程师和其他专业人员;该计划包括学习物理学、核科学、核装置、核工厂和系统设计、放射性安全、放射性应用,以及相关法律法规。

16.工程相关领域,含 1 个二级学科

工程/工业管理(不同于工商行政与管理)　该计划着重于运用工程原理对工业和制造现场进行计划和作业管理,它所培养的人才应能计划与管理此类现场作业;该计划包括学习会计学、工程经济学、财务管理、工业和人力资源管理、工业心理学、管理信息系统、数学建模与优化、质量控制、运筹学、安全与健康问题,以及环境项目管理。

17.其他工程技术/技术员,含 1 个二级学科

其他工程技术/技术员　以上未列的工程技术教学计划。

翻译自:

Classification of Instructional Programs:2000 Edition,APRIL 2002,U.S.. Department of Education,Office of Educational Research and Improvement,NCES 2002—165.

附录 C　英国 JACS 的工程及其相关学科

G 数学和计算机科学(8/40/43)

　　G100 数学(1/7/7)

　　G110 纯粹数学

　　G120 应用数学

　　G121 (数学)力学

　　G130 数学方法

　　G140 数值分析

　　G150 数学建模

　　G160 工程/工业数学

　　G190 他处未列的数学

　　G200 运筹学(1/1/1)

　　G290 他处未列的运筹学

　　G300 统计学(1/6/6)

　　G310 应用统计学

　　G311 医学统计学

　　G320 概率论

　　G330 随机过程

　　G340 统计学建模

　　G350 数学统计学

　　G390 他处未列的统计学

　　G400 计算机科学(1/6/7)

学习电子计算机系统的设计和应用,包括计算机组成、软件设计和系统设计。

　　G410 计算机组成和操作系统:学习计算机系统和使计算机单元有效协调的辅助软件的系统结构。

G411 计算机组成:学习计算机系统的系统结构。

G412 操作系统:学习使计算机单元有效协调运作的软件的设计。

G420 网络和通信:学习计算机网络系统和计算机通信技术/协议。

G430 计算科学基础:学习支撑计算机系统的设计、构造和应用的基本原理和法则。

G440 人机接口:学习、设计和应用使计算机系统与其用户之间界面得到优化的原理和技术。

G450 多媒体计算机科学:该计算机科学领域关注控制计算机的多种形式信息的传输,包括文本、图片、音像、图像和动画,也涉及在互联网上传递的信息。

G490 他处未列的计算机科学

G500 信息系统(1/7/7)

学习、设计和应用计算机系统对信息的收集、处理和转换。

G510 信息建模:关注组织内信息流的建模、优化,以及与大型计算机系统设计的合作参与。

G520 系统设计方法学:学习大型计算机系统设计的标准方法。

G530 系统分析和设计:学习大型计算机系统设计和实现所需的原理和技术。

G540 数据库:学习、设计和应用作为海量信息结构化存储的信息系统。

G550 系统核查:学习和开发信息系统检查、纠正、校验的技术。

G560 数据管理:收集、处理和转换数据的计算机系统的管理。

G590 他处未列的信息系统

G600 软件工程(1/3/5)

学习设计、构造、测试和维护计算机程序的技术与原理,以满足特定运行问题的要求。

G610 软件设计:关注计算机指令集合的设计以满足特定运行问题的要求。

G620 编程:关注将设计转化为计算机指令串以满足特定运行问题的要求。

G621 程序设计:应用 Pascal、Fortran、Cobol 等程序式计算机语言和环境编程。

G622 面向对象的设计:应用面向对象的设计语言和环境编程。

G623 发布式设计(Declarative Programming):应用 Prolog、Miranda 等发布式设计语言编程。

G690 他处未列的软件工程

G700 人工智能(1/7/7)

学习基于计算机的智能动物行为模式的仿真和模拟的原理与技术。

G710 语音和自然语言处理:学习基于计算机的人类应用语言的模拟和仿真。

G720 知识表达:关注在计算机系统中人的知识的收集、表达、存储和应用的原理与方法。

G730 神经网络计算:学习基于计算机的硬件和软件结构旨在模拟动物神经系统的显著特征。

G740 计算机视觉:学习和开发数字图像理解。

G750 认知模式:学习和开发有关知识获得的过程。

G760 机器学习:学习和开发使机器通过经验、演绎或推理获得知识的技术。

G761 自动推理:学习和开发使机器由事实和经验抽取结论的技术。

G790 他处未列的人工智能

G900 其他数学和计算机科学(1/3/3)

不能列入以上类目的杂类数学和计算机科学。

G910 其他数学科学

G920 其他计算机科学

G990 他处未列的数学和计算机科学

H 工程(9/49/82)

H100 普通工程(1/6/10)

开发各种使用资源的发明物,学习设计、建造、维护并学习使能量转化到生产性的有用工作的属性。

H110 综合工程:学习不同的工程分支及其如何相互关联。

H120 安全工程:结合特定的事故和疾病防范,学习工程构造和材料的开发与应用。

H121 消防工程:结合火灾事故防范,学习工程构造和材料的开发与应用。

H122 水质控制:针对供水的改善与维护以及污水处理,学习工程结构和流体力学;亦可包含水质在健康、卫生和休闲中的应用。

H123 公共卫生工程:结合具体的公共卫生和安全,学习工程原理、设计和建造。

H130 计算机辅助工程:结合工程问题的具体应用,学习和开发计算机应用,包括软件设计和编程技能方面。

H131 工程设计自动化:结合工程开发和设计的具体应用,学习和开发计算机应用,包括软件设计和编程技能方面。

H140 力学:学习物体平衡或在特定参考框架下的运动,也可称为应力分析。

H141 流体力学:学习流体的机理和流动性能,也可称为流体动力学、水力学或水动力学,包括专门数学的学习和应用。

H142 固体力学:学习固体的机理和静态特性,包括专门数学的学习和应用。

H143 结构力学:学习结构自身或外力作用下的平衡与运动,包括专门数学的学习和应用。

H150 工程设计:学习工程原理以用于电子工程或制造工程工具的开发。

H190 他处未列的普通工程

H200 土木工程(1/6/10)

学习工程原理以用于公共设施(如建筑物、桥梁和管道等)的设计和建造,包括专门数学的学习和应用。

H210 结构工程:学习工程原理以用于架构的设计和建造,包括专门数学的学习和应用。

H220 环境工程:学习工程原理以用于自然资源适宜的利用。

H221 能量资源:学习工程原理以用于各种形式能源(如风能、水能、太阳能等)的开发,包括专门数学的学习和应用。

H222 海岸垃圾:学习工程原理以用于防护岸上和离岸结构及其垃圾对自然环境造成的危害,包括专门数学的学习和应用。

H223 环境评估:学习工程原理用于环境评价和修复以免受环境开发和自然灾变的影响。

H230 运输工程:学习工程原理以用于规划、开发和建造各种形式的陆上运输通道。

H231 铁路工程:学习工程原理以用于规划、开发和建造铁路运输通道。

H232 公路工程:学习工程原理以用于规划、开发和建造公路运输通道。

H240 测绘科学:学习地面高度、角度和距离测量的原理和实践,从而能够精确绘制地图;包括利用卫星信息,也包括为拟建结构丈量位置和基础。

H241 普通现场测绘:学习地面高度、角度和距离测量的原理和实践,从而确定国土边界、为建筑物划线。

H242 工程测绘:学习地面高度、角度和距离测量的原理和实践,从而为工厂和结构物选址,包括特殊的水下测绘技术。

H250 岩土工程:学习借助声纳工具探测地壳岩层的形成、位置和结构的原理与实践,包括设计大坝和建筑物地基等地上结构。

H290 他处未列的土木工程

H300 机械工程(1/7/10)

学习工程原理以用于机械的设计、开发、制造和运行。

H310 动力学:学习造成物体位移和运动的作用力,包括运动学;学习和应用专门的数学。

H311 热动力学:学习能量不同形式的内在关系和相互转化,包括学习压力、温度等效应,也称为热交换技术;学习和应用专门的数学。

H320 机构和机器:学习传送和转变力的运动构件的装配和构造以实现某些功能。

H321 涡轮技术:学习运动流体流经旋转叶片时动能向机械能的转换,包括学习和应用专门的数学。

H330 车辆工程:学习自推进的机械装置。

H331 公路车辆工程:学习公路上的自推进机械装置。

H332 铁道车辆工程:学习铁路上的自推进机械装置。

H333 轮机工程:学习水上的自推进机械装置。

H340 声学和振动:学习振动和共振。

H341 声学:学习声音及其波动。

H342 振动:学习平衡位置附近的周期运动。

H350 海上工程:学习工程原理以用于海上建筑物的建造及其与风浪的作用,包括学习和应用专门的数学。

H360 机电一体化工程:学习电气电子操纵的机械装置。

H390 他处未列的机械工程

H400 宇航工程(1/7/9)

学习工程原理以用于大气和宇宙空间的飞行器,包括学习和应用专门的数学。

H410 航空工程:学习工程原理以用于飞机设计、制造和维护,包括学习和应用专门的数学。

H411 空中客运工程:学习工程原理以用于客运飞机设计、制造和维护,包括学习和应用专门的数学。

H412 空中货运工程:学习工程原理以用于货运飞机设计、制造和维护,包括学习和应用专门的数学。

H413 空中军事工程:学习工程原理以用于军用飞机设计、制造和维护,包括学习和应用专门的数学。

H420 航天工程:学习工程原理以用于航天器设计、制造和维护,包括学习和应用专门的数学。

H430 航空电子学:学习电子学以用于航空和航天,包括学习和应用专门的数学。

H440 空气动力学:学习气体流动特性,尤其是物体流经空气的力学作用以及物体形变与流动的相互作用,包括学习和应用专门的数学。

H441 飞行力学:学习自然物与人工物的飞行及其与外力的作用和影响,包括学习和应用专门的数学。

H450 推进系统:学习宇航发动机及其驱动力,包括学习和应用专门的数学。

H460 航空研究:学习飞行和导航的技术方面。

H490 他处未列的宇航工程

H500 船舶工程(1/3/9)

学习工程原理以用于船舶及其与水的相互作用,包括学习和应用专门的数学。

H510 船舶制造:学习工程原理以用于船舶的建造和维护,包括学习和应用专门的数学。

H511 客运船舶制造:学习工程原理以用于客运船舶的建造和维护,包括学习和应用专门的数学。

H512 货运船舶制造:学习工程原理以用于货运船舶的建造和维护,包括学习和应用专门的数学。

H513 军舰制造:学习工程原理以用于军舰的建造和维护,包括学习和应用专门的数学。

H514 潜水艇制造:学习工程原理以用于潜水艇的建造和维护,包括学习和应用专门的数学。

H520 船舶设计:学习工程原理以用于浮动装置的设计,包括学习和应用专门的数学。

H521 客船设计:学习工程原理以用于客运船舶的设计,包括学习和应用专门的数学。

H522 货船设计:学习工程原理以用于货运船舶的设计,包括学习和应用专门的数学。

H523 舰船设计:学习工程原理以用于军用船舶的设计,包括学习和应用专门的数学。

H524 潜水艇设计:学习工程原理以用于潜水艇的设计,包括学习和应用专门的数学。

H590 他处未列的船舶工程

H600 电子和电气工程(1/9/19)

学习工程原理以用于电和带电粒子的具体应用。

H610 电子工程:学习工程原理以用于控制电子在半导体、自由空间或气体中的运动,与电气工程有紧密联系。

H611 微电子工程:学习工程原理以用于电子微电路。

H612 集成电路设计:学习半导体材料最有效处理以形成集成电路。

H620 电气工程:学习工程原理以用于电气系统的具体应用,包括带电粒子的学习,与电子工程有紧密联系。

H630 发电和输配电:学习电能从发电装置或系统到用电装置或系统的流动。

H631 电力生产:学习电力生产技术及其开发。

H632 电力输送:学习电力传输配送技术及其开发。

H640 通信工程:学习工程原理以用于电子工程。

H641 电信工程:学习工程原理以用于借助电波、光或电的信号实施音频、视频和其他数据信息的电信传输。

H642 广播工程:学习工程原理以用于借助传输音像信息所必需的设备传送广播电视节目。

H643 卫星工程:学习工程原理以用于借助人造卫星实现通信功能。

H644 微波工程:学习工程原理以用于借助电磁辐射或超短波长电波传递和收集信息。

H650 系统工程:学习工程原理以用于组合电气、电子和机械的成分实现相互依赖的新功能。

H651 数字电路工程:学习工程原理以用于离散值的输入和伏特级的输出。

H652 模拟电路工程:学习工程原理以用于惯常数量测定的电压和电流。

H660 控制系统:学习工程原理以用于借助电气和电子方法的测量、调节和运行。

H661 仪表控制:学习工程原理以用于设备的电子操纵。

H662 光控系统:学习工程原理以用于借助可视电磁波辐射的设备操纵。

H670 机器人技术和控制论:学习生物系统和人造系统的关系以设计和创造其仿制品。

H671 机器人技术:学习机器人的设计、制造和应用。

H672 控制论:学习电子和机械装置的控制系统,并拓展到人造系统和生物系统的对照。

H673 生物工程:学习工程原理以用于设计和制造诸如假肢的自动智能装置以矫正残疾功能。

H674 虚拟现实(VR)工程:学习工程原理以用于计算机生成的环境。

H680 光电子工程:学习工程原理以用于光输入导致电输出的装置,或者电振荡产生可见光、紫外线或红外线的装置。

H690 他处未列的电子和电气工程

H700 生产和制造工程(1/4/7)

学习工程原理以用于工厂的管理和控制、车间技术,以及技术和材料的工业开发。

H710 制造系统工程:学习工程原理以用于电气电子方式的制造。

H711 制造系统设计:学习工程原理以用于生产线的新颖设计和(或)改进设计。

H712 制造装配系统:学习工程原理以用于生产线的新颖设计和安装。

H713 生产过程:学习工程原理以用于生产线的有效运作。

H714 制造系统维护:学习工程原理以用于生产线的维护

H720 质量保证工程:学习工程原理以用于构建生产现状模型加以研究改进。

H730 机电一体化:学习电子学以用于软硬件共生技术的开发。

H790 他处未列的生产和制造工程

H800 化学、过程和能源工程(1/6/7)

学习工程原理以用于化学能和原子能的开发及其工业应用。

H810 化学工程:学习工程原理以用于生产食品、药物、塑料、石油等及其替代物的工业过程。

H811 生物化学工程:学习工程原理以用于生产诸如蛋白质和酶等有机化合物的工业过程。

H812 制药工程:学习工程原理以用于药物的工业制备。

H820 原子能工程:学习工程原理以用于原子和原子能的开发及其工业应用。

H821 核工程：学习工程原理以用于核能的开发和工业应用。

H830 化学过程工程：学习工程原理以用于连续生产诸如石油化工产品的工业过程。

H831 生物过程工程：学习工程原理以用于工业中的生物过程。

H840 燃气工程：学习工程原理以用于各种燃气的生产与应用。

H850 石油工程：学习工程原理以用于石油的开采、处理和精炼。

H890 他处未列的化学、过程和能源工程

H900 其他工程(1/1/1)

不能列入以上类目的杂项工程。

H990 他处未列的工程

J 技术(8/33/47)

J100 矿物技术(1/7/7)

学习矿物和金属的生产，及其与矿石内其他成分的分离

J110 采矿：学习矿物和金属的提炼与处理。

J120 采石：学习石头的开采和处理。

J130 岩土力学：学习地表上层的应力、弹性、断裂标准与可塑性。

J140 矿物处理：原始矿石的加工处理。

J150 矿物勘探：地球表层分析以识别矿物和金属。

J160 石油化工技术：石油化合物的提炼和加工。

J190 他处未列的矿物技术

J200 冶金学(1/4/4)

学习矿物技术原理以用于金属结构与特性分析、提炼、精炼、合金和生产。

J210 实用冶金学：商业或社会价值的冶金学主题。

J220 金属制作：金属制品和结构的生产与制造。

J221 模造：用于制品和结构生产的金属精密成型。

J230 腐蚀技术：学习金属腐蚀的控制。

J290 他处未列的冶金学

J300 陶瓷与玻璃(1/3/3)

学习矿物技术原理以用于陶土和陶磁制品的生产，侧重原材料的应用而非开采。

J310 制陶术：学习矿物技术原理以用于制陶，侧重原材料的应用而非开采。

J320 玻璃技术：学习矿物原理以用于玻璃及其产品生产，侧重原材料的应用而非开采。

J390 他处未列的陶瓷与玻璃

J400 聚合物与纺织品(1/5/10)

学习分子化合物或纤维,侧重原材料的应用而非生产。

J410 聚合物技术:聚合物的应用和开发。

J411 塑料:塑料的应用和开发。

J420 纺织技术:纺织品的应用与开发。

J421 纺织化学:由化合物的纺织品开发。

J422 纺织品精整和印染:学习成品前的加工过程。

J430 皮革技术:学习皮革应用与加工,包括制革和保存方法。

J431 制革:生皮到皮制品的加工。

J440 服装生产:学习成衣方法与过程。

J441 机制编织品:学习编织程序和机器操作。

J442 商业成衣:按特定规格和标准的服装制作。

J443 时样剪裁:布料的设计和时样裁剪。

J444 制帽:帽子的设计与生产。

J445 制鞋:鞋靴的设计和生产。

J490 他处未列的聚合物与纺织品

J500 其他材料技术(1/4/9)

不能列入以上类目的材料技术。

J510 材料技术:原材料的加工、存储与生产。

J511 工程材料:用于工程的材料加工、存储与生产。

J512 造纸技术:纸和纸制品的加工、存储与生产。

J513 家具技术:家具或家具材料的加工、存储与生产。

J520 印刷技术:学习印制的加工过程。

J521 胶版印刷:学习胶版印刷过程。

J522 照片印刷:学习照片印制过程。

J523 复印:学习复印过程。

J524 胶片印制:学习胶片印制过程。

J530 宝石学:学习贵重石材的加工切削与磨光。

J590 他处未列的材料技术

J600 海上技术(1/2/5)

学习与海洋有关的实用的科学或机械科学,包括造船技术,以用于工商业。

J610 海上技术:学习用于船舶、舰艇和其他海上设施的过程与系统。

J611 领航:学习海上引航的具体过程。

J612 海上雷达:船舶、舰艇和其他海上设施的雷达应用。

J613 海上通信:船舶、舰艇和其他海上设施的无线电通信应用。

J614 海上测深:船舶、舰艇和其他海上设施的测深应用。

J690 他处未列的海上技术

J700 工业生物技术(1/1/1)

学习细菌等微生物及其工业应用。

J790 他处未列的工业微生物技术

J900 其他技术(1/7/8)

不能列入以上类目的杂项技术。

J910 能源技术:涉及能量生产、传输和存储的技术。

J920 工效学:学习人机接口的效率和效益。

J930 音频技术:学习用于声音处理和放大的系统和过程,包括声音和(或)音乐的录制。

J931 录音:学习精确和逼真地记录音乐表演所必须的技术。

J940 设备维护:日常机器设备维护的技术技能。

J941 办公设备维护:日常办公设备维护的技术技能。

J942 工业设备维护:日常工业设备维护的技术技能。

J950 乐器技术:学习用于乐器制作的系统与过程。

J960 物流技术:学习物资配送服务的优化方法。

J990 他处未列的技术

K 建筑学,建造与规划(5/21/22)

K100 建筑学(1/4/4)

学习结构物的设计、施工和架设,综合设计的创造性和技术能力。

K110 建筑设计理论:为人类活动进行建筑设计,综合考虑内外环境的因素。

K120 室内建筑:学习空间布置、设计和材料使用。

K130 建筑技术:建筑设计和施工中的新技术、新材料的理论和实践。

K190 他处未列的建筑学

K200 建造(1/6/6)

学习建筑材料和技术,包括建筑和环境法、经济学、建筑工程和测量。

K210 建造技术:学习建筑设计及其与生产的关系。

K220 施工管理:施工项目从场地清理到竣工验收全程管理。

K230 建筑测量：从设计到施工过程的建筑物行为分析，以便及时修复和矫正。

K240 工程财务：项目设计和施工的财务管理（对用户或承包商）。

K250 建筑维修：旧房或危房的翻新和改造。

K290 他处未列的建造技术

K300 园林设计（1/3/3）

学习陆上景观的设计、建造和管理，包括内部建筑和周围环境。

K310 园林建筑：自然环境的景观设计，园林和开放空间的规划。

K320 园林研究：作为景观的建筑和自然环境的规划与管理。

K390 他处未列的原理设计

K400 城市、乡村和区域规划（1/7/8）

学习城镇和农村土地使用的相互作用，包括建筑用地的相互关系。

K410 区域规划：为一个地区的发展制订战略规划。

K420 城市和乡村规划：基础设施的规划和新居民点的开发，包括新城镇建设与老城改造管理。

K421 城市规划：城镇基础设施的规划和新居民点的开发。

K422 乡村规划：农村基础设施的规划和新居民点的开发。

K430 规划研究：动态协调规划背景下的经济、环境和社会作用因素。

K440 城市研究：对建设环境的规划过程与管理政策的关系研究。

K450 住房供给：在私人和社会层面和土地使用规划下的住宅项目开发与管理。

K460 交通规划：交通系统的开发与管理。

K490 他处未列的城市、乡村和区域规划

K900 其他建筑学，建造与规划（1/1/1）

K990 他处未列的建筑学，建造与规划

翻译自：

JACS Subject Coding System，Version 1. 7 November-99，2002.

附录 D 俄罗斯学科方向与专业标准分类

10000 自然科学专业（40）

10100	数学	10200	应用数学和计算机科学
10400	物理学	10500	力学
10600	凝聚态物理学	10700	核裂变和粒子物理学
10800	动力现象物理学	10900	天文学
11000	化学	11100	地质学
11200	地球物理学	11300	地球化学
11400	水文地质学与工程地质学	11500	燃料矿产地质学和地球化学
11600	生物学	11700	人类学
11800	动物学	11900	植物学
12000	生理学	12100	遗传学
12200	生物物理学	12300	生物化学
12400	微生物学	12500	地理学
12600	气象学	12700	水文学
12800	海洋学	13000	土壤学
13100	生态学	13300	环境地质学
13400	大自然利用学	13500	生物生态学
13600	地质生态学	13700	地图学
13800	无线电物理和电子学	13900	基础无线电物理和物理电子学
14000	医学物理学	14100	微电子学和半导体器件
14200	生化物理学	14300	地球和行星物理学

20000 人文社会专业（21）

20100	哲学	20200	政治学	20300	社会学
20400	心理学	20500	神学	20600	文化
20700	历史	20800	历史档案	20900	艺术史
21000	博物馆	21100	法学	21400	新闻学
21500	出版与编辑	21600	图书流通	21700	语文学

22200	宗教	22300	体育	22500	康复体育
22700	临床心理学	22800	东方学、非洲学	23100	法律事务

30000 教育专业（30/48）

30100　信息学

30500　职业教育（农业工程）

30500.02	（农艺学）	30500.03	（采矿和选矿）
30500.04	（设计）	30500.05	（动物饲养）
30500.06	（信息学、计算机工程和技术）	30500.07	（材料和材料加工）
30500.08	（机械制造及设备）	30500.09	（钢铁生产）
30500.10	（环境保护及自然资源）	30500.11	（森林资源加工和木材生产）
30500.12	（食品生产和餐饮业）	30500.13	（消费品）
30500.14	（建造、安装、维修及施工技术）	30500.15	（汽车和汽车经济）
30500.16	（化工生产）	30500.17	（电子学、无线电和通讯）
30500.18	（经济学与管理）	30500.19	（发电、电工及能源技术）

30600	技术和企业	30700	音乐教育
30800	视觉艺术	30900	幼儿教育和心理学
31000	教育与心理学	31100	学前教育学与方法
31200	小学教育学与方法	31300	社会教育学
31500	教学法	31600	聋哑人教学法
31700	弱智儿童教学法	31800	语言矫正学
31900	特殊心理学	32000	学龄前特殊教育及心理学

32100	数学	32200	物理学	32300	化学
32400	生物学	32500	地理学	32600	历史
32700	法学	32800	文化学	32900	俄语语言与文学
33000	母语和文学	33100	体育教育	33200	外语
33300	人居安全	33400	教育学		

40000 医学专业（9）

40100	医疗业务	40200	儿科学	40300	预防医学
40400	牙医	40500	药物学	40600	护理
40800	医学生物化学	40900	医学生物物理学	41000	医学控制论

50000 文化艺术专业（41）

50100	电影艺术	50200	舞台导演	50300	剧场工艺设计
50400	戏剧理论	50500	现代舞	50600	艺术编导
50700	芭蕾舞教学法	50800	舞蹈史和美术理论	50900	器乐演奏
51000	声乐艺术	51100	指挥	51200	作曲
51300	音乐表演	51400	音乐理论	51500	录音导演

51600	电影艺术	51700	电影摄影	51800	绘画艺术
51900	绘图	52000	雕塑	52100	艺术史和艺术理论
52200	纪念碑装饰艺术	52300	实用装饰艺术	52400	设计
52500	室内艺术	52600	文学创作	52700	图书馆与图书分类
52800	博物馆与文物保护	52900	文物修复	53000	民间艺术
53100	社会文化活动	53200	舞台音响	53300	戏剧导演
53400	戏曲表演	53500	电影和电视导演	53600	多媒体制作导演
53700	电影和电视制作	53800	电影和电视配音	53900	布景制作
54000	音乐剧表演	54100	建筑学		

60000 经济和管理专业（13）

60100	经济理论	60200	劳动经济	60400	金融与信贷
60500	会计、审计和分析	60600	世界经济	60700	国民经济
60800	企业经济与管理	61000	国家和地方行政管理		
61100	组织管理	61500	营销	61700	统计学
61800	经济数学方法	62100	人力资源管理		

75000 部门信息安全专业（5）

75200	计算机安全	75300	组织和信息安全技术
75400	信息项目的综合保护	75500	自动化系统信息安全综合保障
75600	电信系统的信息安全		

230000 服务专业（3）

230500	社会文化与旅游服务	230600	家政服务
230700	其他服务		

310000 农渔业专业（5）

310700	畜牧	310800	兽医
311200	农产品生产和深加工	311700	淡水和海水养殖
311800	工业捕鱼		

350000 跨学科专业（15）

350100	社会人类学	350200	国际关系
350300	区域事务	350400	公共关系
350500	社会工作	350600	法院鉴定
350700	广告	350800	管理记录和文档
350900	海关	351000	危机管理
351100	销售及产品（按领域）	351200	税与税收
351300	商业（贸易）	351400	实用信息（按领域）
351500	信息系统的数学保证与管理		

510000 自然科学和数学（学士、硕士）（18）

510100	数学（学士）	510200	应用数学和计算机科学
510300	力学	510400	物理学
510500	化学	510600	生物学
510700	土壤学	510800	地理学
510900	水文学	511000	地质学
511100	生态学与环境	511200	数学.应用数学
511300	力学.应用数学	511400	地理学和制图
511500	无线电物理学	511600	应用数学和物理学
511700	材料化学物理与力学	511800	数学.计算机科学

520000 人文学和社会经济科学（学士、硕士）（26）

520100	文化学	520200	神学	520300	文献学
520400	哲学	520500	语言学	520600	新闻学
520700	图书业	520800	历史学	520900	政治学
521000	心理学	521100	社会工作	521200	社会学
521300	区域事务	521400	法学	521500	管理学
521600	经济学	521700	建筑学	521800	艺术学（按类型）
521900	体育文化	522000	商务	522200	统计学
522400	宗教事务	522500	艺术（按类型）	522600	东方学、非洲学
522700	争议调停（学士）	522900	国际关系		

50000 文化艺术专业（硕士）（1）

    523000 精细艺术（硕士）

520000 人文学和社会经济科学（学士、硕士）（1）

    523300 应用信息学

530000 文化和艺术（学士、硕士）（12）

530100	音乐	530200	表演艺术
530300	修复技术	530400	设计
530500	装饰艺术和民间工艺	530600	精细艺术（图形、绘画、雕塑）
530700	芭蕾艺术	530800	文学作品
530900	电影艺术	531000	图书馆和信息资源
531100	大众美术	531200	社会文化活动

540000 教育科学（学士、硕士）（9）

540100	自然科学教育	540200	物理—数学教育
540300	语文教育	540400	社会经济教育
540500	科技教育	540600	教育学
540700	艺术教育	540713	学前音乐教育（学士）

540714　音乐和艺术教育管理(学士)

550000 技术科学(学士、硕士)(39)

550100	建筑施工	550200	自动化与控制
550300	印刷	550400	电信
550500	冶金	550600	采矿
550700	电子学和微电子学	550800	化工技术与生物技术
550900	热能	551000	飞机和导弹制造
551100	电子设备设计与工艺	551200	纺织品工艺与设计
551300	电气电子工程和技术	551400	地面运输系统
551500	仪器仪表	551600	材料学与新材料技术
551700	电力	551800	工程设备和仪器
551900	光学工程	552000	航空维修和空间技术
552100	车辆维修	552200	计量、标准化和认证
552300	测地学	552400	食品技术
552500	无线电技术	552600	造船和海洋工程
552700	动力机械制造	552800	信息技术和计算机设备
552900	制造过程工艺、设备及自动化	553000	系统分析与管理
553100	技术物理	553200	地质与矿产勘查
553300	应用力学	553400	生物医学工程
553500	环境保护	553600	石油和天然气
553700	木材采伐和木材生产工艺与设备	553800	创新学(学士)
553900	轻工产品和材料的工艺与设计		

560000 农业科学(学士、硕士)(9)

560100	农业化学及土壤学	560200	农艺学
560400	饲养学	560600	土地规划与管理
560700	农机装备	560800	农业工程
560900	林业	561000	渔业
561100	淡水和海水养殖		

620000 语言学与信息学(2)

620100	语言学与跨文化交流	620200	语言学和新信息技术

630000 艺术与建筑学(2)

630100	建筑学	630200	纺织与轻工业品艺术设计

650000 工程与技术(81)

650100	应用地质学	650200	地质勘探工艺
650300	大地测量学	650400	摄影测量与遥感
650500	土地规划与管理	650600	矿业

650700	石油和天然气	650800	热能
650900	电力	651000	核物理及技术
651100	技术物理	651200	动力设备制造
651300	冶金	651400	机械制造工艺与设备
651500	应用力学	651600	技术设备和装置
651700	材料学和材料、涂料工艺	651800	物理材料学
651900	自动化与控制	652000	机器人及机电一体化
652100	飞机制造	652200	飞机发动机
652300	航空管理和导航系统	652400	飞行集成系统
652500	流体动力学和飞行动力学	652600	导弹制造和航天学
652700	航空和航天工程的试验与维修	652800	武器和装备系统
652900	造船和海洋工程	653000	海洋基础设施系统
653100	舰载武器装备	653200	运输机器与运输技术成套装置
653300	运输及运输设备经营	653400	交通组织和运输管理
653500	建筑工程	653600	交通建设
653700	仪器制造	653800	标准化、计量和认证
653900	生物医学工程	654000	光学工程
654100	电子学和微电子学	654200	无线电技术
654300	电子设备设计与工艺	654400	电信
654500	电气电子工程和技术	654600	信息技术和计算机工程
654700	信息系统	654800	高分子纤维与纺织材料化学工艺
654900	无机物质与材料的化学工艺	655000	有机物质与燃料的化学工艺
655100	高分子化合物与高分子材料	655200	现代能源材料的化学工艺
655300	高能材料与产品的化学工艺	655400	工业过程的节能技术
655500	生物工程	655600	植物原料的食品生产
655700	食品生产工艺	655800	食品工程
655900	肉类制品加工工艺	656000	纺织品工艺与设计
656100	轻工产品工艺与设计	656200	林业经济与园林建设
656300	森林采伐和木材生产工艺	656400	自然界规划
656500	人居安全	656600	环境保护
656700	美工材料工艺	656800	水资源与水利用
656900	印刷技术和包装工艺	657000	质量管理
657100	应用数学	657200	水文测量学
657300	采油设备及机械	657400	液压、真空与压缩技术
657500	组织和技术系统	657600	铁路机车车辆
657700	铁路运行安全系统	657800	工程产品的设计和工艺安全

657900　计算机技术和生产　　　　658000　水上交通及运输设备的维护

658100　空中导航

660000 农业(3)

　　660100　农业化学及土壤学　　　　660200　农艺学

　　660300　农业工程

翻译自:

ГОС и ПУП направлений и специальностей высшего профессионального образования. http://www. edu. ru/db/cgi—bin/portal/spe/list. plx? substr＝&gr＝0&st＝all.

附录 E 法国 CGE 硕士专业目录

　　大学校会议每年颁布成员学校设置的硕士（文凭工程师）专业目录。下面给出的《CGE 硕士专业目录（2006—07）》，共计包含 382 种专业（按字母顺序排列）。

1 采购和物流产业/ 2 国际采购经理/ 3 公共行动/ 4 航空维修及生产/ 5 市政调整和控制/ 6 土地调整和地籍测量系统/ 7 国际金融分析/ 8 国际金融分析/ 9 通信网络结构组成/ 10 信息系统结构组成/ 11 结构地理信息系统/ 12 船舶制造/ 13 IT 组成和财政市场/ 14 保险－财务/ 15 审计/ 16 审计－管理控制和信息系统/ 17 审计－技术/ 18 审计和咨询/ 19 审计和金融信息/ 20 内部审计和管理控制/ 21 航空安全/飞机适航技术/ 22 航空安全管理：适航技术/ 23 航空安全管理：飞行作业/ 24 航空安全管理"航空维修"方向/ 25 银行信贷/ 26 银行与金融工程/ 27 生物信息学/ 28 生物信息学：生物数据分析与处理/ 29 生物工程/ 30 业务咨询/ 31 信息技术中的支付业务/ 32 企业资源计划（ERP）项目主管/ 33 有机精细化学/ 34 用人规则和制度/ 35 葡萄酒和烈酒国际贸易/ 36 食品国际贸易和销售/ 37 国际金融通信/ 38 公司内部通信/ 39 人力资源经理的权限和文化/ 40 材料性能和结构/ 41 新媒体设计/ 42 设计和网络结构/ 43 信息系统设计与组成/ 44 饮料结构设计和高级研究/ 45 创新设计/ 46 信息系统管理的设计和实现/ 47 空中和地面运载工具的系统控制工程/ 48 咨询和组织/ 49 革新顾问和教练/ 50 内部审计和风险控制

51 化妆品：设计和开发/ 52 公司创办和创业者/ 53 多媒体设计和制作/ 54 信用管理/ 55 热带农业发展/ 56 当地发展与区域规划/ 57 农村发展项目/ 58 会展技术总监/ 59 中小企业管理/

60 通讯设备和技术／ 61 商法和国际企业管理／ 62 商法和国际管理／ 63 药物设计／ 64 双重设计／ 65 饮用水和净化技术／ 66 生态设计和环境管理／ 67 生态顾问：环境分析与管理／ 68 卫生保健经济与管理／ 69 农业经济与政策／ 70 航天电子学与通信／ 71 可再生能源及其生产系统／ 72 能源／ 73 能源管理／ 74 创业／ 75 欧洲创业和创新／ 76 中小企业承包／ 77 创业者／ 78 创业者和信息新技术／ 79 创业者和设计创新／ 80 招标／ 81 招标／ 82 招标／ 83 环境管理／ 84 环保政策、风险与管理／ 85 环境与工业安全／ 86 生物医学仪器／ 87 研究和决定营销／ 88 环境评估与项目控制／ 89 中小企业评估和咨询"国际专家"方向／ 90 航空利用和空中交通管理／ 91 勘探、生产／ 92 设施管理／ 93 设施管理：房地产和服务公司管理／ 94 财政／ 95 市场财务和遗产管理／ 96 财务和遗产管理／ 97 国际金融／ 98 市场、创新和技术财务／ 99 森林、自然和社会／ 100 货运及多式联运

101 欧洲土木工程／ 102 水资源管理／ 103 材料和加工工程／ 104 工业系统工程／ 105 电气自动化工程／ 106 铁道工程／ 107 工业工程／ 108 工业工程：生产和配送系统的决策支援／ 109 水资源管理／ 110 遗产管理／ 111 遗产管理／ 112 国际采购管理／ 113 机构和体育活动管理／ 114 人才国际流动和储备管理／ 115 场所安全卫生与风险管理／ 116 土地区块和市政应用的风险管理／ 117 财务管理／ 118 财务管理和控制／ 119 公司税务管理／ 120 技术风险全面管理／ 121 工业成本造价管理／ 122 农业和农产品工业的综合风险管理／ 123 遗产和不动产管理／ 124 垃圾管理和处理／ 125 农田管理：葡萄酒领域／ 126 全面管理／ 127 保健公司管理／ 128 直升机工程／ 129 水力学／ 130 信息学／ 131 信息学－电子学／ 132 信息学（软件工程）／ 133 金融与精算决策信息应用／ 134 信息学"信息系统"方向和"网络通讯"方向／ 135 航空和航天工程／ 136 商务工程／ 137 国际商务工程／ 138 卫生机构的信息和知识工程／ 139 通信工程和信息处理系统／ 140 国际商务工程／ 141 多媒体集成应用／ 142 医学研究数据工程和生物技术／ 143 数字媒体工程／ 144 工程国际项目和人力资源／ 145 车辆智能系统工程／ 146 公开信息处理系统工程／ 147 软件工程／ 148 工程与能源管理／ 149 环境工程与环境管理／ 150 燃气工程与管理

151 工程与国际遗产管理／ 152 信息系统工程与管理／ 153 工程和财务模型／ 154 集成产品系统设计工程／ 155 财务工程／ 156 生产工程和基础设施

开放系统／ 157 工程系统／ 158 纺织工程"服装业成衣"方向／ 159 商务工程师：项目主管／ 160 欧洲商务工程师／ 161 工业事务工程师／ 162 技术创新和项目管理／ 163 创新和创业／ 164 综合后勤支援／ 165 管理系统集成：质量、卫生和安全／ 166 经济情报／ 167 经济情报和知识管理／ 168 营销情报和企业战略／ 169 营销情报／ 170 情报科学研究、技术和经济／ 171 国际体育管理／ 172 商务律师：税务和财务工程／ 173 工业企业律师／ 174 国际法学经理／ 175 大系统物流／ 176 物流与供应链管理／ 177 物流、采购和国际交流"战略和工业管理"方向／ 178 航空维修／ 179 劳动控制和不动产管理／ 180 劳动控制和不动产管理（摩洛哥）／ 181 自然、市政和工业控制与风险管理／ 182 机场管理／ 183 农业管理／ 184 生物技术管理／ 185 供应链管理／ 186 供应链管理／ 187 配送管理／ 188 可靠性管理和重大技术风险预防／ 189 维修管理／ 190 运行绩效管理和财务／ 191 知识产权管理与公司战略／ 192 质量管理／ 193 质量、安全与环境管理／ 194 健康管理：工业卫生／ 195 健康管理：医疗卫生结构与社会／ 196 保健和制药工业管理／ 197 工业风险与安全管理／ 198 转包管理和工业合同／ 199 供应链管理／ 200 科技管理与创新 201 采购管理／ 202 出版管理／ 203 环境管理／ 204 药业管理"医药营销/管理和许可"方向／ 205 农产品创新管理／ 206 创新管理和技术"生物技术"管理方向／ 207 农业和生物产业的技术创新管理／ 208 创新、质量和环境管理／ 209 决策项目管理／ 210 国际施工项目管理／ 211 东西合作工业项目管理／ 212 工业管理"物流"和"国际项目"方向／ 213 项目信息管理／ 214 技术项目管理／ 215 服务业管理／ 216 后勤活动管理／ 217 商务和国际贸易管理／ 218 生物技术公司管理／ 219 建筑企业管理／ 220 媒体公司管理／ 221 世袭和家族企业管理／ 222 大账户管理／ 223 大项目管理／ 224 人群和组织管理／ 225 保健品行业管理／ 226 体育组织管理／ 227 组织及工业项目管理／ 228 休闲文化与产品管理／ 229 项目和程序管理／ 230 国际项目管理／ 231 客户关系管理／ 232 配送网络和公司管理／ 233 人力资源管理／ 234 人力资源管理／ 235 风险管理／ 236 风险管理／ 237 国际风险管理／ 238 服务管理／ 239 远程金融服务：银行与保险／ 240 公共事务管理／ 241 社会活动结构管理／ 242 信息系统管理和技术／ 243 分布式信息系统管理／ 244 后勤系统管理／ 245 持续发展管理／ 246 公司国际发展管理／ 247 国土开发管理／ 248 豪华和时尚管理／ 249 旅游管理／ 250 空中交通管理

251 战略环节管理(业务环节管理)"人力资源"、"商业发展"和"开拓型领导"方向/ 252 管理与国际竞争力/ 253 信息系统管理和开发/ 254 水质净化管理和工程服务/ 255 管理和系统工程/ 256 管理和信息系统工程/ 257 土地管理和营销/ 258 管理和新技术/ 259 人事数据管理和保护/ 260 管理与技术/ 261 场所安全卫生管理与技术/ 262 管理和技术(工程师、承包商、创造者)/ 263 欧洲人力资源管理/ 264 国际财务管理/ 265 采购与供应链全过程管理/ 266 全面风险管理/ 267 工业用粮管理/ 268 工业管理和物流系统/ 269 国际工业管理/ 270 农业和农产品工业的跨文化管理/ 271 国际粮农产品管理/ 272 公司法制化管理/ 273 法制化商务管理/ 274 物流管理与采购(摩洛哥)/ 275 全面后勤管理/ 276 国际航运管理/ 277 医疗管理/ 278 经营管理与采购战略/ 279 质量管理"口腔卫生"方向/ 280 质量管理"工业和服务"方向/ 281 质量管理方向"医疗卫生"/ 282 项目管理/ 283 文化公司管理/ 284 人力资源战略管理/ 285 创新战略管理/ 286 持续发展战略管理/ 287 市政、环境管理和服务/ 288 电信经理/ 289 技术项目管理/ 290 少儿产品推销/ 291 直销及电子商贸/ 292 营销配送/ 293 营销和沟通/ 294 营销和商业发展/ 295 服务营销与管理/ 296 农产品营销技术/ 297 营销管理/ 298 营销管理和沟通/ 299 营销质量管理/ 300 营销、设计、创作

301 材料和成型/ 302 材料和涂料/ 303 力学－热力学/ 304 工业流体力学/ 305 计算力学/ 306 媒体/ 307 微电子系统设计与技术/ 308 经济学和统计模型/ 309 工业现代化、改建和区域持续发展(中国)/ 310 内燃发动机/ 311 国际谈判/ 312 网络管理:信息技术战略与管理/ 313 标准化、质量、认证、测试"健康"方向/ 314 国际计数标准:合并、审计/ 315 海上装备工业/ 316 纳米科学与应用/ 317 开源和当地社区/ 318 光纤数据通信和电信网络/ 319 工业生产组织"质量"方向/ 320 组织与生产控制/ 321 摄影测量、定位和变形测量/ 322 业绩标定和 NTIC/ 323 业绩标定和组织/ 324 管理领航和控制/ 325 计算机集成制造/ 326 掘进和推进技术/ 327 医疗卫生行业的质量体系认证/ 328 畜产品质量/ 329 移动电话/ 330 军用电信网络/ 331 网络与服务/ 332 网络与移动电话服务/ 333 网络与多媒体信息系统/ 334 网络与企业信息系统/ 335 网络"安全"方向/ 336 物流链全面管理/ 337 人力资源主管/ 338 人力资源和社会变革/ 339 通信、导航和侦察卫星/ 340 信息安全和系统/ 341 信息系统安全/ 342 安全系统和网络/ 343 信息系统和网络安

全/ 344 工业安全与环境/ 345 信号、图像和模式识别/ 346 仿真和虚拟现实/ 347 体育、管理和公司战略/ 348 战略管理/ 349 国际业务发展战略/ 350 国际工程业务与战略

351 通信战略管理/ 352 医疗卫生行业战略管理/ 353 信息系统战略管理/ 354 工业国际营销战略/ 355 运行质量、供应链、采购战略领航/ 356 人员留用策略与管理/ 357 贸易机构战略和技术/ 358 航空和空间结构/ 359 信息系统和管理/ 360 信息处理系统和微电子学/ 361 网络和通信系统 362 数字通信系统/ 363 管理系统"工业和第三产业企业质量"方向/ 364 测量测定系统/ 365 航天推进系统/ 366 管理信息系统/ 367 区域规划信息系统/ 368 电子系统/ 369 安全集成系统及应用：SISA 370 航空和空间技术"航空"方向和"航天"方向/ 371 无线电通讯技术/ 372 财务技巧/ 373 技术和管理/ 374 微电子技术与生产管理/ 375 科技、文化、继承/ 376 热电生产系统技术/ 377 酿酒技术和生态设计/ 378 网络技术：系统、服务和安全/ 379 电信和手机信息学 380 决策信息处理/ 381 工业革新和改造对策/ 382 基础设施运行和作业

翻译自：

Présentation de la Conférence des Grandes Ecoles，http：//www. cge. asso. fr/cadre_pres_en. html.

LISTE DES MASTERES SPECIALISES 2007－2008，CGE ，http：//www. cge. asso. fr/cadre_pres_en. html.

附录 F 中国工程院学部专业标准分类

A. 机械与运载工程学部

　　1. 机械工程(7)：机械制造与自动化、机械电子工程(或工程装备与控制工程)、机械设计及理论、机械成形加工工程及自动化与制造、特种设备设计与制造、工程力学

　　2. 船舶与海洋工程(3)：船舶(与海洋机构物)设计制造、船舶海洋工程力学、水声工程

　　3. 航空宇航科学技术(7)：飞行器设计(包括总体、结构等)、航空宇航推进理论及工程、航空宇航制造工程、人机与环境工程、航空宇航系统工程与理论、控制理论与工程、精密仪器仪表技术

　　4. 兵器科学与技术(5)：武器系统与应用工程、兵器发射理论与技术、火炮自动武器及弹药(战斗部)工程、军用车辆工程、水下兵器

　　5. 动力及电气设备工程与技术(6)：动力机械设计制造、热能工程、电机设计制造、电器设计制造、电力电子及控制设备、电工新技术(含电工材料)及设备

　　6. 交通(地面)运输工程(3)：交通信息工程及控制、运载工具运用工程、车辆设计与制造

B. 信息与电子工程学部(6/26)

　　1. 电子科学与技术(4)：电子技术、微电子技术、电磁场与天线、生物电子与生物信息学

　　2. 光学工程与技术(4)：应用光学、红外技术、激光技术、光电子技术

　　3. 仪器科学与技术(3)：传感器技术、测试计量技术及仪器、遥感技术

　　4. 信息与通信工程(6)：通信与信息系统、雷达技术、信号处理技术、水声工程、广播与电视技术、信息网络与信息安全

　　5.计算机科学与技术(4):计算机系统结构、计算机软件、人工智能、计算机应用

　　6.控制科学与技术(5):控制理论与工程、机器人技术、系统工程、导航制导与控制、指挥自动化

C. 化工、冶金与材料工程学部(3/27)

　　1.化学工程与技术(10):煤化工、石油与天然气化工、精细化工、生物化学工程、核化工

　　2.材料科学与工程(9):材料合成与加工、金属材料、无机非金属材料、有机高分子材料、复合材料、功能材料、生物材料、含能材料、纳米材料

　　3.冶金工程(8):矿物加工、冶金热能工程、冶金环境工程、钢铁冶金、有色金属冶金、压力加工、粉末冶金、过程工程

D. 能源与矿业工程学部(4/16)

　　1.能源和电气科学技术与工程(4):热能动力工程、电气工程、水电工程、新能源和可再生能源

　　2.核科学技术与工程(4):核能工程、核材料与核燃料、核安全、防护和环境、核技术应用

　　3.地质资源科学技术与工程(4):地质与矿产探测技术工程、矿产资源和地质勘查、海洋油气与矿产资源、矿山水文地质和工程地质

　　4.矿业科学技术与工程(4):非能源矿产开发、煤炭开发、石油和天然气开发、矿业的安全和环境

E. 土木、水利与建筑工程学部(5/25)

　　1.建筑学(3):建筑历史与理论、建筑设计及其理论、建筑环境工程与建筑技术

　　2.城乡规划与风景园林(4):区域规划、城市规划(含城市交通规划)、市政工程、风景园林规划与设计

　　3.土木工程(9):工程力学、土木工程材料、结构工程、桥梁工程、道路与铁路工程、岩土工程、地下工程与隧道工程、土木工程抗灾与防护工程、工程地质与水文地质

　　4.测绘工程(3):大地测量与测量工程、摄影测量与航天测绘、地图制图与地理信息工程

　　5.水利工程(6):水文学与水资源、水力学与河流动力学、水工结构工程、水利水电工程、港口水道 岸及近海工程、农田水利工程

F. 农业、轻纺与环境工程学部(19/79)

1.作物学(3);2.农业生物工程(3);3.园艺学(3);4.农业资源学(4);5.应用生态学(5);6.植物保护(3);7.畜牧学(4);8.兽医学(4);9.林学(7);10.水产学(4)

11.农业工程(4):农业机械化工程、农业水土工程、农业生物环境与能源工程、农业信息化工程

12.林业工程(3):森林工程、木材科学与技术、林产化学加工工程

13.食品科学与工程(2):食品科学、食品工程

14.纺织科学与工程(6):纺织工程、纺织材料与纺织品设计、纺织化学与染整工程、产业用纺织材料与非织造技术、纤维材料科学与工程、服装技术

15.轻工技术与工程(5):轻工化学工程、制浆造纸、皮革化学与皮革工程、发酵与轻工生物技术、轻工装备与控制

16.环境科学技术(5):环境区域污染控制原理与技术、环境监测与标准、环境病毒与风险评价技术、环境规划与环境影响预测技术、环境信息技术

17.环境工程(5):水污染防治与修复、大气污染防治、固本废物污染防治与资源化、土地污染防治与修复、物理性污染防治(声、光、热、电磁、放射性、震动等)

18.气候科学(4):天气预报和动力气象、气候预测与气候变化、天气探测、应用气象

19.海洋科学工程(5):海洋化学工程、海洋生物工程、海底探测与开发工程、海洋环境工程、海洋技术工程

G. 医药卫生工程学部(9/63)

1.基础医学(10);2.临床医学(20);3.口腔医学(3);4.公共卫生与预防医学(6);5.药学(8);6.生物医药工程与医学信息学(6):医学电子学、生物力学、医用材料学、医学工程学、医学信息学、医学组织工程学;7.特种医学(6);8.中医学(10);9.中药学(4)

H. 工程管理学部(7/7)

1.工程管理(7):机械与运载工程管理、信息与电子工程管理、化工 冶金与材料工程管理、能源与矿业工程管理、土木 水利与建筑工程管理、农业 轻纺与环境工程管理、医药卫生工程管理

资料来源:《中国工程院院士增选学部专业划分标准》(试行),中国工程院学科分类标准研究课题组,2004 年 9 月。

附录 G　框架统计变量与学科代码、名称对照

框架 1：澳大利亚 RFCD 工程与技术学科(a)

Aus001	VAR01	发酵、生物技术和工业微生物	Aus038	VAR32	运输工程
Aus002	VAR02	食品工程	Aus039	VAR33	建筑工程
Aus003	VAR03	食品加工	Aus040	VAR34	岩土工程
Aus006	VAR04	空气动力学	Aus042	VAR35	电气工程
Aus007	VAR05	飞行动力学	Aus043	VAR36	集成电路
Aus008	VAR06	航天结构	Aus045	VAR37	测地学
Aus009	VAR07	飞机性能	Aus046	VAR38	测量
Aus010	VAR08	飞行控制系统	Aus047	VAR39	航空摄影和遥感
Aus011	VAR09	航天电子系统	Aus048	VAR40	空间信息系统
Aus012	VAR10	卫星、航天器和导弹设计	Aus049	VAR41	航道和选址
Aus014	VAR11	机器人和机电一体化	Aus050	VAR42	绘图
Aus015	VAR12	柔性制造系统	Aus052	VAR43	环境工程模拟
Aus016	VAR13	CAD/CAM	Aus053	VAR44	生物救治
Aus017	VAR14	控制工程	Aus054	VAR45	环境工程设计
Aus018	VAR15	焊接技术	Aus055	VAR46	环境技术
Aus019	VAR16	纺织技术	Aus057	VAR47	船舶制造
Aus020	VAR17	印刷技术	Aus058	VAR48	船舶和平台流体力学
Aus021	VAR18	包装、存储与运输	Aus059	VAR49	船舶和平台结构
Aus022	VAR19	安全与质量	Aus060	VAR50	海运工程
Aus024	VAR20	车辆工程	Aus061	VAR51	海洋工程
Aus025	VAR21	机械工程	Aus062	VAR52	专门运载工具

Aus026	VAR22	工业工程	Aus064	VAR53	过程冶金
Aus027	VAR23	化学工程设计	Aus065	VAR54	物理冶金
Aus028	VAR24	过程控制和仿真	Aus066	VAR55	高分子
Aus029	VAR25	膜和分离技术	Aus067	VAR56	复合材料
Aus031	VAR26	矿业工程	Aus068	VAR57	合金材料
Aus032	VAR27	矿物处理	Aus069	VAR58	陶瓷工程
Aus033	VAR28	石油和储油工程	Aus070	VAR59	木材
Aus034	VAR29	地质力学	Aus071	VAR60	纸浆和纸
Aus036	VAR30	结构工程	Aus072	VAR61	塑料
Aus037	VAR31	水和卫生工程			

框架 1：澳大利亚 RFCD 工程与技术学科（b）

Aus074	VAR01	临床工程	Aus112	VAR33	决策支持和团队支持系统
Aus075	VAR02	康复工程	Aus113	VAR34	系统理论
Aus076	VAR03	生物材料	Aus114	VAR35	概念建模
Aus077	VAR04	生物力学工程	Aus115	VAR36	信息系统开发方法学
Aus079	VAR05	算法和逻辑结构	Aus117	VAR37	专家系统
Aus080	VAR06	内存结构	Aus118	VAR38	计算机图学
Aus081	VAR07	输入、输出和数据设备	Aus119	VAR39	图像处理
Aus082	VAR08	逻辑设计	Aus120	VAR40	信号处理
Aus083	VAR09	处理器系统结构	Aus121	VAR41	文本处理
Aus085	VAR10	天线技术	Aus122	VAR42	语音识别
Aus086	VAR11	光学和成像系统	Aus123	VAR43	模式识别
Aus087	VAR12	数字系统	Aus124	VAR44	计算机视觉
Aus088	VAR13	计算机通信网络	Aus125	VAR45	智能机器人
Aus089	VAR14	微波和毫米波技术	Aus126	VAR46	仿真与建模
Aus090	VAR15	宽带网络技术	Aus127	VAR47	虚拟现实和相关模拟
Aus091	VAR16	卫星通信	Aus128	VAR48	神经网络、遗传算法与模糊逻辑
Aus094	VAR17	流化和流体力学	Aus130	VAR49	编程技术
Aus095	VAR18	热和质量迁移操作	Aus131	VAR50	软件工程

续表

Aus096	VAR19	紊流	Aus132	VAR51	程序语言
Aus097	VAR20	纳米技术	Aus133	VAR52	操作系统
Aus099	VAR21	农业工程	Aus134	VAR53	多媒体编程
Aus100	VAR22	燃烧和燃料工程	Aus136	VAR54	算法分析与复杂性
Aus101	VAR23	生物传感器技术	Aus137	VAR55	数学逻辑与形式语言
Aus102	VAR24	工程/技术仪表	Aus138	VAR56	数值分析
Aus104	VAR25	信息系统组织	Aus139	VAR57	离散数学
Aus105	VAR26	信息系统管理	Aus140	VAR58	数学软件
Aus106	VAR27	信息存取与管理	Aus142	VAR59	数据结构
Aus107	VAR28	人机接口	Aus143	VAR60	数据存储表示
Aus108	VAR29	接口与表达	Aus144	VAR61	文件
Aus109	VAR30	跨组织信息系统	Aus145	VAR62	数据安全
Aus110	VAR31	全球信息系统	Aus146	VAR63	编码和信息理论
Aus111	VAR32	数据库管理			

框架 2：中国 GB 工程与技术科学学科（a）

CGB001	VAR01	工程数学	CGB017	VAR16	摄影测量与遥感技术
CGB002	VAR02	工程控制论	CGB018	VAR17	地图制图技术
CGB003	VAR03	工程力学	CGB019	VAR18	工程测量技术
CGB004	VAR04	工程物理学	CGB020	VAR19	海洋测绘
CGB005	VAR05	工程地质学	CGB021	VAR20	测绘仪器
CGB006	VAR06	工程水文学	CGB023	VAR21	材料科学基础学科
CGB007	VAR07	工程仿生学	CGB024	VAR22	材料表面与界面
CGB008	VAR08	工程心理学	CGB025	VAR23	材料失效与保护
CGB009	VAR09	标准化科学技术	CGB026	VAR24	材料检测与分析技术
CGB010	VAR10	计量学	CGB027	VAR25	材料实验
CGB011	VAR11	工程图学	CGB028	VAR26	材料合成与加工工艺
CGB012	VAR12	勘查技术	CGB029	VAR27	金属材料
CGB013	VAR13	工程通用技术	CGB030	VAR28	无机非金属材料
CGB014	VAR14	工业工程学	CGB031	VAR29	有机高分子材料
CGB016	VAR15	大地测量技术	CGB032	VAR30	复合材料

框架 2：中国 GB 工程与技术科学学科（b）

CGB034	VAR01	矿山地质学	CGB087	VAR49	核探测技术与核电子学
CGB035	VAR02	矿山测量	CGB088	VAR50	放射性计量学
CGB036	VAR03	矿山设计	CGB089	VAR51	核仪器，仪表
CGB037	VAR04	矿山地面工程	CGB090	VAR52	材料与工艺技术
CGB038	VAR05	井巷工程	CGB091	VAR53	粒子加速器
CGB039	VAR06	采矿工程	CGB092	VAR54	裂变堆工程技术
CGB040	VAR07	选矿工程	CGB093	VAR55	核聚变工程技术
CGB041	VAR08	钻井工程	CGB094	VAR56	核动力工程技术
CGB042	VAR09	油气田开发工程	CGB095	VAR57	同位素技术
CGB043	VAR10	石油天然气储存与运输工程	CGB096	VAR58	核爆炸工程
CGB044	VAR11	矿山机械工程	CGB097	VAR59	核安全
CGB045	VAR12	矿山电气工程	CGB098	VAR60	乏燃料后处理技术
CGB046	VAR13	采矿环境工程	CGB099	VAR61	辐射防护技术
CGB047	VAR14	矿山安全	CGB100	VAR62	核设施退役技术
CGB048	VAR15	矿山综合利用工程	CGB101	VAR63	放射性三废处理处置技术
CGB050	VAR16	冶金物理化学	CGB103	VAR64	电子技术
CGB051	VAR17	冶金反应工程	CGB104	VAR65	光电子学与激光技术
CGB052	VAR18	冶金原料与预处理	CGB105	VAR66	半导体技术
CGB053	VAR19	冶金热能工程	CGB106	VAR67	信息处理技术
CGB054	VAR20	冶金技术	CGB107	VAR68	通信技术
CGB055	VAR21	钢铁冶金	CGB108	VAR69	广播与电视工程技术
CGB056	VAR22	有色金属冶金	CGB109	VAR70	雷达工程
CGB057	VAR23	轧制	CGB110	VAR71	自动控制技术
CGB058	VAR24	冶金机械及自动化	CGB112	VAR72	计算机科学技术基础学科
CGB060	VAR25	机械史	CGB113	VAR73	人工智能
CGB061	VAR26	机械学	CGB114	VAR74	计算机系统结构
CGB062	VAR27	机械设计	CGB115	VAR75	计算机软件
CGB063	VAR28	机械制造工艺与设备	CGB116	VAR76	计算机工程

续表

CGB064	VAR29	刀具技术	CGB117	VAR77	计算机应用
CGB065	VAR30	机床技术	CGB118	VAR78	化学工程基础学科
CGB066	VAR31	仪器仪表技术	CGB119	VAR79	化工测量技术与仪器仪表
CGB067	VAR32	流体传动与控制	CGB120	VAR80	化工传递过程
CGB068	VAR33	机械制造自动化	CGB121	VAR81	化学分离工程
CGB069	VAR34	专用机械工程	CGB122	VAR82	化学反应工程
CGB071	VAR35	工程热物理	CGB123	VAR83	化工系统工程
CGB072	VAR36	热工学	CGB124	VAR84	化工机械与设备
CGB073	VAR37	动力机械工程	CGB125	VAR85	无机化学工程
CGB074	VAR38	电气工程	CGB126	VAR86	有机化学工程
CGB076	VAR39	能源化学	CGB127	VAR87	电化学工程
CGB077	VAR40	能源地理学	CGB128	VAR88	高聚物工程
CGB078	VAR41	能源计算与测量	CGB129	VAR89	煤化学工程
CGB079	VAR42	储能技术	CGB130	VAR90	石油化学工程
CGB080	VAR43	节能技术	CGB131	VAR91	精细化学工程
CGB081	VAR44	一次能源	CGB132	VAR92	造纸技术
CGB082	VAR45	二次能源	CGB133	VAR93	毛皮与制革工程
CGB083	VAR46	能源系统工程	CGB134	VAR94	制药工程
CGB084	VAR47	能源经济学	CGB135	VAR95	生物化学工程
CGB086	VAR48	辐射物理与技术			

框架 2:中国 GB 工程与技术科学学科(c)

CGB137	VAR01	纺织科学技术基础学科	CGB180	VAR40	铁路运输
CGB138	VAR02	纺织材料	CGB181	VAR41	水路运输
CGB139	VAR03	纤维制造技术	CGB182	VAR42	船舶,舰船工程
CGB140	VAR04	纺织技术	CGB183	VAR43	航空运输(3)
CGB141	VAR05	染整技术	CGB184	VAR44	交通运输系统工程
CGB142	VAR06	服装技术	CGB185	VAR45	交通运输安全工程
CGB143	VAR07	纺织机械与设备	CGB187	VAR46	航空、航天科学技术基础学科

续表

CGB145	VAR08	食品科学技术基础学科	CGB188	VAR47	航空器结构与设计
CGB146	VAR09	食品加工技术	CGB189	VAR48	航天器结构与设计
CGB147	VAR10	食品包装与储藏	CGB190	VAR49	航空、航天推进系统
CGB148	VAR11	食品机械	CGB191	VAR50	飞行器仪表、设备
CGB149	VAR12	食品加工的副产品加工与利用	CGB192	VAR51	飞行器控制,导航技术
CGB150	VAR13	食品工业企业管理学	CGB193	VAR52	航空、航天材料
CGB152	VAR14	建筑史	CGB194	VAR53	飞行器制造技术
CGB153	VAR15	土木建筑工程基础学科	CGB195	VAR54	飞行器试验技术
CGB154	VAR16	土木建筑工程测量	CGB196	VAR55	飞行器发射飞行技术
CGB155	VAR17	建筑材料	CGB197	VAR56	航天地面设施,技术保障
CGB156	VAR18	工程结构	CGB198	VAR57	航空,航天系统工程
CGB157	VAR19	土木建筑结构	CGB200	VAR58	环境科学技术基础学科
CGB158	VAR20	土木建筑工程设计	CGB201	VAR59	环境学
CGB159	VAR21	土木建筑工程施工	CGB202	VAR60	环境工程学
CGB160	VAR22	土木工程机械与设备	CGB203	VAR61	安全科学技术基础学科
CGB161	VAR23	市政工程	CGB204	VAR62	安全学
CGB162	VAR24	建筑经济学	CGB205	VAR63	安全工程
CGB164	VAR25	水利工程基础学科	CGB206	VAR64	职业卫生工程
CGB165	VAR26	水利工程测量	CGB207	VAR65	安全管理工程
CGB166	VAR27	水工材料	CGB208	VAR66	安全科学技术
CGB167	VAR28	水工结构	CGB209	VAR67	管理思想史
CGB168	VAR29	水力机械	CGB210	VAR68	管理理论
CGB169	VAR30	水利工程施工	CGB211	VAR69	管理心理学
CGB170	VAR31	水处理	CGB212	VAR70	管理计量学
CGB171	VAR32	河流泥沙工程学	CGB213	VAR71	部门经济管理
CGB172	VAR33	海洋工程	CGB214	VAR72	科学学与科技管理
CGB173	VAR34	环境水利	CGB215	VAR73	企业管理
CGB174	VAR35	水利管理	CGB216	VAR74	行政管理

续表

CGB175	VAR36	防洪工程	CGB217	VAR75	管理工程
CGB176	VAR37	水利经济学	CGB218	VAR76	人力资源开发与管理
CGB178	VAR38	道路工程	CGB219	VAR77	未来学
CGB179	VAR39	公路运输			

框架 3：中国研究生用工学学科(a)

CGr001	VAR01	一般力学与力学基础	CGr022	VAR22	制冷及低温工程
CGr002	VAR02	固体力学	CGr023	VAR23	化工过程机械
CGr003	VAR03	流体力学	CGr024	VAR24	电机与电器
CGr004	VAR04	工程力学	CGr025	VAR25	电力系统及其自动化
CGr005	VAR05	机械制造及其自动化	CGr026	VAR26	高电压与绝缘技术
CGr006	VAR06	机械电子工程	CGr027	VAR27	电力电子与电力传动
CGr007	VAR07	机械设计及理论	CGr028	VAR28	电工理论与新技术
CGr008	VAR08	车辆工程	CGr029	VAR29	物理电子学
CGr009	VAR09	光学工程	CGr030	VAR30	电路与系统
CGr010	VAR10	精密仪器及机械	CGr031	VAR31	微电子学与固体电子学
CGr011	VAR11	测试计量技术及仪器	CGr032	VAR32	电磁场与微波技术
CGr012	VAR12	材料物理与化学	CGr033	VAR33	通信与信息系统
CGr013	VAR13	材料学	CGr034	VAR34	信号与信息处理
CGr014	VAR14	材料加工工程	CGr035	VAR35	控制理论与控制工程
CGr015	VAR15	冶金物理化学	CGr036	VAR36	检测技术与自动化装置
CGr016	VAR16	钢铁冶金	CGr037	VAR37	系统工程
CGr017	VAR17	有色金属冶金	CGr038	VAR38	模式识别与智能系统
CGr018	VAR18	工程热物理	CGr039	VAR39	导航、制导与控制
CGr019	VAR19	热能工程	CGr040	VAR40	计算机系统结构
CGr020	VAR20	动力机械及工程	CGr041	VAR41	计算机软件与理论
CGr021	VAR21	流体机械及工程	CGr042	VAR42	计算机应用技术

框架 3：中国研究生用工学学科（b）

CGr043	VAR01	建筑历史与理论	CGr080	VAR38	制糖工程
CGr044	VAR02	建筑设计及其理论	CGr081	VAR39	发酵工程
CGr045	VAR03	城市规划与设计	CGr082	VAR40	皮革化学与工程
CGr046	VAR04	建筑技术科学	CGr083	VAR41	道路与铁道工程
CGr047	VAR05	岩土工程	CGr084	VAR42	交通信息工程及控制
CGr048	VAR06	结构工程	CGr085	VAR43	交通运输规划与管理
CGr049	VAR07	市政工程	CGr086	VAR44	载运工具运用工程
CGr050	VAR08	供热、供燃气、通风及空调工程	CGr087	VAR45	船舶与海洋结构物设计制造
CGr051	VAR09	防灾减灾工程及防护工程	CGr088	VAR46	轮机工程
CGr052	VAR10	桥梁与隧道工程	CGr089	VAR47	水声工程
CGr053	VAR11	水文学及水资源	CGr090	VAR48	飞行器设计
CGr054	VAR12	水力学及河流动力学	CGr091	VAR49	航空宇航推进理论与工程
CGr055	VAR13	水工结构工程	CGr092	VAR50	航空宇航制造工程
CGr056	VAR14	水利水电工程	CGr093	VAR51	人机与环境工程
CGr057	VAR15	港口、海岸及近海工程	CGr094	VAR52	武器系统与运用工程
CGr058	VAR16	大地测量学与测量工程	CGr095	VAR53	兵器发射理论与技术
CGr059	VAR17	摄影测量与遥感	CGr096	VAR54	火炮、自动武器与弹药工程
CGr060	VAR18	地图制图学与地理信息工程	CGr097	VAR55	军事化学与烟火技术
CGr061	VAR19	化学工程	CGr098	VAR56	核能科学与工程
CGr062	VAR20	化学工艺	CGr099	VAR57	核燃料循环与材料
CGr063	VAR21	生物化工	CGr100	VAR58	核技术及应用
CGr064	VAR22	应用化学	CGr101	VAR59	辐射防护及环境保护
CGr065	VAR23	工业催化	CGr102	VAR60	农业机械化工程
CGr066	VAR24	矿产普查与勘探	CGr103	VAR61	农业水土工程
CGr067	VAR25	地球探测与信息技术	CGr104	VAR62	农业生物环境与能源工程
CGr068	VAR26	地质工程	CGr105	VAR63	农业电气化与自动化

续表

CGr069	VAR27	采矿工程	CGr106	VAR64	森林工程
CGr070	VAR28	矿物加工工程	CGr107	VAR65	木材科学与技术
CGr071	VAR29	安全技术及工程	CGr108	VAR66	林产化学加工工程
CGr072	VAR30	油气井工程	CGr109	VAR67	环境科学
CGr073	VAR31	油气田开发工程	CGr110	VAR68	环境工程
CGr074	VAR32	油气储运工程	CGr111	VAR69	生物医学工程
CGr075	VAR33	纺织工程	CGr112	VAR70	食品科学
CGr076	VAR34	纺织材料与纺织品设计	CGr113	VAR71	粮食、油脂及植物蛋白工程
CGr077	VAR35	纺织化学与染整工程	CGr114	VAR72	农产品加工及贮藏工程
CGr078	VAR36	服装设计与工程	CGr115	VAR73	水产品加工及贮藏工程
CGr079	VAR37	制浆造纸工程			

框架4：中国高职高专用工程技术专业

CSt001	VAR01	公路运输类	CSt024	VAR24	建筑设备类
CSt002	VAR02	铁道运输类	CSt025	VAR25	工程管理类
CSt003	VAR03	城市轨道运输类	CSt026	VAR26	市政工程类
CSt004	VAR04	水上运输类	CSt027	VAR27	房地产类
CSt005	VAR05	民航运输类	CSt028	VAR28	水文与水资源类
CSt006	VAR06	港口运输类	CSt029	VAR29	水利工程与管理类
CSt007	VAR07	管道运输类	CSt030	VAR30	水利水电设备类
CSt008	VAR08	生物技术类	CSt031	VAR31	水土保持与水环境类
CSt009	VAR09	化工技术类	CSt032	VAR32	机械设计制造类
CSt010	VAR10	制药技术类	CSt033	VAR33	自动化类
CSt011	VAR11	食品药品管理类	CSt034	VAR34	机电设备类
CSt012	VAR12	资源勘查类	CSt035	VAR35	汽车类
CSt013	VAR13	地质工程与技术类	CSt036	VAR36	计算机类
CSt014	VAR14	矿业工程类	CSt037	VAR37	电子信息类
CSt015	VAR15	石油与天然气类	CSt038	VAR38	通信类
CSt016	VAR16	矿物加工类	CSt039	VAR39	环保类

续表

CSt017	VAR17	测绘类	CSt040	VAR40	气象类
CSt018	VAR18	材料类	CSt041	VAR41	安全类
CSt019	VAR19	能源类	CSt042	VAR42	轻化工类
CSt020	VAR20	电力技术类	CSt043	VAR43	纺织服装类
CSt021	VAR21	建筑设计类	CSt044	VAR44	食品类
CSt022	VAR22	城镇规划与管理类	CSt045	VAR45	包装印刷类
CSt023	VAR23	土建施工类			

框架 5：中国本科生用工学学科专业（a）

CUn001	VAR01	采矿工程	CUn045	VAR41	能源工程及自动化
CUn002	VAR02	石油工程	CUn046	VAR42	能源动力系统及自动化
CUn003	VAR03	矿物加工工程	CUn047	VAR43	风能与动力工程
CUn004	VAR04	勘查技术与工程	CUn048	VAR44	核技术
CUn005	VAR05	资源勘查工程	CUn049	VAR45	辐射防护与环境工程
CUn006	VAR06	地质工程	CUn050	VAR46	核化工与核燃料工程
CUn007	VAR07	矿物资源工程	CUn052	VAR47	电气工程及其自动化
CUn008	VAR08	煤及煤层气工程	CUn053	VAR48	自动化
CUn009	VAR09	地下水科学与工程	CUn054	VAR49	电子信息工程
CUn011	VAR10	冶金工程	CUn055	VAR50	通信工程
CUn012	VAR11	金属材料工程	CUn056	VAR51	计算机科学与技术
CUn013	VAR12	无机非金属材料工程	CUn057	VAR52	电子科学与技术
CUn014	VAR13	高分子材料与工程	CUn058	VAR53	生物医学工程
CUn015	VAR14	材料科学与工程	CUn059	VAR54	电气工程与自动化
CUn016	VAR15	复合材料与工程	CUn060	VAR55	信息工程
CUn017	VAR16	焊接技术与工程	CUn061	VAR56	光源与照明
CUn018	VAR17	宝石及材料工艺学	CUn062	VAR57	软件工程
CUn019	VAR18	粉体材料科学与工程	CUn063	VAR58	影视艺术技术
CUn020	VAR19	再生资源科学与技术	CUn064	VAR59	网络工程
CUn021	VAR20	稀土工程	CUn065	VAR60	信息显示与光电技术
CUn022	VAR21	高分子材料加工工程	CUn066	VAR61	集成电路设计与集成系统

续表

CUn023	VAR22	生物功能材料	CUn067	VAR62	光电信息工程
CUn025	VAR23	机械设计制造及其自动化	CUn068	VAR63	广播电视工程
CUn026	VAR24	材料成型及控制工程	CUn069	VAR64	电气信息工程
CUn027	VAR25	工业设计	CUn070	VAR65	计算机软件
CUn028	VAR26	过程装备与控制工程	CUn071	VAR66	电力工程与管理
CUn029	VAR27	机械工程及自动化	CUn072	VAR67	微电子制造工程
CUn030	VAR28	车辆工程	CUn073	VAR68	假肢矫形工程
CUn031	VAR29	机械电子工程	CUn074	VAR69	数字媒体艺术
CUn032	VAR30	汽车服务工程	CUn075	VAR70	医学信息工程
CUn033	VAR31	制造自动化与测控技术	CUn076	VAR71	信息物理工程
CUn034	VAR32	微机电系统工程	CUn077	VAR72	医疗器械工程
CUn035	VAR33	制造工程	CUn078	VAR73	智能科学与技术
CUn036	VAR34	体育装备工程	CUn079	VAR74	数字媒体技术
CUn038	VAR35	测控技术与仪器	CUn080	VAR75	医学影像工程
CUn039	VAR36	电子信息技术及仪器	CUn081	VAR76	真空电子技术
CUn041	VAR37	热能与动力工程	CUn082	VAR77	电磁场与无线技术
CUn042	VAR38	核工程与核技术	CUn083	VAR78	电信工程及管理
CUn043	VAR39	工程物理	CUn084	VAR79	电气工程与智能控制
CUn044	VAR40	能源与环境系统工程	CUn085	VAR80	信息与通信工程

框架 5：中国本科生用工学学科专业（b）

CUn087	VAR01	建筑学	CUn142	VAR49	包装工程
CUn088	VAR02	城市规划	CUn143	VAR50	印刷工程
CUn089	VAR03	土木工程	CUn144	VAR51	纺织工程
CUn090	VAR04	建筑环境与设备工程	CUn145	VAR52	服装设计与工程
CUn091	VAR05	给水排水工程	CUn146	VAR53	食品质量与安全
CUn092	VAR06	城市地下空间工程	CUn147	VAR54	酿酒工程
CUn093	VAR07	历史建筑保护工程	CUn148	VAR55	葡萄与葡萄酒工程
CUn094	VAR08	景观建筑设计	CUn149	VAR56	轻工生物技术

CUn095	VAR09	水务工程	CUn150	VAR57	农产品质量与安全
CUn096	VAR10	建筑设施智能技术	CUn151	VAR58	非织造材料与工程
CUn097	VAR11	给排水科学与工程	CUn152	VAR59	数字印刷
CUn098	VAR12	建筑电气与智能化	CUn153	VAR60	植物资源工程
CUn099	VAR13	景观学	CUn154	VAR61	粮食工程
CUn100	VAR14	风景园林	CUn156	VAR62	飞行器设计与工程
CUn101	VAR15	道路桥梁与渡河工程	CUn157	VAR63	飞行器动力工程
CUn103	VAR16	水利水电工程	CUn158	VAR64	飞行器制造工程
CUn104	VAR17	水文与水资源工程	CUn159	VAR65	飞行器环境与生命保障工程
CUn105	VAR18	港口航道与海岸工程	CUn160	VAR66	航空航天工程
CUn106	VAR19	港口海岸及治河工程	CUn161	VAR67	工程力学与航天航空工程
CUn107	VAR20	水资源与海洋工程	CUn162	VAR68	航天运输与控制
CUn109	VAR21	测绘工程	CUn163	VAR69	质量与可靠性工程
CUn110	VAR22	遥感科学与技术	CUn165	VAR70	飞行器设计与工程
CUn111	VAR23	空间信息与数字技术	CUn166	VAR71	飞行器动力工程
CUn113	VAR24	环境工程	CUn167	VAR72	飞行器制造工程
CUn114	VAR25	安全工程	CUn168	VAR73	飞行器环境与生命保障工程
CUn115	VAR26	水质科学与技术	CUn169	VAR74	航空航天工程
CUn116	VAR27	灾害防治工程	CUn170	VAR75	工程力学与航天航空工程
CUn117	VAR28	环境科学与工程	CUn171	VAR76	航天运输与控制
CUn118	VAR29	环境监察	CUn172	VAR77	质量与可靠性工程
CUn119	VAR30	雷电防护科学与技术	CUn173	VAR78	工程力学
CUn121	VAR31	化学工程与工艺	CUn174	VAR79	工程结构分析
CUn122	VAR32	制药工程	CUn176	VAR80	生物工程
CUn123	VAR33	化工与制药	CUn178	VAR81	农业机械化及其自动化
CUn124	VAR34	化学工程与工业生物工程	CUn179	VAR82	农业电气化与自动化
CUn125	VAR35	资源科学与工程	CUn180	VAR83	农业建筑环境与能源工程

续表

CUn127	VAR36	交通运输	CUn181	VAR84	农业水利工程
CUn128	VAR37	交通工程	CUn182	VAR85	农业工程
CUn129	VAR38	油气储运工程	CUn183	VAR86	生物系统工程
CUn130	VAR39	飞行技术	CUn185	VAR87	森林工程
CUn131	VAR40	航海技术	CUn186	VAR88	木材科学与工程
CUn132	VAR41	轮机工程	CUn187	VAR89	林产化工
CUn133	VAR42	物流工程	CUn189	VAR90	刑事科学技术
CUn134	VAR43	海事管理	CUn190	VAR91	消防工程
CUn135	VAR44	交通设备信息工程	CUn191	VAR92	安全防范工程
CUn136	VAR45	交通建设与装备	CUn192	VAR93	交通管理工程
CUn138	VAR46	船舶与海洋工程	CUn193	VAR94	核生化消防
CUn140	VAR47	食品科学与工程	CUn194	VAR95	公安视听技术
CUn141	VAR48	轻化工程			

框架6：法国nPLUSi理工学科

Fra001	VAR01	工业工程	Fra037	VAR37	运输与物流
Fra002	VAR02	材料与加工工程	Fra038	VAR38	电子学与电路
Fra003	VAR03	地理信息系统和空间管理	Fra039	VAR39	图像与人工智能
Fra004	VAR04	纺织材料与加工	Fra040	VAR40	人机接口
Fra005	VAR05	碰撞生物力学和运输安全	Fra041	VAR41	软件和编程方法
Fra006	VAR06	生物力学：治疗和康复仿真系统	Fra042	VAR42	材料和超高频
Fra007	VAR07	产品设计和生产系统	Fra043	VAR43	微技术、结构组成、网络和通信系统
Fra008	VAR08	设计、产业化、创新	Fra044	VAR44	通讯图像与光学
Fra009	VAR09	电力和持续发展	Fra045	VAR45	信号、TRAMP和图像
Fra010	VAR10	材料和表面工程	Fra046	VAR46	信号与电路
Fra011	VAR11	虚拟现实与创新工程	Fra047	VAR47	系统、网络和结构组成
Fra012	VAR12	CAO—DAO数字工程	Fra048	VAR48	建筑材料与施工

Fra013	VAR13	结构组织及生物力学工程	Fra049	VAR49	木材与纤维科学
Fra014	VAR14	创新、设计、工程	Fra050	VAR50	信息科学
Fra015	VAR15	纺织材料和加工	Fra051	VAR51	高频通信系统
Fra016	VAR16	流体力学和热力学	Fra052	VAR52	大地测量信息系统
Fra017	VAR17	力学与系统工程	Fra053	VAR53	天体物理学、天文学和空间科学
Fra018	VAR18	实验力学与处理	Fra054	VAR54	通讯电子元部件与系统
Fra019	VAR19	力学:工程和材料	Fra055	VAR55	医学图像
Fra020	VAR20	力学:机器	Fra056	VAR56	工商管理实用数据处理
Fra021	VAR21	力学:材料、结构、处理	Fra057	VAR57	数据处理和网络
Fra022	VAR22	决策科学与风险管理	Fra058	VAR58	信息数据处理技术
Fra023	VAR23	木材科学与技术	Fra059	VAR59	数据处理:算法,纳米技术与微系统
Fra024	VAR24	材料化学	Fra060	VAR60	电力科学与未来
Fra025	VAR25	化学与工业风险	Fra061	VAR61	认知科学
Fra026	VAR26	原料、能源与持续发展	Fra062	VAR62	装备电子系统和工业数据处理
Fra027	VAR27	流体动力学、热力学和传递	Fra063	VAR63	城市建筑与设计规划
Fra028	VAR28	功率电子学	Fra064	VAR64	机械工程与技术
Fra029	VAR29	能量转换设计与配置	Fra065	VAR65	污染与风险控制、区域规划和治理
Fra030	VAR30	水文学、水化学、地面与环境	Fra066	VAR66	数据处理系统
Fra031	VAR31	人工智能	Fra067	VAR67	信号和图像处理自动化
Fra032	VAR32	材料、能源与环境	Fra068	VAR68	经济网络与信息管理
Fra033	VAR33	电子学与光学	Fra069	VAR69	数学基础及应用
Fra034	VAR34	力学与工程	Fra070	VAR70	等离子体、光学、光电子学和微系统
Fra035	VAR35	机电一体化	Fra071	VAR71	无线通讯系统
Fra036	VAR36	软件和网络安全			

框架 7:德国教师用理工学科

Ger001	VAR01	工程科学(普通)	Ger047	VAR47	电气能源技术
Ger002	VAR02	跨学科研究(以工程学为主)	Ger048	VAR48	精密工艺(电气)
Ger003	VAR03	技术教学法	Ger049	VAR49	微系统技术
Ger004	VAR04	科技史	Ger050	VAR50	通讯技术、信息技术
Ger005	VAR05	机械电子学	Ger051	VAR51	光电子学
Ger006	VAR06	综合科技	Ger052	VAR52	调节技术(电气)
Ger007	VAR07	工作方法	Ger053	VAR53	交通技术、航海术(普通)
Ger008	VAR08	系统研究	Ger054	VAR54	车辆和飞机制造
Ger009	VAR09	系统技术(普通)	Ger055	VAR55	车辆工程
Ger010	VAR10	技术卫生	Ger056	VAR56	航空航天技术
Ger011	VAR11	采矿、冶金(普通)	Ger057	VAR57	航海术、航海技术
Ger012	VAR12	考古测定学(工程考古学)	Ger058	VAR58	船舶制造、海洋工程
Ger013	VAR13	加工和精加工	Ger059	VAR59	船舶运营技术
Ger014	VAR14	采矿经营管理	Ger060	VAR60	交通工程
Ger015	VAR15	采矿和矿物原料管理	Ger061	VAR61	建筑学(普通)
Ger016	VAR16	开采技术	Ger062	VAR62	建筑技术和建筑企业
Ger017	VAR17	采矿管理、开采权	Ger063	VAR63	文物保护(建筑)
Ger018	VAR18	冶金和铸造业	Ger064	VAR64	楼房建筑规划
Ger019	VAR19	矿山测量、采矿地球物理学	Ger065	VAR65	设计和演示
Ger020	VAR20	冶金学	Ger066	VAR66	建筑学基础和辅助科学
Ger021	VAR21	机械制造(普通)	Ger067	VAR67	室内建筑学
Ger022	VAR22	生物技术(技术程序)	Ger068	VAR68	城市建设规划和新居民区事务
Ger023	VAR23	化学工程、化学技术	Ger069	VAR69	生存环境规划(普通)
Ger024	VAR24	印刷技术	Ger070	VAR70	生存环境规划基础
Ger025	VAR25	能源技术(不含电气工程)	Ger071	VAR71	基础设施规划

Ger026	VAR26	精密工艺	Ger072	VAR72	生存环境规划法规
Ger027	VAR27	机械学基础	Ger073	VAR73	区域生存环境规划
Ger028	VAR28	木材技术	Ger074	VAR74	城市规划（地方规划）
Ger029	VAR29	核技术、核生产技术	Ger075	VAR75	环境保护
Ger030	VAR30	合成材料技术	Ger076	VAR76	土木工程
Ger031	VAR31	医学技术	Ger077	VAR77	建筑企业管理
Ger032	VAR32	物理技术	Ger078	VAR78	木结构工程
Ger033	VAR33	机械制造产品	Ger079	VAR79	土木工程设计
Ger034	VAR34	生产和制造技术	Ger080	VAR80	交通土木工程、交通工程管理
Ger035	VAR35	安全技术	Ger081	VAR81	水利工程、水利工程管理
Ger036	VAR36	机械学特殊领域	Ger083	VAR82	测量学（普通）
Ger037	VAR37	控制、测量和调节技术	Ger084	VAR83	地图制图学
Ger038	VAR38	技术、应用光学，纺织品技术	Ger085	VAR84	摄影测量学
Ger039	VAR39	运输和分装技术	Ger086	VAR85	信息学（普通）
Ger040	VAR40	环境技术（含回收）	Ger087	VAR86	生物信息学
Ger041	VAR41	构成加工技术	Ger088	VAR87	计算机和信息技术
Ger042	VAR42	物流	Ger089	VAR88	工程信息学/技术信息学
Ger043	VAR43	垃圾清除技术	Ger090	VAR89	实用信息学
Ger044	VAR44	材料科学/技术	Ger091	VAR90	理论信息学
Ger045	VAR45	电气工程（普通）	Ger092	VAR91	经济信息学（信息学专业背景）
Ger046	VAR46	普通电子技术			

框架 8：日本理工学科（a）

Jap001	VAR01	机械工程（普通）	Jap048	VAR48	电子制造系统工程
Jap002	VAR02	机械系统工程	Jap049	VAR49	电子通信工程
Jap003	VAR03	机械航空工程	Jap050	VAR50	电子·光缆工程
Jap004	VAR04	能源机械工程	Jap051	VAR51	电子物理工程
Jap005	VAR05	机械宇宙学	Jap052	VAR52	电子物理科学科

续表

Jap006	VAR06	机械科学	Jap053	VAR53	建筑学
Jap007	VAR07	机械信息（信息）工程	Jap054	VAR54	建设（建筑）工程
Jap008	VAR08	机械制造系统工程	Jap055	VAR55	土木工程
Jap009	VAR09	机械创造工程	Jap056	VAR56	建设学
Jap010	VAR10	机械智能工程	Jap057	VAR57	海洋土木工程
Jap011	VAR11	机械电子工程	Jap058	VAR58	海洋系统课程
Jap012	VAR12	基础机械工程	Jap059	VAR59	安全系统建设工程
Jap013	VAR13	机械控制系统工程	Jap060	VAR60	开发学
Jap014	VAR14	智能机械工程	Jap061	VAR61	环境规划
Jap015	VAR15	智能机械系统工程	Jap062	VAR62	环境建设学
Jap016	VAR16	智能系统工程	Jap063	VAR63	环境创造学
Jap017	VAR17	智能生产系统工程	Jap064	VAR64	居住环境学
Jap018	VAR18	交通机械工程	Jap065	VAR65	建设环境工程
Jap019	VAR19	交通电子机械工程	Jap066	VAR66	建设系统工程
Jap020	VAR20	产业机械工程	Jap067	VAR67	建设社会工程
Jap021	VAR21	生产工程	Jap068	VAR68	建筑环境系统学
Jap022	VAR22	生产系统工程	Jap069	VAR69	建筑设备工程
Jap023	VAR23	精密机械工程	Jap070	VAR70	建筑都市学
Jap024	VAR24	设计学	Jap071	VAR71	构造工程
Jap025	VAR25	电子制造系统工程	Jap072	VAR72	交通土木工程
Jap026	VAR26	动力机械工程	Jap073	VAR73	社会开发工程
Jap027	VAR27	输送机械系统课程	Jap074	VAR74	社会建设工程
Jap028	VAR28	人间·机械工程	Jap075	VAR75	土木开发工程
Jap029	VAR29	电气工程	Jap076	VAR76	土木环境工程
Jap030	VAR30	电气电子工程	Jap162	VAR77	环境系统工程
Jap031	VAR31	医用电子工程	Jap163	VAR78	环境工程
Jap032	VAR32	应用电子工程	Jap164	VAR79	开发系统工程
Jap033	VAR33	通信工程	Jap165	VAR80	环境化学
Jap034	VAR34	通信网络工程	Jap166	VAR81	环境管理工程

续表

Jap035	VAR35	电气系统工程	Jap167	VAR82	环境机能工程
Jap036	VAR36	电气信息工程	Jap168	VAR83	环境建设工程
Jap037	VAR37	电气电子系统工程	Jap169	VAR84	环境数理学
Jap038	VAR38	电气电子信息工程	Jap170	VAR85	环境设计学
Jap039	VAR39	电子工程	Jap171	VAR86	环境都市工程
Jap040	VAR40	电子·信息工程	Jap172	VAR87	环境物质工程
Jap041	VAR41	电子信息学	Jap173	VAR88	居住环境规划学
Jap042	VAR42	电子应用工程	Jap174	VAR89	社会开发系统工程
Jap043	VAR43	电子机械工程	Jap175	VAR90	社会环境系统工程
Jap044	VAR44	电子基础工程	Jap176	VAR91	都市工程
Jap045	VAR45	电子材料工程	Jap177	VAR92	福利环境工程
Jap046	VAR46	电子系统学	Jap178	VAR93	物质·环境系统工程
Jap047	VAR47	电子·信息通讯学			

框架 8：日本理工学科（b）

Jap077	VAR01	应用化学	Jap120	VAR44	材料机能工程
Jap078	VAR02	工业化学	Jap121	VAR45	材料工程
Jap079	VAR03	应用精细化工	Jap122	VAR46	材料创造工程
Jap080	VAR04	应用微生物工程	Jap123	VAR47	材料物理工程
Jap081	VAR05	应用分子化学	Jap124	VAR48	数理工程
Jap082	VAR06	化学应用科学科	Jap125	VAR49	控制系统工程
Jap083	VAR07	化学应用工程	Jap126	VAR50	尖端材料工程
Jap084	VAR08	化学环境工程	Jap127	VAR51	信息材料工程
Jap085	VAR09	化学工程	Jap128	VAR52	物理工程
Jap086	VAR10	化学系统工程	Jap129	VAR53	物理信息工程
Jap087	VAR11	化学生物工程	Jap130	VAR54	原子工程
Jap088	VAR12	化学生命工程	Jap131	VAR55	核能工程
Jap089	VAR13	环境化学工程	Jap132	VAR56	原子反应堆工程
Jap090	VAR14	机能化学工程	Jap133	VAR57	量子能量工程
Jap091	VAR15	工业材料	Jap134	VAR58	海洋资源学

续表

Jap092	VAR16	工业生物化学	Jap135	VAR59	环境资源工程
Jap093	VAR17	高分子工程	Jap136	VAR60	资源开发工程
Jap094	VAR18	材料开发工程	Jap137	VAR61	地球工程
Jap095	VAR19	材料科学	Jap138	VAR62	冶金学
Jap096	VAR20	生物应用化学	Jap139	VAR63	金属材料工程
Jap097	VAR21	生物化学工程	Jap140	VAR64	材料工程
Jap098	VAR22	生物化学系统学	Jap141	VAR65	材料加工工程
Jap099	VAR23	精密物质学	Jap142	VAR66	材料物性工程
Jap100	VAR24	发酵工程	Jap143	VAR67	机能机械学
Jap101	VAR25	材料化学	Jap144	VAR68	机能高分子学
Jap102	VAR26	材料应用化学	Jap145	VAR69	高分子学
Jap103	VAR27	材料化学工程	Jap146	VAR70	精密素材工程
Jap104	VAR28	材料科学工程	Jap147	VAR71	纺织系统工程
Jap105	VAR29	材料环境化学	Jap148	VAR72	素材开发化学
Jap106	VAR30	材料生命化学	Jap149	VAR73	有机材料工程
Jap107	VAR31	材料科学与工程	Jap150	VAR74	海洋系统工程
Jap108	VAR32	分子化学工程	Jap151	VAR75	船舶工程
Jap109	VAR33	分子素材工程	Jap152	VAR76	船舶设计工程
Jap110	VAR34	无机材料工程	Jap153	VAR77	航空宇宙工程
Jap111	VAR35	量子物质工程	Jap154	VAR78	航空工程
Jap112	VAR36	应用物理学	Jap155	VAR79	营销工程
Jap113	VAR37	应用科学与工程	Jap156	VAR80	管理工程
Jap114	VAR38	机械控制工程	Jap157	VAR81	管理信息工程
Jap115	VAR39	机能材料工程	Jap158	VAR82	管理系统工程
Jap116	VAR40	机能物质科学	Jap159	VAR83	管理信息系统工程
Jap117	VAR41	机能分子工程	Jap160	VAR84	工业经营学
Jap118	VAR42	计算工程	Jap161	VAR85	计划管理学
Jap119	VAR43	计算数理工程			

框架 9：俄罗斯 BΠO 理工学科(a)

Rus001	VAR01	建筑施工	Rus025	VAR25	无线电技术
Rus002	VAR02	自动化与控制	Rus026	VAR26	造船和海洋工程
Rus003	VAR03	印刷	Rus027	VAR27	动力机械制造
Rus004	VAR04	电信	Rus028	VAR28	信息技术和计算机设备
Rus005	VAR05	冶金	Rus029	VAR29	制造过程工艺、设备及自动化
Rus006	VAR06	采矿	Rus030	VAR30	系统分析与管理
Rus007	VAR07	电子学和微电子学	Rus031	VAR31	技术物理
Rus008	VAR08	化工技术与生物技术	Rus032	VAR32	地质与矿产勘查
Rus009	VAR09	热能	Rus033	VAR33	应用力学
Rus010	VAR10	飞机和导弹制造	Rus034	VAR34	生物医学工程
Rus011	VAR11	电子设备设计与工艺	Rus035	VAR35	环境保护
Rus012	VAR12	纺织品工艺与设计	Rus036	VAR36	石油和天然气
Rus013	VAR13	电气电子工程和技术	Rus037	VAR37	木材采伐和木材生产工艺与设备
Rus014	VAR14	地面运输系统	Rus038	VAR38	创新学（学士）
Rus015	VAR15	仪器仪表	Rus039	VAR39	轻工产品和材料的工艺与设计
Rus016	VAR16	材料学与新材料技术	Rus121	VAR40	建筑学
Rus017	VAR17	电力	Rus122	VAR41	纺织与轻工业品艺术设计
Rus018	VAR18	工程设备和仪器	Rus123	VAR42	计算机安全
Rus019	VAR19	光学工程	Rus124	VAR43	组织和信息安全技术
Rus020	VAR20	航空维修和空间技术	Rus125	VAR44	信息项目的综合保护
Rus021	VAR21	车辆维修	Rus126	VAR45	自动化系统信息安全综合保障
Rus022	VAR22	计量、标准化和认证	Rus127	VAR46	电信系统的信息安全
Rus023	VAR23	测地学	Rus128	VAR47	语言学与跨文化交流
Rus024	VAR24	食品技术	Rus129	VAR48	语言学和新信息技术

框架 9:俄罗斯 BПO 理工学科(b)

Rus040	VAR01	应用地质学	Rus081	VAR42	无线电技术
Rus041	VAR02	地质勘探工艺	Rus082	VAR43	电子设备设计与工艺
Rus042	VAR03	大地测量学	Rus083	VAR44	电信
Rus043	VAR04	摄影测量与遥感	Rus084	VAR45	电气电子工程和技术
Rus044	VAR05	土地规划与管理	Rus085	VAR46	信息技术和计算机工程
Rus045	VAR06	矿业	Rus086	VAR47	信息系统
Rus046	VAR07	石油和天然气	Rus087	VAR48	高分子纤维与纺织材料化学工艺
Rus047	VAR08	热能电力	Rus088	VAR49	无机物质与材料的化学工艺
Rus048	VAR09		Rus089	VAR50	有机物质与燃料的化学工艺
Rus049	VAR10	核物理及技术	Rus090	VAR51	高分子化合物与高分子材料
Rus050	VAR11	技术物理	Rus091	VAR52	现代能源材料的化学工艺
Rus051	VAR12	动力设备制造	Rus092	VAR53	高能材料与产品的化学工艺
Rus052	VAR13	冶金	Rus093	VAR54	工业过程的节能技术
Rus053	VAR14	机械制造工艺与设备	Rus094	VAR55	生物工程
Rus054	VAR15	应用力学	Rus095	VAR56	植物原料的食品生产
Rus055	VAR16	技术设备和装置	Rus096	VAR57	食品生产工艺
Rus056	VAR17	材料学和材料、涂料工艺	Rus097	VAR58	食品工程
Rus057	VAR18	物理材料学	Rus098	VAR59	肉类制品加工工艺
Rus058	VAR19	自动化与控制	Rus099	VAR60	纺织品工艺与设计
Rus059	VAR20	机器人及机电一体化	Rus100	VAR61	轻工产品工艺与设计
Rus060	VAR21	飞机制造	Rus101	VAR62	林业经济与园林建设
Rus061	VAR22	飞机发动机	Rus102	VAR63	森林采伐和木材生产工艺
Rus062	VAR23	航空管理和导航系统	Rus103	VAR64	自然界规划
Rus063	VAR24	飞行集成系统	Rus104	VAR65	人居安全

Rus064	VAR25	流体动力学和飞行动力学	Rus105	VAR66	环境保护
Rus065	VAR26	导弹制造和航天学	Rus106	VAR67	美工材料工艺
Rus066	VAR27	航空和航天工程的试验与维修	Rus107	VAR68	水资源与水利用
Rus067	VAR28	武器和装备系统	Rus108	VAR69	印刷技术和包装工艺
Rus068	VAR29	造船和海洋工程	Rus109	VAR70	质量管理
Rus069	VAR30	海洋基础设施系统	Rus110	VAR71	应用数学
Rus070	VAR31	舰载武器装备	Rus111	VAR72	水文测量学
Rus071	VAR32	运输机器与运输技术成套装置	Rus112	VAR73	采油设备及机械
Rus072	VAR33	运输及运输设备经营	Rus113	VAR74	液压、真空与压缩技术
Rus073	VAR34	交通组织和运输管理	Rus114	VAR75	组织和技术系统
Rus074	VAR35	建筑工程	Rus115	VAR76	铁路机车车辆
Rus075	VAR36	交通建设	Rus116	VAR77	铁路运行安全系统
Rus076	VAR37	仪器制造	Rus117	VAR78	工程产品的设计和工艺安全
Rus077	VAR38	标准化、计量和认证	Rus118	VAR79	计算机技术和生产
Rus078	VAR39	生物医学工程	Rus119	VAR80	水上交通及运输设备的维护
Rus079	VAR40	光学工程	Rus120	VAR81	空中导航
Rus080	VAR41	电子学和微电子学			

框架 10：英国 JACS 工程与技术学科(a)

UKj001	VAR01	纯粹数学	UKj023	VAR20	系统分析和设计
UKj002	VAR02	应用数学	UKj024	VAR21	数据库
UKj003	VAR03	数学方法	UKj025	VAR22	系统核查
UKj004	VAR04	数值分析	UKj026	VAR23	数据管理
UKj005	VAR05	数学建模	UKj028	VAR24	软件设计
UKj006	VAR06	工程/工业数学	UKj029	VAR25	编程
UKj008	VAR07	运筹学	UKj030	VAR26	面向对象的设计

续表

UKj009	VAR08	应用统计学	UKj031	VAR27	发布式设计
UKj010	VAR09	概率论	UKj033	VAR28	语音和自然语言处理
UKj011	VAR10	随机过程	UKj034	VAR29	知识表达
UKj012	VAR11	统计学建模	UKj035	VAR30	神经网络计算
UKj013	VAR12	数学统计学	UKj036	VAR31	计算机视觉
UKj015	VAR13	计算机组成和操作系统	UKj037	VAR32	认知模式
UKj016	VAR14	网络和通信	UKj038	VAR33	机器学习
UKj017	VAR15	计算科学基础	UKj041	VAR34	综合工程
UKj018	VAR16	人机接口	UKj042	VAR35	安全工程
UKj019	VAR17	多媒体计算机科学	UKj043	VAR36	计算机辅助工程
UKj021	VAR18	信息建模	UKj044	VAR37	力学
UKj022	VAR19	系统设计方法学	UKj045	VAR38	工程设计

框架 10：英国 JACS 工程与技术学科（b）

UKj047	VAR01	结构工程	UKj093	VAR39	矿物处理
UKj048	VAR02	环境工程	UKj094	VAR40	矿物勘探
UKj049	VAR03	运输工程	UKj095	VAR41	石油化工技术
UKj050	VAR04	测绘科学	UKj097	VAR42	实用冶金学
UKj051	VAR05	岩土工程	UKj098	VAR43	金属制作
UKj053	VAR06	动力学	UKj099	VAR44	腐蚀技术
UKj054	VAR07	机构和机器	UKj101	VAR45	制陶术
UKj055	VAR08	车辆工程	UKj102	VAR46	玻璃技术
UKj056	VAR09	声学和振动	UKj104	VAR47	聚合物技术
UKj057	VAR10	海上工程	UKj105	VAR48	纺织技术
UKj058	VAR11	机电一体化工程	UKj106	VAR49	皮革技术
UKj060	VAR12	航空工程	UKj107	VAR50	服装生产
UKj061	VAR13	航天工程	UKj109	VAR51	材料技术
UKj062	VAR14	航空电子学	UKj110	VAR52	印刷技术
UKj063	VAR15	空气动力学	UKj111	VAR53	宝石学
UKj064	VAR16	推进系统	UKj113	VAR54	海上技术

UKj065	VAR17	航空研究	UKj116	VAR55	能源技术
UKj067	VAR18	船舶制造	UKj117	VAR56	工效学
UKj068	VAR19	船舶设计	UKj118	VAR57	音频技术
UKj070	VAR20	电子工程	UKj119	VAR58	设备维护
UKj071	VAR21	电气工程	UKj120	VAR59	乐器技术
UKj072	VAR22	发电和输配电	UKj121	VAR60	物流技术
UKj073	VAR23	通信工程	UKj123	VAR61	建筑设计理论
UKj074	VAR24	系统工程	UKj124	VAR62	室内建筑
UKj075	VAR25	控制系统	UKj125	VAR63	建筑技术
UKj076	VAR26	机器人技术和控制论	UKj127	VAR64	建造技术
UKj077	VAR27	光电子工程	UKj128	VAR65	施工管理
UKj079	VAR28	制造系统工程	UKj129	VAR66	建筑测量
UKj080	VAR29	质量保证工程	UKj130	VAR67	工程财务
UKj081	VAR30	机电一体化	UKj131	VAR68	建筑维修
UKj083	VAR31	化学工程	UKj133	VAR69	园林建筑
UKj084	VAR32	原子能工程	UKj134	VAR70	园林研究
UKj085	VAR33	化学过程工程	UKj136	VAR71	区域规划
UKj086	VAR34	燃气工程	UKj137	VAR72	城市和乡村规划
UKj087	VAR35	石油工程	UKj138	VAR73	规划研究
UKj090	VAR36	采矿	UKj139	VAR74	城市研究
UKj091	VAR37	采石	UKj140	VAR75	住房供给
UKj092	VAR38	岩土力学	UKj141	VAR76	交通规划

框架 11：美国 CIP 工程学科

USe001	VAR01	普通工程	USe023	VAR21	材料工程
USe002	VAR02	航空航天工程	USe024	VAR22	机械工程
USe003	VAR03	农业/生物工程	USe025	VAR23	冶金工程
USe004	VAR04	建筑工程	USe026	VAR24	矿业工程
USe005	VAR05	生物医学/医学工程	USe027	VAR25	船舶和轮机工程
USe006	VAR06	陶瓷科学和工程	USe028	VAR26	核工程

续表

USe007	VAR07	化学工程	USe029	VAR27	海洋工程
USe008	VAR08	普通土木工程	USe030	VAR28	石油工程
USe009	VAR09	土工工程	USe031	VAR29	系统工程
USe010	VAR10	结构工程	USe032	VAR30	纺织科学与工程
USe011	VAR11	交通和高速公路工程	USe033	VAR31	材料科学
USe012	VAR12	水资源工程	USe034	VAR32	高分子和塑料工程
USe014	VAR13	普通计算机工程	USe035	VAR33	建设工程
USe015	VAR14	计算机硬件工程	USe036	VAR34	林业工程
USe016	VAR15	计算机软件工程	USe037	VAR35	工业工程
USe018	VAR16	电气电子学和通信工程	USe038	VAR36	制造工程
USe019	VAR17	工程力学	USe039	VAR37	运筹学
USe020	VAR18	工程物理	USe040	VAR38	测绘工程
USe021	VAR19	工程科学	USe041	VAR39	地质/地球物理工程
USe022	VAR20	环境工程/环境卫生工程			

框架 12:美国 CIP 工程技术学科

USt001	VAR01	普通工程技术	USt027	VAR23	工业安全技术
USt002	VAR02	建筑工程技术	USt028	VAR24	毒性物质信息系统技术
USt003	VAR03	土木工程技术	USt030	VAR25	航空航天工程技术
USt004	VAR04	电气、电子和通信工程技术	USt031	VAR26	车辆工程技术
USt005	VAR05	激光和光学工程技术	USt032	VAR27	机械工程/机械技术
USt006	VAR06	无线通信技术	USt034	VAR28	矿业技术
USt008	VAR07	生物医学技术	USt035	VAR29	石油技术
USt009	VAR08	机电一体化技术/工程技术	USt037	VAR30	建设工程技术
USt010	VAR09	仪器仪表技术	USt038	VAR31	测量技术
USt011	VAR10	机器人技术	USt039	VAR32	水力学和流体动力技术
USt013	VAR11	供热、空调和制冷技术	USt041	VAR33	计算机工程技术
USt014	VAR12	能量管理与装置技术	USt042	VAR34	计算机技术/计算机系统技术

USt015	VAR13	太阳能技术	USt043	VAR35	计算机硬件技术
USt016	VAR14	水质、废水处理管理与再生技术	USt044	VAR36	计算机软件技术
USt017	VAR15	环境工程技术	USt046	VAR37	普通制图和设计技术
USt018	VAR16	危险物质管理与垃圾技术	USt047	VAR38	CAD/CADD 制图和（或）设计技术
USt020	VAR17	塑料工程技术	USt048	VAR39	建筑制图和建筑 CAD/CADD
USt021	VAR18	冶金技术	USt049	VAR40	土木制图和土木 CAD/CADD
USt022	VAR19	工业技术	USt050	VAR41	电气/电子制图和 CAD/CADD
USt023	VAR20	制造技术	USt051	VAR42	机械制图和机械制图 CAD/CADD
USt025	VAR21	职业安全与健康技术	USt053	VAR43	核工程技术
USt026	VAR22	质量控制技术	USt054	VAR44	工程/工业管理

后 记

　　本书是在作者博士学位论文基础上完成的。回顾漫长的博士研究和艰难的教师生涯，感慨万千。

　　很难用语言来表达我对导师王沛民教授的敬意。王老师的学术成就和治学风范像是标杆，始终影响着我对学术的追求和对人生价值的探索。多少次遭遇低谷灰心丧气意欲放弃之际，都是王老师的勉励鞭策方使我振作精神、重拾信心。加之师母邹碧金教授对本人一向悉心爱护，更是令我终身难忘。

　　感谢浙江大学科教中心的同仁：你们的理解和全力支持，使我能够安心顺利完成写作。感谢那些已经毕业和仍在求学的同窗或学生：你们的热情和积极参与，让我在教与学的过程中屡有收获。感谢那些经常给予本人指导和帮助的师友：你们丰富的理论修养和卓越的管理经验，一直在无形之中影响着我。还要特别感谢浙江大学前常务副校长胡建雄教授：前辈的睿智、博学和豁达，长期指点着我这个无名之辈，让我学会在更高平台上思考与瞭望。

　　本书的完成，也得益于国内外工程教育研究领域同行的交流与合作，尤其是清华大学前副校长余寿文教授，王孙禺、姜嘉乐、刘念才、雷庆等多位老师的指点，以及我在德国访学期间合作教授 Wolfgang Koenig 先生和 Ulrich Wengenroth 先生的协助。本人多年以来参加的教育部、工程院教育委员会、科学院技术科学部和国务院学位办公室的诸多研究课题，其研究实践和丰硕成果也给了我极大的启发和推动。

　　本书的完成实属不易，其间经历的人生磨难亦令人唏嘘。所幸有诸多的师长、同事和同学给了我极大帮助，限于篇幅不一一道明。在此,我向他们一并表示深深的谢意。

　　最后,我要感谢家人长期以来的支持,特别是来自爱女的理解与鼓励。

2011 年 6 月于求是园

图书在版编目（CIP）数据

工程学科:框架、本体与属性 / 孔寒冰著. —杭
州：浙江大学出版社，2011.7
ISBN 978-7-308-08854-1

Ⅰ.①工… Ⅱ.①孔… Ⅲ.①工程技术－研究 Ⅳ.
①TB1

中国版本图书馆 CIP 数据核字(2011)第 134530 号

工程学科:框架、本体与属性

孔寒冰 著

责任编辑	李海燕	
封面设计	联合视务	
出版发行	浙江大学出版社	
	（杭州市天目山路 148 号　邮政编码 310007）	
	（网址:http://www.zjupress.com）	
排　版	杭州中大图文设计有限公司	
印　刷	德清县第二印刷厂	
开　本	710mm×1000mm　1/16	
印　张	22	
字　数	395 千	
版 印 次	2011 年 7 月第 1 版　2011 年 7 月第 1 次印刷	
书　号	ISBN 978-7-308-08854-1	
定　价	45.00 元	